K.W. Cattermole und J. J. O'Reilly (Bandherausgeber)

Rauschen und Stochastik in der Nachrichtentechnik

VCH

Informationstechnologie

Herausgegeben von Hans-Dieter Junge

Bisher erschienen:

Cattermole:	Signale und Wellen – Mathematische Grundlagen und technische Anwendungen
Cattermole:	Statistische Analyse und Struktur von Information
Cattermole, O'Reilly:	Rauschen und Stochastik in der Nachrichtentechnik
Gevarter:	Intelligente Maschinen – Einführung in die Künstliche Intelligenz und Robotik
Hamming:	Digitale Filter
Hamming:	Information und Codierung
O'Grady:	Automatisierte Fertigungssysteme – Entwurf und Betrieb
Russer:	Informationstechnik – Grundlagen

In Vorbereitung:

Almaini:	Kombinatorische und sequentielle Schaltsysteme – Logik, Aufbau, Optimierung
Cattermole, O'Reilly:	Optimierung in der Nachrichtentechnik
Cooper, Helfrick:	Elektrische Meßtechnik
McCloy, Harris:	Robotertechnik – Eine Einführung
Milner, Vasiliou:	CAE/CAM – Computerunterstützte Fertigung
Oppenheim, Willsky:	Signale und Systeme (Lehrbuch)
Oppenheim, Willsky:	Signale und Systeme (Arbeitsbuch)
Redford, Lo:	Montageroboter
Snyder:	Industrieroboter
Swift:	Fertigungsgerechte Konstruktion mit Expertensystemen

Ergänzende Literatur zur Reihe Informationstechnologie:

O'Connor:	Zuverlässigkeitstechnik – Grundlagen und Anwendungen (in Vorbereitung)
Dhillon:	Zuverlässigkeitstechnik – Einfluß des Menschen (in Vorbereitung)

parat Jahrbuch Meßtechnik (seit 1987)
parat Jahrbuch Optoelektronik (seit 1988)
parat Fachlexikon Messung und Meßfehler (in Vorbereitung)
parat Fachwörterbuch Informationstechnologie – Englisch/Deutsch (in Vorbereitung)
parat Fachwörterbuch Informationstechnologie – Deutsch/Englisch (in Vorbereitung)
parat Fachwörterbuch Robotik – Französisch/Deutsch, Deutsch/Französisch (in Vorbereitung)

Rauschen und Stochastik in der Nachrichtentechnik

Herausgegeben von
Kenneth W. Cattermole
und John J. O'Reilly

VCH

Deutsche Übersetzung von
Cattermole, K.W. and O'Reilly, J.J. (Volume Editors):
Mathematical Topics in Telecommunications, Volume 2:
Problems of Randomness in Communication Engineering
First published by Pentech Press, London, Plymouth 1984 (ISBN 0-7273-1308-8)

Bandherausgeber:
Professor Kenneth William Cattermole
Dr. John J. O'Reilly
Department of Electrical Engineering Science
University of Essex, England

Reihenherausgeber:
Dr. Hans-Dieter Junge
Cavaillonstraße 78/1
D-6940 Weinheim

Übersetzer: Dipl.-Ing. H. Egert, Berlin
Lektor der deutschen Ausgabe: Dr. Hans-Dieter Junge
Herstellerische Betreuung: Elke Littmann
Texterfassung und EDV-Bearbeitung: Fa. Hellinger, D-6901 Heiligkreuzsteinach
Druck: Betz-Druck GmbH, D-6100 Darmstadt 12
Bindung: Verlagsbuchbinderei Kränkl, D-6148 Heppenheim
Printed in the Federal Republic of Germany

CIP-Titelaufnahme der Deutschen Bibliothek:

Rauschen und Stochastik in der Nachrichtentechnik / hrsg. von Kenneth W. Cattermole u. John J. O'Reilly. [Übers.: H. Egert].
– Weinheim ; Basel ; Cambridge ; New York : VCH, 1988
(Informationstechnologie)
ISBN 3-527-26615-1
NE: Cattermole, Kenneth W. [Hrsg.]

Vertrieb
VCH Verlagsgesellschaft, Postfach 1260/1280, D-6940 Weinheim (Bundesrepublik Deutschland)
Schweiz: VCH Verlags-AG, Postfach, CH-4020 Basel (Schweiz)
Großbritannien und Irland: VCH Publishers (UK) Ltd., 8 Wellington Court, Wellington Street, Cambridge CB1 1HW (Großbritannien)
USA und Canada: VCH Publishers, Suite 909, 220 East 23rd Street, New York, NY 10010–4606 (USA)

Vorwort

Dieses Buch setzt sich hauptsächlich aus Beiträgen zusammen, die ursprünglich für eine Reihe von Kolloquien vorbereitet wurden. Diese Kolloquien wurden von den Herausgebern dieses Bandes organisiert und an der Universität Essex verschiedenen Male seit November 1980 abgehalten. Der Zweck dieses Buchs - wie auch der Kolloquien - besteht darin, das mathematische Handwerkszeug in der Industrie tätiger Ingenieure, Jungakademiker und Forschern für die Nachrichtentechnik und verwandte Gebiete zu erweitern. Es war unser Ziel, solche Themen auszuwählen, die dem Nachrichtentechniker im allgemeinen weniger vertraut sind (obwohl in der wissenschaftlichen Fachliteratur nicht ungewöhnlich) und diese hier derart vorzustellen, wobei sowohl die zugrundeliegenden Prinzipien als auch die praktischen Anwendungsaspekte dargestellt werden. Mit diesem Ziel vor Augen behandeln wir mit annähernd gleicher Betonung (1) Lehrausführungen zur Grundmathematik und (2) verschiedene Anwendungsbeispiele, d.h. Lösungen technischer Probleme.

Fast alle Aspekte der Nachrichtentheorie haben grundsätzlich einen wahrscheinlichkeitstheoretischen Charakter, und ein Großteil der praktischen Systemauslegung und -dimensionierung gründet sich auf statistische Signal- oder Verkehrseigenschaften oder auf beides. Die meisten jungen Ingenieure und auch fortgeschrittene Studenten sind mit den gängigen Wahrscheinlichkeitsverteilungen, wie der Gauss-Verteilung und der Binomialverteilung, vertraut und haben vielleicht auch eine Vorstellung von der Theorie der Zufallsprozesse, die durch die übliche Behandlung des Elektronenrauschens, zufälliger Zeichenströme und ähnlichen Phänomenen veranschaulicht wird. Aber viele praktische Probleme können kaum angegangen werden, ohne weit über diesen Vorrat an einfachen Werkzeugen und Begriffen hinauszugehen.

Nach unserer Erfahrung stellt die Verbundzufälligkeit einen umfassenden komplexen Begriff dar. Eine Wahrscheinlichkeitsverteilung oder ein stochastischer Prozeß besitzt einen Parameter, der selbst einer Zufallsschwankung unterliegt. Betrachten wir zum Beispiel das zusammengesetzte Signal in einem Multiplex-System oder einem System mit Mehrfachzugriff. Es handelt sich hierbei um die Summe einer zufälligen Anzahl von Anteilen, die jeweils durch einen Zufallsprozeß nachgebildet werden. Ähnliche Probleme tauchen bei der Untersuchung derart unterschiedlicher Themen wie optische Signalbestimmung, Burst-Fehler in Digitalsystemen oder Überlaufverkehr in Telefonnetzen auf. Eine weitere, häufig auftretende Komplikation ist die Nichtlinearität. Betrachten wir das zusammengesetzte Signal, das durch einen Wanderwellenverstärker in einem Satelliten-Impulsübertrager läuft, oder die Taktrückgewinnung in einem digitalen Regenerativverstärker durch Anwendung eines Zufallssignals bei einem Gerät, das nach quadratischem Gesetz arbeitet. Dieses letzte Beispiel weist bereits darauf hin, daß Zufallsprozesse in der Nachrichtentechnik nicht immer stationär sind, sondern durchaus zyklostationär sein können. Viele Zufallsvariablen von praktischer Bedeutung sind Summen verschiedener zufälliger Beiträge. Dies läßt sich leicht behandeln, wenn die Beiträge unabhängig sind, wird aber erschwert, wenn es eine komplexe Menge von Korrelationen gibt, zum Beispiel bei der Leistungsabschätzung disparitätsreduzierender Leitungscodes. Alle diese und weitere Themen werden in diesem Buch behandelt.

In einem umfangreichen Teil der aktuellen wissenschaftlichen Literatur werden mathematische Verfahren eingesetzt, die erst ziemlich spät, wenn überhaupt, in einem typischen Einführungskurs über Wahrscheinlichkeitstheorie auftauchen, zum Beispiel charakteristische Funktionen und andere Transformationsverfahren sowie Beschränkungs- und Approximationstechniken, die damit verwandt sind. Unserer Didaktik entsprechend stellen wir diese Verfahren am Anfang vor. Wir glauben, daß man erstens durch häufige Anwendung mit diesen Verfahren vertraut wird. Deshalb sollten sie rechtzeitig vorgestellt werden. Zweitens sind sie Nachrichteningenieuren ganz sicher zugänglich, die im allgemeinen mit Transformationsverfahren aus der Signaltheorie gründlich vertraut sind und daher leicht lernen können, ähnliche Begriffe in einem anderen Zusammenhang zu gebrauchen. Auch dieser Ansatz findet in unserem Buch Platz.

Wir sind der Überzeugung, daß dieser Band eine größere thematische Einheit aufweist als man im Normalfall bei Gemeinschaftswerken findet, und zwar nicht nur deswegen, weil die Bandherausgeber selbst den Hauptteil der Beiträge geliefert haben. Es existiert eine echte intellektuelle Einheit, die diesem Thema zugrundeliegt, und die Arbeit der acht anderen Autoren, die sechs verschiedenen Organisationen angehören, ergänzt unsere Arbeiten ausgezeichnet.

Die beiden Bandherausgeber verdanken sich gegenseitig sehr viele Anregungen und Einflüsse. Dieses Buch ist eine echte Gemeinschaftsarbeit. Beide Bandherausgeber sind ihren Mitautoren sowohl für deren Bemühungen bei der Aufbereitung und Darstellung des Materials als auch für deren Bereitschaft, dieses in vorliegender Form veröffentlichen zu dürfen, sowie für die allgemeinen Ratschläge und Ermutigungen zutiefst dankbar, die ihnen viele der Mitautoren gegeben bzw. ausgesprochen haben.

Kenneth W. Cattermole
John J. O'Reilly

Inhalt

Teil II: Kombinierte Zufälligkeit

Teil III: Nichtlineare Stochastik

Teil IV: Digitale Übertragung

Autoren

R.M. Brooks (Kapitel 16)
British Telecom Research Laboratories
Martlesham

Professor K.W. Cattermole (Kapitel 1,5,9 und 14)
Department of Electrical Engineering Science
University of Essex

F.M. Clayton (Kapitel 12)
GEC Hirst Research Centre
Wembley, Middlesex

Dr. P. Cochrane (Kapitel 17)
British Telecom Research Laboratories
Martlesham

Prof. B.G. Evans (Kapitel 13)
Department of Electrical Engineering
University of Surrey

K.V. Lever (Kapitel 11)
School of Mathematics and Physics
University of East Anglia

Dr. J.J. O'Reilly (Kapitel 2,3,4,7 und 10)
Department of Electrical Engineering Science
University of Essex

Dr. G.S. Poo (Kapitel 15)
Computer Science Department
University of Singapur

Dr. G.G. Pullum (Kapitel 8)
Standard Telecommunications Laboratories
Harlow, Essex

D. J. Songhurst (Kapitel 6)
Teletraffic Division
British Telecom Research Laboratories
Martlesham

Teil I

Theorie

1 Erzeugende Funktionen in der Wahrscheinlichkeitstheorie

K.W. Cattermole

1.1 Einführung

In der modernen Wahrscheinlichkeitstheorie nimmt der Begriff der erzeugenden Funktion dieselbe zentrale Stelle ein wie der Begriff der linearen Transformation in der Signaltheorie. Die mathematischen Operationen sind in den beiden Gebieten sehr ähnlich, und deshalb sollte der Ansatz mit erzeugenden Funktionen für alle diejenigen Nachrichteningenieure verständlich sein, die bereits mit den folgenden Begriffen vertraut sind:

1. Fourier- und Laplace-Transformationen;
2. z-Transformation;
3. diskrete und kontinuierliche Faltung;
4. Zusammenhänge zwischen Operationen in beiden Bereichen: die Multiplikation geht zum Beispiel in eine Faltung über;
5. Zusammenhänge zwischen diskreten und kontinuierlichen Fallen (der diskrete Fall ist ein Sonderfall des kontinuierlichen, wenn man Impulse und andere verallgemeinerte Funktionen zuläßt, und der kontinuierliche Fall ist ein Grenzfall des diskreten).

Die Vorteile dieser Ansätze sind in beiden Gebieten weitgehend identisch, nämlich:

1. Ein zusammenhängender Rahmen, der viele spezielle Fakten und Zusammenhänge erfaßt;
2. einfache und kompakte Herleitungen vieler theoretischer Schlüsselergebnisse;
3. Operationen, die in einem Bereich schwierig auszuführen sind, können im anderen Bereich einfacher sein;
4. Vertrautheit mit der Theorie führt zur intuitiven Erfassung der qualitativen Eigenschaften (darüber hinaus erleichtert es die Intuition, wenn man mit beiden Anwendungsgebieten vertraut ist).

Es existieren drei weitere Vorteile auf dem Gebiet der Wahrscheinlichkeitstheorie, nämlich:

5. In einem großen Bereich von praktischen Problemen tritt die Summe vieler unabhängiger Zufallsvariablen auf, und dies läßt sich mit erzeugenden Funktionen besonders einfach behandeln.
6. Bei den kompliziertesten Wahrscheinlichkeitsproblemen ist es üblich, die oberen Schranken zu berechnen, wenn die exakte analytische Behandlung nicht durchführbar ist. Eine der bekannten Schranken (Tschernow) ist eng mit der erzeugenden Funktion der Momente verwandt.
7. Konvergenzprobleme, die in anderen Transformationsgebieten üblich sind, treten hier nicht auf, da Wahrscheinlichkeitsverteilungen integrierbar sind.

Dieser Ansatz stellt eine gute Grundlage für unseren Lehrgang in Wahrscheinlichkeitstheorie dar, weil er leistungsfähig und Nachrichteningenieuren zugänglich ist.

In diesem Kapitel werden wir als eng miteinander verwandte Begriffe (1) charakteristische Funktionen, (2) Fourier-Transformationen, (3) Laplace-Transformationen, (4) wahrscheinlichkeitserzeugende Funktionen und (5) momenterzeugende Funktionen behandeln. Es wird sich dabei herausstellen, daß sich viele gebräuchliche Verteilungen und Eigenschaften durch diesen Ansatz sehr leicht herleiten lassen.

1.2 Notation und Definitionen

Wir bezeichnen eine Zufallsvariable mit einem Großbuchstaben und einen speziellen Wert im Stichprobenraum mit einem entsprechenden Kleinbuchstaben, zum Beispiel X, x. Der Stichprobenraum für eine *kontinuierliche Variable* ist die reelle Achse $-\infty < x < +\infty$ oder eine Teilmenge dieser Werte. Einige Variablen (wie die Zeit) sind von Natur aus nicht-negativ, und in diesem Fall gilt $0 \leq x < \infty$. Wir bezeichnen Wahrscheinlichkeiten durch $P(\;)$ mit einer geeigneten Beschreibung des Ereignisses als Argument. Eine kontinuierliche Variable hat eine Wahrscheinlichkeitsdichte $p(x)$, so daß

$$P(x \leq X < x + \mathrm{d}x) = p(x)\mathrm{d}x \tag{1.1}$$

gilt. Eine *kumulative Verteilung* schreiben wir als

$$\mathcal{P}(x) = P(X \leq x) = \int_{-\infty}^{x} p(\xi)\mathrm{d}\xi \tag{1.2}$$

Für den *Erwartungswert* gilt

$$E(X) = \int xp(x)\mathrm{d}x \tag{1.3}$$

was man sich in den meisten praktischen Fällen als Langzeit-Mittelwert vorstellen kann. Eine *Kenngröße* der Zufallsvariablen X ist der Erwartungswert einer Funktion von X.

$$E[f(X)] = \int f(x)p(x)\mathrm{d}x \tag{1.4}$$

Für die *Momente*, die das Mittel $m \equiv m_1$ enthalten, gilt z.B.

$$m_r \equiv E(X^r) = \int x^r p(x)dx \tag{1.5}$$

Die *Varianz* ist die mittlere quadratische Abweichung vom Mittel

$$\sigma^2 \equiv V(X) = E[(X - m_1)^2] = m_2 - m_1^2 \tag{1.6}$$

Die *Wahrscheinlichkeit* eines Ereignisses A läßt sich definieren, wenn A eine geeignete Teilmenge des Stichprobenraums ist, zum Beispiel ein Intervall $a_1 < x < a_2$ oder die Vereinigungsmenge einer abzählbaren Anzahl von Intervallen. Die *Indikatorfunktion* $I_A(x)$ nimmt die Werte

$$\begin{aligned} I_A(x) &= 1, \quad x \in A \\ &= 0, \quad sonst \end{aligned} \tag{1.7}$$

an. Die Wahrscheinlichkeit kann als der Erwartungswert der Indikatorfunktion

$$p_A \equiv P(X \in A) = E[I_A(x)] \tag{1.8}$$

ausgedrückt werden. Wenn A einfach ein Intervall ist, kann dies als

$$p_A = \int_{a_1}^{a_2} p(x)\mathrm{d}x \tag{1.9}$$

geschrieben werden.

Eine *diskrete Variable* hat einen Stichprobenraum, der eine endliche oder abzählbar unendliche Menge verschiedener Punkte x_i umfaßt, denen jeweils ein Wahrscheinlichkeitswert p_i zugeordnet wird. Dieser kann als eine Dichtefunktion mit Impulsen betrachten werden

$$p(x) = \sum_i p_i \delta(x - x_i) \tag{1.10}$$

Mit dieser Interpretation können alle Operationen, die für kontinuierliche Variablen definiert wurden, verallgemeinert werden und sind demnach auch für diskrete oder Mischverteilungen gültig. Ein diskreter Stichprobenraum, der sehr häufig auftritt, sind die nicht-negativen ganzen Zahlen $\{0, 1, 2 \ldots\}$. Diese Menge tritt im Zusammenhang mit jeder Zufallsvariablen auf, die von der Art eines Zählereignisses ist. In diesem Fall nimmt eine Kenngröße die Form

$$E[f(X)] = \sum_{r=0}^{\infty} p_r f(r) \tag{1.11}$$

an und je nach Problem kann die Reihe unendlich oder endlich sein.

Zwei oder mehr Zufallsvariablen haben eine gemeinsame Verteilung in einem Stichprobenraum, der aus dem kartesischen Produkt der einzelnen Stichprobenräume entsteht (zum Beispiel in einer Ebene, wenn die Stichprobenräume reelle Achsen sind). Die Zufallsvariablen X, Y sind *statistisch unabhängig*, wenn die Zuweisung eines Wert an eine Variable keinen Einfluß auf die Kenngrößen der anderen hat. Es folgt, daß für unabhängige Variablen

$$E[f(X)g(Y)] = E[f(X)]E[g(Y)] \tag{1.12}$$

gilt. Zu den Kenngrößen, die auf diese Weise multipliziert werden dürfen, gehören ohne jeden Zweifel die Wahrscheinlichkeits- und Mittelwerte. Wir werden Gleichung (1.12) jedoch in einem weiteren Sinne verwenden. Wenn zwei Variablen nicht unabhängig sind, brauchen wir *bedingte Kenngrößen,* um ihre Beziehung zu beschreiben. Bekannte Kenngrößen sind die *bedingten Wahrscheinlichkeiten,* die wir als $P(X \in A|Y = y)$ schreiben, wobei das fragliche Ereignis $X \in A$ ist und die Wahrscheinlichkeit unter der Bedingung bestimmt wird, daß $Y = y$ ist. Wir werden auch *bedingte Erwartungswerte* in der Form $E[f(X)|Y = y]$ benutzen; hiermit ist gemeint, daß der Erwartungswert $E[f(X)]$ nur auf der Teilmenge eines gemeinsamen Stichprobenraums ausgewertet wird, für die $Y = y$ gilt. Allgemein werden Ausdrücke mit bedingten Verteilungen und Kenngrößen manchmal als $P(X|Y)$, $E(X|Y)$ oder in ähnlicher Form geschrieben.

Bedingte Kenngrößen sind oft nützliche Zwischengrößen bei der Berechnung unbedingter Kenngrößen. Es sei $\{y_1, y_2, \ldots, y_n\}$ eine vollständige Menge sich ausschließender Werte von Y. Es gilt dann

$$E[f(X)] = \sum_{i=1}^{n} E[f(X)|Y = y_i]p(Y = y_i) \tag{1.13}$$

Es kommt oft vor, daß bedingte Kenngrößen einfach hergeleitet werden können. Wir werden Gleichung (1.13) oft als Mittel zur Berechnung von unbedingten Wahrscheinlichkeiten, Erwartungswerten und anderen Kenngrößen verwenden.

1.3 Wahrscheinlichkeitserzeugende Funktionen

Eine Zufallsvariable X besitze einen Stichprobenraum, der sich aus nichtnegativen ganzen Zahlen zusammensetzt, und eine Wahrscheinlichkeitsverteilung, die durch $\{g\}$ symbolisiert wird und bedeuten soll, daß $P(X = r) = g_r$ ist. Wir betrachten die Kenngröße

$$E(z^X) = \sum_{r=0}^{\infty} g_r z^r \equiv G(z) \tag{1.14}$$

Es existieren drei Möglichkeiten, wie wir diese Kenngröße betrachten können. Erstens handelt es sich um den Erwartungswert einer Funktion von X, und folglich gehorcht er allen allgemeinen Regeln für Kenngrößen, die auf diese Weise gebildet werden. Zweitens ist der Ausdruck eine Potenzreihe, deren Koeffizienten Wahrscheinlichkeitswerte darstellen: hiervon rührt der Name "wahrscheinlichkeitserzeugende Funktion". Drittens können wir in dem Ausdruck auch die Funktion einer algebraischen Größe z sehen. Einige Werke über Wahrscheinlichkeitstheorie und Kombinatorik schlagen vor, z als eine Scheinvariable zu behandeln, der keine besondere Bedeutung zukommt: Die Potenzen seien lediglich ein Vehikel, um Wahrscheinlichkeitskoeffizienten mit sich zu führen. Dem Geist der vorliegenden Behandlung allerdings kommt es näher, wenn $G(z)$ als eine lineare Transformation der Verteilung $\{g\}$ und z als Variable eines Transformationsbereichs angesehen wird.

Da $\{g\}$ eine Wahrscheinlichkeitsverteilung ist, haben wir

$$g_r \geq 0 \quad \text{und} \quad \sum_{r=0}^{\infty} g_r = 1, \quad also \quad \sum_{r=0}^{\infty} |g_r| = 1 \tag{1.15}$$

Folglich konvergiert die Reihe (1.14), und $G(z)$ existiert, zumindest für $|z| \leq 1$ und vielleicht auch noch in anderen Punkten der z-Ebene. Die Fragen nach der Konvergenz, die oft in der allgemeinen Transformationstheorie auftauchen, sind normalerweise im Zusammenhang mit Wahrscheinlichkeiten kein Problem.

Wir werden wahrscheinlichkeitserzeugende Funktionen der Form (1.14) auf vier Weisen benutzen:

1. Zur Herleitung von Wahrscheinlichkeitsverteilungen, die bestimmte physikalische Anforderungen erfüllen;
2. zur Untersuchung von Summen unabhängiger Zufallsvariablen;
3. zur Untersuchung bestimmter Probleme der Verbundzufälligkeit (zum Beispiel der Summe einer zufälligen Anzahl von Zufallsvariablen);
4. zur Herleitung der Momente von Wahrscheinlichkeitsverteilungen.

1.3.1 Verteilungen von Summen

Es seien X und Y zwei unabhängige Zufallsvariablen mit den Verteilungen $\{f\}$ bzw. $\{g\}$. Wie sieht die Verteilung $\{h\}$ der Summe $X + Y$ aus?

Beim ersten Verfahren verwenden wir bedingte Wahrscheinlichkeiten. Die Summe hat einen Wert j, wenn $X = i$ und $Y = j - i$ für $0 \leq i \leq j$ ist. Die Wahrscheinlichkeit dieses Ereignisses beträgt $f_i g_{j-i}$. Also summieren wir über alle hierzu gehörigen Ereignisse:

$$h_j = \sum_{i=0}^{j} f_i g_{j-i} \tag{1.16a}$$

Diese Zusammensetzung von $\{f\}$ und $\{g\}$ wird *Faltung* genannt und läßt sich kurz als

$$\{h\} = |\{f\} * \{g\} \tag{1.16b}$$

schreiben. Beim zweiten Verfahren wird die Definition für die wahrscheinlichkeitserzeugenden Funktionen als Erwartungswert zusammen mit Formel (1.12) verwendet. Es gilt

$$E(z^{X+Y}) = E(z^X z^Y) = E(z^X)E(z^Y) \tag{1.17a}$$

Dies bedeutet, daß im Transformationsbereich

$$H(z) = F(z)G(z) \tag{1.17b}$$

gilt. Durch Reihenentwicklung der wahrscheinlichkeitserzeugenden Funktion und Bestimmung der Koeffizienten von z^j erhalten wir (1.16a). Also stimmen beide Verfahren überein. Folglich haben wir die Dreiecksbeziehung:

Addiere
Zufallsvariablen

Multipliziere
wahrscheinlichkeits-
erzeugende Funktionen

Falte
Wahrscheinlichkeits-
verteilungen (1.18)

Die Multiplikations-/Faltungsbeziehung erinnert an die signaltheoretischen Transformationen; dies ist nicht rein zufällig so, sondern hängt mit einer fundamentalen Äquivalenz zusammen.

Beispiel: Binomialverteilung

Ein Block mit n binären Ziffern wird von einer Zufallsquelle erzeugt. Mit einer Wahrscheinlichkeit p ist jede Ziffer eine Eins und mit einer Wahrscheinlichkeit

$q = 1 - p$ eine Null. Wie sieht die Verteilung der Anzahl von Einsen aus? Für jede beliebige Ziffer beträgt die Anzahl der Einsen entweder 1 oder 0. Also lautet die wahrscheinlichkeitserzeugende Funktion

$$F_1(z) = q + pz \tag{1.19a}$$

Wenn wir die Beiträge n unabhängigen Zufallsziffern mit identischen Verteilungen addieren, multiplizieren wir die wahrscheinlichkeitserzeugenden Funktionen und erhalten

$$F_n(z) = [F_1(z)]^n = (q + pz)^n \tag{1.19b}$$

Entwickeln wir diesen Ausdruck in eine Reihe, so ergibt sich die Wahrscheinlichkeit von r Einsen zu

$$p_r = \binom{n}{r} p^r q^{n-r} \tag{1.19c}$$

Hierbei handelt es sich um die Binomialverteilung. Es ist eine nützliche Übung, dieses Ergebnis ohne Verwendung der wahrscheinlichkeitserzeugenden Funktionen zu bestätigen.

1.3.2 Binärer Zufallsprozeß

Die binären Ziffern aus dem letzten Beispiel können auch als Folge und nicht als Block betrachtet werden. Wir können dann solche Fragen stellen wie: "Wie viele Nullen erscheinen vor der ersten Eins?" Diese Wartezeit ist eine Zufallsvariable, die wir mit N_1 bezeichnen. Das Ereignis $N_1 = r$ impliziert r Nullen, denen eine Eins folgt, also gilt für die Wahrscheinlichkeit $p_r = pq^r$; die Wahrscheinlichkeiten stellen eine geometrische Reihe dar. Man nennt dies die *geometrische Verteilung*. Die Erzeugungsfunktion lautet

$$E(z^{N_1}) = \sum_{r=0}^{\infty} pq^r z^r = \frac{p}{1 - qz} \tag{1.20}$$

Wie lang ist die Wartezeit, bis die n-te Eins auftritt? Vorher treten $(n-1)$ Einsen zusammen mit einer zufälligen Anzahl N_n von Nullen auf. Diese Nullen treten in n *Bursts* auf, deren Verteilungen der ersten ähnlich sind. Also ist N_n die Summe von n Zufallsvariablen wie N_1, und die wahrscheinlichkeitserzeugende Funktion können wir als

$$E(z^{N_n}) = [E(z^{N_1})]^n = \left(\frac{p}{1 - qz}\right)^n \tag{1.21}$$

schreiben. Entwickeln wir (1.21) in eine Reihe, zeigt sich, daß

$$p_r = \binom{-n}{r} p^n (-q)^r = \binom{n+r-1}{r} p^n q^r \tag{1.22}$$

gilt. Hierbei handelt es sich um die sogenannte *Negativbinomialverteilung*.

1.3.3 Momente

Die Ableitung von Gleichung (1.14) nach ergibt

$$G'(z) = \sum_{r=1}^{\infty} g_r r z^{r-1} \tag{1.23}$$

Setzen wir $z = 1$, erhalten wir

$$G'(1) = \sum_{r=1}^{\infty} g_r r = E(X) \tag{1.24}$$

Eigentlich besteht keine Notwendigkeit, gliedweise zu differenzieren; wir könnten also auch

$$\frac{\mathrm{d}}{\mathrm{d}z} E(z^X) = E\left(\frac{\mathrm{d}}{\mathrm{d}z} z^X\right) = E(X z^{X-1}) \tag{1.25}$$

schreiben. Nach Einsetzen von $z = 1$ erhalten wir dasselbe Ergebnis. Die zweite Ablcitung crgibt

$$G''(1) = E(X^2 - X) \tag{1.26a}$$

Hieraus folgt das zweite Moment

$$E(X^2) = G''(1) + G'(1) \tag{1.26b}$$

Momente höherer Ordnung können durch weitere Ableitungen gefunden werden. Nach Gleichung (1.6), (1.24) und (1.26) gilt für die Varianz

$$V(X) = G''(1) + G'(1) - [G'(1)]^2 \tag{1.27}$$

Nach diesem Verfahren ergibt sich für die Kenngrößen der Verteilungen in unseren Beispielen:

$$\text{Binomial} \begin{cases} \text{Mittel} = np & (1.28a) \\ \text{Varianz} = npq & (1.28b) \end{cases}$$

$$\text{Negativbinomial} \begin{cases} \text{Mittel} = nq/p & (1.29a) \\ \text{Varianz} = nq/p^2 & (1.29b) \end{cases}$$

Beachten Sie, daß Mittel und Varianzen proportional zu n sind, der Zahl der Zufallsvariablen, über die summiert wird. Dies stimmt mit der allgemeinen Regel überein, daß bei der Addition unabhängiger Zufallsvariabler das Mittel der Summe die Summe der Mittel ist und die Varianz der Summe die Summe der Varianzen ist. Diese Regel kann man beweisen, indem entweder die Erzeugungsfunktionen multipliziert oder direkte Verfahren verwendet werden.

1.3.4 Poisson-Verteilung

Wir betrachten die Anwendung eines Binomialmodells auf seltene Ereignisse, wie zum Beispiel Fehler in einer Abfolge binärer Ziffern in einem ziemlich guten Kanal. Eine gewisse Anzahl von Fehlern wird erst in einer sehr langen Folge beobachtet werden, folglich ist n groß und p sehr klein. Wir nehmen das Produkt $np = \lambda$ als Parameter und betrachten das Verhalten des Grenzwertes, wenn n zunimmt. Die wahrscheinlichkeitserzeugende Funktion nach Gleichung (1.19b) wird zu

$$F(z) = \lim_{n\to\infty} \left(1 + \frac{\lambda(z-1)}{n}\right)^n = \mathrm{e}^{\lambda(z-1)} \tag{1.30a}$$

und die Wahrscheinlichkeit von r Ereignissen ist

$$p_r = \frac{\lambda^r}{r!}\mathrm{e}^{-\lambda} \tag{1.30b}$$

Hierbei handelt es sich um die Poisson-Verteilung, die sehr häufig auftritt. Es kann mit den Gleichungen (1.24 und (1.27) gezeigt werden, daß Mittel und Varianz mit λ identisch sind.

1.3.5 Poisson-Prozeß

Hierbei handelt es sich um einen Punktprozeß auf einer kontinuierlichen Zeitachse. Es können Ereignisse zu einem beliebigen Zeitpunkt mit gleicher Wahrscheinlichkeit auftreten, und zwar in dem Sinne, daß

$$P[\text{Ereignis in } (t, t + \mathrm{d}t)] = \rho \mathrm{d}t \tag{1.31}$$

für eine infinitesimales Intervall dt gilt. Der Parameter ρ ist die Dichte des Prozesses. Die Wahrscheinlichkeit mehrfacher Ereignisse in dt ist von der Ordnung $O[(\mathrm{d}t)^2]$, die im Grenzübergang verschwindet.

Wie sieht die Wahrscheinlichkeitsverteilung für die Zahl von Ereignissen in einem Intervall der Länge t aus? Es sei $p_r(t)$ die Wahrscheinlichkeit von r Ereignissen. Wir definieren eine erzeugende Funktion

$$F(z, t) = \sum_{r=0}^{\infty} p_r(t) \cdot z^r \tag{1.32}$$

die in der Form Gleichung (1.14) mit der Ausnahme ähnelt, daß die Koeffizienten Zeitfunktionen sind. Aus der Definition (1.31) erkennen wir, daß

$$F(z, \mathrm{d}t) = \{1 - \rho \, \mathrm{d}t + \rho z \, \mathrm{d}t\} \tag{1.33}$$

gilt, wobei wir höhere Ordnungen des Differentials vernachlässigt haben. Nun sind Ereignisse in zwei sich nicht überlappenden Zeitintervallen unabhängige Zufallsvariablen: die wahrscheinlichkeitserzeugende Funktion ihrer Summe ist das Produkt der einzelnen wahrscheinlichkeitserzeugenden Funktionen. Also gilt

$$F(z, t + \mathrm{d}t) = F(z, t)\{1 - \rho \, \mathrm{d}t + \rho z \, \mathrm{d}t\} \tag{1.34a}$$

Hieraus folgt

$$\frac{F(z, t + \mathrm{d}t) - F(z, t)}{\mathrm{d}t} = (\rho z - \rho) F(z, t) \tag{1.34b}$$

und im Grenzwert gilt

$$\frac{\mathrm{d}}{\mathrm{d}t} F(z, t) = (\rho z - \rho) F(z, t) \tag{1.34c}$$

Diese Differentialgleichung definiert $F(z, t)$. Mit der offensichtlichen Anfangsbedingung $F(z, 0) = 1$ ergibt sich

$$F(z, t) = \mathrm{e}^{\rho t (z - 1)} \tag{1.35a}$$

Hieraus folgen die Wahrscheinlichkeiten

$$p_r(t) = \frac{(\rho t)^r}{r!} \mathrm{e}^{-\rho t} \tag{1.35b}$$

Dies ist die *Poissonsche Verteilung* mit Mittel ρt.

1.3.6 Verbundzufälligkeit (kombinierte Zufälligkeit)

Wir betrachten einen digitalen Übertragungsweg, in dem aufgrund von Fading oder Impulsinterferenzen *Fehler-Bursts* auftreten. Die Anzahl der Bursts in einem gegebenen Zeitraum ist eine Zufallsvariable mit der Verteilung $\{f\}$. Die Anzahl der Fehler während eines beliebigen Bursts ist eine Zufallsvariable X mit einer Verteilung $\{g\}$. Wie sieht die Verteilung der Gesamtfehlerzahl Y aus?

Die Antwort läßt sich leicht unter Verwendung der bedingten Kenngrößen herleiten. Die Anzahl der Bursts sei r. Dann lautet die bedingte Erzeugungsfunktion für Y

$$E(z^Y|r) = [G(z)]^r \tag{1.36a}$$

da es sich um die Summe von r Variablen mit je einer Erzeugungsfunktion $G(z)$ handelt. Summieren wir über alle Werte r mit einem geeigneten Gewicht wie in Gleichung (1.13), dann erhalten wir die unbedingte wahrscheinlichkeitserzeugende Funktion

$$E(z^Y) = \sum_r f_r[G(z)]^r = F[G(z)] \tag{1.36b}$$

Der *Poisson-Verbundprozeß* stellt einen wichtigen Sonderfall dar, in dem jedes Poisson-Ereignis ein Zufallsergebnis hat (zum Beispiel stimuliert jedes Photon in einem optischen Detektor einen Elektronenburst mit Hilfe der Lawinenmultiplikation). In diesem Fall ist $F(z)$ durch Gleichung (1.30a) gegeben, und es gilt

$$E(z^Y) = e^{\lambda[G(z)-1]} \tag{1.37}$$

Mittel und Varianz können aus Gleichung (1.24) und (1.27) bestimmt werden. Sie lauten

$$E(z^Y) = \lambda E(X) \tag{1.38a}$$

$$V(Y) = \lambda E(X^2) \tag{1.38b}$$

Wir werden später noch sehen, daß ähnliche Ausdrücke gelten, wenn X einen kontinuierlichen Stichprobenraum hat. Wenn wir diesen Ansatz erweitern, erhalten wir eine vollständige Theorie des Elektronenrauschens.

1.4 Laplace-Transformationen

Die wahrscheinlichkeitserzeugende Funktion (1.14) ist im wesentlichen eine diskrete Transformation. Das Pendant für kontinuierliche Verteilungen muß eine kontinuierliche lineare Transformation sein. Wir betrachten zuerst die nichtnegative Zufallsvariable, deren Stichprobenraum $0 \leq x < \infty$ ist. Praktische

Beispiele hierfür sind Zeitdauern oder Verzögerungen, wie sie in der Warteschlangentheorie behandelt werden. Die Verteilung wird durch eine Wahrscheinlichkeitsdichte, etwa $g(x)$, beschrieben. Die am häufigsten verwendete Kenngröße ist die Laplace-Transformierte

$$E(\mathrm{e}^{-sX}) = \int_0^\infty g(x)\mathrm{e}^{-sx}\mathrm{d}x \equiv G(s) \tag{1.39}$$

Da

$$g(x) \geq 0 \quad \text{und} \quad \int_0^\infty g(x)\mathrm{d}x = 1$$

gelten, ergibt sich daraus

$$\int_0^\infty |g(x)|\mathrm{d}x = 1 \tag{1.40}$$

Das Integral (1.39) konvergiert, und $G(s)$ existiert, zumindest für $|\mathrm{e}^{(-s)}| \leq 1$ und vielleicht auch für andere Punkte in der s-Ebene.

1.4.1 Wartezeitverteilungen

Wir betrachten den Poissonschen Punktprozeß, der in Abschnitt 1.35 definiert wurde. Die Wartezeit von einem Ereignis bis zum nächsten ist eine Zufallsvariable X_1. Allgemein gesagt, ist die Wartezeit bis zum r-ten Ereignis eine Zufallsvariable $X_r (r = 1, 2, 3 \ldots)$. Wie sehen die Verteilungen dieser Variablen aus?

Ein einfacher direkter Beweis liefert die Dichten $f^r(t)$ mit Hilfe der Poissonschen Wahrscheinlichkeiten (1.35b). Die Wahrscheinlichkeit, daß das r-te Ereignis in das Intervall $(t, t + \mathrm{d}t)$ fällt, entspricht der Verbundwahrscheinlichkeit für das Auftreten von $r - 1$ Ereignissen in $(0, t)$ und einem Ereignis in $(t, t + \mathrm{d}t)$. Durch die Multiplikation der unabhängigen Wahrscheinlichkeiten erhalten wir

$$f_r(t)\ \mathrm{d}t = p_{r-1}(t)\rho\ \mathrm{d}t \tag{1.41a}$$

Nach Substitution aus Gleichung (1.35b) ergibt sich

$$f_r(t) = \frac{\rho^r t^{r-1}\mathrm{e}^{-\rho t}}{(r-1)!} \tag{1.41b}$$

Hierbei handelt es sich um die *Gamma-Verteilung*. Der Sonderfall $r = 1$ ergibt die *Negativexponentialverteilung*

$$f_1(t) = \rho\mathrm{e}^{-\rho t} \tag{1.42}$$

Dies ist die klassische Wartezeit bis zu einem Ereignis mit gleichförmiger Wahrscheinlichkeitsdichte.

1.4.2 Summen kontinuierlicher Zufallsvariablen

Die diskrete Faltung (1.16) hat als kontinuierliches Pendant

$$h(x) = \int f(\xi)g(x-\xi)\mathrm{d}\xi \tag{1.43}$$

und nach einer Argumentation ähnlich wie im diskreten Fall erwarten wir, daß die Wahrscheinlichkeitsdichte der Summe zweier unabhängiger Zufallsvariablen mit der Faltung der beiden Dichten übereinstimmt. Bei der Laplace-Transformation ist aber klar, daß

$$E(\mathrm{e}^{-s(X+Y)}) = E(\mathrm{e}^{-sX}\mathrm{e}^{-sY}) = E(\mathrm{e}^{-sX})E(\mathrm{e}^{-sY}) \tag{1.44a}$$

gilt, so daß wir im Transformationsbereich

$$H(s) = F(s)G(s) \tag{1.44b}$$

schreiben können. Also gibt es analog zu Gleichung (1.18) auch hier eine Dreiecksbeziehung:

Addiere
Zufallsvariablen

Multiplizierе Laplace-Transformierte — *Falte* Wahrscheinlichkeitsdichten (1.45)

Die Multiplikations-/Faltungsbeziehung ist wohlbekannt in der allgemeinen Theorie der Laplace-Transformationen, zum Beispiel auch in der Anwendung auf elektrische Netze.

Wir können dieses Ergebnis veranschaulichen, wenn wir es auf Wartezeitverteilungen beziehen. Da X_r die Summe von r unabhängigen Zufallsvariablen ist, die jeweils wie X_1 verteilt sind, ergibt sich, daß

$$f_r(t) = \{f_1(t)\}^{*r} \tag{1.46}$$

gilt, wobei mit der Notation eine r-fache Faltung gemeint ist. Es läßt sich leicht durch direkte Integration zeigen, daß

$$F_1(s) = \frac{\rho}{s+\rho} \tag{1.47a}$$

gilt, und (vielleicht nicht ganz so leicht) daß

$$F_r(s) = \left(\frac{\rho}{s+\rho}\right)^r \tag{1.47b}$$

gilt; dies ist mit der allgemeinen Beziehung (1.45) konsistent.

1.4.3 Poisson-Eingänge in einem Zeitintervall zufälliger Länge

Bei Verkehrsproblemen tritt häufig eine Zufallsvariable auf, die die Anzahl der Poisson-Ereignisse in einem Zeitintervall zufälliger Länge beschreibt. In einem Warteschlangensystem zum Beispiel enthält die Warteschlange Anmeldungen, die während der Haltezeiten der gerade ablaufenden Anrufe eingingen. In einem System mit Umwegsteuerung enthält der Überlaufverkehr Anrufe, die eingelaufen sind, als die anfangs gewählte Leitung besetzt war.

Es sei X das Zeitintervall mit der Wahrscheinlichkeitsdichte $h(x)$ und der Laplace-Transformation $H(s)$. Es handele sich um Poisson-Eingänge mit der Rate ρ. Die Zahl der Eingänge im Intervall bezeichnen wir mit Y. Wir greifen hier wieder auf die bedingten Kenngrößen zurück. In einem gegebenen Zeitintervall x können wir die bedingte Erzeugungsfunktion für Y als

$$E(z^Y|x) = \mathrm{e}^{\rho x(z-1)} \tag{1.48a}$$

schreiben. Mittelwertbildung bezüglich Verteilung von X nach Gleichung (1.4) ergibt

$$\begin{aligned} E(z^Y) &= \int_0^\infty \mathrm{e}^{\rho x(z-1)} h(x)\mathrm{d}x \\ &= H(\rho - \rho z) \end{aligned} \tag{1.48b}$$

Hat das Zeitintervall beispielsweise eine Negativexponentialverteilung mit dem Mittel $1/\beta$, erhalten wir

$$h(x) = \beta \mathrm{e}^{-\beta x}, \quad H(s) = \frac{\beta}{s+\beta} \tag{1.49}$$

Hieraus folgt die wahrscheinlichkeitserzeugende Funktion

$$E(z^Y) = \frac{\beta}{\beta + \rho - \rho z} \tag{1.50}$$

Es handelt sich hier um eine geometrische Verteilung wie Gleichung (1.20) mit $p = \beta/(\beta + \rho)$.

Wenn das Zeitintervall eine Gamma-Verteilung aufweist, hat die Anzahl der Eingänge eine Negativbinomialverteilung. (Wir können dies jetzt auf mindestens drei verschiedenen Wegen zeigen: durch direkte Anwendung von (1.48c), durch die Addition negativexponentieller Zeitintervalle oder durch die Addition der geometrischen Eingänge!) Es ist allgemein bekannt, daß der Überlaufverkehr mit einer Negativexponentialverteilung approximiert werden kann.

1.4.4 Ausgangsprozeß von einer Warteschlange mit Einzelbedienung

Zum Abschluß skizzieren wir kurz ein Problem, das durch die Verwendung der Laplace-Transformation fast trivial einfach, aber ohne sie längst nicht so durchsichtig ist. Eine Warteschlange mit Einzelbedienung hat Poissonsche Eingänge mit der Rate ρ und eine negativexponentielle Haltezeit mit Mittel $1/\beta$. Wie sieht die Verteilung der Intervalle zwischen den Ausgängen aus? Wenn eine Warteschlange vorhanden ist, stimmt die Zeit zwischen den Ausgängen gerade mit der Haltezeit überein. Existiert keine Warteschlange, müssen wir bis zum nächsten zu bedienenden Eingang abwarten, so daß die Zeit zwischen den Ausgängen der Summe aus der Wartezeit bis zu einem Eingang und einer Haltezeit entspricht. Wie können wir diese Verteilungen kombinieren?

Die Antwort lautet: Wir bilden die Laplace-Transformationen mit der Nebenbedingung, daß eine Warteschlange vorhanden ist oder nicht (wir deuten dies in diesem Zusammenhang mit 1 bzw. 0 an). Eine Warteschlange existiert, wenn eine Anmeldung eingeht, während der Bediener besetzt ist, was für einen Teil ρ/β der Zeit gilt. Also erhalten wir

$$E(\mathrm{e}^{-sX}) = p_1 E(\mathrm{e}^{-sX}|1) + p_0 E(\mathrm{e}^{-sX}|0) \tag{1.51a}$$

$$= \frac{\rho}{\beta}\left(\frac{\beta}{\beta+s}\right) + \left(1-\frac{\rho}{\beta}\right)\left(\frac{\rho}{\rho+s}\right)\left(\frac{\beta}{\beta+s}\right) \tag{1.51b}$$

$$= \frac{\rho}{\rho+s} \tag{1.51c}$$

Dieses Ergebnis stimmt mit der Verteilung zwischen den Eingängen überein. Da die aufeinanderfolgenden Intervalle unabhängig sind, sind die Ausgänge tatsächlich auch ein Poissonscher Prozeß. Dies ist ein grundlegender Faktor bei der Entwicklung der Theorie der Warteschlangennetze.

1.5 Momenterzeugende Funktionen

Es gibt mehrere fast äquivalente Verfahren, die Momente einer Verteilung mit Hilfe linearer Transformationen zu berechnen. Wir stellen hier ein Verfahren vor, aus dem sich die anderen dann klar ergeben.

Wir betrachten die Kenngröße

$$E(e^{sX}) \equiv F(s)$$

X ist eine Zufallsvariable, deren Stichprobenraum die reelle Achse oder eine Teilmenge davon ist. Wird das Argument in eine Reihe entwickelt, erhalten wir

$$E(e^{sX}) = E\left\{\sum_{r=0}^{\infty} \frac{(sX)^r}{r!}\right\} = \sum_{r=0}^{\infty} \frac{s^r}{r!} E(X^r) \tag{1.52a}$$

Wir sehen, daß es sich um eine Potenzreihe handelt, deren Koeffizienten die Momente m_r aus Gleichung (1.5) enthalten. Ein Vergleich mit der Taylor-Reihe von $F(s)$

$$F(s) = \sum_{r=0}^{\infty} \frac{F^{(r)}(0)}{r!} s^r \tag{1.52b}$$

zeigt, daß

$$m_r \equiv E(X^r) = F^{(r)}(0) \tag{1.53}$$

gilt. Der Ausdruck (1.52) wird die *momenterzeugende Funktion* genannt. Aufgrund der Eigenschaften einer Wahrscheinlichkeitsverteilung muß $F(s)$ in einem Gebiet der s-Ebene konvergieren, das den Nullpunkt enthält (vgl. (1.15) und (1.40)). $F(s)$ muß jedoch nicht unbedingt Ableitungen aller Ordnungen haben, und bestimmte Verteilungen, die mit steigendem x sehr langsam anfallen, haben keine endlichen Momente. Die meisten Verteilungen, die von praktischer Bedeutung sind, haben aber endliche Momente, so daß wir

$$F(s) = 1 + m_1 s + \tfrac{1}{2} m_2 s^2 + 0(s^3) \tag{1.54}$$

schreiben können.

1.5.1 Summen von Zufallsvariablen

Für unabhängige Zufallsvariablen X und Y gilt

$$E(e^{s(X+Y)}) = E(e^{sX} e^{sY}) = E(e^{sX}) E(e^{sY}) \tag{1.55}$$

so daß die momenterzeugenden Funktionen multipliziert werden können (wie auch die wahrscheinlichkeitserzeugenden Funktionen und Laplace-Transformationen).

Manchmal ist es nützlich, eine Funktion $\psi(s)$ derart zu definieren, daß

$$E(e^{sX}) = \exp\{\psi(s)\} \tag{1.56}$$

gilt. Diese wird *logarithmische momenterzeugende Funktion* (aus offensichtlichen Gründen) oder *kumulanterzeugende Funktion* genannt. Mit den Eigenschaften des Logarithmus und der momenterzeugenden Funktion erhalten wir eine weitere Dreiecksbeziehung.

Addiere
Zufallsvariablen

Multipliziere
momenterzeugende
Funktionen

Addiere
kumulanterzeugende
Funktionen (1.57)

Es werde die kumulanterzeugende Funktion in eine Potenzreihe entwickelt:

$$\psi(s) = \sum_{r=1}^{\infty} \frac{k_r}{r!} s^r \tag{1.58a}$$

Jetzt entspricht die Addition auch der Addition der Koeffizienten k_r, die *Kumulanten* genannt werden. Im allgemeinen ist k_r eine Funktion der Momente aller Ordnungen $\leq r$. Aus der Reihenentwicklung des Logarithmus nach Gleichung (1.54) ergibt sich

$$\psi(s) = m_1 s + \tfrac{1}{2}(m_2 - m_1^2)s^2 + 0(s^3) \tag{1.58b}$$

Es folgt, daß die ersten beiden Kumulanten das Mittel und die Varianz sind, was wir auch aufgrund anderer Anhaltspunkte erwarten würden. Kumulanten höherer Ordnung sind manchmal nützlich, wenn Summenverteilungen an analytische Approximationen angepaßt werden.

Wenn wir die Laplace-Transformation einer Verteilung kennen, ergeben sich daraus schnell die momenterzeugenden und kumulanterzeugenden Funktionen. Beispielsweise gilt für die Gamma-Verteilung nach Gleichung (1.4.7b)

$$\begin{aligned}\psi(s) &= -r \log\,(1 - s/\rho) \\ &= r\left(\frac{s}{\rho} + \frac{1}{2}\frac{s^2}{\rho^2}\right) + 0(s^3)\end{aligned} \tag{1.59a}$$

Hieraus folgen

$$\text{Gamma-Verteilung:} \begin{cases} \text{Mittel} = r/\rho & (1.59\text{b}) \\ \text{Varianz} = r/\rho^2 & (1.59\text{c}) \end{cases}$$

Dies läßt sich leicht verifizieren, indem Mittel und Varianz direkt für die Negativexponentialverteilung ($r = 1$) berechnet und r ähnliche Verteilungen addiert werden.

1.5.2 Tschernow-Schranke

Wenn sich die exakten Wahrscheinlichkeiten nur schwierig berechnen lassen, ist es oft sinnvoll, eine obere Schranke für das asymptotische Verhalten der Wahrscheinlichkeit zu berechnen, wie zum Beispiel die Fehlerwahrscheinlichkeit in einem digitalen Nachrichtensystem. Die leistungsfähigste Schranke dieser Art läßt sich folgendermaßen herleiten. $U(x)$ sei eine Sprungfunktion, die den Wert 1 für $x \geq 0$ annimmt und ansonsten den Wert null aufweist. Wenn $s \geq 0$ ist, ist klar, daß

$$U(X-c) \leq \mathrm{e}^{s(X-c)} \tag{1.60}$$

für einen beliebigen reellen Wert einer Zufallsvariablen X stimmt. Wie auch immer die Verteilung von X aussehen mag, die Ungleichung bleibt richtig, wenn die Erwartungswerte auf beiden Seiten gebildet werden. Die Sprungfunktion ist die Indikatorfunktion für eine Randwahrscheinlichkeit, und es gilt

$$P(X \geq c) \leq E[\mathrm{e}^{s(X-c)}] \tag{1.61a}$$

$$= \mathrm{e}^{\psi(s)-sc} \tag{1.61b}$$

Wenn wir den Exponenten in (1.61b) minimieren, wird die Schranke am genauesten. Es existiert offensichtlich ein Extremum (in der Praxis ist dies ein Minimum), wenn

$$\psi'(s) = c \tag{1.62}$$

ist. Wenn wir beispielsweise den Mittelwert von n binären Variablen bilden, wie sieht dann die Schranke für die Wahrscheinlichkeit aus, daß der Wert $d(> p)$ überschritten wird? Wir betrachten eine Binomialverteilung (Gleichung (1.19)) mit $c = nd$. Die kumulanterzeugende Funktion lautet

$$\psi(s) = n \log\,(1 - p + p\mathrm{e}^s) \tag{1.63}$$

Durch Optimierung nach Gleichung (1.62) und durch Einsetzen in Gleichung (1.61b) erhalten wir für die Grenze

$$P(X \geq d) \leq \left\{ \left(\frac{1-p}{1-d}\right)^{1-d} \left(\frac{p}{d}\right)^{d} \right\}^{n} \tag{1.64}$$

die mit n exponentiell verschwindet.

1.6 Charakteristische Funktionen

Wir betrachten eine Zufallsvariable X, deren Stichprobenraum die reelle Achse oder eine beliebige Teilmenge hiervon ist. Die Wahrscheinlichkeitsdichte sei $g(x)$. Die Kenngröße

$$E(\mathrm{e}^{\mathrm{j}\theta X}) = \int_{-\infty}^{\infty} g(x)\mathrm{e}^{\mathrm{j}\theta x}\mathrm{d}x \equiv G(\theta) \tag{1.65}$$

wird als *charakteristische Funktion* bezeichnet. Da

$$g(x) \geq 0 \quad \text{und} \quad \int_{-\infty}^{\infty} g(x)\mathrm{d}x = 1$$

gilt, folgt hieraus

$$\int_{-\infty}^{\infty} |g(x)|\mathrm{d}x = 1 \tag{1.66}$$

Da Integral (1.65) konvergiert und $G(\theta)$ existiert zumindest für alle $|\mathrm{e}^{\mathrm{j}\theta}| \leq 1$. Die charakteristische Funktion ist insbesondere für alle reellen θ definiert, ob die Verteilung nun kontinuierlich oder diskret ist (im letzteren Fall wird die Dichte gemäß Gleichung (1.10) interpretiert). Das Integral (1.65) erkennt man als Fourier-Transformation (bis auf den Skalierungsfaktor 2π, der üblicherweise in der Signaltheorie und verschiedenen anderen Anwendungen auftritt, in der Wahrscheinlichkeitstheorie aber weggelassen wird).

1.6.1 Summen von Zufallsvariablen

Für unabhängige Zufallsvariablen X und Y gilt

$$E(\mathrm{e}^{\mathrm{j}\theta(X+Y)}) = E(\mathrm{e}^{\mathrm{j}\theta X}\mathrm{e}^{\mathrm{j}\theta Y}) = E(\mathrm{e}^{\mathrm{j}\theta X})E(\mathrm{e}^{\mathrm{j}\theta Y}) \tag{1.67}$$

so daß die kumulanterzeugenden Funktionen multipliziert werden können (wie auch die wahrscheinlichkeitserzeugenden, die momenterzeugenden Funktionen und die Laplace-Transformierten). Auch hier ergibt sich analog zu Gleichung (1.18) und (1.45) die Dreiecksbeziehung

Addiere
Zufallsvariablen

Multipliziere
charakteristische
Funktionen

Falte
Wahrscheinlichkeits-
dichten (1.68)

Die Multiplikations-/Faltungsbeziehung ist in der allgemeinen Theorie der Fourier-Transformation wohlbekannt.

Die Beziehung zwischen der charakteristischen Funktion und der momenterzeugenden Funktion bedeutet, daß Momente und Kumulanten auch aus der charakteristischen Funktion berechnet werden können. Es gilt zum Beispiel

$$m_r = \mathrm{j}^{-r} G^{(r)}(0) \tag{1.69}$$

[vgl. Gleichung (1.53)].

1.6.2 Gauß-Verteilung

Die normierte Form mit dem Mittel Null und Einheitsvarianz hat die Dichte und charakteristische Funktion

$$g(x) = \frac{1}{(2\pi)^{1/2}} \mathrm{e}^{-(1/2)x^2} \tag{1.70a}$$

$$G(\theta) = \mathrm{e}^{-(1/2)\theta^2} \tag{1.70b}$$

Die Gauß- (oder Normal-)Verteilung liegt normalerweise zweiparametrig vor, mit folgender Skalierung und Verschiebung:

$$g(x) = \frac{1}{(2\pi)^{1/2}\sigma} \exp\left\{ \frac{-(x-m)^2}{2\sigma^2} \right\} \tag{1.71a}$$

$$G(\theta) = \exp\{\mathrm{j}\theta m - \frac{1}{2}\theta^2\sigma^2\} \tag{1.71b}$$

Die Beziehung zwischen diesen beiden Funktionen entspricht den üblichen Skalierungs- und Verschiebungsregeln der Fourier-Transformation. Nach (1.71b) ist klar, daß für die kumulanterzeugende Funktion (1.56)

$$\psi(s) = ms + \tfrac{1}{2}\sigma^2 s^2 \tag{1.71c}$$

gilt, so daß Mittel und Varianz tatsächlich m und σ^2 sind, wie dies durch die Notation impliziert wird. Es zeigt sich auch, daß die Kumulanten höherer Ordnung (die Momente selbstverständlich nicht) null sind. Dann ist die Summe einer beliebigen Zahl Gaußscher Zufallsvariablen selbst wieder normalverteilt, denn wir können Terme der Form (1.71c) addieren und dabei dieselbe Form bei geeigneter Wahl von Mittel und Varianz beibehalten.

Die Gauß-Verteilung kann auf viele Dimensionen verallgemeinert werden, d.h., verschiedene Zufallsvariablen (die nicht unbedingt unabhängig sein müssen) können eine Gauß-Verbundwahrscheinlichkeit haben. Die zweidimensionale Gauß-Verteilung mit Mittel Null lautet

$$
\begin{aligned}
g(x_1, x_2) = & \frac{1}{2\pi\sigma_1\sigma_2(1-\rho^2)^{1/2}} \\
& \times \exp\left\{\frac{-1}{2(1-\rho^2)}\left(\frac{x_1^2}{\sigma_1^2} - \frac{2\rho x_1 x_2}{\sigma_1\sigma_2} + \frac{x_2^2}{\sigma_2^2}\right)\right\}
\end{aligned}
\qquad (1.72a)
$$

$$
G(\theta_1, \theta_2) = \exp\{-\frac{1}{2}(\sigma_1^2\theta_1^2 + 2\rho\sigma_1\sigma_2\theta_1\theta_2 + \sigma_2^2\theta_2^2)\} \qquad (1.72b)
$$

wobei σ_1 und σ_2 die Standabweichungen der Randverteilungen bedeuten und ρ der Korrelationskoeffizient ist. In jeder Dimension sind Rand- und bedingte Verteilungen Gauß-Verteilungen; die gemeinsame Verteilung wird durch die Kenngrößen zweiter Ordnung adäquat beschrieben. Die Summe Gaußscher Variablen ist normalverteilt.

1.6.3 Verteilungen, die mit der Gauß-Verteilung zusammenhängen

Wir betrachten zwei Zufallsvariablen X und Y, die über die Gleichung $Y = \mathrm{e}^{(X)}$ miteinander in Beziehung stehen. Wenn X eine Gauß- (oder Normal-)-Verteilung hat, dann ist die Verteilung von Y logarithmisch-normal. Die Übertragung über Wege mit Zufallsverlusten ergibt oft eine logarithmisch-normale Verteilung der Amplitude oder Leistung (entsprechend einer Normalverteilung des Pegels in Dezibel).

Die logarithmische Normalverteilung wird normalerweise durch die Parameter m und σ des Exponenten gekennzeichnet. Der Medianwert von Y ist e^m. Das Mittel ergibt sich leicht aus der charakteristischen Funktion (1.71b) oder der kumulanterzeugenden Funktion (1.71c) zu

$$
E(Y) = E(\mathrm{e}^X) = \mathrm{e}^{m+(1/2)\sigma^2} \qquad (1.73a)
$$

wenn natürliche Logarithmen verwendet werden. In der Dezibelnotation erhalten wir

$$
\text{Mittlerer Pegel in dB} = m + 0,115\sigma^2 \qquad (1.73b)
$$

wobei m und σ auch in dB ausgedrückt sind.

Wir betrachten einen Zufallsphasenschieber, dessen zwei Quadraturkomponenten jeweils eine unabhängige Gauß-Verteilung mit Mittel null und Varianz 1/2 aufweisen. Der Betrag X des Phasenschiebers hat die *Rayleigh-Verteilung* mit der Dichte

$$
f(x) = 2x\mathrm{e}^{-x^2} \qquad (1.74)
$$

die in der Theorie der Mehrwegfunkausbreitung allgemein bekannt ist. Der quadrierte Betrag $Y = X^2$ ist proportional zur Leistung, wenn der Phasenschieber eine physikalische Sinuskurve darstellt. Setzen wir $y = x^2$, dann ergibt $\mathrm{d}y = 2x\mathrm{d}x$, daß

$$\mathrm{e}^{-x^2} 2x\mathrm{d}x = \mathrm{e}^{-y}\mathrm{d}y \tag{1.75}$$

gilt. Die Leistung hat also eine negativexponentielle Dichte.

Wenn wir die Form vom physikalischen Kontext abtrennen, könnten wir sagen, daß die Variable hier die Summe zweier quadrierter Gaußscher Zufallsvariabler (die beiden Amplituden der Quadraturkomponenten) darstellt. Aus Gleichung (1.46) folgt, daß die Summe von $2r$ quadrierten Gaußschen Zufallsvariablen eine Gamma-Verteilung hat. Jetzt kann die Dichte in verallgemeinerter Form geschrieben werden:

$$f_\nu(y) = \frac{\rho^\nu y^{\nu-1}\mathrm{e}^{-\rho y}}{\Gamma(\nu)} \tag{1.76}$$

ν kann jeden beliebigen reellen Wert annehmen, für den die Gamma-Funktion $\Gamma(\nu)$ definiert ist. Verteilungen mit ganzzahligen ν (wie oben) oder mit halbzahligen ν treten sehr häufig auf. Die Summe n quadrierter Gaußscher Variablen hat eine Gamma-Verteilung der Ordnung $\nu = 1/2n$. In der Statistik wird diese *Chi-Quadrat-Verteilung* genannt.

1.6.4 Zentraler Grenzwertsatz

Wird eine große Zahl n unabhängiger Zufallsvariablen addiert oder gemittelt, so daß die Gesamtvarianz endlich und von Null verschieden ist, wobei keine Verteilung dominiert, dann geht mit steigendem n die Summenverteilung gegen die Gauß-Form. Wir zeigen dies für den Sondernfall n identisch verteilter Zufallsvariablen mit Mittel null. Jede Variable habe die Varianz $1/n$ (so daß die Summe die Varianz Eins hat.) Nach Gleichung (1.54) lautet dann die charakteristische Funktion jeder Variablen

$$F_1(\theta) = 1 - \frac{\theta^2}{2n} + O(n^{-3/2}) \tag{1.77}$$

Die charakteristische Funktion der Summe ergibt sich zu

$$F_n(\theta) = \left\{1 - \frac{\theta^2}{2n} + O(n^{-3/2})\right\}^n \tag{1.78a}$$

Mit wachsendem n gilt:

$$\lim_{n\to\infty} F_n(\theta) = \mathrm{e}^{-(1/2)\theta^2} \tag{1.78b}$$

womit eine Gauß-Verteilung (1.70) definiert wird.

Dies erklärt, warum so viele in der Praxis auftretende Zufallsvariablen normalverteilt sind. Dies ist zu erwarten, wenn die Variable die Summe vieler kleiner Beiträge ist. Elektronenrauschen ist im Normalfall die Summe von Effekten tausender (oder mehr) sich zufällig bewegender Ladungsträger. Ebenso geht das Produkt vieler unabhängiger multiplikativer Effekte gegen eine logarithmisch-normale Verteilung; vermutlich gilt dies für die Dämpfung von Übertragungswegen, Sprachpegeln etc., die oben angeführt wurden.

1.6.5 Stabile Verteilungen

Eine Verteilung wird dann *stabil* genannt, wenn auch die Summe verschiedener Variabler, die jeweils dieser Verteilung gehorchen, wieder eine Verteilung derselben Form (natürlich mit anderen Parametern) hat. Es ist klar, daß die Gauß-Verteilung stabil ist. Sie ist jedoch nicht die einzige, wie wir uns leicht überzeugen können, wenn wir diese Eigenschaft über charakteristische Funktionen ausdrücken.

Das Produkt stabiler charakteristischer Funktionen muß eine andere charakteristische Funktion derselben Form ergeben, und für charakteristische Funktionen des Typs

$$E(\mathrm{e}^{\mathrm{j}\theta X}) = \mathrm{e}^{-c|\theta|^\gamma} \tag{1.79}$$

stimmt dies offensichtlich für festen Index γ und einen beliebigen reellen positiven Parameter c.

Es läßt sich zeigen, daß Gleichung (1.79) nur dann eine charakteristische Funktion sein kann, wenn $\gamma \leq 2$ ist; ein größerer Wert ergibt im θ-Bereich einen stärkeren Abfall gegen Null, was Überschwingen im x-Bereich entspricht; Wahrscheinlichkeitsdichten sind jedoch nichtnegativ. Mehrere derartige Verteilungen treten in verschiedenen Bereichen der Wahrscheinlichkeitstheorie auf, zum Beispiel mit Werten für γ von $1/2$, 1 (Cauchy), $3/2$ (Holtsmark) und 2 (Gauß). Die Summe von Zufallsvariablen mit einer stabilen Nicht-Gaußschen Verteilung konvergiert nicht gegen einen Gaußschen Grenzwert; hierdurch ergibt sich eine Einschränkung für unseren Beweis von Gleichung (1.78).

Das Momententheorem nach Gleichung (1.69) liefert den Anhaltspunkt. Das zweite Moment ist dann und nur dann endlich, wenn die charakteristische Funktion im Ursprung zweimal differenzierbar ist, was für (1.79) nicht zutrifft, wenn $\gamma < 2$ ist. Im Beweis (1.78) wird angenommen, daß die Varianz endlich ist, und daß Momente höherer Ordnung vernachlässigbar sind, wenn sie mit Potenzen von n skaliert werden. Also ist die Gauß-Verteilung eine Grenzverteilung für Summen von Zufallsvariablen mit endlicher Varianz. Für elektrische oder akustische Schwankungen, bei denen die Varianz proportional zur Leistung ist, sind die anderen stabilen Verteilungen physikalisch unmöglich, obwohl sie in anderen Zusammenhängen wie Zufallslagen in Raum oder Zeit auftreten.

1.6.6 Stabile Eigenschaften des Poisson-Prozesses

Die Zusammenfassung verschiedener Poisson-Punktprozesse ist selbst wieder ein Poisson-Punktprozeß mit der Rate $\rho = \sum(\rho_i)$ (letztere stellen die Einzelraten dar). Dies ist nach der grundlegenden Herleitung als Prozeß mit gleichförmiger Wahrscheinlichkeitsdichte ziemlich klar. Bei einem anderen Ansatz, der mit unserer Behandlung stabiler Verteilungen konsistent ist, multipliziert man wahrscheinlichkeitserzeugende Funktionen der Form (1.35a).

Der Poisson-Prozeß ist auch ein *Grenzfall,* und zwar im folgenden Sinn: Wir betrachten die Zusammenfassung von n unabhängigen Punktprozessen, die jeweils eine stationäre Verteilung von Wartezeiten haben, mit einer endlichen mittleren Rate. Es gibt keine dominante Verteilung. Wenn dann n wächst, geht die Vereinigung gegen einen Poisson-Prozeß. Wir veranschaulichen dies dadurch, daß wir Prozesse überlagern, die jeweils so wenig zufällig sind, wie man sich nur vorstellen kann. Jeder zur Vereinigung beitragende Prozeß habe gleichförmige Intervalle τ/n, so daß die Vereinigung von n ähnlichen Prozessen die mittlere Rate $1/\tau$ aufweist. Von einem willkürlich gewählten Zeitursprung an, hat die Wartezeit bis zum nächsten Ereignis in einem Prozeß mit Zufallsphase eine gleichförmige Dichte $1/(n\tau)$ für $0 < t < n\tau$. Wenn die n Prozesse zusammengefaßt werden, gilt für die Randwahrscheinlichkeit

$$\left(1 - \frac{t}{n\tau}\right)^n \to \mathrm{e}^{-t/\tau} \tag{1.80}$$

Hierbei handelt es sich um eine Negativexponentialverteilung mit Mittel τ; wenn n zunimmt, sind die aufeinanderfolgenden Intervalle über einen zunehmenden Bereich unabhängig. Es ist nicht schwierig, ein ähnliches Ergebnis für eine ziemlich allgemeine Intervallverteilung zu beweisen. Die Klammern in Gleichung (1.80) enthalten dann einen Term der Ordnung $O(n^{-2})$, dessen Einfluß im Grenzwert verschwindet. Die Berechnung einiger endlicher Beispiele zeigt, daß die Intervallverteilung ziemlich schnell gegen eine abgebrochene Negativexponentialverteilung geht. Also kann die Vereinigung vieler unabhängiger Quellen von Punktprozessen (die in praktischen Problemen wie Verkehrsfluß, optischer Emission, elektrische Interferenz etc. sehr häufig auftreten) in angemessener Weise durch einen Poisson-Prozeß nachgebildet werden kann.

1.6.7 Gauß-Zufallsprozeß

Einen Zufallsprozeß, dessen Zustandsraum und Indexmenge kontinuierlich sind, nennt man einen *Gauß-Prozeß,* wenn eine beliebige Stichprobenmenge daraus eine gemeinsame Wahrscheinlichkeitsverteilung mit Gaußscher Form hat. Insbesondere zwei Stichproben aus einem stationären Prozeß mit Mittel Null haben die gemeinsamen Verteilung (1.72) mit $\sigma_1 = \sigma_2$. Der Korrelationskoeffizient ρ ist eine Funktion der zeitlichen Abstands τ zwischen den Stichproben. Es ist üblich, einen Gauß-Prozeß über die Autokorrelationsfunktion $\rho(\tau)$ und das Leistungsspektrum zu beschreiben. Diese hängen über die Fourier-Transformation zusammen. Das Thema wird gründlich von Lehrbüchern über die Signaltheorie abgedeckt und deshalb hier nicht weiter vertieft.

Wird ein Gauß-Prozeß als Eingang auf ein lineares Filter gelegt, ist der Ausgang auch ein Gauß-Prozeß. Denn ein lineares Filter erzeugt seinen Ausgang mittels Faltung, d.h., durch gewichtete Summation der Eingangswerte zu verschiedenen Zeitpunkten. Nun haben alle Eingangsstichproben eine Gauß-Verbundverteilung und die Gauß-Verteilung ist stabil, daraus folgt das Ergebnis.

1.6.8 Gefilterter Poisson-Prozeß

Zufällig verteilte Photonen, die in einen Fotodetektor einfallen, sind als Beispiel für einen Poisson-Prozeß angeführt worden. Nehmen wir an, daß jedes Photon einen Ladungsträger in den Detektorstromkreis* auslöst. Wie sehen die Kenngrößen des Ausgangsstroms aus?

Der nahezu instantane Durchgang einer Elektronenladung zum Zeitpunkt t_i impliziert einen Impulsstrom $e\delta(t - t_i)$. Die Impulsantwort des Stromkreises sei $h(t)$, und der entsprechende Frequenzgang sei $H(f)$. Dann ist der Ausgang zum Zeitpunkt t eine Zufallsvariable

$$X(t) = \mathrm{e}\sum_i h(t - t_i) \tag{1.81}$$

deren charakteristische Funktion wir jetzt berechnen werden. Wir betrachten die Elektronen, die in einem Zeitintervall $\Delta\tau$ fließen, das um den Zeitpunkt τ zentriert ist. Die Anzahl der Elektronen hat eine Poisson-Verteilung mit Mittel $\rho\Delta\tau$. Jedes Elektron bringt einen Beitrag $\exp\{\mathrm{j}\theta eh(t-\tau)\}$ zur charakteristischen Funktion. Also gilt für die charakteristische Funktion in bezug auf das Intervall $\Delta\tau$

$$\sum_{r=0}^{\infty} \mathrm{e}^{-\rho\Delta\tau}\frac{(\rho\Delta\tau)^r}{r!}\mathrm{e}^{\mathrm{j}\theta reh(t-\tau)} = \exp[\rho\Delta\tau\{\mathrm{e}^{\mathrm{j}\theta eh(t-\tau)} - 1\}] \tag{1.82a}$$

Die Ereignisse in verschiedenen Intervallen $\Delta\tau$ sind unabhängig, also ist der Gesamtausgang die Summe von unabhängigen Zufallsvariablen. Nach Gleichung (1.68) müssen wir die zugehörigen charakteristischen Funktionen multiplizieren. Diese haben die exponentielle Form (1.82a), also addieren wir die Exponenten. Wenn wir zum Grenzwert übergehen, ergibt sich

$$\exp\left[\rho\int\{\mathrm{e}^{\mathrm{j}\theta eh(t-\tau)} - 1\}\mathrm{d}\tau\right] \tag{1.82b}$$

* Ein Physiker mag fragen, was denn mit der Quantenwirkung <1 sei. Der Wahrscheinlichkeitstheoretiker kann antworten, daß unabhängige Zufallsauslöschungen aus einem Poisson-Prozeß einen Poisson-Restprozeß mit geringerer Rate hinterlassen. Hinweis: Verwenden Sie Gleichung (1.37), um dies zu beweisen.

Schließlich ist, falls X stationär ist, der Ursprung bedeutungslos, und wir können

$$E(\mathrm{e}^{\mathrm{j}\theta X}) = \exp\left[\rho \int \{\mathrm{e}^{\mathrm{j}\theta e h(\tau)} - 1\} \mathrm{d}\tau\right] \tag{1.82c}$$

schreiben. Dieses Ergebnis ist die gesuchte charakteristische Funktion.

Die Berechnung der Momente mit Hilfe von Gleichung (1.69) liefert

$$E(X) = \rho \mathrm{e} \int h(\tau) \mathrm{d}\tau = \rho \mathrm{e} H(0) \tag{1.83a}$$

$$V(X) = \rho \mathrm{e}^2 \int |h(\tau)|^2 \mathrm{d}\tau = \rho \mathrm{e}^2 \int_{-\infty}^{\infty} |H(f)|^2 \mathrm{d}f \tag{1.83b}$$

Die Stichproben eines gefilterten Poisson-Prozesses sind analog zu einem Poisson-Verbundprozeß, und die Kenngrößen (1.83) ähneln ganz offensichtlich (1.38).

Wenn wir auf $H(0) = 1$ normieren und den mittleren Strom und die Rauschbandbreite als

$$I = \rho \mathrm{e} \tag{1.84}$$

und

$$B = \int_{0}^{\infty} |H(f)|^2 \mathrm{d}f \tag{1.85}$$

definieren, ergeben sich die Ausgangskenngrößen zu

$$E(X) = I \tag{1.86a}$$

$$V(X) = 2I\mathrm{e}B \tag{1.86b}$$

wobei die letzte Gleichung der klassischer Ausdruck für das Schrot- oder Quantenrauschen ist.

Es ist auch möglich, zu zeigen (obwohl wir es hier nicht beweisen werden), daß

1. für die Kovarianz des gefilterten Poisson-Prozesses

$$\mathrm{Cov}[X(t), X(t+\tau)] = \rho \mathrm{e}^2 \int h(t) h(t+\tau) \mathrm{d}t \tag{1.87}$$

gilt, wobei das Integral die Fourier-Transformierte des Leistungsspektrums des Filters ist, d.h., das Leistungsspektrum des gefilterten Rauschens ist lediglich das des Filters, die Rauschquelle kann als "weiß" angesehen werden;

2. die charakteristische Funktion (1.82c) gegen die charakteristische Funktion der Gauß-Verteilung geht, wenn die Zahl der sich überlappenden gefilterten Ereignisse groß ist.

Zusammen mit diesen zusätzlichen Feststellungen bildet die Theorie, die wir hier dargestellt haben, eine wesentliche Verbindung zwischen Punktprozessen und kontinuierlichen Zufallsprozessen.

1.7 Philosophische Gedanken

Das Bemerkenswerte an der vorliegenden Theorie ist ihre Geschlossenheit. Die verschiedenen Transformationen und Erzeugungsfunktionen unterscheiden sich nur geringfügig voneinander. Es hat sich herausgestellt, daß die verschiedenen vorgestellten Verteilungen und Prozesse (die zu den wichtigsten gehören und am häufigsten in der Praxis auftreten) über Variablen- und Parametertransformationen, ein Randomisierungsverfahren oder einen Grenzprozeß bestimmmter Art miteinander in Beziehung stehen. Die Eigenschaften der Verteilungen ergeben sich ganz natürlich, wenn wir die Transformationen verwenden*. Warum ist das so?

Nach der Meinung des Autors ist der Schlüssel die dreifache Beziehung, die im Zusammenhang mit jeder Transformation wieder auftaucht - vgl. Gleichung (1.18), (1.45), (1.57) und (1.68). Die Technik der Erzeugungsfunktionen und linearen Transformationen ist in idealer Weise dazu geeignet, die Kenngrößen von Zufallsvariablen zu manipulieren, die als die Summe vieler kleiner Beiträge auftreten. Aber fast jede für den Nachrichtentechniker wichtige Zufallsvariable ist von dieser Art. Signale und Rauschen stellen die summierte Wirkung vieler Elektronen oder Photonen dar. Verkehr ist die Summe des Bedarfs aus vielen Quellen. Übertragungswegverluste sind die Summe vieler Beiträge aus Leitungsteilen, Verstärkern, Funkwegen etc. Ein schwächer werdender Kanal ist das Ergebnis der Mehrwegsausbreitung. Dasselbe gilt für viele andere Gebiete. Allgemein gesprochen suchen wir eine bestimmte Erklärung, wenn ein beobachtbares Phänomen eine dominante Ursache hat. Wenn es auf viele kleine Ursachen zurückgeführt werden kann, kann es in der Praxis nicht in allen Einzelheiten vorausgesagt werden. Also suchen wir eine statistische Theorie, die uns sagen soll, was im großen und ganzen geschehen wird. Mit dem hier Vorgestellten steht uns ein natürlicher und leistungsfähiger Teil der statistischen Theorie zur Verfügung.

---

* Es lohnt sich vielleicht, die Anmerkung zu machen, daß die hier gegebenen Beweise und Herleitungen, von denen einige neu sind, ungewöhnlich kurz und direkt sind. Vergleichen Sie zum Beispiel die Herleitung der Poisson-Verteilung (1.35) und der Gamma-Verteilung (1.41) mit den Herleitungen, die in den meisten Lehrbüchern zur Wahrscheinlichkeitstheorie zu finden sind.

2 Spektralcharakterisierung zyklostationärer Zufallsprozesse

J. J. O'Reilly

2.1 Einführung

Ein Großteil der statistischen Nachrichtentheorie beschäftigt sich mit der Darstellung und Analyse von Zufalls- oder stochastischen Prozessen, und zwar insbesondere mit stationären Prozessen, für die die verwandten Begriffe der Autokorrelationsfunktion und des Leistungsspektrums besonders wichtige Kenngrößen darstellen. Im vorliegenden Zusammenhang sind die interessanten Prozesse jedoch nicht *stationär,* sondern *zyklostationär,* und es bedarf einiger Sorgfalt, um eine gültige Spektralcharakterisierung herzuleiten. In diesem Beitrag werden die Korrelationsaspekte und die Spektraltheorie der stationären Prozesse noch einmal untersucht, und es werden Modifikationen dieser Theorie vorgestellt, die erforderlich sind, um der Zyklostationärität Rechnung zu tragen. Im Einklang mit dem vorliegenden Thema werden die Ausführungen in dem Bereich digitaler Signale veranschaulicht, aber man sollte sich dessen bewußt sein, daß die Konzepte und Techniken allgemeiner anwendbar sind.

2.2 Stochastische Prozesse - allgemeine Begriffe

Vom physikalischen Standpunkt aus ist ein stochastischer Prozeß ein zeitabhängiger Prozeß, der bis zu einem bestimmten Grad einem Zufallsmechanismus unterliegt. Formaler ausgedrückt definieren wir einen stochastischen Prozeß $X(t, \omega)$ als Funktion zweier Variablen t und ω, $t \in T$, der Indexmenge, und $\omega \in \omega$, dem Ereignisraum. Für alle t Element T existiert eine Zufallsvariable $X(t, \omega)$, eine Stichprobe des Zufallsprozesses, die Werte in einem Stichprobenraum S annimmt, der in diesem Zusammenhang Zustandsraum genannt wird und reell ist. Es gibt demnach vier mögliche Interpretationen für $X(t, \omega)$, die jeweils vom Charakter von t und ω abhängen:

1. t und ω fest: $X(t, \omega)$ ist eine reelle Zahl;
2. t und ω variabel: $X(t, \omega)$ ist ein stochastischer Prozeß;
3. t fest, ω variabel: $X(t, \omega)$ ist eine Zufallsvariable;
4. t variabel, ω fest: $X(t, \omega)$ ist eine Zeitfunktion, die auch *Stichprobenfunktion* oder *Realisierung* des Prozesses genannt wird.

Wenn wir einen stochastischen Prozeß als eine Menge von Zeitfunktionen betrachten, kann der Ereignisraum endlich, abzählbar unendlich oder überabzählbar sein.

2.2.1 Einteilung der Prozesse

Es ist sinnvoll, stochastische Prozesse nach den Eigenschaften von T und S einzuteilen. Wir betrachten zuerst T. Besonders wichtig sind: (1) T ist eine abzählbar unendliche Folge; in diesem Fall wird $X(t, \omega)$ eine *stochastische Folge* genannt, und (2) T ist die gesamte reelle Achse. Wenn wir jetzt S betrachten, können wir Prozesse oder Folgen weiterhin als *kontinuierlich* oder *diskret* einteilen, in Abhängigkeit davon, ob die Zufallsvariable $X(t, \omega)$ einen beliebigen Wert aus einem Kontinuum von Werten annehmen kann oder auf bestimmte diskrete Werte beschränkt ist.

Um die Notation zu vereinfachen, ist es praktisch, den speziellen Bezug auf den Ereignisraum wegzulassen und $X(t)$ als den stochastischen Prozeß und auch die entsprechende Zufallsvariable zum Zeitpunkt t mit $x(t)$ als spezielle Realisierung des Prozesses aufzufassen.

2.2.2 Kenngrößen eines stochastischen Prozesses

Für einen speziellen Wert von t kann die Zufallsvariable $X(t)$ durch eine Wahrscheinlichkeitsdichtefunktion erster Ordnung charakterisiert werden, die wir mit $f_x(x, t)$ bezeichnen, um die mögliche Zeitabhängigkeit zu betonen. Die Momente erster Ordnung von $X(t)$ ergeben sich also zu

$$M_X^{(n)}(t) \triangleq E\{X(t)^n\} = \int_{-\infty}^{\infty} x^n f_X(x, t) \, \mathrm{d}x \tag{2.1}$$

$E\{\ \}$ bezeichnet hier den *Erwartungswert* oder *Ensemble-Mittelwert*. Von besonderem Interesse ist für uns der Mittelwert des Prozesses $E\{X(t)\}$, der im allgemeinen zeitabhängig ist.

Für die Kenngrößen höherer Ordnung betrachten wir eine willkürliche endliche Menge von Zeitpunkten $\{t_i\}$, den zugeordneten Zufallsvektor $(X(t_1), X(t_2), \ldots, X(t_n))$ und die Dichtefunktion N-ter Ordnung $f_x(x_1, \ldots, x_N; t_1, \ldots, t_N)$. Auf diese Weise können mehrdimensionale Kenngrößen ein geeignetes Mittel für die Beschreibung und Untersuchung eines Prozesses darstellen, obwohl eine vollständige Beschreibung im Sinne einer

Spezifikation des Prozesses im allgemeinen nicht möglich sein wird, da dann f_x für alle $\{t_i\}$ und alle N bekannt sein muß. In der Praxis verlassen wir uns oft auf Teilbeschreibungen oder behandeln Prozesse, die vollständig spezifiziert sind, sobald nur ein kleiner Satz von Kenngrößen bekannt ist. Insbesondere ist es oft angemessen, sich nur mit Kenngrößen bis maximal zweiter Ordnung zu befassen. Betrachten wir insbesondere Kenngrößen zweiter Ordnung, dann definieren wir eine *Autokorrelationsfunktion* für einen stochastischen Prozeß $X(t)$ durch

$$R_X(t_1, t_2) \triangleq E\{X(t_1)X(t_2)\} \tag{2.2}$$

Dies ist eine Funktion von zwei Variablen t_1 und t_2. Es ist oft sehr praktisch, Gleichung (2.2) mit der Differenz der Stichprobenzeiten als $R_x(t, t+\tau)$ zu schreiben, wobei $t \equiv t_1$ und $\tau = t_2 - t_1$.

2.2.3 Stationarität

Ein Prozeß wird im *engeren Sinne stationär* genau dann genannt, wenn alle Kenngrößen zeitinvariant sind: Also haben $X(t)$ und $X(t+\epsilon)$ für alle ϵ dieselben Kenngrößen. Eine weniger strenge Form der Stationarität verlangt lediglich, daß das Mittel und die Autokorrelationsfunktion zeitinvariant sind:

$$E\{X(t)\} = M_X = \bar{X} \text{ eine Konstante;}$$
$$E\{X(t)X(t+\tau)\} \equiv R_X(\tau)$$
$$\text{nur eine Funktion der Zeitdifferenz } \tau. \tag{2.3}$$

Ein solcher Prozeß wird im *weiteren Sinne stationärer Prozeß* oder *kovarianzstationärer Prozeß* genannt. Es ist klar, daß ein im engeren Sinne stationärer Prozeß auch im weiteren Sinne stationär ist; die Umkehrung kann jedoch nicht gewährleistet werden.

2.2.4 Zeitmittelwerte und Ergodizität

Wenn wir nun unsere Aufmerksamkeit auf die einzelnen Funktionen, die Realisierungen des stochastischen Prozesses sind, lenken, ist es angebracht, einen Zeitmittelungsoperator $A\{\ \}$ durch

$$A\{\xi(t)\} \triangleq \lim_{T\to\infty} \frac{1}{T} \int_{-T/2}^{T/2} \xi(t)\, \mathrm{d}t \tag{2.4}$$

für einen zeitlich kontinuierlichen Prozeß und durch

$$A\{\xi\} \triangleq \lim_{N\to\infty} \frac{1}{2N+1} \sum_{r=-N}^{N} \xi_r \tag{2.5}$$

für einen stochastischen Prozeß definieren. Hierbei ist eine Funktion von einer oder mehreren Realisierungen. Spezielle wichtige Zeitdurchschnitte sind: Das Mittel einer Stichprobenfunktion

$$\bar{x} = A\{x(t)\} \tag{2.6}$$

und die *zeitliche Autokorrelationsfunktion*

$$R_x(\tau) = A\{x(t)x(t+\tau)\} \tag{2.7}$$

Bei gegebener Realisierung ist $\bar{x}$ eine Zahl und $R_x(\tau)$ eine Funktion von τ, aber beide können von der jeweiligen Realisierung abhängen. Wenn wir also die Menge aller möglichen Realisierungen betrachten, müssen $\bar{x}$ und $R_x(\tau)$ als Zufallsvariablen angesehen werden. Es ist daher angebracht Erwartungswerte auszurechnen. Wenn wir annehmen, daß $X(t)$ im weiteren Sinne stationär ist und daß wir die Reihenfolge der Integration und Erwartungswertbildung vertauschen können, dann gilt

$$\begin{aligned} E\{\bar{x}\} &= E\left\{\lim_{T\to\infty} \frac{1}{2T}\int_{-T}^{T} x(t)\; \mathrm{d}t\right\} \\ &= \lim_{T\to\infty} \frac{1}{2T}\int_{-T}^{T} E\{X(t)\}\; \mathrm{d}t \\ &= \bar{X} \end{aligned} \tag{2.8}$$

Ebenso gilt

$$E\{R_x(\tau)\} = R_X(\tau) \tag{2.9}$$

Ein *ergodischer Prozeß* ist ein stationärer Prozeß mit der zusätzlichen Eigenschaft, daß Ensemblemittelwerte und Zeitmittelwerte mit der Wahrscheinlichkeit eins gleich sind. Es gibt Grade der Ergodizität, die wir in bezug auf wichtige Parameter definieren. Für einen im weiteren Sinne stationären Prozeß beispielsweise gilt $\bar{x} = \bar{X}$, wenn er im Mittel ergodisch ist, und $R_x(\tau) = R_X(\tau)$, wenn er in der Autokorrelation ergodisch ist.

2.3 Leistungsspektrum für einen stochastischen Prozeß

Bei einem im weiteren Sinne stationären Prozeß hängt die Autokorrelationsfunktion nur von der Zeitdifferenz τ ab und hat die Eigenschaften

$$\begin{aligned} R_X(\tau) &= R_X(-\tau) \\ |R_X(\tau)| &\le R_X(0) = \overline{X^2} \end{aligned} \tag{2.10}$$

Die Fourier-Transformation der Autokorrelationsfunktion ist das *Leistungsspektrum* oder die *Leistungsspektraldichte* eines solchen Prozesses:

$$S_X(f) \triangleq \int_{-\infty}^{\infty} R_X(\tau)\mathrm{e}^{-\mathrm{j}e\pi ft}\,\mathrm{d}\tau \tag{2.11}$$

Der Ausdruck ist reellwertig, gerade und nichtnegativ.

Es ist instruktiv, Spektralcharakterisierungen mittels Operationen an Stichprobenfunktionen zu untersuchen. Für eine Realisierung $x(t)$ definieren wir eine Abbruchfunktion $x_T(t)$:

$$x_T(t) \triangleq \begin{cases} x(t), |t| < T/2 \\ \text{sonst } 0 \end{cases}$$

so daß

$$x(t) = \lim_{T\to\infty} x_T(t) \tag{2.12}$$

gilt. Durch diesen Abbruch sind wir in der Lage, die Fourier-Transformation zu bilden

$$x_T(f) = \int_{-\infty}^{\infty} x_T(t)\mathrm{e}^{-\mathrm{j}2\pi ft}\,\mathrm{d}t \Leftrightarrow x_T(t) = \int_{-\infty}^{\infty} X_T(f)\mathrm{e}^{\mathrm{j}2\pi ft}\,\mathrm{d}f \tag{2.13}$$

und die Energie als

$$\begin{aligned} E_T &= \int_{-\infty}^{\infty} |x_T(t)|^2\,\mathrm{d}t = \int_{-T/2}^{T/2} |x(t)|^2\,\mathrm{d}t \\ &= \int_{-\infty}^{\infty} |X_T(f)|^2\,\mathrm{d}f, \end{aligned} \tag{2.14}$$

durch das Parseval-Theorem zu schreiben. Über ein Leistungssignal $x(t)$ ordnen wir ein Leistungsspektrum mit einer Fläche zu, die der durchschnittlichen Leistung entspricht; es bietet sich an, die Leistung in $x(t)$ im Intervall $(-T/2, T/2)$ zu betrachten:

$$P_T = \frac{E_T}{T} = \int_{-\infty}^{\infty} \frac{1}{T}|X_T(f)|^2\,\mathrm{d}f \tag{2.15}$$

Die Funktion unter dem Integral beschreibt die Verteilung der Leistung auf der Frequenzachse und führt auf das Leistungsspektrum für eine Realisierung $x(t)$:

$$S_x(f) \triangleq \lim_{T\to\infty} \frac{1}{T}|X_T(f)|^2 \tag{2.16}$$

Da Gleichung (2.16) für eine Einzelrealisierung gilt, bildet sie eine Zufallsvariable in bezug auf den Prozeß. Um eine Charakterisierung des ganzen Prozesses zu erhalten, müssen wir über alle Realisierungen mitteln und zum Schluß den Grenzübergang durchführen [1]:

$$S_X(f) = \lim_{T\to\infty} \frac{1}{T} E\{|X_T(f)|^2\} \tag{2.17}$$

Wir können Gleichung (2.17) verwenden, um $S_X(f)$ mit Hilfe der Autokorrelationsfunktion folgendermaßen zu schreiben:

$$\begin{aligned}
S_X(f) &= \lim_{T\to\infty} E\left\{\frac{1}{T}\int_{-T/2}^{T/2} X(t_1)e^{j2\lambda f t_1}\,dt_1\right. \\
&\quad \times \int_{-t/2}^{T/2}\int_{-t/2}^{T/2} X(t_2)e^{-j2\pi f t_2}\,dt_2 \,\} \\
&= \lim_{T\to\infty} \frac{1}{T}\int_{-T/2}^{T/2}\int_{-T/2}^{T/2} E\{X(t_1)X(t_2)\}e^{-j2\pi f(t_2-t_1)}\,dt_2\,dt_1 \\
&= \lim_{T\to\infty} \frac{1}{T}\int_{-T/2}^{T/2}\int_{-T/2}^{T/2} R_X(t_1,t_2)e^{-j2\pi f(t_1-t_2)}\,dt_1\,dt_2 \\
&= \lim_{T\to\infty} \frac{1}{T}\int_{-T/2}^{T/2} R_X(t,t+\tau)\,dt.e^{-j2\pi f\tau}\,d\tau \qquad (2.18) \\
&= \lim_{T\to\infty} \frac{1}{T}\int_{-T/2}^{T/2} A\{R_X(t,t+\tau)\}e^{-j2\pi f\tau}\,d\tau
\end{aligned}$$

In dieser Interpretation bilden das Leistungsspektrum und der Zeitmittelwert der Autokorrelationsfunktion ein Paar von Fourier-Transformierten

$$S_X(f) \Leftrightarrow A\{R_X(t,t+\tau)\} \tag{2.19}$$

Wenn $X(t)$ im weiteren Sinne stationär ist, dann gilt

$$A\{R_X(t,t+\tau)\} = R_X(t,t+\tau) = R_X(\tau)$$

für alle t, und wir erhalten das (2.11) entsprechende Ergebnis

$$S_X(f) \Leftrightarrow R_X(\tau) \tag{2.20}$$

Dies wird das *Wiener-Kintchine-Theorem* genannt.

Man beachte, daß Gleichung (2.19) zwar eine Charakterisierung eines nichtstationären Prozesses mittels des Zeitungsspektrums darstellt [die Existenz des Grenzwertes in (2.18) immer vorausgesetzt], aber als Folge der Zeitmittelungsoperation weniger Informationen enthält als die Autokorrelationsfunktion

$R_x(t, t+\tau)$. Eine Spektralcharakterisierung, mit der dieser Informationsverlust vermieden und ein Äquivalent zum Wiener-Kintchin-Theorem für nichtstationäre Prozesse zur Verfügung gestellt wird, läßt sich über die doppelte Fourier-Transformation erreichen:

$$\Gamma_X(f_1, f_2) \triangleq \int_{-\infty}^{\infty} \int_{-\infty}^{\infty} R_X(t_1, t_2) \mathrm{e}^{-j2\pi(f_1 t_1 - f_2 t_2)}\, \mathrm{d}t_1\, \mathrm{d}t_2 \tag{2.21}$$

Die Inverse lautet:

$$R_X(t_1 t_2) = \int_{-\infty}^{\infty} \int_{-\infty}^{\infty} \Gamma_X(f_1, f_2) \mathrm{e}^{j2\pi(f_1 t_1 - f_2 t_2)}\, \mathrm{d}f_1\, \mathrm{d}f_2 \tag{2.22}$$

Für unsere Zwecke sind jedoch die zeitlich gemittelte Autokorrelationsfunktion und das gemittelte Leistungsspektrum von (2.19) ausreichend. Es läßt sich zeigen [2], daß

$$S_X(f) = \Gamma_X(f, f) \geq 0 \tag{2.23}$$

und

$$S_Y(f) = S_X(f)|H(f)|^2 \tag{2.24}$$

gelten, mit $Y(t)$ als stochastischem Prozeß am Ausgang eines linearen Systems, $H(f)$ als Übertragungsfunktion und $X(t)$ als treibender Prozeß. Das durchschnittliche Leistungsspektrum hat dieselben Eigenschaften wie das Leistungsspektrum eines stationären Prozesses.

2.4 Zyklostationäre Prozesse

Viele stochastische Prozesse, auf die man in der Praxis stößt, sind stationär. Wichtige Ausnahmen hiervon, die in Fernmeldesystemen oft auftreten, sind Prozesse, für die die Kenngrößen periodisch und nicht zeitinvariant sind. Dies kann zum Beispiel dann auftreten, wenn ein stationärer Prozeß einer sich wiederholenden Verarbeitungsoperationen wie Stichprobennahme, Abtastung, Modulation oder Multiplexing unterzogen wird. Solche Prozesse werden *zyklostationär* genannt*.

Es existieren Grade der Zyklostationarität wie auch bei Stationarität und Ergodizität. Wir brauchen uns hier nur mit der Zyklostationarität im weiteren Sinne zu beschäftigen, die durch

* Die Begriffe "periodisch stationär", "periodisch korreliert" und "periodisch instationär" werden auch verwendet [5,6,7].

$$\begin{aligned} M_X(t) &\triangleq E\{X(t)\} = M_X(t+T) && \text{für alle } t \\ R_X(t, t+\tau) &= R_X(t+T, t+T+\tau) && \text{für alle } t, \tau \end{aligned} \tag{2.25}$$

definiert wird. T ist hier die Periode und das kleinste Zeitintervall, für das sich die Gleichheit ergibt. Eine Spektralcharakterisierung ist durch unsere vorangegangene Entwicklung über die zeitlich gemittelte Autokorrelationsfunktion gegeben. Da aber $R_X(t, t+\tau)$ periodisch in t ist, reicht es jetzt aus, wenn nur über eine Periode gemittelt wird. Wir vermeiden damit den Grenzprozeß:

$$\tilde{R}_X(\tau) \triangleq \frac{1}{T} \int_{-T/2}^{T/2} R_X(t, t+\tau)\, \mathrm{d}t \equiv A\{R_X(t, t+\tau)\} \tag{2.26}$$

2.4.1 Phasenrandomisierung

Alternativ zur zeitlichen Mittelung eines zyklostationären Prozesses können wir versuchen, einen verwandten stationären Prozeß zu bilden, aus dem die zeitinvarianten Kenngrößen direkt bestimmt werden können [4,8]. Dieses Verfahren ist für einen zyklostationären Prozeß geeignet und sehr aufschlußreich. Zur Veranschaulichung betrachten wir ein synchrones pulsamplitudenmoduliertes (PAM-) Signal

$$X(t) = \sum_i a_i p(t - iT) \tag{2.27}$$

worin $p(t)$ das Signalelement und $\{a_i; i \in Z\}$ eine stochastische Folge ist, das die Pulsamplitude definiert. Es sei $\{a_i\}$ im weiteren Sinne stationär, so daß

$$\left.\begin{aligned} E\{a_i\} &= \bar{a} \\ E\{a_i a_{i+k}\} &= R_a(k) = R_a(-k) \end{aligned}\right\} \text{ für alle } i \tag{2.28}$$

gilt.
Wir erhalten dann

$$\begin{aligned} E\{X(t)\} &= \sum_i E\{a_i\} p(t - iT) = \bar{a} \sum_i p(t - T) \\ &= E\{X(t+T)\} \end{aligned} \tag{2.29}$$

Es gilt auch:

$$\begin{aligned} R_X(t, t+\tau) &= E\{X(t) X(t+\tau)\} \\ &= \sum_i \sum_j E\{a_i a_j\} p(t - iT) p(t + \tau - \mathrm{j}T) \end{aligned}$$

Wenn wir $j = i + k$ setzen, ergibt sich

$$\begin{aligned} R_X(t, t+\tau) &= \sum_k R_a(k) \sum_i p(t - iT) p(t + \tau - iT - kT) \\ &= R_X(t + T, t + T + \tau) \end{aligned} \tag{2.30}$$

Das PAM-Signal ist also im weiteren Sinne zyklostationär. Es läßt sich ein verwandter stationärer Prozeß erzeugen, wenn wir die Referenzzeiten für die einzelnen Realisierungen in Gleichung (2.27) randomisieren. Hierfür müssen wir eine Variable Δ zur Phasenrandomisierung einführen, die gleichförmig über eine Periode, zum Beispiel $[0, T]$ verteilt ist. Für den Prozeß gilt dann

$$X_\Delta(t) = \sum_i a_i p(t - iT - \Delta) \tag{2.31}$$

Das Mittel ist durch

$$\begin{aligned} E\{X_\Delta(t)\} &= \sum_i E\{a_i\} \frac{1}{T} \int_0^T p(t - iT - \Delta)\, \mathrm{d}\Delta \\ &= \frac{\bar{a}}{T} \int_{-\infty}^{\infty} p(t)\, \mathrm{d}t \\ &= E\{X_\Delta(t + \varepsilon)\} \text{ für alle } \varepsilon \end{aligned} \tag{2.32}$$

gegeben. Hierbei haben wir die Tatsache ausgenutzt, daß Δ gleichförmig auf $[0, T]$ verteilt ist und damit eine Wahrscheinlichkeitsdichte von $1/T$ auf diesem Intervall hat. Die Autokorrelationsfunktion erhalten wir folgendermaßen:

$$\begin{aligned} R_{X_\Delta}(t, t+\tau) &= \frac{1}{T} \sum_k \sum_i E\{a_i a_{i+k}\} \\ &\quad \times \int_0^T p(t - iT - \Delta) p(t + \tau - iT - kT - \Delta)\, \mathrm{d}\Delta \\ &= \frac{1}{T} \sum_k R_a(k) \sum_i \int_0^T \\ &\quad \times \sum_i \int_0^T p(t - iT - \Delta) p(t + \tau - iT - kT - \Delta)\, \mathrm{d}\Delta \\ &= \frac{1}{T} \sum_k R_a(k) \int_{-\infty}^{\infty} p(t - \Delta) p(t + \tau - kT - \Delta)\, \mathrm{d}\Delta \\ &= \frac{1}{T} \sum_k R_a(k) R_p(\tau - kT) \\ &= R_{X_\Delta}(t + \varepsilon, t + \varepsilon + \tau) \text{ für alle } \varepsilon \end{aligned} \tag{2.33}$$

Hierin ist

$$R_p(\tau) \triangleq \int_{-\infty}^{\infty} p(t)p(t+\tau)\ \mathrm{d}t \tag{2.34}$$

die Autokorrelationsfunktion für das deterministische Signalelement mit endlicher Energie, $p(t)$.

Aus Gleichung (2.32) und (2.33) können wir ablesen, daß der phasenrandomisierte Prozeß $X_\Delta(t)$ ein zeitinvariantes Mittel und eine zeitinvariante Autokorrelationsfunktion hat und somit, wie gewünscht, im weiteren Sinne stationär ist. Beachten Sie aber, daß durch die Zeitmittelung (2.29) und (2.30) dieselben Ergebnisse erzielt werden:

$$\begin{aligned} \tilde{M}_X &\triangleq \frac{1}{T}\int_0^T E\{X(t)\}\ \mathrm{d}t \\ &= \frac{1}{T}\int_0^T \bar{a}\sum_i p(t-iT)\ \mathrm{d}t = \frac{\bar{a}}{T}\int_{-\infty}^{\infty} p(t)\ \mathrm{d}t \\ &= E\{X_\Delta(t)\} \end{aligned} \tag{2.35}$$

und

$$\begin{aligned} \tilde{R}_X(\tau) &\triangleq \frac{1}{T}\int_0^T R_X(t,t+\tau)\ \mathrm{d}t \\ &= \frac{1}{T}\int_0^T \sum_k R_a(k)\sum_i p(t-iT)p(t+\tau-iT-kT)\ \mathrm{d}t \\ &= \frac{1}{T}\sum_k R_a(k)\int_{-\infty}^{\infty} p(t)p(t+\tau-kT)\ \mathrm{d}t \\ &= \frac{1}{T}\sum_k R_a(k)R_p(\tau-kT) \\ &= R_{X_\Delta}(t,t+\tau) \end{aligned} \tag{2.36}$$

Wir haben zwar nur einen Sonderfall betrachtet, aber die Äquivalenz der beiden Verfahren kann auch ganz allgemein [8] nachgewiesen werden. Die zeitliche Mittelung der Kenngrößen über eine Periode ist äquivalent zu der Darstellung der Referenzzeiten oder der Phasen des Prozesses durch eine gleichförmig über eine Periode verteilte Zufallsvariable.

Unter gewissen Umständen stellt diese Phasenrandomisierung ein geeignetes Verfahren dar, und wir können einen zyklostationären Prozeß durch ein stationäres Äquivalent ersetzen, aber in anderen Fällen ist die Zyklostationarität entscheidend. Träger- und Taktrückgewinnungssysteme sind in ihrer Funktion vom zyklostationären Charakter des Signalprozesses abhängig, der in jeder Analyse beibehalten werden muß. Dies wird im allgemeinen dadurch bewerkstelligt, daß direkt mit dem zeitabhängigen Mittel und der zeitabhängigen Autokorrelationsfunktion gearbeitet wird [9], obwohl in einigen Fällen eine Spektralanalyse, ergänzt durch die Kenntnis des strukturellen Charakters der Zyklostationarität, ausreichend sein kann (vgl. Kapitel 10). Wenn andererseits wechselseitige Interferenz betrachtet wird, können die gewollten und ungewollten Signale unsynchronisiert sein, und es kann eine Phasenrandomisierung durchgeführt werden. Unter diesen Umständen ist das mittlere Leistungsspektrum eine nützliche Hilfe für die Beurteilung der Leistungsfähigkeit des Systems.

2.4.2 Leistungsspektrum eines zyklostationären Prozesses

Wir können nicht direkt auf das Wiener-Kintchine-Theorem zurückgreifen, um einen zyklostationären Prozeß mit Hilfe der Leistungsspektraldichte zu charakterisieren, da die Autokorrelationsfunktion nicht zeitinvariant ist. Gleichung (2.19) stellt jedoch eine solche Charakterisierung über die Fourier-Transformation der zeitlich gemittelten Autokorrelationsfunktion* bereit. Es ist nach Gleichung (2.36) klar, daß dies auch dem Leistungsspektrum des phasenrandomisierten Prozesses entspricht. Es ist implizit in der Untersuchung enthalten, die auf Gleichung (2.17) und (2.19) führt, daß dieses Verfahren eine echte Spektraldichte für den zyklostationären Prozeß liefert in dem Sinn, daß die Fläche unter $S_X(f)$ im Frequenzintervall $|f| \in (f_1, f_2)$ die durchschnittliche Leistung in diesem Intervall darstellt. Für das PAM-Signal aus Gleichung (2.27) läßt sich dies explizit zeigen, indem der zyklostationäre Prozeß als Summe von Teilprozessen darstellt wird, die im weiteren Sinne stationär sind [11]. Diese Teilprozesse sind im Frequenzraum disjunkt, und daher können die jeweiligen Leistungsspektren addiert werden und liefern das Leistungsspektrum für den zyklostationären Prozeß; das Ergebnis stimmt mit dem Resultat überein, das durch die Phasenrandomisierung oder zeitliche Mittelung der Autokorrelationsfunktion erzielt wird. Es gibt eine noch allgemeinere Abhandlung [5,12], in der ähnliche Ergebnisse mit einer harmonischen Reihendarstellung des Prozesses erzielt werden.

* Dies kann durchaus als einheitliche Definition betrachtet werden, die Prozesse, welche im weiteren Sinne stationär oder zyklostationär sind, mit deterministischen Leistungssignalen durch das einfache Hilfsmittel Rechnung vereinbart, daß ein deterministisches Signal als degenerierter stochastischer Prozeß angesehen wird.

2.4.3 Schlußfolgerung

Es ist der Zweck dieses Kapitels, jene Aspekte der stochastischen Prozeßtheorie zusammenzufassen und zu erläutern, die mit der Autokorrelationsfunktion und Charakterisierung der Leistungsspektraldichte zusammenhängen. Es werden die Frage der Stationarität und die jeweiligen Rollen von Ensemble und Zeitmittel betont, wobei den zyklostationären Prozessen besondere Aufmerksamkeit gewidmet wird. Die Abhandlung beansprucht nicht, vollständig zu sein, sollte aber eine vernünftige Grundlage für die detaillierte Untersuchung digitaler Signalprozesse bereitstellen.

3 Markow-Ketten

J. J. O'Reilly

3.1 Einführung

Viele Wahrscheinlichkeitsstrukturen, die bei Untersuchungen von Nachrichtensystemen angetroffen werden, können mit Hilfe eines Markow-Prozesses sinnvoll nachgebildet werden. Um das Konzept vorzustellen, betrachten wir eine Zufallsfolge $\{X_n\} \triangleq \{X(t_n)\}$; wobei die $t_n \in T$ den Beobachtungszeiten entsprechen. Im allgemeinen kann die Indexmenge T, wie der Zustandsraum auch, diskret oder kontinuierlich sein. Wir konzentrieren uns hier auf die Systeme mit diskretem Zustandsraum, die Markow-Ketten genannt werden, und gehen insbesondere auf Prozesse im diskreten Zeitbereich ein.

Das einfachste Modell, das für eine Zufallsfolge möglich ist, würde darin bestehen, die X_n als unabhängige Zufallsvariablen anzusehen. In diesem Fall hat der Prozeß überhaupt kein Erinnerungsvermögen. Es ist das wesentliche Merkmal des Markow-Modells, daß er für die Abhängigkeit aufeinanderfolgender Zufallsvariablen in einer Folge sorgt, und zwar unter der Minimalannahme, daß die Zukunft des Prozesses nur vom aktuellen Zustand und nicht von der vergangenen Prozeßgeschichte abhängt. Formaler können wir dies folgendermaßen angeben: Ein stochastischer Prozeß $\{X(t), t \in T\}$ ist ein Markow-Prozeß, wenn für einen beliebigen Satz von $n+1$ Werten $t_1 < t_2, \ldots, t_n < t_{n+1} \in T$ und einen beliebigen Satz von $n+1$ Zuständen $\{x_1, \ldots, x_{n+1}\}$ gilt:

$$P[X(t_{n+1}) = x_{n+1} | X(t_1) = x_1, X(t_2) = x_2, \ldots, X(t_n) = x_n] \\ = P[X(t_{n+1}) = x_{n+1} | X(t_n) = x_n] \quad (3.1)$$

3.2 Markow-Ketten im diskreten Zeitbereich

Wir konzentrieren unsere Aufmerksamkeit jetzt auf eine diskrete Indexmenge, die wir mit $T = \{0, 1, 2 \ldots\}$ bezeichnen. Weiterhin können wir die Zustände im diskreten Zustandsraum mit den positiven ganzen Zahlen $\{1, 2, \ldots\}$ beschreiben, und wir werden oft annehmen, daß der Zustandsraum endlichdimensional ist.

Die bedingten Wahrscheinlichkeiten $P[X_{n+1} = \mathrm{j}|X_n = i]$ werden *Übergangswahrscheinlichkeiten* genannt und mit $q_{ij}(n)$ bezeichnet. Damit wird berücksichtigt, daß sie im allgemeinen vom Indexwert n abhängen können. Die Wahrscheinlichkeiten des nächsten Zustand $p_j(n+1)$ können mit den Übergangswahrscheinlichkeiten und den Wahrscheinlichkeiten des aktuellen Zustands $p_i(n)$ folgendermaßen ausgedrückt werden. Die Wahrscheinlichkeit, daß das System den Zustand j zur Zeit $n+1$ belegt - unter der Voraussetzung, daß sich das System zur Zeit n im Zustand i befindet - stimmt einfach mit der Übergangswahrscheinlichkeit $q_{ij}(n)$ überein. Hierbei handelt es sich um eine bedingte Wahrscheinlichkeit

$$q_{ij}(n) = P[X_{n+1} = \mathrm{j}|X_n = i] \tag{3.2}$$

Das Ereignis ergibt sich mit dieser Wahrscheinlichkeit, bedingt dadurch, daß sich das System zur Zeit n im Zustand i befindet; die Wahrscheinlichkeit des letzteren Ereignisses ist $p_i(n)$.

Um die Bedingtheit zu eliminieren, bilden wir den Mittelwert über alle Zustände zur Zeit n und erhalten

$$p_j(n+1) = \sum_i p_i(n) p_{ij}(n) \tag{3.3}$$

Gleichung (3.3) gilt für jedes j und stellt somit ein ganzes Gleichungssystem dar, das praktischerweise in Matrixform als

$$\mathbf{p}(n+1) = \mathbf{p}(n)\mathbf{Q}(n) \tag{3.4}$$

ausgedrückt werden kann. Ist der Zustandsraum N-dimensional, dann sind $\mathbf{p}(n)$, $\mathbf{p}(n+1)$ N-dimensionale Zeilenvektoren, und $\mathbf{Q}(n)$ ist eine (quadratische) $N \times N$-Matrix, die Matrix der Übergangswahrscheinlichkeiten genannt wird*. Wenn die $Q_{ij}(n)$ zeitunabhängig sind, hat die Markow-Kette stationäre Übergangswahrscheinlichkeiten und wird *stationär* oder *zeithomogen* genannt. Wir können Gleichung (3.4) einfacher als

$$\mathbf{p}(n+1) = \mathbf{p}(n)\mathbf{Q} \tag{3.5}$$

schreiben.

---

* Es ist nicht ungewöhnlich, daß diese Gleichung auch in transponierter Form geschrieben wird, wobei die Zustandswahrscheinlichkeiten durch Spaltenvektoren dargestellt werden und sich der Wahrscheinlichkeitsvektor des nächsten Zustands durch die Linksmultiplikation mit der Transponierten von $\mathbf{Q}$ ergibt. Die beiden Darstellungen sind natürlich äquivalent. Die hier gewählte Darstellungsform wird in der neueren Literatur häufiger angetroffen.

3.2.1 Graphische Darstellungen

Eine nützliche graphische Darstellung einer Markow-Kette ergibt sich aus dem Zustandsübergangsdiagramm. Dies ist ein Graph, bei dem die Eckpunkte den Zuständen entsprechen und die Pfeile mögliche Übergänge bezeichnen. In diesem Zusammenhang werden die Pfeile mit den Übergangswahrscheinlichkeiten q_{ij} versehen. In Abb. 3.1 ist ein Zustandsübergangsdiagramm für einen Prozeß mit drei Zuständen zusammen mit der entsprechenden Matrix der Übergangswahrscheinlichkeiten und einer Gitterdarstellung angegeben. Die Gitterdarstellung sorgt für einen besseren Überblick, läßt sich aber für große n kaum realisieren. Andererseits läßt sich mit mit dem Zustandsübergangsdiagramm eine angenehm kompakte Darstellung erreichen; es stellt darüber hinaus eine nützliche Berechnungshilfe dar, wie wir bald sehen werden.

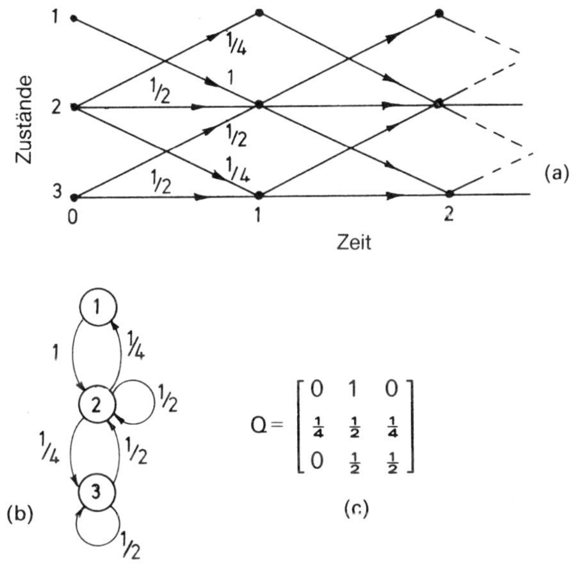

$$Q = \begin{bmatrix} 0 & 1 & 0 \\ \frac{1}{4} & \frac{1}{2} & \frac{1}{4} \\ 0 & \frac{1}{2} & \frac{1}{2} \end{bmatrix}$$

Abbildung 3.1: Alternative Darstellungen für eine Markow-Kette mit drei Zuständen. (a) Gitterdarstellung, (b) Zustandsübergangsdiagramm, (c) Matrix der Übergangswahrscheinlichkeiten.

3.2.2 Stochastische Matrizen

Die Elemente der Matrix der Übergangswahrscheinlichkeiten **Q** sind Wahrscheinlichkeiten und müssen daher notwendigerweise nichtnegativ sein; die Zeilen stellen die bedingten Wahrscheinlichkeitsverteilungen dar. Die $(i+1)$-te Zeile ergibt die Wahrscheinlichkeitsverteilung von X_{n+1} mit der Voraussetzung, daß $X : n = i$ ist. Die Elemente jeder Zeile müssen in der Summe also eins ergeben, da irgendein Übergang - möglicherweise auch zurück zum selben Zustand - auftreten muß. Die Elemente von $\mathbf{Q}$ müssen also

$$\begin{aligned} q_{ij}(n) \geq 0 &\quad \text{für alle } i, j \quad \text{und} \quad n = 0, 1 \ldots \\ \sum_j q_{ij}(n) = 1 &\quad \text{für alle } i \quad \text{und} \quad n = 0, 1 \ldots \end{aligned} \tag{3.6}$$

erfüllen.

Matrizen, die Gleichung (3.6) erfüllen, werden *stochastisch* genannt, und jede stochastische Matrix bildet eine gültige Matrix mit Übergangswahrscheinlichkeiten. Stochastische Matrizen verfügen über spezielle Eigenschaften, die wir an gegebener Stelle ausnutzen werden.

3.2.3 Übergangswahrscheinlichkeiten für n Schritte

Wird bei gegebener Anfangszustands-Wahrscheinlichkeitsverteilung $\mathbf{p}(0)$ Gleichung (3.4) wiederholt angewendet, ergibt dies

$$\begin{aligned} \mathbf{p}(1) &= \mathbf{p}(0)\mathbf{Q}(0) \\ \mathbf{p}(2) &= \mathbf{p}(1)\mathbf{Q}(1) = \mathbf{p}(0)\mathbf{Q}(0)\mathbf{Q}(1) \\ &\vdots \qquad \vdots \\ \mathbf{p}(n+1) &= \mathbf{p}(n)\mathbf{Q}(n) \\ &= \mathbf{p}(0)\mathbf{Q}(0)\mathbf{Q}(1), \ldots, \mathbf{Q}(n) \end{aligned} \tag{3.7}$$

Für einen zeithomogenen Prozeß vereinfacht sich dies auf

$$\mathbf{p}(n) = \sigma(0)\mathbf{Q}^n \tag{3.8}$$

Die Zustandswahrscheinlichkeiten sind für alle $n > 0$ vollkommen bestimmt, wenn wir $\mathbf{Q}$ und den Vektor $\mathbf{p}(0)$ mit der Anfangszustands-Wahrscheinlichkeiten kennen. Wenn wir die Elemente von $\mathbf{Q}^n$ als $q_{ij}^{(n)}$ definieren, erhalten wir

$$p_j(n) = \sum_i p_i(0) q_{ij}^{(n)} \tag{3.9}$$

oder allgemeiner formuliert,

$$p_j(r+n) = \sum_i p_i(f) q_{ij}^{(n)} \tag{3.10}$$

$q_{ij}^{(n)}$ ist hier die bedingte Wahrscheinlichkeit dafür, daß sich ein zu gegebenem Zeitpunkt r im Zustand i befindlicher Prozeß nach exakt n Schritten im Zustand j befindet. Wir nennen $\mathbf{Q}^n$ daher die n-Schritt-Matrix der Übergangswahrscheinlichkeiten mit den Elementen

$$q_{ij}^{(n)} = P[X_{r+n} = \mathrm{j} | X_r = i] \tag{3.11}$$

für alle $r \geq 0$ und $n > 0$.

In dieser Notation ist $q_{ij}^{(1)} = q_{ij}$, und wir können $q_{ij}^{(0)}$ mit Hilfe des Kronecker-Symbols definieren

$$q_{ij}^{(0)} = \delta_{ij} = \begin{Bmatrix} 1, & \text{wenn } i = \mathrm{j} \\ 0, & \text{ansonsten} \end{Bmatrix} \tag{3.12}$$

Wir können die Übergangswahrscheinlichkeiten für n Schritte als

$$q_{ij}^{(r+n)} = \sum_k q_{ik}^{(r)} q_{kj}^{(n)} \quad \text{für alle } r, n, i, \mathrm{j} \geq 0 \tag{3.13}$$

schreiben, die damit einer beschränkten Form der Chapman-Kolmogorow-Gleichungen entsprechen. Die $q_{ij}^{(n)}$ erfüllen für alle $n \geq 0$ die Bedingungen nach Gleichung (3.6). Also ist $\mathbf{Q}^n$ eine stochastische Matrix.

3.2.4 Beobachtungen am Verhalten Markowscher Ketten

Wir konzentrieren uns jetzt auf homogene Prozesse. Wir haben gerade gesehen, daß wir $\mathbf{p}(n)$ für alle späteren Zeitpunkte bestimmen können, wenn $\mathbf{Q}$ und ein Vektor $\mathbf{p}(0)$ mit den Anfangszustands-Wahrscheinlichkeiten gegeben sind. Im wesentlichen ist nur die Rechtsmultiplikation mit $\mathbf{Q}^n$ erforderlich. $\mathbf{Q}^n$ kann prinzipiell durch direkte Matrixmultiplikation bestimmt werden, aber der Rechenaufwand ist außer für kleine n sehr groß. Wir werden in Kürze einige alternative Ansätze untersuchen, aber es ist aufschlußreich, zuerst diesen Weg fortzusetzen und direkte Matrixmultiplikationen mit $\mathbf{Q}$ durchzuführen, um die Aufmerksamkeit auf einige mögliche Verhaltensmuster der Markow-Ketten zu lenken.

Wir betrachten die Matrix

$$\mathbf{Q} = \begin{bmatrix} \frac{1}{4} & \frac{3}{4} \\ \frac{1}{4} & \frac{3}{4} \end{bmatrix} \tag{3.14}$$

und den Vektor $\mathbf{p}(0) = (0, 1)$ mit den Anfangszustands-Wahrscheinlichkeiten.

Die nachfolgenden Vektoren mit den Zustandswahrscheinlichkeiten sind durch

$$\begin{aligned} \mathbf{p}(1) &= (0,1)\begin{bmatrix} \frac{1}{4} & \frac{3}{4} \\ \frac{1}{4} & \frac{3}{4} \end{bmatrix} = \left(\tfrac{1}{4}, \tfrac{3}{4}\right) \\ \mathbf{p}(2) &= \left(\tfrac{1}{4}, \tfrac{3}{4}\right)\begin{bmatrix} \frac{1}{4} & \frac{3}{4} \\ \frac{1}{4} & \frac{3}{4} \end{bmatrix} = \left(\tfrac{1}{16} + \tfrac{3}{16}, \tfrac{3}{16} + \tfrac{9}{16}\right) \\ &= \left(\tfrac{1}{4}, \tfrac{3}{4}\right) \end{aligned} \tag{3.15}$$

gegeben. Also gilt $\mathbf{p}(n) = \left(\frac{1}{4}, \frac{3}{4}\right)$ für alle $n > 0$, wenn $\mathbf{p}(0) = (0,1)$ ist. Wir sagen, die Kette hat eine Gleichgewichtsbedingung erreicht (in diesem planmäßig gewählten Beispiel sehr schnell!) und nennen $\left(\frac{1}{4}, \frac{3}{4}\right)$ eine stationäre Wahrscheinlichkeitsverteilung. In diesem besonderen Fall, wie auch in vielen Fällen mit praktischer Bedeutung, existiert nur eine einzige solche Gleichgewichtsverteilung, und die Kette konvergiert von jeder erlaubten Setzung der Anfangszustands-Wahrscheinlichkeiten gegen diese Verteilung. Eine Markow-Kette dieser Art wird irreduzibel genannt. Irreduzible Ketten werden wir noch genauer in einem anderen Abschnitt untersuchen. Aber wir stellen schon jetzt fest: Da wir uns mit dem Verhalten beschäftigen, wenn n gegen unendlich geht, ist es für das System

$$\mathbf{p}(n) = \mathbf{p}(0)\mathbf{Q}^n$$

angemessen,

$$\mathbf{Q}^\infty \triangleq \lim_{n\to\infty} \mathbf{Q}^n \tag{3.16}$$

zu betrachten. Die Grenzverteilung für eine irreduzible Kette, die wir mit $\boldsymbol{\pi}$ bezeichnen, können wir dann in einem einzigen Schritt aus jedem erlaubten Vektor der Anfangszustands-Wahrscheinlichkeiten durch

$$\boldsymbol{\pi} = \mathbf{p}(0)\mathbf{Q}^\infty \tag{3.17}$$

erhalten. Beachten Sie, daß unsere Matrix (3.14) insofern ein recht ungewöhnliches Beispiel ist, als sie bereits diese Form hat, also in diesem Fall $\mathbf{Q}=\mathbf{Q}^\infty$ gilt.

Aber es sind nicht alle Ketten irreduzibel. Um dies zu verdeutlichen, stellen wir das folgende Beispiel vor:

$$\mathbf{Q} = \begin{bmatrix} 0 & 1 \\ 1 & 0 \end{bmatrix} \tag{3.18}$$

Hierbei handelt es sich um eine stochastische Matrix, da die Elemente Gleichung (3.16) erfüllen. Wenn für den Vektor mit den Anfangszustands-Wahrscheinlichkeiten $\mathbf{p}(0) = (1,0)$ gilt, dann ergeben sich nachfolgende Zustandsvektoren zu:

$$\mathbf{p}(1) = (1,0) \begin{bmatrix} 0 & 1 \\ 1 & 0 \end{bmatrix} = (0,1)$$

$$\mathbf{p}(2) = (0,1) \begin{bmatrix} 0 & 1 \\ 1 & 0 \end{bmatrix} = (1,0) = \mathbf{p}(0) \tag{3.19}$$

Und das System alterniert jeweils zwischen den beiden Zuständen, so daß $\mathbf{p}(n+2) = \mathbf{p}(n)$ für alle $n \geq 0$ gilt, wenn $\mathbf{p}(0) = (1,0)$ ist. Wenn jedoch die Anfangszustands-Wahrscheinlichkeiten $(\frac{1}{2}, \frac{1}{2})$ lauten, erhalten wir

$$\mathbf{p}(1) = (\tfrac{1}{2}, \tfrac{1}{2}) \begin{bmatrix} 0 & 1 \\ 1 & 0 \end{bmatrix} = (\tfrac{1}{2}, \tfrac{1}{2}) \tag{3.20}$$

Hieraus folgt, daß $\mathbf{p}(n+1) = \mathbf{p}(n)$ für alle $\mathbf{p} \geq 0$ ist, wenn $\mathbf{p}(0) = (\frac{1}{2}, \frac{1}{2})$ ist. Es ist klar, daß das System eine Gleichgewichtsverteilung hat, aber Konvergenz gegen diese Verteilung kann nicht gewährleistet werden.

$$\mathbf{Q} = \begin{bmatrix} 1 & 0 & 0 \\ \frac{1}{3} & \frac{1}{3} & \frac{1}{3} \\ 0 & 0 & 1 \end{bmatrix} \tag{3.21}$$

ist ein Beispiel für eine Kette, die über mehr als nur eine stationäre Verteilung verfügt. $(1,0,0)$ und $(0,0,1)$ sind stabile Verteilungen ebenso wie Linearkombinationen der Form $((1-\alpha),0,\alpha)$ mit $0 < \alpha < 1$. Die Zustände 1 und 3 sind Beispiele für *Absorptionszustände*; ein Zustand i wird so gekennzeichnet, wenn $q_{ii} = 1$ ist. Um diese Nomenklatur zu verstehen, müssen wir unsere Aufmerksamkeit von der Folge der Vektoren mit den Zustandswahrscheinlichkeiten $\mathbf{p}(n)$ ablenken, die sich auf das erwartete Verhalten beziehen und individuell die möglichen Realisierungen des Prozesses betrachten. Zu diesem Zweck ist es praktisch, die Zustände mit E_1, E_2, E_3 zu bezeichnen. Wenn das System anfangs im Zustand E_1 ist, dann bleibt es im Zustand E_1, und die einzige mögliche Realisierung lautet

$$E_1, E_1, E_1, \ldots$$

Ein ähnliches Verhalten läßt sich auch für E_3 beobachten. Wenn jedoch E_2 der Anfangszustand ist, dann existieren drei Möglichkeiten, die mit gleicher Wahrscheinlichkeit als nächster Zustand auftreten können:

$$E_2, E_1; \quad E_2, E_2; \quad E_3, E_3$$

Wenn E_1 oder E_3 auftreten, kommen wir danach in die Ausgangssituation zurück, in der das System in einem festen Zustand verharrt. Obwohl das System prinzipiell im Zustand E_2 bleiben kann, ist die Wahrscheinlichkeit für große

n verschwindend gering. Wenn n gegen unendlich strebt, geht das System fast sicher (mit der Wahrscheinlichkeit eins) in E_1 oder E_3 über. E_2 wird *Übergangszustand* genannt.

Eine Matrix, die anstelle isolierter Absorptionszustände eine *Absorptionszustandsmenge* hervorruft, ergibt sich, wenn die Spalten 1 und 3 aus (21) vertauscht werden:

$$\mathbf{Q} = \begin{bmatrix} 0 & 0 & 1 \\ \frac{1}{3} & \frac{1}{3} & \frac{1}{3} \\ 1 & 0 & 0 \end{bmatrix} \tag{3.22}$$

Das Verhalten in bezug auf E_2 verändert sich nicht, in bezug auf E_1 und E_3 aber wohl. Wenn das System in einer beliebigen Stufe in E_1 oder E_3 übergeht, wird es anschließend immer zwischen diesen beiden Zuständen hin- und herpendeln. Wir können E_1 und E_3 zusammenfassen und sie eine Absorptionszustandsmenge nennen.

Mit dem obigen Beispiel läßt sich ein *periodischer Zustand* einfach veranschaulichen. Allgemeiner gesagt: Ein Zustand E_j wird periodisch mit der Periode c genannt, wenn $q_{ij}^{(n)} > 0$ nur für $n = c$, $2c$ usw. ist, wobei $c > 1$ die größte ganze Zahl dieser Art ist. (Der Zustand E_j wird *aperiodisch* genannt, wenn kein derartiges $c > 1$ existiert.) Das System kann außer bei jedem c-ten Mal den Zustand E_j nicht wieder einnehmen, aber es ist nicht zwingend, daß dies bei Einzelrealisierungen tatsächlich auch jedes Mal geschieht. Unser Beispiel ist also ein ausgesprochener Sonderfall.

Es ist ein sichtbares Merkmal unserer Matrizen (3.21) und (3.22), daß das System den Zustand E_2 nicht wieder einnehmen kann, wenn es erst einmal in E_1 oder E_3 gewesen ist. Mit anderen Worten: E_2 ist von E_1 oder E_3 aus *unerreichbar*. Allgemein gesagt, ist ein Zustand j einer Markow-Kette vom Zustand i aus erreichbar, wenn die Kette aus dem Zustand i in einer endlichen Anzahl von Schritten in den Zustand j übergehen kann. Wenn i von j aus erreicht werden kann und j von i, dann *kommunzieren* i und j, und wenn alle Zustände miteinander kommunzieren, dann wird die Kette *irreduzibel* genannt.

Einige weitere wichtige Zustandseinteilungen lassen sich noch kurz treffen. $f_{jk}^{(n)}$ bezeichne die Wahrscheinlichkeit, daß mit Ausgang vom Zustand j der Zustand k erstmals nach dem n-ten Schritt erreicht wird. Es gilt dann

$$f_{jk} = \sum_{n=1}^{\infty} f_{jk}^{(n)} \tag{3.23}$$

$f_{jk} \leq 1$ ist hier die Wahrscheinlichkeit, daß ausgehend von j das System irgendwann in k übergeht. Wenn $f_{jk} = 1$ ist, dann ist $\{f_{jk}^{(n)}\}$ die Wahrscheinlichkeitsverteilung des *ersten Durchgangs* für den Zustand k, und $\{f_{jk}^{(n)}$ ist die Verteilung der *Wiederkehrzeiten* für Zustand j. Wenn $f_{jj} = 1$ ist, so daß die Rückkehr in den Zustand j gewährleistet ist, können wir die *mittlere Wiederkehrzeit* für den Zustand j als

$$\mu_j = \sum_{n=1}^{\infty} n f_{jj}^{(n)} \tag{3.24}$$

definieren. Ein Zustand j wird *beharrlich* genannt, wenn $f_{jj} = 1$ ist, und transient, wenn $f_{jj} < 1$ ist. Ein *beharrlicher Zustand* ist *null*, wenn μ unendlich ist. Ein rekurrenter Zustand, der weder null noch periodisch ist, wird *ergodischer Zustand* genannt.

In bezug auf die irreduziblen Markow-Ketten stellen wir fest, daß alle Zustände zu ein und derselben Klasse gehören. Sie sind alle transient, nullrekurrent oder alle positivrekurrent, und sie sind entweder aperiodisch oder alle mit derselben Periode periodisch. Wenn bei einer aperiodischen Kette die Zustände transient oder nullrekurrent sind, dann existiert keine stabile Verteilung und $q_{ij}^{(n)}$ geht gegen 0, wenn n gegen unendlich strebt. Wenn andererseits die Zustände ergodisch sind, dann existiert eine eindeutige stationäre Verteilung, $q_{ij}^{(n)} \to \pi_j$ wenn n gegen unendlich strebt, und $\pi_j = 1/\mu_j$ ist der Kehrwert der mittleren Wiederkehrzeit für den Zustand j. Solche ergodische Markow-Ketten sind in praktischen Anwendungen besonders wichtig und verdienen besondere Beachtung.

3.2.5 Analytische Untersuchung der Dynamik Markowscher Ketten

Wir haben weiter oben bemerkt, daß das Verhalten einer homogenen Markow-Kette ausgehend vom Vektor $\mathbf{p}(0)$ der Anfangszustands-Wahrscheinlichkeiten, durch Rechtsmultiplikation mit $\mathbf{Q}^n$ bestimmt wird. Wir gehen jetzt dazu über, das Verhalten von $\mathbf{p}(n)$ für wachsende n näher zu untersuchen. Hierbei beachten wir besonders ergodische Ketten.

Ein direkter, aber völlig unbrauchbarer Ansatz besteht darin, $\mathbf{Q}^n$ für alle n zu berechnen. Dennoch kann sich die direkte Matrixmultiplikation für kleine n als lehrreich herausstellen, wie auch das folgende numerische Beispiel zeigt.

1. Eine Folge von Matrixpotenzen

$$\mathbf{Q} = \begin{bmatrix} 0.9 & 0.1 \\ 0.3 & 0.7 \end{bmatrix}, \qquad \mathbf{Q}^2 = \begin{bmatrix} 0.84 & 0.16 \\ 0.48 & 0.52 \end{bmatrix}$$

$$\mathbf{Q}^3 = \begin{bmatrix} 0.804 & 0.196 \\ 0.588 & 0.412 \end{bmatrix}, \qquad \mathbf{Q}^4 = \begin{bmatrix} 0.7824 & 0.2176 \\ 0.6528 & 0.3472 \end{bmatrix}$$

$$\mathbf{Q}^9 = \begin{bmatrix} 0.753 & 0.247 \\ 0.742 & 0.258 \end{bmatrix}, \qquad \mathbf{Q}^{10} = \begin{bmatrix} 0.752 & 0.248 \\ 0.745 & 0.255 \end{bmatrix}$$

2. Analytischer Ausdruck für $\mathbf{Q}^n$

$$\mathbf{Q}^n = \begin{bmatrix} \frac{3}{4} & \frac{1}{4} \\ \frac{3}{4} & \frac{1}{4} \end{bmatrix} + (0.6)^n \begin{bmatrix} \frac{1}{4} & -\frac{1}{4} \\ -\frac{3}{4} & \frac{3}{4} \end{bmatrix}$$

3. Die Grenzmatrix $\mathbf{Q}^\infty$

$$\mathbf{Q}^\infty = \begin{bmatrix} \frac{3}{4} & \frac{1}{4} \\ \frac{3}{4} & \frac{1}{4} \end{bmatrix}$$

Beispiel 1: Veranschaulichende Matrixpotenzen

Die Konvergenz gegen die Grenzmatrix ist offensichtlich. Die analytischen Ausdrücke für Q^n und Q^∞ werden in Kürze diskutiert.

Zerlegung des Anfangszustandsvektors

Wenn wir bei gegebenem $\mathbf{p}(0)$ an $\mathbf{p}(n)$ interessiert sind, besteht ein möglicher Ansatz darin, $\mathbf{p}(0)$ über die Eigenvektoren $\{x_i\}$ von $\mathbf{Q}$ auszudrücken. Die Eigenvektoren sind durch

$$\lambda_i \mathbf{x}_i = \mathbf{x}_i \mathbf{Q} \tag{3.25}$$

definiert, worin $\{\lambda_i\}$ die entsprechenden Eigenwerte sind. Wenn die λ_i voneinander verschieden sind, existieren N unabhängige Eigenvektoren. Also ist $\{x_i\}$ eine Basis, und jeder Anfangszustandsvektor kann als

$$\mathbf{p}(0) = \sum_{i=1}^{N} a_i \mathbf{x}_i \tag{3.26}$$

geschrieben werden.

Der Vektor der Zustandswahrscheinlichkeiten zur Zeit n ist durch

$$\begin{aligned} \mathbf{p}(n) = \mathbf{p}(0)\mathbf{Q}^n &= \sum_i a_i \mathbf{x}_i \mathbf{Q}^n \\ &= \sum_i a_i \lambda_i^n \mathbf{x}_i \end{aligned} \tag{3.27}$$

über Gleichung (3.25) gegeben.

Die Eigenwerte seien jetzt derart geordnet, daß $|\lambda_1| > |\lambda_2| > |\lambda_3|$; etc. ist, wobei $\lambda_1 = 1$ gilt. Dies entspricht einem ergodischen Prozeß. Wir haben dann

$$\mathbf{p}(n) = a_1 \mathbf{x}_1 + \sum_{i=2}^{N} a_i \lambda_i^n \mathbf{x}_i \tag{3.28}$$

und die Konvergenz gegen $a_1 \mathbf{x}_1 = \boldsymbol{\pi}$ ist gewährleistet, da $|\lambda_i| < 1$ für $i \neq 1$ gilt. Diese Reihenentwicklung ist hauptsächlich deswegen nützlich, weil sie zeigt, welche Faktoren die Konvergenzgeschwindigkeit gegen die Gleichgewichtsverteilung beeinflussen. Die Konvergenz ist langsam, wenn der Anfangsvektor $\mathbf{p}(0)$

eine bedeutende Komponente von x_i mit $i \neq 1$ enthält und λ_i fast den Wert eins erreicht oder wenn $\mathbf{p}(0)$ lediglich eine kleine Komponente von $\mathbf{x}_1 \equiv \boldsymbol{\pi}$ enthält. Existiert jedoch eine eindeutige stationäre Verteilung, dann stellen die Bedingungen eines Zustandswahrscheinlichkeitsvektors für $\mathbf{p}(0)$ sicher, daß eine Komponente von $\boldsymbol{\pi}$ enthalten ist, und dies ist hinreichend, um Konvergenz gegen $\boldsymbol{\pi}$ sicherzustellen.

Diagonalisierung von **Q**

Wenn eine Matrix **Q** normal ist, kann sie folgendermaßen geschrieben werden:

$$\mathbf{Q} = \mathbf{MDM}^{-1} \tag{3.29}$$

Hierin ist **D** eine Diagonalmatrix, deren von null verschiedene Elemente die Eigenwerte von **Q** sind, **M** ist die Matrix der Eigenvektoren, wobei die Spalten die entsprechenden Eigenvektoren darstellen, und $\mathbf{M}^{-1}$ ist die dazugehörige inverse Matrix. Durch diese Zerlegung kann $\mathbf{Q}^n$ schnell bestimmt werden, da folgendes gilt:

$$\begin{aligned} \mathbf{Q} &= \mathbf{MDM}^{-1} \\ \Rightarrow \mathbf{Q}^2 &= (\mathbf{MDM}^{-1})(\mathbf{MDM}^{-1}) \\ &= (\mathbf{MD})(\mathbf{M}^{-1}\mathbf{M})(\mathbf{DM}^{-1}) = \mathbf{MD}^2\mathbf{M}^{-1} \end{aligned}$$

Durch Induktion ergibt sich

$$\mathbf{Q}^n = \mathbf{MD}^n\mathbf{M}^{-1} \tag{3.30}$$

Für eine Diagonalmatrix **D** gilt

$$\mathbf{D}^n = \begin{bmatrix} \lambda_1 & 0 & 0 & \cdots \\ 0 & \lambda_2 & 0 & \cdots \\ 0 & 0 & \lambda_3 & \cdots \\ \vdots & \vdots & \vdots & \cdots \\ \vdots & \vdots & \vdots & \cdots \end{bmatrix}^n = \begin{bmatrix} \lambda_1^n & 0 & 0 & \cdots \\ 0 & \lambda_2^n & 0 & \cdots \\ 0 & 0 & \lambda_3^n & \cdots \\ \vdots & \vdots & \vdots & \cdots \\ \vdots & \vdots & \vdots & \cdots \end{bmatrix} \tag{3.31}$$

Die Berechnung von $\mathbf{Q}^n$ hat sich also stark vereinfacht. Wir können also $\mathbf{p}(n)$ für beliebige n und gegebenen $\mathbf{p}(0)$ aus

$$\mathbf{p}(n) = \mathbf{p}(0)\mathbf{MD}^n\mathbf{M}^{-1} \tag{3.32}$$

bestimmen.

Technik mit Erzeugungsfunktionen

$\mathbf{P}(z)$ bezeichne die vektorerzeugende Funktion für die Vektorenfolge $\{\mathbf{p}(n), n = 0, 1, \ldots\}$

$$\mathbf{P}(z) = \sum_{n=0}^{\infty} \mathbf{p}(n) z^n \tag{3.33}$$

Durch Rechtsmultiplikation von $\mathbf{p}(n)$ mit $\mathbf{Q}$ erzeugen wir $p(n+1)$, und es ergibt sich:

$$\begin{aligned} \mathbf{P}(z)\mathbf{Q} &= \sum_{n=0}^{\infty} p(n+1) z^n \\ &= z^{-1} \sum_{n=0}^{\infty} p(n+1) z^{n+1} \\ &= z^{-1} \sum_{n=1}^{\infty} p(n) z^n \\ &= z^{-1}\{\mathbf{P}(z) - \mathbf{p}(0)\} \\ \Rightarrow \mathbf{P}(z)[\mathbf{Q} - z^{-1}\mathbf{I}] &= -z^{-1}\mathbf{p}(0) \end{aligned}$$

Hieraus folgt

$$\mathbf{P}(z) = p(0)[\mathbf{I} - \mathbf{Q}z]^{-1} \tag{3.34}$$

Hierin stellt $\mathbf{I}$ die Einheitsmatrix dar.

Die Folge der Wahrscheinlichkeitsvektoren $\{\mathbf{p}(n), n = 0, 1, 2 \ldots\}$ läßt sich also aus der inversen Transformation von $\mathbf{P}(z)$ bestimmen. Für die Grenzverteilung jedoch können wir das Grenzwerttheorem anwenden:

$$\boldsymbol{\pi} = \lim_{n \to \infty} \mathbf{p}(n) = \lim_{z \to 1} (1 - z)\mathbf{P}(z) \tag{3.35}$$

Nach Gleichung (3.34) gilt

$$\mathbf{Q}^{\infty} = \lim_{z \to 1} (1 - z)[\mathbf{I} - \mathbf{Q}z]^{-1} \tag{3.36}$$

oder in allgemeinerer Formulierung

$$\mathbf{Q}^n \Leftrightarrow [\mathbf{I} - \mathbf{Q}z]^{-1} \tag{3.37}$$

Hierin bedeutet $\Leftrightarrow$ die Entsprechung zwischen Verteilungen und Erzeugungsfunktionen (d.h., einem Paar von z-Transformierten).

Zur Veranschaulichung dieses Verfahrens betrachten wir einen Prozeß mit zwei Zuständen, wobei die Matrix der Übergangswahrscheinlichkeiten durch

$$\mathbf{Q} = \begin{bmatrix} 1-a & a \\ b & 1-b \end{bmatrix} \tag{3.38}$$

gegeben ist. Es gilt

$$\mathbf{I} - \mathbf{Q}z = \begin{bmatrix} 1-(1-a)z & -az \\ -bz & 1-(1-b)z \end{bmatrix} \tag{3.39}$$

Die inverse Matrix läßt folgendermaßen schreiben:

$$[\mathbf{I} - \mathbf{Q}z]^{-1} = \frac{1}{(a+b)(1-z)} \begin{bmatrix} b & a \\ b & a \end{bmatrix} + \frac{1}{(a+b)^2 z} \begin{bmatrix} a & -a \\ -b & b \end{bmatrix} \tag{3.40}$$

Hieraus folgen

$$\mathbf{Q}^n = \frac{1}{(a+b)} \begin{bmatrix} b & a \\ b & a \end{bmatrix} + \frac{(1-a-b)^n}{a+b} \begin{bmatrix} a & -a \\ -b & b \end{bmatrix} \tag{3.41}$$

und

$$\mathbf{Q}^\infty = \frac{1}{(a+b)} \begin{bmatrix} b & a \\ b & a \end{bmatrix} \tag{3.42}$$

Man beachte, daß wir Gleichung (3.42) aus dem Grenzübergang erhalten, wenn in Gleichung (3.36) z gegen eins geht, oder, was äquivalent ist, aus dem Grenzübergang, wenn in Gleichung (3.41) n gegen unendlich geht. (3.41) und (3.42) sind die allgemeinen Formen der Ausdrücke für $\mathbf{Q}^n$ und $\mathbf{Q}^\infty$, wie wir dies in Beispiel 1 festgestellt haben.

Gleichgewichtsgleichungen

Wenn wir uns einen "Wahrscheinlichkeitsfluß" vorstellen, dann muß der Gesamtfluß in und aus einem jedem Zustand bei Stationarität ausgeglichen sein. Für jeden Knoten haben wir dann:

$$\sum_j p_j q_{ji} = \sum_j p_i q_{ij} \tag{3.43}$$

Dies liefert ein System von N Gleichungen, die für π unter Annahme einer eindeutigen stationären Verteilung gelöst werden können.

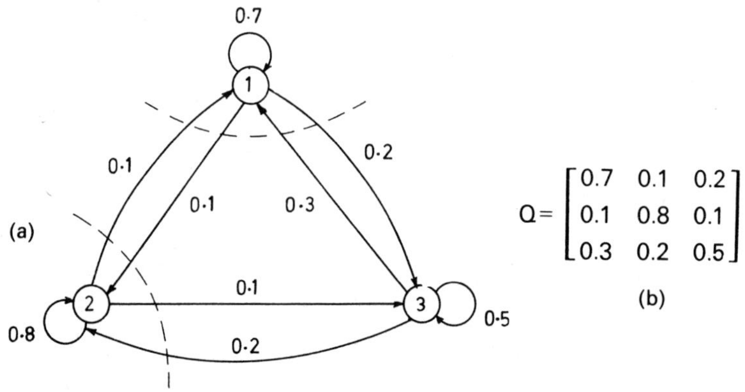

Abbildung 3.2: Ergodische Markow-Kette. (a) Zustandsübergangsdiagramm, (b) Matrix der Übergangswahrscheinlichkeiten.

Ein Zustandsübergangsdiagramm ist nützlich, um sich dies vor Augen zu führen. Wir illustrieren den Vorgang unter Bezugnahme auf das System aus Abb. 3.2.

Wenn wir mit $\boldsymbol{\pi}_i$ die stationäre Wahrscheinlichkeit für den Zustand i bezeichnen, erhalten wir

für Zustand 1

$$0,1\pi_2 + 0,3\pi_3 = (0,1 + 0,2)\pi_1 \tag{3.44a}$$

und für Zustand 2

$$0,1\pi_1 + 0,2\pi_3 = (0,1 + 0,1)\pi_2 \tag{3.44b}$$

Wenn wir jetzt Zustand 3 betrachten, erhalten wir linear abhängige Gleichungen. Statt dessen nutzen wir aber die Beobachtung aus, daß $\boldsymbol{\pi}$ eine Wahrscheinlichkeitsverteilung

$$\pi_1 + \pi_2 + \pi_3 = 1 \tag{3.44c}$$

darstellt. Die Gleichungen aus (3.44) lassen sich jetzt mit Standardverfahren lösen, und wir erhalten

$$\boldsymbol{\pi} = (\pi_1, \pi_2, \pi_3) = (0,364; 0,409; 0,227)$$

Dies ist die Gleichgewichtsverteilung.

Dasselbe Verfahren kann in Matrixform entwickelt und ausgedrückt werden, die sich für die numerische Auswertung als vorteilthaft erweisen kann:

Die stationäre Verteilung erfüllt

$$\boldsymbol{\pi} = \boldsymbol{\pi}\mathbf{Q} \tag{3.45}$$

und

$$\mathbf{1} = \boldsymbol{\pi}\mathbf{E} \tag{3.46}$$

Hierin ist $\mathbf{1}$ ein N-dimensionaler Zeilenvektor, dessen Elemente alle eins betragen, und $\mathbf{E}$ ist eine $N \times N$-Matrix, deren Elemente alle Einsen sind. Gleichung (3.46) ergibt sich aus der Normierung von $\boldsymbol{\pi}$; da es sich um einen Wahrscheinlichkeitsvektor handelt, ist die Summe all seiner Elemente eins. Wenn wir (3.45) und (3.46) addieren, erhalten wir

$$\begin{aligned} &\boldsymbol{\pi} + \mathbf{1} = \boldsymbol{\pi}\mathbf{Q} + \boldsymbol{\pi}\mathbf{E} \\ &\Rightarrow (\mathbf{Q} + \mathbf{E} - \mathbf{I} = \mathbf{1} \end{aligned} \tag{3.47}$$

Die stationäre Verteilung ist durch

$$\boldsymbol{\pi} = 1[\mathbf{Q} + \mathbf{E} - \mathbf{I}]^{-1} \tag{3.48}$$

gegeben.

Zur Veranschaulichung dieses Ergebnisses betrachten wir den Prozeß mit zwei Zuständen nach Gleichung (3.38):

$$\mathbf{Q} = \begin{bmatrix} 1-a & a \\ b & 1-b \end{bmatrix}$$

$$\Rightarrow \mathbf{Q} + \mathbf{E} - \mathbf{I} = \begin{bmatrix} 1-a & 1+a \\ 1+b & 1-b \end{bmatrix}$$

$$\Rightarrow [\mathbf{Q} + \mathbf{E} - \mathbf{I}]^{-1} - \frac{1}{2(a+b)} = \begin{bmatrix} b-1 & a+1 \\ b+1 & a-1 \end{bmatrix}$$

$$\boldsymbol{\pi} = (1,1) \begin{matrix} \dfrac{b-1}{2(a+b)} & \dfrac{a+1}{2(a+b)} \\ \dfrac{b+1}{2(a+b)} & \dfrac{a-1}{2(a+b)} \end{matrix} \tag{3.49}$$

$$= \left(\frac{a}{a+b}, \frac{b}{a+b}\right)$$

Die Implikationen der verschiedenen vorausgegangenen Ergebnisse über die Dynamik Markowscher Ketten lassen sich vielleicht am schnellsten anhand spezieller Systeme einsehen. In Abb. 3.3 sind beispielhaft Kurven dargestellt, die das transiente Verhalten und das Auftauchen von Gleichgewichten für die Systeme mit zwei und drei Zuständen gemäß Abb. 3.2 und Beispiel 1 zeigen. In jedem Fall startete der Prozeß mit einem wohldefinierten Anfangszustand des Systems. Es sollte vielleicht betont werden, daß die gezeigten Ergebnisse sich eher auf das mittlere Verhalten und nicht auf spezielle Realisierungen beziehen. Ein System besetzt lediglich einen Zustand auf einmal; die Kurven stellen die Wahrscheinlichkeitsvektoren $\mathbf{p}(n)$ als Zeitfunktionen dar, und für beliebige gegebene n ergibt jede Komponente des Vektors die Wahrscheinlichkeit, daß das System den entsprechenden Zustand besetzt.

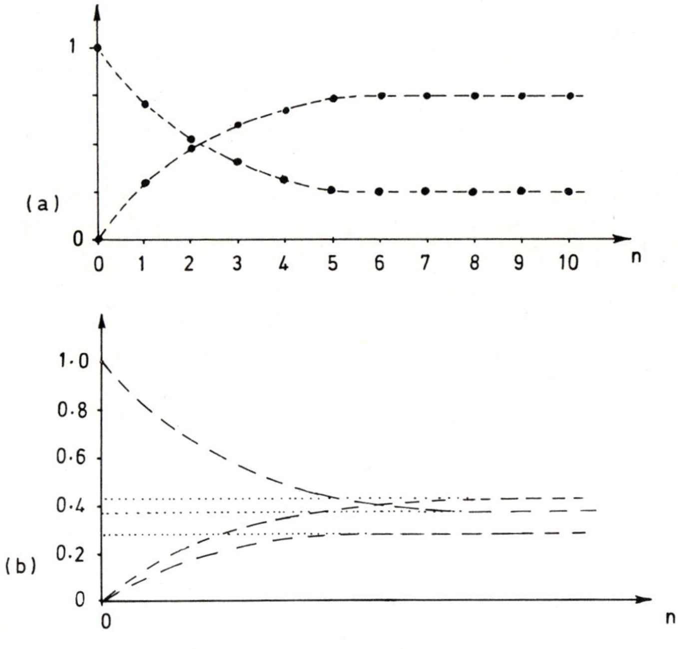

Abbildung 3.3: Transientes Verhalten Markowscher Ketten für zwei und drei Zustände im diskreten Zeitbereich. (a) Kette für zwei Zuständen nach Beispiel 1 mit P(0)=(0,1), (b) Kette für drei Zustände nach Abb. 3.2 mit P(0)=(1,0,0).

3.2.6 Eigenschaft der Gedächtnislosigkeit im diskreten Zeitbereich

Die Markowsche Eigenschaft aus Gleichung (3.1) entspricht einer Abhängigkeit in einer Zufallsfolge, die sich zeitlich gerade um einen Schritt rückwärts erstreckt, so daß der aktuelle Zustand die gesamte vergangene Geschichte zusammenfaßt. Dies wird oft die Eigenschaft der *Gedächtnislosigkeit* genannt, und sie schränkt die Verteilung für die Zeit T_j ein, die ein Prozeß in einem gegebenen

Zustand j verharrt. Zum Zeitpunkt $n = k$ befinde sich das System im Zustand j. Die Wahrscheinlichkeit, daß es zum Zeitpunkt $n = k + 1$ immer noch in diesem Zustand ist, beträgt q_{jj}, während $1 - q_{jj}$ die Wahrscheinlichkeit dafür ist, daß j im nächsten Schritt verlassen wird. Wenn das System im Zustand j bleibt, dann ist $q_j j$ die Wahrscheinlichkeit dafür, daß es einen weiteren Schritt lang überlebt, und wir können dies über m Schritte auf $n = k + m$ erweitern. Aufgrund der Markowschen Eigenschaft beeinflußt die Wahrscheinlichkeit, daß der Prozeß für eine bekannte Anzahl von m Schritten im Zustand j geblieben ist, überhaupt nicht die Wahrscheinlichkeit $1 - q_{jj}$, daß dieser Zustand im kommenden Schritt verlassen wird. Diese Wahrscheinlichkeiten sind unabhängig; also gilt für die Wahrscheinlichkeit, daß ein Markow-Prozeß im diskreten Zeitbereich für genau m Schritte im Zustand j verharrt und im $(m + 1)$-ten Schritt in einen anderen Zustand i ungleich j übergeht:

$$p[T_j = m] = q_{jj}^m(1 - q_{jj}) \tag{3.50}$$

Folglich hat T_j, die Zufallsvariable, die der Lebenserwartung für den Zustand j entspricht, eine geometrische Verteilung. Das Mittel und die Varianz sind durch

$$E\{T_j\} = \frac{q_{jj}}{1 - q_{jj}} \tag{3.51a}$$

und

$$V\{T_j\} = \frac{q_{jj}}{(1 - q_{jj})^2} \tag{3.51b}$$

gegeben.

3.3 Markow-Ketten im kontinuierlichen Zeitbereich

Wir beschäftigen uns jetzt noch kurz mit Markow-Prozessen im diskreten Zustandsraum, wobei die Indexmenge aber kontinuierlich ist. Ein Großteil dessen, was wir im Zusammenhang mit Prozessen im diskreten Zeitbereich diskutiert haben, kann mit geringfügigen Änderungen übertragen werden, und tatsächlich ist es oft sehr praktisch, sich Näherungslösungen für Probleme im kontinuierlichen Zeitbereich durch eine geeignete diskrete Approximation zu verschaffen. Aber dies werden wir hier nicht explizit untersuchen. Wir beschränken uns auf ergodische Prozesse.

Wir betrachten jetzt Übergangsraten (oder Intensitäten) r_{ij}, die durch

$$P[X(t + \Delta t) = j | X(t) = i] \simeq r_{ij}\Delta t, \quad i \neq j \tag{3.52}$$

$$\sum_j r_{ij} = 0 \text{ für alle } i \tag{3.53}$$

definiert sind. Nach Gleichung (3.53) stellen wir fest, daß

$$r_{ii} = - \sum_{\substack{j \\ (j \neq i)}} r_{ij} \tag{3.54}$$

gilt. Wir betrachten also eine Matrix der Übergangsraten $\mathbf{R}$, deren Elemente r_{ij} die Rate bezeichnen, mit der der Prozeß vom Zustand i in den Zustand j übergeht. Sie ist durch

$$\mathbf{R} = \lim_{\Delta t \to 0} \frac{\mathbf{Q}(\Delta t) - \mathbf{I}}{\Delta t} \tag{3.55}$$

definiert. Hierin steht $\mathbf{Q}(\Delta t)$ für die Matrix mit den Zustandsübergangswahrscheinlichkeiten bei kleinem Zeitinkrement Δt. Die Entwicklung der Zustandwahrscheinlichkeiten ist also durch

$$\mathbf{p}(t + \Delta t) \simeq \mathbf{p}(t)\mathbf{Q}(\Delta t)$$

$$\Rightarrow \mathbf{p}(t + \Delta t) - \mathbf{p}(t) \simeq \mathbf{p}(t)[\mathbf{Q}(\Delta t) - \mathbf{I}]$$

geben. Hieraus wird durch Übergang zum Grenzwert

$$\dot{\mathbf{p}}(t) = \mathbf{p}(t)\mathbf{R} \tag{3.56}$$

Die Matrixdifferentialgleichung hat die Lösung:

$$\mathbf{p}(t) = \mathbf{p}(0) \exp \{\mathbf{R}t\} \tag{3.57}$$

Hierin ist $\mathbf{p}(0)$ der Zustandsvektor der Anfangsbedingung, und es gilt:

$$\exp \{\mathbf{R}t\} \triangleq \mathbf{I} + \mathbf{R}t + \mathbf{R}^2 \frac{t^2}{2!} + \tag{3.58}$$

Nach Gleichung (3.57) ist klar, daß $\exp\{\mathbf{R}(t)\}$ einer Markow-Kette im kontinuierlichen Zeitbereich $\mathbf{Q}^n$ im diskreten Zeitbereich entspricht. Weil $\mathrm{d}\mathbf{p}(t)/\mathrm{d}t$ gegen Null geht, wenn t gegen unendlich strebt, ergibt sich für die Gleichgewichtsverteilung nach (3.56)

$$\lim_{t \to \infty} \mathbf{p}(t)\mathbf{R} = 0 = \boldsymbol{\pi}\mathbf{R} \tag{3.59}$$

mit der üblichen Nebenbedingung:

$$\sum_i \pi_i = 1 \tag{3.60}$$

da es sich bei $\boldsymbol{\pi}$ um eine Wahrscheinlichkeitsverteilung handelt.

3.3.1 Zustandsübergangsratendiagramme

Mit einem Zustandsübergangsratendiagramm läßt sich ein Prozeß im kontinuierlichen Zeitbereich gut veranschaulichen. Ein Beispiel ist in Abb. 3.4 dargestellt. Die Kurven im Diagramm sind mit den *Übergangsraten* und nicht mit den *Wahrscheinlichkeiten* bezeichnet worden. In diesem Fall, wie auch schon im Zustandübergangsdiagramm für Prozesse im diskreten Zeitbereich, kann die Wahrscheinlichkeitsverteilung im Gleichgewicht bestimmt werden, indem ein System von Gleichgewichtsgleichungen aufgestellt und gelöst wird. Wenn für das Beispiel aus Abb. 3.4 jeder Zustand der Reihe nach betrachtet wird, ergibt dies:

$$-\lambda_0 p_0 + \mu_1 p_1 = 0 \tag{3.61a}$$

$$\lambda_0 p_0 - (\lambda_1 + \mu_1) p_1 + \mu_2 p_2 = 0 \tag{3.61b}$$

$$\lambda_1 p_1 - (\lambda_2 + \mu_2) p_2 + \mu_3 p_3 = 0 \tag{3.61c}$$

$$\lambda_2 p_2 - \mu_3 p_3 = 0 \tag{3.61d}$$

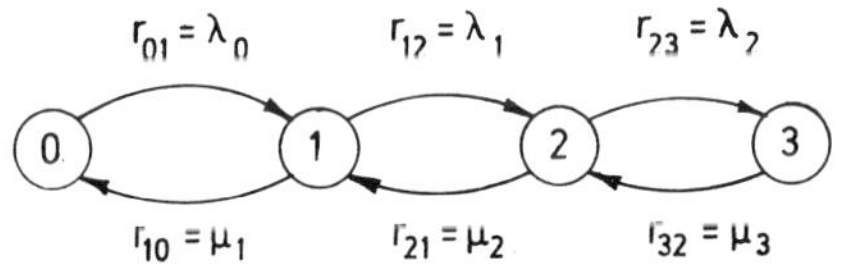

$$R = \begin{bmatrix} r_{00} & r_{01} & 0 & 0 \\ r_{10} & r_{11} & r_{12} & 0 \\ 0 & r_{21} & r_{22} & r_{23} \\ 0 & 0 & r_{32} & r_{33} \end{bmatrix} = \begin{bmatrix} -\lambda_0 & \lambda_0 & 0 & 0 \\ \mu_1 & -(\lambda_1 + \mu_1) & \lambda_1 & 0 \\ 0 & \mu_2 & -(\lambda_2 + \mu_2) & \lambda_2 \\ 0 & 0 & \mu_3 & -\mu_3 \end{bmatrix}$$

Abbildung 3.4: Zustandsübergangsratendiagramm und entsprechende Übergangsratenmatrix für einen Prozeß im kontinuierlichen Zeitbereich.

Diese Gleichungen lassen sich lösen, um die Wahrscheinlichkeiten für den Gleichgewichtszustand zu bestimmen. Beachten Sie, daß das Gleichungssystem (3.61), das aus den Argumenten der Bilanzgleichung hergeleitet wurde, mit dem allgemeinen Ergebnis von (3.59) übereinstimmt.

3.3.2 Einige spezielle Prozesse von Bedeutung

Geburts- und Sterbeprozeß

Wenn wir Markow-Ketten betrachten, bei denen Übergänge nur zwischen den *nächsten Nachbarzuständen* auftreten, dann hat die Matrix **R** (und ebenso **Q** bei einer Kette im diskreten Zeitbereich) eine Tridiagonalform, wobei alle Elemente null sind bis auf die Hauptdiagonale und die Elemente, die sich direkt oberhalb und unterhalb dieser Diagonalen befinden. Eine solche Kette wird oft *Geburts- und Sterbeprozeß* genannt. Ein Übergang vom Zustand j auf $j+1$ entspricht in einer fiktiven Gesamtheit einer "Geburt" und von j auf $j-1$ einem "Tod"; die Größe der Gesamtheit wird durch die Zahl der Zustände bezeichnet. Es ist unter diesem Umständen angebracht, den untersten Zustand mit "0" und nicht mit "1" zu bezeichen, wie dies früher getan wurde. Geburts- und Sterbeprozesse trifft man häufig in der Nachrichtentechnik an, zum Beispiel in Untersuchungen von Schaltvorgängen, Verkehrs- und Warteschlangensystemen. Bei solchen Anwendungen kann der Zustand zum Beispiel der Anzahl der aktuell durchgeführten Gespräche, der besetzten Verbindungen, der Anfragen, die gerade bearbeitet werden oder sich in einer Warteschlange befinden, oder der Anzahl der Prozesse entsprechen, die in einem Rechnersystem aktiv sind.

Wir betrachten hier den allgemeinen Fall, bei dem Eingangsraten λ und Ausgangsraten μ in beliebiger Weise zustandsabhängig sein können, wie aus Abb. 3.5 hervorgeht.

Da lediglich die nächstliegenden Zustände gekoppelt sind, können wir zwischen den Zuständen Übergangsgrenzen ziehen, und im Gleichgewicht muß der Fluß durch jede Grenze ausgeglichen sein. Es folgt also

$$\begin{aligned} \lambda_{n-1}\pi_{n-1} &= \mu_n\pi_n \\ \Rightarrow \pi_n &= \frac{\lambda_{n-1}}{\mu_n}\pi_{n-1} \end{aligned} \tag{3.62}$$

Wenn wir der Reihe nach die Zustände betrachten, erhalten wir

$$\pi_1 = \frac{\lambda_0}{\mu_1}\pi_0$$

$$\pi_2 = \frac{\lambda_1}{\mu_2}\pi_1 = \frac{\lambda_0\lambda_1}{\mu_1\mu_2}\pi_0$$

$$\pi_n = \frac{\lambda_0\lambda_1,\ldots,\lambda_{n-1}}{\mu_1\mu_2,\ldots,\mu_n}\pi_0 \tag{3.63}$$

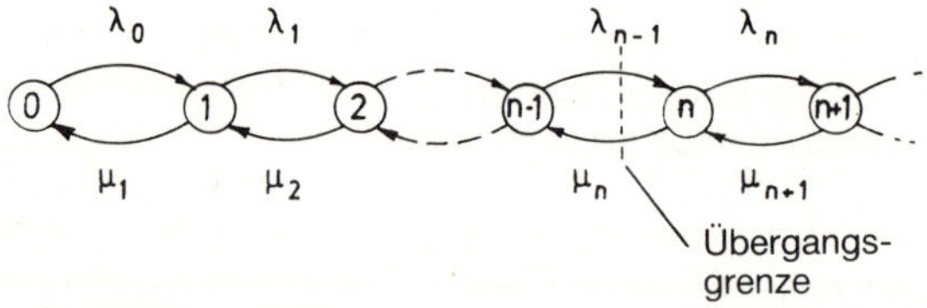

Abbildung 3.5: Zustandsübergangsratendiagramm für einen allgemeinen Geburts- und Sterbeprozeß.

Des weiteren gilt

$$\begin{aligned}\sum_i \pi_i &= \pi_0 + \pi_+ \pi_2 + \cdots = 1 \\ &= \pi_0 + \frac{\lambda_0}{\mu_1}\pi_0 + \cdots \frac{\lambda_0\lambda_1, \ldots, \lambda_{n-1}}{\mu_1\mu_2, \ldots, \mu_n}\pi_0 + \cdots \\ \Rightarrow \frac{1}{\pi_0} &= 1 + \frac{\lambda_0}{\mu_1} + \frac{\lambda_0\lambda_1}{\mu_1\mu_2} + \cdots\end{aligned} \tag{3.64}$$

Die Gleichgewichtsverteilung kann also bestimmt werden, indem man die Gleichungen (3.62 und (3.63) löst.

3.3.3 Poisson-Prozeß

Wenn für alle $k \mu_k = 0$ gilt, handelt es sich um einen reinen Geburtsprozeß. Mit der Vereinfachung, daß $\lambda_k = \lambda$ für alle k ist, erhalten wir aus (3.56)

$$\dot{p}_0(t) = -\lambda p_0(t) \tag{3.65a}$$

$$\dot{p}_k(t) = \lambda p_{k-1}(t) - \lambda p_k(t) \tag{3.65b}$$

Wenn wir die Gleichungen (3.65) mit den Anfangsbedingungen $p_o(0) = 1$ und $p_k(0) = 0$ für alle $k > 0$ lösen, erhalten wir

$$p_k(t) = \frac{(\lambda t)^k}{k!} \exp\,(-\lambda t), \qquad k = 0, 1, 2, \ldots, \tag{3.66}$$

Hierbei handelt es sich um die Poisson-Verteilung, die in diesem Fall die Wahrscheinlichkeitsverteilung für die Größe der Gesamthcit als Funktion der Zeit darstellt. Die zugehörige Folge der Geburtszeitpunkte definiert einen Zufallspunktprozeß - einen Poisson-Prozeß. Die für unsere Zwecke wesentlichen Merkmale des (zeithomogenen) Poisson-Prozesses sind:

1. Ereignisse treten rein zufällig mit konstanter Intensität λ auf.
2. P[eines Ereignisses in δt] $\simeq \lambda \Delta t$.
3. P[mehr als ein Ereignis in Δt] vernachlässigbar für hinreichend kleine δt im Vergleich zu P[ein Ereignis in Δt].

Diese Merkmale können als Grundlage für eine direkte Herleitung der Gleichung (3.66) dienen.

Ein wichtiges Charakteristikum für den Prozeß ist die Verteilung für Zeit zwischen den Ereignissen. Wir bezeichnen die Zeiten zwischen den Ereignissen mit τ und nehmen an, daß zur Zeit $t = 0$ ein Ereignis auftritt. Wir haben dann:

$$
\begin{aligned}
P[t < \tau \leq t + \Delta t] &= p_0(t).\ \ P[\text{Ereignis in } \Delta t] \\
&\simeq \frac{(\lambda t)^0}{0!} \exp(-\lambda t).\ \ \lambda \Delta t \\
&= \lambda \exp(-\lambda t).\ \ \Delta t
\end{aligned}
$$

Hiernach ergibt sich die Wahrscheinlichkeitsdichtefunktion für die Zeiten zwischen den Ereignissen zu

$$f_\tau(t) = \lambda \exp(-\lambda t) \tag{3.67}$$

Wenn wir uns mit der Wartezeit bis zum n-ten Ereignis W_n beschäftigen, stellen wir fest, daß es sich hierbei um die Summe n unabhängiger, identisch verteilter Zufallsvariablen handelt, die jeweils die Verteilung (3.67) haben. Die Wahrscheinlichkeitsdichtefunktion für W_n ist daher eine n-fache Faltung von (3.67)

$$f_{w_n}(t) = \lambda^n \frac{t^{n-1}}{(n-1)!} \exp(-\lambda t) \tag{3.68}$$

d.h. eine Gamma-Verteilung. Dieses Ergebnis läßt sich vielleicht schneller mit Hilfe von Erzeugungsfunktionen herleiten, wobei die n-fache Faltung der Verteilung der Zwischenzeiten $[F_\tau(Z)]^n$ entspricht, der n-ten Potenz der wahrscheinlichkeitserzeugenden Funktion $F_\tau(Z)$ für die Zeit zwischen den Ereignissen. Die inverse Transformation ergibt dann (3.68).

3.4 Praktische Beispiele zur Veranschaulichung

Binäre Zufallssignale im diskreten Zeitbereich

Wir betrachten hier eine binäre Markowsche Zufallsfolge $\{X_n\}$ mit dem Zustandsraum $\{0, 1\}$. Wir bestimmen die Gleichgewichtsverteilung und die Autokorrelationsfunktion für eine solche Folge mit Hilfe der Übergangswahrscheinlichkeiten. Gleichung (3.38) liefert die Übergangswahrscheinlichkeitsmatrix für ein solches System:

$$\mathbf{Q} = \begin{bmatrix} 1-a & a \\ b & 1-b \end{bmatrix} \tag{3.69}$$

Die n-te Potenz, angegeben in Gleichung (3.41), ist

$$\mathbf{Q}^n = \frac{1}{a+b} \begin{bmatrix} b & a \\ b & a \end{bmatrix} + \frac{(1-a-b)^n}{a+b} \begin{bmatrix} a & -a \\ -b & b \end{bmatrix} \tag{3.70}$$

Also gilt für die Gleichgewichtsverteilung

$$\boldsymbol{\pi} = \left(\frac{b}{a+b}, \frac{a}{a+b}\right) \tag{3.71}$$

Die Autokorrelationsfunktion für eine stationäre stochastische Folge ist durch

$$\begin{aligned} R_X(k) &\triangleq E\{X_n X_{n+k}\} \\ &= \sum_{i,j} x_i P[X_n = x_i] x_j P[X_{n+k} = x_j | X_n = x_i] \end{aligned} \tag{3.72}$$

definiert. Hiermit haben wir also:

$$\begin{aligned} R_X(k) &= 0 \cdot P[X_n = 0] \cdot 0 \cdot P[X_{n+k} = 0 | X_n = 0] \\ &\quad +0 \cdot P[X_n = 0] \cdot 1 \cdot P[X_{n+k} = 1 | X_n = 0] \\ &\quad +1 \cdot P[X_n = 1] \cdot 0 \cdot P[X_{n+k} = 0 | X_n = 1] \\ &\quad 1 \cdot P[X_n = 1] \cdot 1 \cdot P[X_{n+k} = 1 | X_n = 1] \\ &= P[X_n = 1] \cdot P[X_{n+k} = 1 | X_n = 1] \\ &\quad \text{(alle anderen Glieder sind null)} \\ &= \pi_1 \cdot q_{11}^{(k)} \end{aligned} \tag{3.73}$$

Aus Gleichung (3.71) ergibt sich π_1, und $q_{11}^{(k)}$, die Übergangswahrscheinlichkeit für k Schritte, stammt aus Gleichung (3.70). Folglich gilt

$$\begin{aligned} R_X(k) &= \frac{a}{a+b}\left\{\frac{a}{a+b} + \frac{b}{a+b}(1-a-b)^k\right\} \\ &= \left(\frac{a}{a+b}\right)^2 \left\{1 + \frac{b}{a}(1-a-b)^k\right\} \end{aligned} \tag{3.74}$$

Beachten Sie, daß $\pi_1 = a$ gilt, wenn $a + b = 1$ ist; es ist $R_X(k) = a^2$ unabhängig von k, und die Elemente in der Folge sind unkorreliert. Wenn insbesondere $a = b = \frac{1}{2}$ ist, reduziert sich dies auf

$$\pi_0 = \pi_1 = \tfrac{1}{2}; \quad R_X(k) = \tfrac{1}{4}$$

was einer reinen binären Zufallsfolge mit gleichwahrscheinlichen unkorrelierten Elementen entspricht.

Zufallstelegrafenwellen - binäre Signale im kontinuierlichen Zeitbereich

Wir betrachten ein binäres Zufallssignal $X(t)$ mit dem Zustandsraum $\{0, 1\}$, für den Übergänge zu jedem Zeitpunkt t auftreten können. Das Zustandsübergangsratendiagramm und die entsprechende Matrix sind in Abb. 3.6 dargestellt,

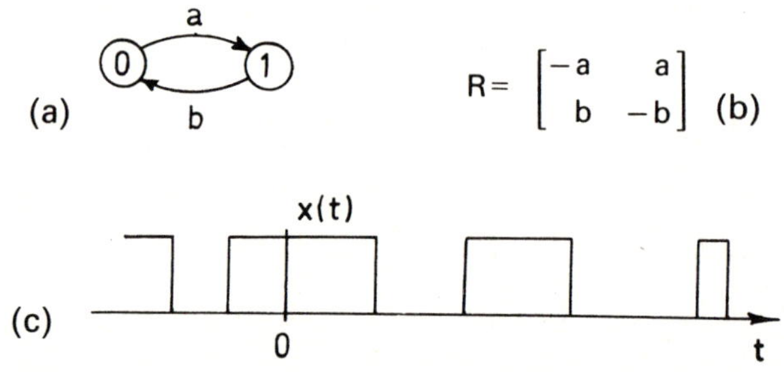

Abbildung 3.6: Darstellung einer Zufallstelegrafenwelle. (a) Zustandsübergangsratendiagramm, (b) Übergangsratenmatrix, (c) bildliche Realisierung von X(t).

zusammen mit einem aufschlußreichen Abschnitt einer Realisierung des Prozesses, auch Stichprobenfunktion genannt. Hierbei handelt es sich um einen Geburts- und Sterbeprozeß, und die Bilanzgleichungen haben die Form

$$\begin{aligned} \pi_0 a &= \pi_1 b \\ \pi_0 + \pi_1 &= 1 \end{aligned} \tag{3.75}$$

Die Gleichgewichtsverteilung ergibt sich also zu

$$\boldsymbol{\pi} = \left(\frac{b}{a+b}, \frac{a}{a+b} \right) \tag{3.76}$$

Die Autokorrelationsfunktion wird durch

$$\begin{aligned} R_X(t,\tau) &= E\{X(t)x(t+\tau)\} \\ &= R_X(\tau)(\text{für einen stationären Prozeß wie hier}) \\ &= \sum_{i,j} x_i P[X(t) = x_i] x_j P[X(t+\tau) = x_j | X(t) = x_i] \\ &= P[X(t) = 1] P[X(t+\tau) = 1 | X(t) = 1] \\ &= \pi_1 q_{11}(\tau) \end{aligned} \tag{3.77}$$

beschrieben, worin $q_{11}(\tau)$ nach Gleichung (3.57) durch das entsprechende Element der Matrix $\exp\{\mathbf{R}\tau\}$ gegeben ist, die in (3.58) definiert ist. $q_{11}(\tau)$ ist die Wahrscheinlichkeit, daß sich das System zum Zeitpunkt $t+\tau$ im Zustand 1 befindet, wenn es sich zum Zeitpunkt t im Zustand 1 befunden hat.

Die Spektralzerlegung ergibt

$$\mathbf{Q}(\tau) = \exp\{\mathbf{R}\tau\} = \frac{1}{a+b} \begin{bmatrix} b & a \\ b & a \end{bmatrix} + \frac{\mathrm{e}^{-(a+b)\tau}}{a+b} \begin{bmatrix} a & -a \\ -b & b \end{bmatrix} \tag{3.78}$$

Hieraus erhalten wir für $t > 0$

$$R_X(\tau) = \left(\frac{a}{a+b} \right)^2 \left\{ 1 + \frac{b}{a} \mathrm{e}^{-(a+b)\tau} \right\}$$

Aus Symmetrieüberlegungen ergibt sich dann

$$R_X(\tau) = \left(\frac{a}{a+b}\right)^2 \left\{1 + \frac{b}{a}\mathrm{e}^{-(a+b)|\tau|}\right\} \text{ für alle } \tau \tag{3.79}$$

Für den Sonderfall gleicher Übergangsraten $a = b = 1/2T$ gilt

$$\pi_0 = \pi_1 = \tfrac{1}{2}; \quad R_X(\tau) = \tfrac{1}{4}\{1 + \mathrm{e}^{-|\tau|/T}\} \tag{3.80}$$

Betriebsnetz mit begrenzter Kapazität und ohne Speicherung

Wir betrachten das folgende Szenario: Eine Rechneranlage verfügt über drei Matrixdrucker. Anwender senden Zufallsdruckanfragen mit der mittleren Rate λ an den Druckerverband, und die Druckausgaben haben eine unterschiedliche Länge mit einer mittleren Druckzeit von $1/\mu$. Das System ist nicht mit Spooler ausgerüstet, so daß die Anfragen nicht in eine Warteschlange eingereiht werden können. Also werden Anfragen, die dann eintreffen, wenn alle Drucker belegt sind, nicht akzeptiert, wobei die Nachricht "Drucker belegt" auf den Bildschirmen der Anwender eingeblendet wird. Wir gehen davon aus, daß die Anwender ein hinreichend langes Zufallsintervall abwarten, ehe sie es wieder versuchen, so daß sie als neue Anfragen angesehen werden können, die schon in λ Rechnung berücksichtigt sind. Wir wollen die Auslastung der Drucker und die Wahrscheinlichkeit bestimmen, mit der ein Anwender einen Drucker antrifft, der seine Anfrage ausführt. Das Zustandsübergangsratendiagramm ist in Abb. 3.7 dargestellt.

Beachten Sie, daß $\mu_n = n \cdot \mu$ ist, da die Rate, mit der die Aufgaben ausgeführt werden, proportional zur Zahl der in Betrieb befindlichen Drucker ist. Die Bilanzgleichungen für dieses System liefern

$$\begin{aligned}
\frac{1}{\pi_0} &= \left\{1 + \frac{\lambda}{\mu_1} + \frac{\lambda^2}{\mu_1\mu_2} + \frac{\lambda^3}{\mu_1\mu_2\mu_3}\right\} \\
&= \left\{1 + \frac{\lambda}{\mu} + \frac{1}{2}\left(\frac{\lambda}{\mu}\right)^2 + \frac{1}{2.3}\left(\frac{\lambda}{\mu}\right)^3\right\} \\
&= \{1 + \rho + \frac{1}{2}\rho^2 + \frac{1}{6}\rho^3\}
\end{aligned} \tag{3.81}$$

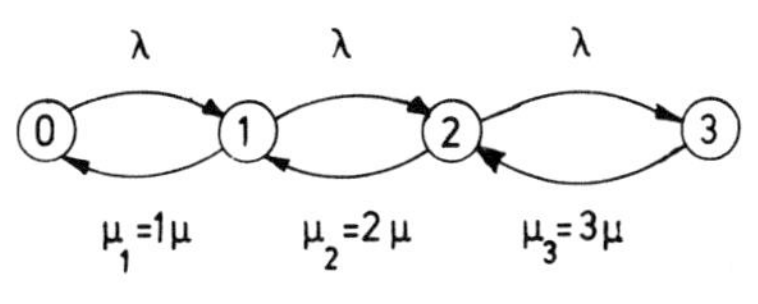

Abbildung 3.7: Zustandsübergangsdiagramm für einen Druckerverband.

Hierin ist $\rho \triangleq \lambda/\mu$, und es gilt

$$\begin{aligned}\lambda\pi_{n-1} &= \mu_n\pi_n = n\mu\pi_n \\ \lambda_n &= \tfrac{1}{n}\rho\pi_{n-1}\end{aligned} \tag{3.82}$$

Wenn beispielsweise $\rho = 2$ ist, erhalten wir

$$\boldsymbol{\pi} = \left(\tfrac{3}{19}, \tfrac{6}{19}, \tfrac{6}{19}, \tfrac{4}{19}\right)$$

und die Wahrscheinlichkeit, daß alle Drucker belegt sind, beträgt $4/19$. Die Druckerausnutzung ergibt sich durch

$$\begin{aligned}\text{Nutzungsgrad} &= \frac{\sum n \cdot P[n \text{ Drucker sind belegt}]}{\text{Gesamtzahl verfügbarer Drucker}} \\ &= \tfrac{1}{3}(P_1 + 2P_2 + 3P_3) = \tfrac{10}{19}\end{aligned}$$

Warteschlange mit Einzelbedienung

Diese Situation könnte zum Beispiel Anwendung auf einen Rechner mit einem einzigen Drucker finden, der mit einem Spooler versehen ist, so daß Druckanfragen in eine Warteschlange eingereiht werden können. Wir gehen davon aus, daß eine unbegrenzte Warteschlangenkapazität vorhanden ist; das Zustandsübergangsratendiagramm hat die Form in Abbildung 3.8.

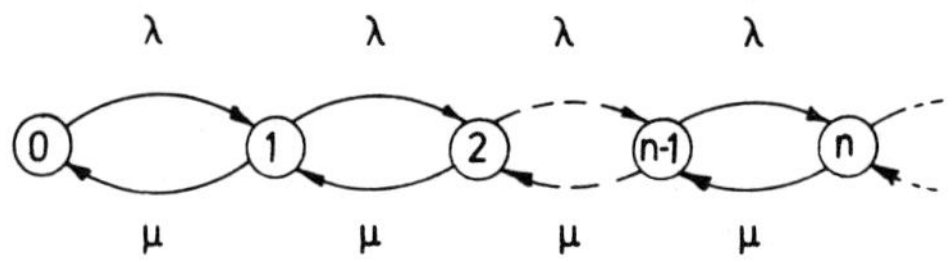

Abbildung 3.8: Zustandsübergangsratendiagramm für eine einzelne Folge.

Wir haben jetzt

$$\frac{1}{\pi_0} = \{1 + \rho + \rho^2 + \ldots\} = 1/(1-\rho)$$

und fordern, daß aus Stabilitätsgründen $\rho = \lambda/\mu < 1$ gilt. Es gilt auch

$$\begin{aligned}\lambda\pi_{n-1} &= \mu\pi_n \\ \pi_n &= \rho\pi_{n-1} = \rho^n\pi_0 = \rho/(1-\rho)\end{aligned}$$

Wenn wir zum Beispiel die drei Drucker aus dem vorangegangenen Beispiel durch einen einzelnen Drucker mit dreifacher Druckrate ersetzen, so daß $\rho = \frac{2}{3}$

ist, und einen Spooler hinzufügen, damit eine Warteschlange eingerichtet werden kann, ergibt sich:

$$\pi_0 = P[\text{sofortigem Druckerzugang}] = \tfrac{1}{3}$$

$$\text{Nutzungsgrad} = 1 - \pi_0 = \tfrac{2}{3}$$

3.5 Schlußfolgerung

Es ist das Ziel dieses Kapitels, eine einführende Darstellung zu solchen Aspekten der Theorie Markowscher Ketten bereitzustellen, die sehr häufig bei Ingenieursanwendungen angetroffen werden. Die Betonung lag auf Prozessen im diskreten Zeitbereich, da man sich diese im allgemeinen leichter vorstellen kann, aber auch die Beziehung zu zeitkontinuierlichen Prozessen und die Erweiterung darauf Zeitbereich ist umrissen worden. Anwendungen wurden nur kurz behandelt, da einige Beispiele in anderen Kapiteln dieses Buchs geliefert werden. Obwohl die Behandlung nur eine Einführung darstellen soll und sicherlich nicht umfassend genannt werden kann, sollte sie dennoch eine gute Grundlage für das weitere Studium der Literatur bieten.

4 Schranken und Approximationen in der Wahrscheinlichkeitstheorie

J. J. O'Reilly

4.1 Einführung

Es ist häufig der Fall, daß für praktische Anwendungen wichtige Kenngrößen nicht so leicht bestimmt werden können, auch wenn die Wahrscheinlichkeitsverteilung in einem analytischen Ausdruck geschlossener Form vorliegt. In wieder anderen Fällen kann die Verteilung selbst unbekannt, jedoch durch einen begrenzten Satz von Kenngrößen charakterisiert sein. Unter solchen Umständen ist es nützlich, Beziehungen zwischen bekannten oder leicht zu berechnenden Kenngrößen herzustellen. Von besonderem Wert sind Beziehungen, die gegenüber den Einzelheiten der zugrundeliegenden Verteilung unempfindlich sind: Man nennt sie dann *verteilungsfrei*.

Ganz allgemein gesprochen, stehen uns zwei Ansätze offen. Wir können eine Approximation oder - und dies ist besonders geeignet, wenn wir es mit Bedingungen potentieller Risiken zu tun haben - obere und/oder untere Schranken suchen. Im letzteren Fall tauchen die wichtigen Kenngrößen als Randwahrscheinlichkeiten auf, und Eigenschaften am Rand einer Verteilung lassen sich im allgemeinen viel schwieriger feststellen als in ihrem Mittelbereich.

Die beiden Ansätze, Schranken und Approximationen, stehen miteinander in Beziehung. Eine angemessen enge Grenze kann sehr gut als Approximation dienen. Wenn obere und untere Schranken zur Verfügung stehen und in engem Rahmen übereinstimmen, können beide als Approximation verwendet werden, und die Differenz der beiden Schranken liefert ein Maß für die Ungenauigkeit. Es gibt auch Schranken, die aus Approximationen hergeleitet werden. Wir können zum Beispiel eine passende Vergleichsfunktion wählen, die einer Zielfunktion recht nahe kommt, aber nicht durchwegs oberhalb oder unterhalb dieser Funktion liegt. Wir können dann obere und untere Schranken erhalten, indem wir die konvexe Hülle der Approximationskurve betrachten.

Es ist praktisch und auch angemessen, wenn wir unsere Diskussion dieses Themas mit der Gauß-Verteilung beginnen. Sie nimmt in einem großen Teil der statistischen Nachrichtentheorie einen wichtigen Platz ein, spielt in bestimmten Approximationstechniken eine Rolle und veranschaulicht auf elementare Weise, daß gewünschte Kenngrößen sich nicht unbedingt leicht berechnen lassen, auch wenn die Verteilung bekannt ist.

4.2 Gauß-Approximationen und -Schranken

Wir wissen durch dem zentralen Grenzwertsatz, daß die Summe einer großen Zahl von Zufallsvariablen im Grenzwert gegen die Gauß-Verteilung konvergiert, wenn wir eine endliche Varianz voraussetzen. Wenn wir es mit einer solchen Summe zu tun haben, ist es sicher ratsam zu untersuchen, ob eine Approximation nicht auf eine Gauß-Verteilung mit entsprechendem Mittel und entsprechender Varianz gestützt werden kann. Dies ist zwar sehr oft richtig, aber es sind einige Worte zur Vorsicht angebracht:

1. Erstens mag der mittlere Teil der Verteilung einer Summe sehr schnell konvergieren, wenn mehr und mehr Glieder addiert werden, aber in bezug auf die Ränder kann das Verhalten anders sein. Abb. 4.1 verdeutlicht dies: Hier ist die Verteilung der Summe n identischer, gleichförmig verteilter Zufallsvariablen für $1 \leq n \leq 4$ dargestellt. Wenn man sich bei flüchtiger Beobachtung auf das Hauptgebiet konzentriert, könnte man sich beim Fall mit $n = 4$ vorstellen, daß er nahe an die Gauß-Verteilung herankommt. Es ist aber ganz klar unangemessen, eine Randwahrscheinlichkeit, wie zum Beispiel $P(x > 4)$, derart abzuschätzen.
2. Eine zweite Vorsichtsmaßnahme bezieht sich auf die Asymmetrie in den Beiträgen. Diese Asymmetrie hat die Tendenz, sich bei der Faltung nur langsam zu verringern.
3. Schließlich sollten wir nicht die Möglichkeit übersehen, daß sich eine Zufallsvariable aus vielen Beiträgen auch anders als in Form einer Summe ergeben kann. Wenn zum Beispiel multiplikative und nicht additive Effekte dominieren, kommt der Logarithmus der zusammengesetzten Zufallsvariablen wahrscheinlich näher an die Gauß-Verteilung als die Variable selbst heran. Die entsprechende Grenzverteilung ist unter diesen Umständen die logarithmische Normalverteilung.

Ehe wir uns auf eine Gauß-Approximation verlassen, sollten wir prüfen, ob eine ausreichende Anzahl von Beiträgen existiert und daß diese eine geeignete Form aufweisen, um die Konvergenz der jeweiligen Kenngröße sicherzustellen. Wenn dies nicht der Fall ist, dann kann eine Reihenapproximation besser sein.

4.2.1 Schranken für den Rand der Gauß-Verteilung

Nach den obigen Bemerkungen ist klar, daß die Abschätzung von Randwahrscheinlichkeiten mit Vorsicht erfolgen muß. Sogar wenn von der jeweiligen Zufallsvariablen bekannt ist, daß sie normalverteilt ist oder hinreichend nahe an

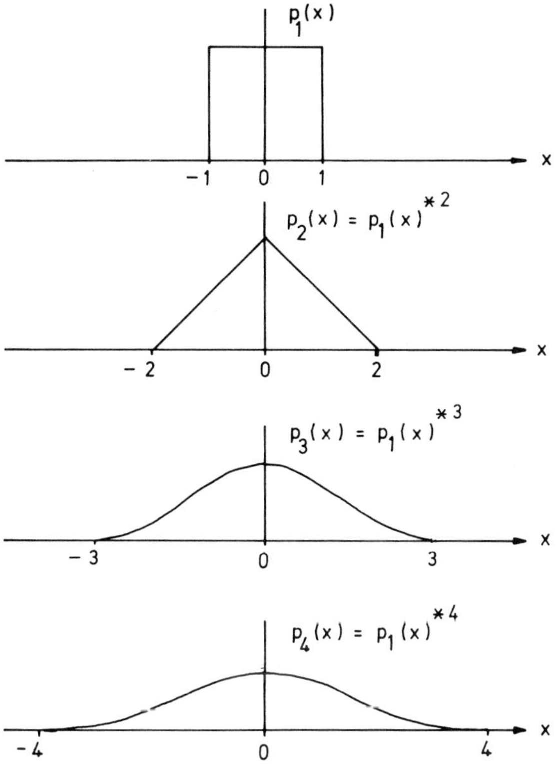

Abbildung 4.1: Wahrscheinlichkeitsdichtefunktionen für aufeinanderfolgende Summen gleichförmiger, unabhängiger, identisch verteilter Zufallsvariablen.

diese Verteilung herankommt, läßt sich ein geschlossener analytischer Ausdruck für die Randwahrscheinlichkeit nicht finden. Wir betrachten daher verschiedene spezielle obere und untere Schranken für die Gauß-Randverteilung.

Aus praktischen Erwägungen und ohne Einschränkung der Allgemeinheit betrachten wir den Fall mit Mittelwert null und Varianz eins; durch eine Variablentransformation läßt sich die Verallgemeinerung schnell erreichen. Die Wahrscheinlichkeitsdichte ist durch

$$f(x) = \frac{1}{\sqrt{(2\pi)}} \exp\{-x^2/2\} \tag{4.1}$$

gegeben und die Wahrscheinlichkeit, daß X größer als ein Wert $\gamma > 0$ ist, ist durch

$$P(X > \gamma) = \int_{\gamma}^{\infty} \frac{1}{\sqrt{(2\pi)}} \exp(-x^2/2)\, dx \tag{4.2}$$

gegeben. Um eine Schranke angeben zu können, schreiben wir den Integranden um

$$P(X > \gamma) = \frac{1}{\sqrt{(2\pi)}} \int_\gamma^\infty \frac{1}{x} \exp(-x^2/2)\, dx$$

und integrieren partiell:

$$\begin{aligned} P(X > \gamma) &= \frac{1}{\sqrt{(2\pi)}} \left\{ \left[\frac{1}{x}(-\exp(-x^2/2)) \right]_\gamma^\infty \times \right. \\ &\quad \left. - \int_\gamma^\infty \frac{1}{x^2} \exp(-x^2/2)\, dx \right\} \\ &= \frac{1}{\sqrt{(2\pi)}} \left\{ \frac{1}{\gamma} \exp(-\gamma^2/2) - I \right\} \end{aligned}$$

Als untere und obere Schranke I ergibt sich damit

$$\begin{aligned} 0 < I &= \int_\gamma^\infty \frac{1}{x^3} x \exp(-x^2/2)\, dx < \frac{1}{\gamma^3} \int_\gamma^\infty x \exp(-x^2/2)\, dx \\ &= \left[-\frac{1}{\gamma^3} \exp(-x^2/2) \right]_\gamma^\infty = \frac{1}{\gamma^3} \exp(-\gamma^2/2) \end{aligned}$$

folglich gilt

$$\begin{aligned} \left(1 - \frac{1}{\gamma^2}\right) \frac{1}{\sqrt{(2\pi)}\gamma} \exp(-\gamma^2/2) &< P(X > \gamma) \\ &< \frac{1}{\sqrt{(2\pi)}\gamma} \exp(-\gamma^2/2) \end{aligned} \tag{4.3}$$

Diese Schranken sind in Abb. 4.2 dargestellt. Beachten Sie, daß sie mit zunehmendem γ konvergieren, d.h., daß sie asymptotisch eng zusammen verlaufen; es ist daher durchaus üblich, die obere Schranke als Randapproximation für analytische Zwecke zu verwenden.

Eine weitere nützliche Approximation liefert der asymptotische Ausdruck [1]

$$\begin{aligned} P(X > \gamma) \simeq & \frac{1}{\sqrt{(2\pi)}\gamma} \exp(-\gamma^2/2) \left\{ 1 - \frac{1}{\gamma^2} + \ldots \right. \\ & \left. \frac{(-1)^n (2n-1)!!}{\gamma^{2n}} \right\} \end{aligned} \tag{4.4}$$

wobei die Notation ( )!! nun jeden zweiten Term der Fakultätenfolge zuläßt. Beachten Sie, daß der erste Term und die beiden ersten Terme zusammengenommen

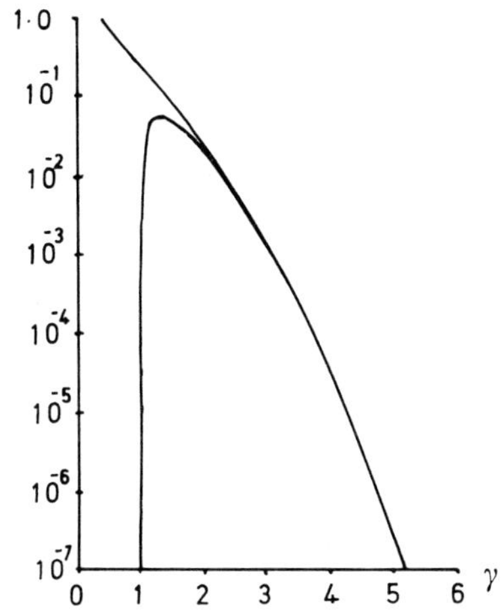

Abbildung 4.2: Obere und untere Schranke für den Rand einer Gauß-Verteilung.

unserer oberen bzw. unteren Schranke entsprechen. Eine andere untere Schranke, die ebenfalls eine sehr gute Approximation darstellt, ist durch

$$P(X > \gamma) \geq \frac{1}{\sqrt{(2\pi)}} \exp(-\gamma^2/2) \left\{ \frac{(\gamma^2 + 4)^{1/2} - \gamma}{2} \right\} \tag{4.5}$$

gegeben.

4.3 Schranken als Erwartungswertfunktionale

Einige nützliche Schranken lassen sich bestimmen, wenn der Erwartungswertoperator auf Schranken einer Indikatorfunktion angewendet wird. I_A sei die Indikatorfunktion für eine Menge A:

$$I_A(X) = \begin{cases} 1, & \text{X} \in \text{A} \\ 0, & \text{ansonsten} \end{cases}$$

Es gilt dann

$$P(X \in A) = \int_{-\infty}^{\infty} I_A(x) f(x) \, \mathrm{d}x = E\{I_A(X)\} \tag{4.6}$$

Wenn jetzt $B_1(X) \leq I_A(X) \leq B_2(X)$ für alle X gilt, dann erhalten wir

$$E\{B_1(X)\} \leq P(X \in A) \leq E\{B_2(X)\} \tag{4.7}$$

Unter der Voraussetzung, daß wir geeignete Schrankenfunktionen B_1 und B_2 bestimmen können, die immer unterhalb und oberhalb von I_A verlaufen, können wir so die obere und untere Schranke erhalten. Doch es hängt viel von der Wahl der Schrankenfunktion ab. Wir untersuchen hier drei Beispiele, die auf obere Schranken führen:

4.3.1 Markow-Schranke

Wir betrachten eine nichtnegative Zufallsvariable $X \geq 0$. Es gilt dann

$$P(X \geq \gamma) = E\{I_{[\gamma,\infty)}(X)\} = E\{U(X - \gamma)\}$$

worin $U(x)$ die Einheitssprungfunktion bezeichnet. Nun haben wir

$$U(x - \gamma) \leq \frac{x}{\gamma}, \quad x \geq 0$$

Damit ergibt sich eine geeignete Schrankenfunktion, die in Abb. 4.3 dargestellt ist. Folglich gilt

$$P(X \geq \gamma) = E\{U(X - \gamma)\} \leq E\left\{\frac{X}{\gamma}\right\} = \frac{1}{\gamma}E\{X\} \tag{4.8}$$

Wir können also nur mit Hilfe des Mittelwertes eine obere Schranke für den Rand angeben, die allerdings nicht sehr gut ist.

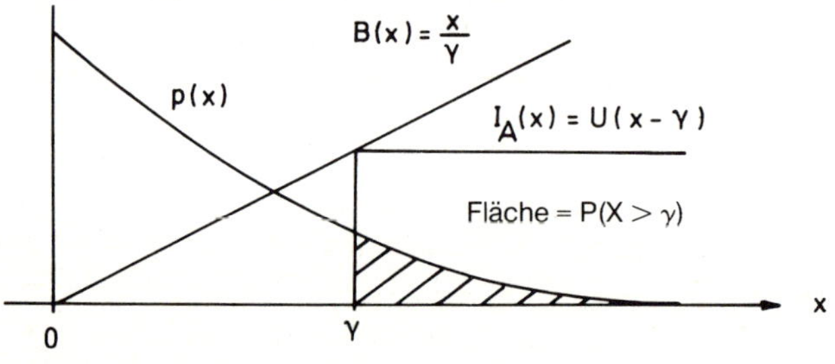

Abbildung 4.3: Markow-Schranke.

4.3.2 Tschebyschow-Ungleichung

Für eine Zufallsvariable X mit Mittelwert $m = E\{X\}$ und Varianz $\sigma^2 = E\{X - m)^2\}$ betrifft diese Grenze $P(|X - m| > \gamma)$. Hier ist $A = \{x : |x - m| > \gamma\}$; deshalb gilt:

$$I_A(X) = \begin{cases} 1, & |X - m| > \gamma \\ 0, & \text{ansonsten} \end{cases}$$

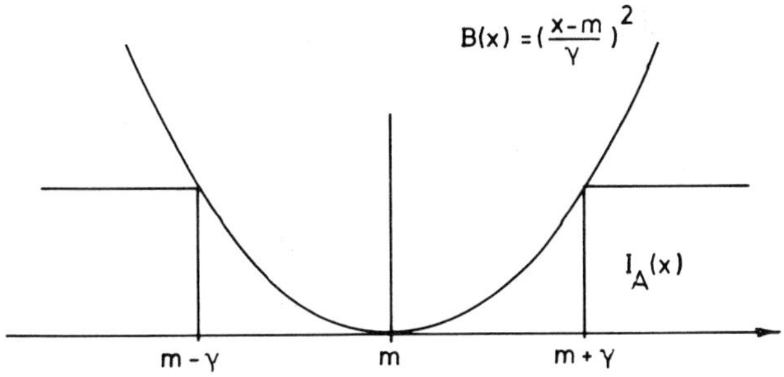

Abbildung 4.4: Tschebyschow-Ungleichung.

Wir wählen eine Schrankenfunktion, die in Abb. 4.4 dargestellt und durch

$$B(x) = \left(\frac{x-m}{\gamma}\right)^2 \geq I_A(x)$$

gegeben ist. Folglich haben wir

$$\begin{aligned} P(|X-m| > \gamma) &= E\{I_A(X)\} \leq E\{B(X)\} \\ &= E\left\{\left(\frac{X-m}{\gamma}\right)^2\right\} = \frac{1}{\gamma^2} E\{(X-m)^2\} \\ &= \frac{\sigma^2}{\gamma^2} \end{aligned} \tag{4.9}$$

Hier ist es uns gelungen, die obere Schranke für die Ränder mit Hilfe des Mittels und der Varianz festzulegen.

Auf die beiden obigen Schranken stößt man oft in theoretischen Entwicklungen, aber sie sind für die direkte Anwendung auf praktische Probleme nur von geringem Nutzen, da sie überhaupt nicht eng sind. Dies sollte uns aber nicht überraschen, da sie nur sehr wenige Informationen über die jeweilige Zufallsvariable ausnutzen. Doch dies stellt keine Begrenzung des allgemeinen Verfahrens dar, denn es hängt viel von der Form der Schrankenfunktion ab, wie wir im nächsten Beispiel sehen können.

4.3.3 Tschernow-Schranke

Hier nehmen wir eine exponentielle Schrankenfunktion und verwenden

$$e^{s(x-\gamma)} \geq U(x-\gamma), \quad s > 0$$

wenn wir den positiven Rand* betrachten, wie dies in Abb. 4.5 dargestellt ist, so daß

* Dieselbe Idee läßt sich natürlich leicht auf einen negativen Rand anpassen.

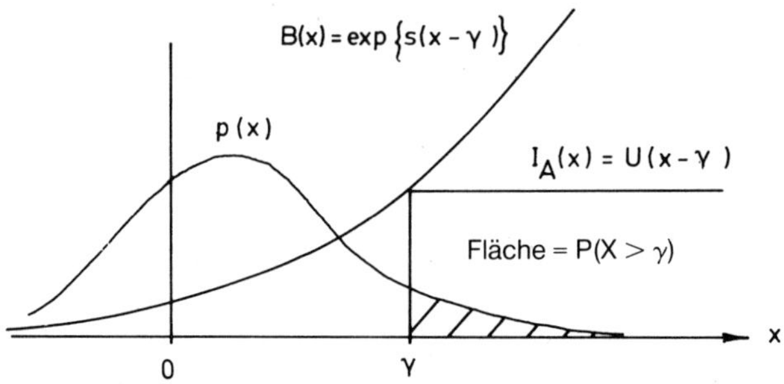

Abbildung 4.5: Tschernow-Schranke.

$$
\begin{aligned}
P(X>\gamma) &= E\{U(X-\gamma)\} \\
&\leq E\{\exp[s(X-\gamma)]\} = E\{\exp(sX)\,\exp(-s\gamma)\} \\
&= \exp(-s\gamma)E\{\exp(sX)\} \\
&= \exp(-s\gamma)M_X(s)
\end{aligned}
\tag{4.10}
$$

gilt, wobei $M_X(s)$ die momenterzeugende Funktion für die Zufallsvariable X ist. Hierbei ist s eine streng positive reelle Zahl, und jedes beliebige s stellt eine Schranke dar. Wenn wir eine möglichst genaue Schranke haben wollen, müssen wir ein s derart wählen, daß diese Schranke minimiert wird. Diese Minimierung läßt sich am schnellsten durchführen, wenn wir den Logarithmus der Schranke betrachten, den wir durch

$$
\begin{aligned}
LB(s) &= \ln\{\exp(-s\gamma)M_X(s)\} \\
&= -s\gamma + \psi_X(s)
\end{aligned}
$$

definieren. Hierin ist ψ die logarithmische momenterzeugende Funktion, die manchmal auch kumulantenerzeugende Funktion genannt wird. Es reicht jetzt aus, s_{opt} zu bestimmen, um $LB(s)$ zu minimieren; da ln eine monoton steigende Funktion ist, minimiert derselbe Wert von s auch die Tschernow-Schranke. Wenn wir nach s differenzieren und das Ergebnis gleich null setzen, um das Extremum zu bestimmen, erhalten wir

$$
\frac{\mathrm{d}}{\mathrm{d}s}LB(s) = -\gamma + \psi'_X(s) = 0
$$

Aus der Lösung dieser Gleichung erhalten wir s_{opt}. Setzen wir s_{opt} in Gleichung (4.10) ein, ergibt sich die genaueste Form der Tschernow-Schranke. Für ein gegebenes Problem müssen wir sicher sein, daß s_{opt} die Schranke minimiert und nicht ein Maximum oder einen Wendepunkt mit waagrechter Tangente liefert. Es gibt hier keine großen Schwierigkeiten, und das Verfahren garantiert ein Minimum, wenn die momenterzeugende Funktion für alle s existiert. Leider kann es auch vorkommen, daß die momenterzeugende Funktion nicht das gewünschte Verhalten zeigt. Wir können zum Beispiel auf Probleme treffen, für die $MX(s)$ nur für $(0 \leq s \leq c)$ definiert ist und für die die Schranke mit zunehmendem $s \to c$ abnimmt. Die Tschernow-Schranke ist dann nur für diese Werte von s definiert, und die genaueste Version läßt sich dadurch bestimmen, daß man s gegen c gehen läßt und nicht etwa ein Extremum bestimmt. Unter diesen Umständen kann es angebracht sein, komplexe Werte von s zu betrachten und eine Sattelpunktsapproximation anzuwenden [2].

Es sind verschiedene Modifikationen und Erweiterungen der Tschernow-Schranke möglich. Wenn zum Beispiel die momenterzeugende Funktion nicht bekannt ist, aber eine obere Schranke $BM_X(s)$ für die unbekannte momenterzeugende Funktion verfügbar, dann können wir einfach $M_X(s)$ durch $BM_X(s)$ in (4.10) ersetzen und erhalten

$$P(X > \gamma) \leq \exp(-s\gamma)M_X(s) \leq \exp(-s\gamma)BM_X(s) \tag{4.11}$$

Dies gilt für alle s, für die $BM_X(s)$ definiert ist und $M_X(s)$ beschränkt wird. Es läßt sich wiederum ein optimaler Wert für s bestimmen, mit dem sich eine genauere Schranke erzielen läßt.

Es existieren neuere Arbeiten zu Modifikationen der Tschernow-Grenze, die sich speziell auf die Fehlerwahrscheinlichkeit in digitalen und optischen Nachrichtensystemen beziehen [3,4]. Hier werden die Prinzipien der analytischen Fortsetzung und die Integration auf geschlossenen Wegen angewandt, um die oberen und unteren Schranken zu gewinnen. Die Schranken sind einfach zu gebrauchen und gleichzeitig genau und in Fällen nützlich, die von praktischem Interesse sind.

4.3.4 Allgemeine Formulierung

Wir haben uns bis jetzt auf Randwahrscheinlichkeiten konzentriert, aber das Konzept ist im Prinzip viel allgemeiner. Wir betrachten eine Zufallsvariable X und zwei weitere geordnete Zufallsvariablen r_1 und r_2, die als Funktionen von X durch

$$r_1(X) \leq r_2(X)$$

für alle X definiert sind. Es gilt dann

$$E\{r_1(X)\} \leq E\{r_2(X)\}$$

Eine obere Schranke für die Kenngröße von X, die durch $E\{r_1(X)\}$ definiert ist, läßt sich als der Erwartungswert einer Schrankenfunktion $r_2(X)$ gewinnen, was wir weiter oben gezeigt haben. In unseren obigen Beispielen war $r_1(X)$ einfach eine Indikatorfunktion, aber dies braucht nicht der Fall zu sein. Auch wenn wir uns auf obere Schranken konzentriert haben, so ist doch klar, daß das Verfahren im Prinzip auch verwendet werden kann, um obere und untere Schranken für eine beliebige Kenngröße zu bestimmen. Die Schwierigkeit liegt darin, geeignete Schrankenfunktionen zu finden, die immer oberhalb bzw. unterhalb der Funktion liegen, die die jeweilige Kenngröße definiert.

4.4 Momentenraumverfahren

Mit Momentenraumverfahren wird das obengenannte Problem umgangen, Schrankenfunktionen bestimmen zu müssen. Schranken werden in diesem Zusammenhang über *Approximationsfunktionen* gewonnen. Diese Verfahren haben sich bei der Bestimmung von Schranken bei der Fehlerwahrscheinlichkeit für digitale Übertragung [5] als besonders hilfreich erwiesen. Wir müssen jedoch mit einigen Definitionen in bezug auf Momente beginnen.

4.4.1 Generalisierte Momente

Wir betrachten eine Zufallsvariable X mit der Wahrscheinlichkeitsdichte $f(x)$, die auf $a \leq x \leq b$ definiert ist. Wenn eine Funktion $r(x)$ auf diesem Intervall eindeutig ist, ist ein generalisiertes Moment durch

$$E\{r(X)\} = \int_a^b r(x) f(x)\, \mathrm{d}x \tag{4.12}$$

definiert.

4.4.2 Momentenraum

Wir betrachten einen Satz generalisierter Momente

$$m_i = E\{r_i(X)\}, \quad i = 1, 2, \ldots, n$$

Bei gegebener Verteilung beschreiben die Koordinaten $m = (m_1, m_2, \ldots, m_n)$ einen Punkt in E_n, einem n-dimensionalen Euklidischen Raum. Die Teilmenge dieses Raums, die alle Punkte m umfaßt, die einer erlaubten Wahrscheinlichkeitsverteilung entsprechen, wird Momentenraum genannt. Es kann gezeigt werden [6], daß die Menge abgeschlossen, beschränkt und konvex ist; die Punkte, die allen möglichen Verteilungen entsprechen, häufen sich in einem begrenztem Gebiet. Die formale Formulierung lautet: Wenn die Koordinaten

$$u_i = r_i(x), \quad i = 1, 2, \ldots, n; \quad a \leq x \leq b$$

eine Kurve in E_n definieren, wobei x ein Parameter ist, dann liegen alle Punkte $m = (m_1, m_2, \ldots, m_n)$, die einer gültigen Wahrscheinlichkeitsverteilung entsprechen, in der konvexen Hülle * der Kurve.

Diese Aussage erfordert eine nähere Erläuterung. Zu diesem Zweck richten wir unsere Aufmerksamkeit auf ein zweidimensionales Beispiel und geben ein unterstützendes Plausibilitätsargument an, in dem allerdings nur der Fall diskreter Zufallsvariablen berücksichtigt wird. Strengere und umfangreichere Abteilungen sind anderenorts zu finden [5,6].

Wir betrachten eine diskrete Zufallsvariable X, deren Wahrscheinlichkeitsdichtefunktion durch

$$f(x) = \sum_i f_i \delta(x - x_i), \quad a < x_i < b \tag{4.13}$$

gegeben ist. Wenn wir jedes mögliche Ergebnis einzeln betrachten, können wir formal die trivialen bedingten Dichtefunktionen

$$f(x|X = x_i) = \delta(x - x_i) \tag{4.14}$$

angeben. Jede dieser bedingten Dichtefunktionen mit "Einzelpuls" entspricht einem Punkt auf der Kurve im Momentenraum mit den Koordinaten $(r_1(x), r_2(x))$. Wenn wir die Menge aller möglichen x_i betrachten, erzeugen wir die Kurve $(r_1(x), r_2(x))$ in E_2 in dem Bereich, der durch $a < x < b$ definiert ist.

Wenn wir nun mögliche Wertepaare für X betrachten, erhalten wir die bedingten Dichtefunktionen

$$f(x|X \in \{x_j, x_k\}) = f'_j \delta(x - x_j) + f'_k \delta(x - x_k); \forall x_j, x_k \in \{x_i\}, \quad j \neq k \tag{4.15}$$

worin f'_j und f'_k durch $f'_j = f_j/(f_j + f_k)$ etc. normiert sind. Jede solche bedingte Dichtefunktion entspricht einem Punkt im Momentenraum auf einer Geraden zwischen $(r_1(x_j), r_2(x_j))$ und $(r_1(x_k), r_2(x_k))$. Das erste Koordinatenpaar entspricht $f'_j = 1, f'_k = 0$, so daß x_j fast sicher auftritt, das zweite $f'_j = 0, f'_k = 1$, so daß x_k fast sicher auftritt, und die Punkte dazwischen entsprechen Verteilungen, für die x_j und x_k beide mit von null verschiedener Wahrscheinlichkeit auftreten können. Alle Punkte in E_2, die durch diesen Prozeß erzeugt werden, liegen innerhalb der konvexen Hülle der Kurve, d.h., innerhalb des abgeschlossenen Gebietes, das durch die Kurve und alle möglichen Geraden zwischen Punkten auf der Kurve definiert ist.

Wenn wir die Bedingungen ein wenig lockern, erhalten wir

$$f(x|X \in \{x_j, x_k, x_l\}) = f'_j \delta(x - x_j) + f'_k \delta(x - x_k) + f'_l \delta(x - x_l); \quad \forall x_j, x_k, x_l \in \{x_i\}, \quad i \neq j \neq k \tag{4.16}$$

* Konvexe Hülle H einer Menge $G \triangleq$ kleinste konvexe Menge, die als Teilmenge G enthält.

wobei die f'_j usw. jetzt durch $(f_j+f_k+f_l)$ normiert sind. Jede derartige bedingte Dichtefunktion entspricht einem Punkt zwischen p_α und p_β. Betrachten wir alle möglichen Punkte, so decken wir diejenigen ab, die innerhalb des geschlossenen Dreiecks liegen, das durch p_1, p_2, p_3 definiert ist. Betrachten wir alle möglichen Punkte p_1, p_2, p_3, führt uns dies noch einmal auf den konvexen Teil der Kurve.

Wir können jetzt die Bedingungen noch weiter lockern und erhalten im allgemeinen Polygongebiete beliebigen Grades. Wenn wir jedoch bedingte Verteilungen betrachten, können wir das Problem stets auf die Vereinigung von Dreiecksgebieten der oben definierten Form reduzieren; wir werden dadurch zwangsläufig auf die konvexe Hülle der Kurve geführt, die ein Gebiet in E_2 (und im allgemeinen Fall in E_n) definiert, das alle gültigen diskreten Verteilungen enthält.

Zur Veranschaulichung sind zweidimensionale Kurven und die entsprechenden konvexen Gebiete in Abb. 4.6 dargestellt. Da ein Punkt in E_n, der einer *beliebigen* gültigen Verteilung entspricht, im konvexen Gebiet liegt, ergeben die Randpunkte des konvexen Gebiets für jeden gegebenen Wert von $m_1 = E\{r_1(X)\}$ eine obere und untere Schranke für $E\{r_2(X)\}$. Die Schranken, die auf diese Weise gewonnen werden, sind verteilungsfrei.

Als Beispiel betrachten wir Quantisierungsrauschen in der Pulscodemodulation. Die normierte Quantisierungsrauschleistung kann als [14]

$$\frac{1}{3N^2}\int r_2(x)f(x)\,\mathrm{d}x \equiv \frac{1}{3N^2}E[r_2(x)]$$

ausgedrückt werden, wobei N die Zahl der codierten Quantenintervalle, $f(x)$ die Wahrscheinlichkeitsverteilung der Signalamplitude und $r_2(x)$ eine Funktion ist, die von der *Kompandiercharakteristik* des Pulscodemodulations-Systems (insbesondere vom Quadrat der inversen Steigung des Kompressionsgesetzes) abhängt. Mit dem logarithmischen Kompandierungsgesetz, das für den PCM-Telefonbetrieb ausgelegt ist, erhalten wir:

$$\begin{aligned} r_2(x) &= \left(\frac{1+\log A}{A}\right)^2 \qquad 0 \le x \le \frac{1}{A} \\ &= x^2(1+\log A)^2 \quad \frac{1}{A} \le x \le 1 \end{aligned}$$

worin A der Kompandierungsparameter ist. Die Signalleistung ist $S_2 = E(X^2)$. Nehmen wir $r_1(x) = x^2$ an, können wir Momentenraumschranken für die Quantisierungsrauschleistung bestimmen. Der Momentenraum ist in Abb. 4.7 dargestellt. Die untere Schranke und die engere obere Schranke A sind nach den oben angegebenem Verfahren aus dem konvexem Gebiet hergeleitet worden. Die Kurve B, die parallel zur unteren Schranke gezogen wurde, ist nicht so eng, aber offensichtlich eine gültige obere Schranke. Es ist praktisch, die Schranken für das Signal/Rausch-Verhältnis als Funktion des Signalpegels auszudrücken:

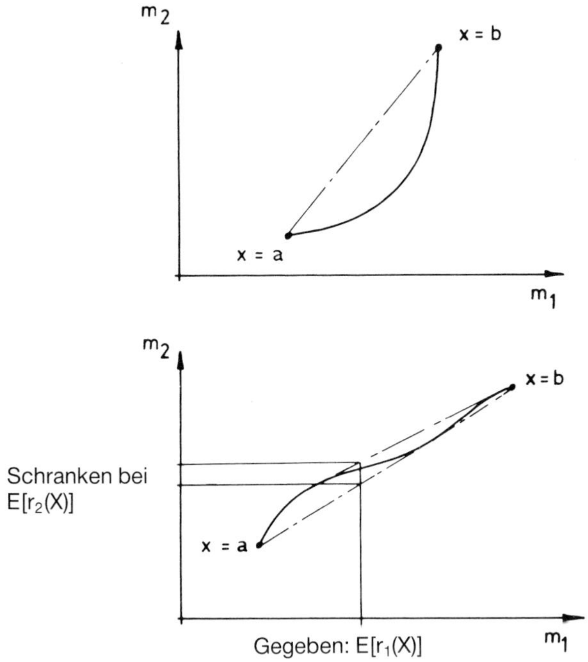

Abbildung 4.6: Konvexe Gebiete und Momentraumschranken.

$$\begin{aligned}
\frac{\text{Rauschleistung}}{\text{Signalleistung}} &\leq \frac{(1+\log A)^2}{3N^2}\left[1+\frac{1-S^2}{A^2S^2}\right] && (\text{Schranke}\,A)\\
&\leq \frac{(1+\log A)^2}{3N^2}\left[1+\frac{1}{A^2S^2}\right] && (\text{Schranke}\,B)\\
&\geq \frac{(1+\log A)^2}{3N^2}\left[\max\left\{1,\frac{1}{A^2S^2}\right\}\right] && (4.17)
\end{aligned}$$

Obere und untere Schranken liegen nirgends mehr als 3 dB (bei $S = 1/A$) auseinander. Sie konvergieren sowohl bei kleinen als auch großen Signalpegeln.

Die nicht so enge Schranke B, die ursprünglich durch einen anderen Beweis hergeleitet wurde [14], stellt eine enge Momentenraumschranke dar, wenn x gegen unendlich gehen kann. Es zeigt sich, daß wir einen halbunendlichen Bereich zulassen dürfen, wenn die relevante Kurve eine Asymptote hat, obwohl der Momentenraum üblicherweise innerhalb eines endlichen Bereiches entwickelt wird.

Die hier vorgestellte Abhandlung der Momentenraumschranken ist notgedrungen knapp; weitere Einzelheiten können der Literatur entnommen werden. Zum Beispiel liefert Dresher [6] eine formalere, allgemeine Abhandlung der mathematischen Grundlagen, während Yao [7] eine praktische Zusammenfassung mit

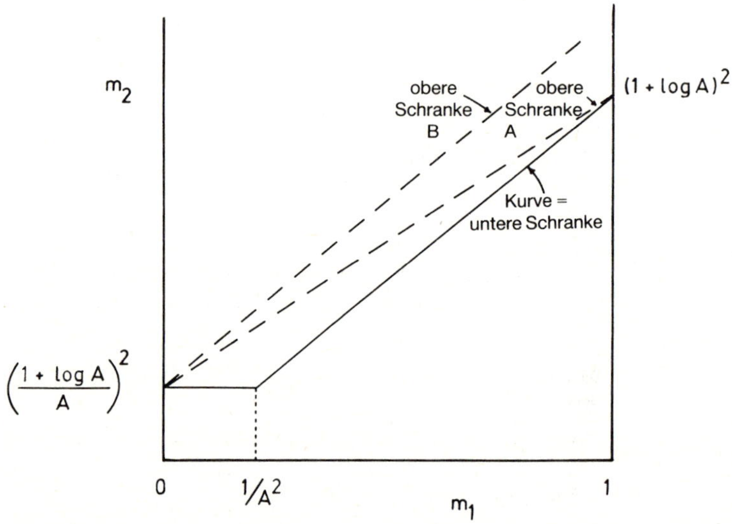

Abbildung 4.7: Momentenraumgrenzen für Quantisierrauschen (Obere Schranke B, obere Schranke A, Kurve = untere Schranke.

Anwendungsbeispielen aus dem Gebiet der digitalen Nachrichtentechnik gibt. Es sollte auch angemerkt werden, daß mehrdimensionale Erweiterungen durchführbar sind [8,9] und oft sehr enge Schranken liefern, während wir uns hier nur auf zweidimensionale Momentenräume beschränkt haben.

Schließlich weisen wir noch darauf hin, daß das Verfahren kürzlich erweitert worden ist, um der Ungenauigkeit in den Momenten Rechnung zu tragen, aus denen die Schranken hergeleitet werden [15].

4.5 Reihenapproximationen

Nützliche Approximationen lassen sich oft dadurch gewinnen, daß die gewünschte Variable in eine Reihe mit paarweise orthogonalen Gliedern entwickelt wird. Zum Beispiel werden Potenzreihenentwicklungen und Entwicklungen in orthogonalen Funktionen mit denen der Einfluß nichtlinearer Operationen auf stochastische Prozesse abgeschätzt und quantifiziert wird, in Kapitel 9 diskutiert, während Cochrane in Kapitel 17 eine Reihenapproximationstechnik zur Abschätzung der Fehlerwahrscheinlichkeit beschreibt. In Anbetracht dessen untersuchen wir nur kurz das Prinzip der Reihenentwicklung in orthogonalen Funktionen.

4.5.1 Orthogonale Funktionen

Wir betrachten eine vollständige orthonormale Menge von Funktionen $\{r_1(x)\}$, so daß

$$(r_i, r_j) \triangleq \int_{-\infty}^{\infty} r_i(x) r_j(x) w(x) \, dx = \delta_{ij} \tag{4.18}$$

gilt. Hierin ist δ_{ij} das Kronecker-Symbol und $w(x)$ die Gewichtsfunktion für das innere Produkt. Eine betragsintegrable Funktion $q(x)$ kann so genau wie gewünscht (nach der mittleren quadratischen Abweichung) durch

$$q(x) \simeq \sum_i a_i r_i(x) \tag{4.19}$$

approximiert werden. Hier ist $a_i = (r_i, q)$.

Es folgt, daß

$$E\{(q(x))^2\} = \sum_i a_i^2 \tag{4.20}$$

gilt, wenn X eine Zufallsvariable mit der Funktion $w(x)$ als Wahrscheinlichkeitsdichte ist. Wenn $q(x), p(x)$ zwei derartige Funktionen mit den Reihenkoeffizienten a_i, b_i sind, ergibt sich ebenso

$$E\{q(X)p(X)\} = \sum_i a_i b_i \tag{4.21}$$

Wir können also eine Vielzahl von Kenngrößen berechnen, indem wir geeignete Reihenentwicklungen in orthogonale Funktionen verwenden. Es stehen orthogonale Polynome, die vielen nützlichen Wahrscheinlichkeitsverteilungen entsprechen, zur Verfügung: In Tabelle 9.1 ist eine ziemlich vollständige Liste mit Hinweisen auf weitere Informationen aufgeführt.

4.5.2 Hermite-Polynome und Gram-Charlier-Reihen

Die Gauß-Verteilung ist die vielleicht wichtigste kontinuierliche Verteilung. Die entsprechenden orthogonalen Funktionen sind die Hermite-Polynome, die in Kapitel 9, Abschnitt 9.7.2 definiert und diskutiert werden. Sie lassen sich leicht für statistische Abschätzungen der Form (4.19) verwenden. Zwei Beispiele von Kenngrößen, die sich aus Gauß-Zufallsprozessen herleiten, werden in Kapitel 7 beschrieben.

Ein weiterer verwandter Ansatz besteht darin, eine nicht-Gaußsche Wahrscheinlichkeitsverteilung über die Gauß-Verteilung und ihre Ableitungen mit Hilfe der

Gram-Charlier-Reihe auszudrücken. Wir betrachten eine normierte Zufallsvariable X (mit Mittelwert null und Varianz 1), deren charakteristische Funktion in eine Reihe der Form

$$\phi_x(\mathrm{j}\theta) = \mathrm{e}^{-(1/2)\theta^2}\left\{1 + \sum_{n=3}^{\infty} c_n (\mathrm{j}\theta)^n\right\} \tag{4.22}$$

entwickelt werden kann. (Der Summationsindex beginnt bei 3, da wegen der verwendeten Normierung c_1 und c_2 identisch null sind: Vgl. [12], Abschnitt 17.6.). Die Fourier-Transformation aus Gleichung (9.79), Kapitel 9, zeigt, daß für die Wahrscheinlichkeitsdichte

$$p(x) = (2\pi)^{-1/2}\mathrm{e}^{-(1/2)x^2}\left\{1 + \sum_{n=3}^{\infty} c_n H_n(x)\right\} \tag{4.23}$$

gilt. Integrieren wir gliedweise und verwenden Gleichung (9.80), Kapitel 9, dann erhalten wir

$$\begin{aligned} p(x > \gamma) &= \int_{\gamma}^{\infty} p(x)\,\mathrm{d}x \\ &= Q(\gamma) + (2\pi)^{-1/2}\mathrm{e}^{-(1/2)\gamma^2}\sum_{n=3}^{\infty} c_n H_{n-1}(\gamma) \end{aligned} \tag{4.24}$$

wobei $Q(\gamma)$ die Gauß-Randwahrscheinlichkeit bedeutet. Die Reihe (4.24) konvergiert, wenn

$$\int_{\gamma}^{\infty} \exp(x^2/4)p(x)\,\mathrm{d}x$$

konvergent ist [13]. Die Konvergenzbedingungen der Verteilung (4.23) sind dagegen anspruchsvoller.

Die Koeffizienten c_n stehen mit den Kumulanten k_r aus Kapitel 1, Abschnitt 1.5 in Beziehung. Für die normierte Variable lautet die kumulanterzeugende Funktion

$$\phi(s) = \tfrac{1}{2}s^2 + \sum_{r=3}^{\infty} \frac{k_r}{r!}s^r$$

Hieraus ergibt sich die momenterzeugende Funktion

$$\exp(\tfrac{1}{2}s^2)\,\exp\left\{\sum_{r=3}^{\infty} \frac{k_r}{r!}s^r\right\}$$

Setzen wir diesen Ausdruck mit Gleichung (4.22) gleich und substituieren $s = \mathrm{j}\theta$, erhalten wir

$$\sum_{n=3}^{\infty} c_n S^n = \sum_{m=1}^{\infty} \frac{1}{m!} \left\{ \sum_{r=3}^{\infty} \frac{k_r}{r!} S^r \right\}^m \tag{4.25}$$

Damit können die c_n aus den k_r bestimmt werden. Die ersten Koeffizienten sind durch

$$
\begin{aligned}
3!c_3 &= k_3 \\
4!c_4 &= k_4 \\
5!c_5 &= k_5 \\
6!c_6 &= k_6 + 10k_3^2 \\
7!c_7 &= k_7 + 35k_3k_4 \\
8!c_8 &= k_8 + 35k_4^2 - 56k_3k_4
\end{aligned}
$$

gegeben. Die Glieder höherer Ordnung lassen sich mit zunehmendem Arbeitsaufwand bestimmen.

Eine Reihe dieser Art ist dann sehr nützlich, wenn sie schnell konvergiert und wenn sich die Glieder sich leicht berechnen lassen. Dies kann unter den folgenden, nicht hinreichenden, Bedingungen zutreffen:

1. Die Verteilung ist fast normalverteilt.
2. Die Zufallsvariable ist die Summe vieler unabhängiger Zufallskomponenten, wobei die Kumulanten die Summe der Komponentenkumulanten sind.
3. Die Zufallsvariable ist die Summe unabhängiger Komponenten, von denen eine oder mehrere normalverteilt ist und daher nichts zu den Kumulanten dritter und höherer Ordnung beiträgt (ein Beispiel ist in Kapitel 7 angeführt).

Wenn die Zufallsvariable die Summe N unabhängiger, identisch verteilter Zufallskomponenten ist, dann enthalten die Koeffizienten c_n Faktoren, die Potenzen von $N^{1/2}$ sind. Leider nimmt die Potenz von $N^{1/2}$ nicht gleichförmig mit n zu. Die *Edgeworth-Reihe* ist eine echte asymptotische Reihe mit Potenzen von $N^{1/2}$. Sie kann als Umordnung der Glieder einer Gram-Charlier-Reihe betrachtet werden, die unter bestimmten Umständen die Konvergenz verbessert [12]. Der Unterschied ist oft relativ unbedeutend, und in der Literatur zur Nachrichtentheorie scheint die elementare Gram-Charlier-Reihe häufiger Verwendung zu finden.

Danksagung

Ich hatte die günstige Gelegenheit, den ersten Entwurf eines Buchs über Nachrichtentechnik von Professor Ken Cattermole zu sehen*. Dieses Buch behandelt

* Cattermole, K.: *Statistische Analyse und Struktur von Information.* VCH Verlagsgesellschaft mbH Weinheim, 1988.

verschiedene Themen, die in diesem Beitrag diskutiert werden; seine Behandlung hat mich ohne jeden Zweifel in meinem Ansatz beeinflußt. Ich bin ihm insbesondere dafür dankbar, daß er das Pulscodemodulations-Beispiel für das Momentenraumverfahren bereitgestellt hat.

Teil II

Kombinierte Zufälligkeit

5 Statistische Modelle für Verkehr in Netzwerken

K.W. Cattermole

5.1 Einführung

Die charakteristische Eigenschaft von Nachrichtennetzen, wie in diesem Kapitel behandelt, besteht darin, daß viele Anwender zusammengeschaltet werden, die unabhängig voneinander Bedienungsanfragen stellen. Die Gesamtnachfrage, wie auch immer man sie quantifiziert, ist ein *Zufallsprozeß*. Folglich besitzt das Verhalten des Netzes eine Zufallskomponente, und die Auslegung muß sich auf statistische Überlegungen gründen. Es gibt zwei Aspekte, bei denen der Anwender mit Unsicherheiten konfrontiert wird:

1. *Verfügbarkeit eines Nachrichtenkanals*. Die Verbindung kann blockiert oder die Übertragung als Folge von Überlastung verzögert sein.
2. *Qualität der Nachrichtenübertragung*. Verlust, Rauschen, Verzerrung, Fehlerrate und andere Signalbeeinträchtigungen können variieren.

Die meisten Netze sind so ausgelegt, daß diese Probleme in hohem Maße voneinander getrennt sind. Wir konzentrieren uns hier auf den ersten Aspekt, die Verfügbarkeit. Einige Signalprobleme in Systemen mit Mehrfachzugang sind schon vorher diskutiert worden [1].

Das Problem der Verfügbarkeit entsteht hauptsächlich deswegen, weil das Netz so ausgelegt ist, daß der Bedarf der Anwender auf wirtschaftliche Weise befriedigt wird. Eigentlich könnten Verbesserungen durch eine großzügigeres Angebot erreicht werden. Um zu einen vernünftigen Kompromiß zu kommen, muß man zwischen Angebot und Leistungsfähigkeit abwägen.

Die Analyse und Abschätzung der Verfügbarkeit hängt von drei sich gegenseitig beeinflussenden Faktoren ab:

1. *Topologie des Netzes,* das die Anwender zusammenschaltet.
2. *Statistische Eigenschaften des Verkehrs,* der aus Einzelquellen gebildet und in Gruppen zusammengefaßt wird.
3. *Protokolle,* die den Betrieb des Netzes beherrschen.

Dieses Kapitel konzentriert sich auf die statistische Nachbildung und ihre wechselweise Beziehung zur Netztopologie: dabei werden nur einfache und klassische Protokolle vorausgesetzt. Weitere Einzelheiten über Netze und Protokolle sowie deren gegenseitige Beeinflussung sind in der Literatur zu finden [z.B. 2-7].

5.2 Statistische Modelle für Verkehrsgruppen

5.2.1 Allgemeine Konzepte

In diesem Abschnitt befassen wir uns mit der statistischen Theorie einzelner Verkehrsgruppen, wie sie in einer Quelle, einem Knotenpunkt oder in einer Gruppe von Fernleitungen auftreten können. Hierbei handelt es sich um eine wesentliche Vorbereitung auf die statistische Behandlung von Netzen in Kapitel 5.3. Für den gesamten Text nützlich sind Standardwerke über Fernverkehr [10,11], Warteschlangentheorie [8,9,12], Wahrscheinlichkeitsrechnung [13] und stochastische Prozesse [14,15].

Wir werden häufig Kenngrößen verwenden, die von einem Ereignis bedingt sind. Der Begriff der bedingten Wahrscheinlichkeit ist allgemein bekannt, aber andere Kenngrößen, zum Beispiel bedingte Erzeugungsfunktionen, sind natürlich auch sehr nützlich. Wir betrachten eine vollständige Menge $Y = \{Y_1, Y_2, \ldots\}$ sich gegenseitig ausschließender Ereignisse, der ein Wahrscheinlichkeitsmaß $\text{Prob}(Y_i)$ zugeordnet wird. Dabei sei $S(X)$ eine Kenngröße der Zufallsvariablen X, und $S(X|Y_i)$ sei der Wert, den S unter der Bedingung $Y = Y_i$ annimmt. Es gilt dann

$$S(X) = \sum_i S(X|Y_i) \text{ Prob } (Y_i) \tag{5.1}$$

Die Bedingungen Y_i können als Zahlen (zum Beispiel: i Fernleitungen sind belegt) oder anders gegeben sein (zum Beispiel als eine spezielle Konfiguration von Verbindungen in einem Netz). Dies wird noch durch Beispiele in diesem und in den folgenden Abschnitten deutlich werden.

Wir beschäftigen uns hauptsächlich mit *stationären* Zufallsprozessen, deren Kenngrößen nicht von der Zeit abhängen. Genauer gesagt, greifen wir auf den Begriff des *statistischen Gleichgewichts* zurück, den A.K. Erlang eingeführt hat. Der jeweilige diskrete Zufallsprozeß kann über zwei Wahrscheinlichkeitsmengen definiert werden, nämlich *Zustandswahrscheinlichkeiten* $\text{Prob}(X = i) = p_i$ und die *Übergangswahrscheinlichkeitsdichten* p_{ij}, so daß

$$\text{Prob}[X(t + \,\mathrm{d}t) = \mathrm{j}|X(t) = i] = p_{ij}\,\mathrm{d}t$$

gilt.

Im Gleichgewicht seien die "Ubergangswahrscheinlichkeit ausreichend lange stationär gewesen, um sicherzustellen, daß die Zustandwahrscheinlichkeit eine gleichbleibende Verteilung erreicht hat.

5.2.2 Poisson-Prozeß

Wir betrachten einen Punktprozeß, dessen Ereignisse zufällig, aber mit gleicher Wahrscheinlichkeit auf der Zeitachse auftreten. Die Wahrscheinlichkeit eines Ereignisses im Intervall $(t, t + \mathrm{d}t)$ beträgt hierbei $\rho \cdot \mathrm{d}t$, wobei ρ ein konstanter Parameter ist (die Rate des Prozesses). Dies ist die grundlegende Definition eines *Poisson-Prozesses.* Aus empirischer Sicht stellt er ein gutes Modell für viele reale Punktprozesse dar. Die fundamentalen Eigenschaften, die als Grundlage für seine theoretische und praktische Nützlichkeit gelten können, bestehen darin, daß es sich sowohl um einen *stabilen Prozeß* als auch einen *Grenzprozeß* handelt. Wir betrachten einen Punktprozeß, der durch die Überlagerung mehrerer Beitragspunktprozesse gebildet wird. Es lassen sich die folgenden Behauptungen in bezug auf den zusammengesetzten Prozeß beweisen:

1. Die Summe Poissonscher Prozesse ist wieder ein Poisson-Prozeß (dessen Rate die Summe der Einzelraten ist).
2. Die Summe einer großen Zahl von Punktprozessen, die jeweils stationär sind, aber ansonsten eine beliebige Intervallverteilung haben, streben im Grenzwert gegen einen Poisson-Prozeß.

Im Hinblick auf diese Eigenschaften scheint es nur natürlich, dem Poisson-Prozeß dieselbe vorhergehende Rolle unter den Punktprozessen zuzuweisen, die die Gauß-Verteilung unter den Wahrscheinlichkeitsverteilungen einnimmt *. Des weiteren scheint es sich um ein natürliches Modell für Prozesse zu handeln, die aus der Superposition vieler unabhängiger Beiträge entstehen. Dies trifft offensichtlich für Verkehrsströme in großen Systemen mit vielen Anwendern zu. Üblicherweise verwenden wir den Poisson-Prozeß als Modell für einen Punktprozeß, der ein Punktereignis als Einleitung einer jeden Nachfrage enthält, eine Verbindung herzustellen oder eine Nachricht zu übermitteln. Es existieren zwei Zufallsvariablen, deren Verteilungen wichtig sind:

1. Die Anzahl der Punktereignisse in einem gegebenen Zeitintervall der Länge t.
2. Das Zeitintervall zwischen benachbarten Punktereignissen und, in allgemeiner Formulierung, die Wartezeit bis zum r-ten aufeinanderfolgenden Ereignis.

Die Verteilung der Anzahlen von Ereignissen

Die Wahrscheinlichkeit von r Ereignissen im Intervall t sei $p_r(t)$ mit der Erzeugungsfunktion $P(z,t)$. Es wird in Kapitel 1 gezeigt, daß

$$P(z,t) = \mathrm{e}^{\rho t(z-1)} \tag{5.2}$$

* Die zweite Eigenschaft hängt von Bedingungen ab, nach denen (wie bei den Bedingungen zum Gaußschen zentralen Grenzwertsatz) keine Verteilung dominieren darf.

gilt, woraus

$$p_r(t) = \frac{(\rho t)^r \mathrm{e}^{-\rho t}}{r!} \tag{5.3}$$

folgt. Dies ist die *Poisson-Verteilung*. Es läßt sich zeigen, daß für jede Poisson-Variable X mit Parameter λ (in diesem Fall gilt $\lambda = \rho \cdot t$)

$$E(X) = V(X) = \lambda \tag{5.4}$$

geschrieben werden kann.

Verteilung der Intervalle

Die Wahrscheinlichkeitsdichte der Zeitdauer vom ersten Ereignis bis zum r-ten Ereignis betrage $f_r(t)$. Die Wahrscheinlichkeit, daß das r-te Ereignis in $(t, t+ \mathrm{d}t)$ auftritt, beträgt $f_r(t)\mathrm{d}t$. Aber dies ist das zusammengesetzte Ereignis, bei dem r Punktereignisse im Hauptintervall $(0, t)$ auftreten und eins im Zuwachs $(t, t+ \mathrm{d}t)$. Seine Wahrscheinlichkeit ist $p_{r-1}(t) \cdot \rho{\cdot}dt$ ist. Folglich gilt

$$f_r(t) = \rho p_{r-1}(t) = \frac{\rho^r t^{r-1} \mathrm{e}^{-\rho t}}{(r-1)!} \tag{5.5}$$

Hierbei handelt es sich um eine *Gamma-Verteilung*.
Der wichtigste Sonderfall ist die Zeitdauer zwischen benachbarten Ereignissen mit der Negativexponentialverteilung:

$$f_1(t) = \rho \mathrm{e}^{-\rho t} \tag{5.6}$$

Da die Zeit bis zum r-ten Ereignis aus der Summe von r Zeiten zwischen den Ereignissen besteht, folgt hieraus, daß

$$f_r(t) = [f_1(t)]^{*r} \tag{5.7}$$

gilt (die Notation impliziert die Faltung r ähnlicher Terme). Man kann dies durch direkte Berechnung verifizieren. Die Laplace-Transformierte von $f_1(t)$ läßt sich leicht als $\rho/(\rho + s)$ bestimmen, so daß die der Gamma-Verteilung

$$F_r(s) = \left(\frac{\rho}{s+\rho}\right)^r \tag{5.8}$$

lautet. Beachten Sie, daß $f_1(t)$ eine Doppelrolle zukommt. Es handelt sich um die Verteilung der Intervalle zwischen zwei Ereignissen und der Wartezeit von einem beliebigen Ursprung bis zum nächsten Ereignis *.

---

* Feller [13] diskutiert den paradoxen Charakter dieser Doppelrolle in großer Ausführlichkeit.

Das Mittel einer negativexponentiellen Variablen lautet $1/\rho$, während die Varianz $1/\rho^2$ beträgt. Entsprechend hat die Gamma-Verteilung das Mittel r/ρ und die Varianz r/ρ^2. Die Negativexponentialverteilung wird ebenfalls sehr häufig als Modell für die Verteilung von Halte- oder Bedienungszeiten verwendet. Über die Umkehrung unserer Herleitung wird hierdurch impliziert, daß die Beendigung einer Verbindung oder der Abschluß der Bedienung als ein Zufallsereignis mit gleichförmiger Wahrscheinlichkeitsdichte betrachtet werden kann. Wie wir noch sehen werden, vereinfacht sich durch diese Annahme ein großer Teil der Verkehrstheorie. Sie ist für einige, jedoch nicht für alle Anwendungen empirisch gesichert. Im allgemeinen werden wir diese Annahme verwenden, mit einigen ausdrücklichen Ausnahmen.

5.2.3 Modell für den Zufallsverkehr im Gleichgewicht

Wir betrachten eine Nachrichtenverbindung in Systemen, die von Zufallsnachfragen aus vielen Quellen erhalten. Die Anzahl der Anwender X im System (zum Beispiel die laufenden Telefongespräche oder Nachrichten, die in einer Warteschlange auf die Übertragung warten) ist eine Zufallsvariable. Die Folge ihrer Werte als Funktion der Zeit ist ein diskreter Zufallsprozeß. In einem infinitesimalen Zeitinkrement kann sich X um 1 erhöhen (ein neuer Anruf kommt an) oder um 1 erniedrigen (ein laufender Anruf wird beendet). X kann aber auch unverändert bleiben. Mehrfachereignisse haben Wahrscheinlichkeiten, die infinitesimal von höherer Ordnung sind, und im Grenzwert können sie vernachlässigt werden. Einzelereignisse werden im Poissonschen Sinne als zufällig angesehen, d.h., sie werden durch Wahrscheinlichkeitsdichteparameter definiert. Diese Parameter können im allgemeinen Fall vom Zustand des Systems abhängen (der durch den Wert von X charakterisiert wird), sind aber ansonsten zeitinvariant. Die Menge der Zustände und die Übergänge zwischen diesen Zuständen sind in Abb. 5.1 dargestellt:

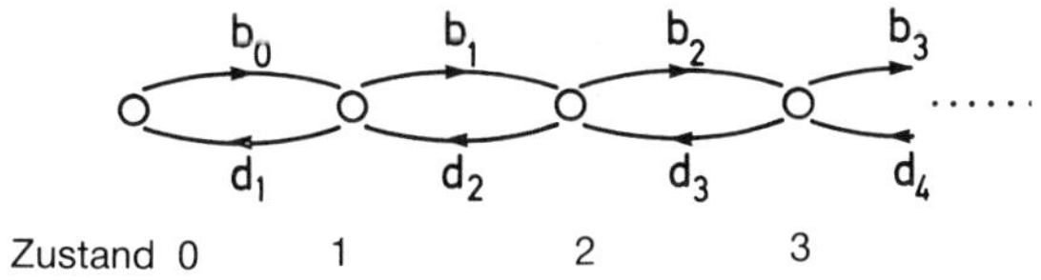

Abbildung 5.1: Zustandsdiagramm eines stochastischen Prozesses.

Für eine Vielzahl von praktischen Problemen können die Übergangswahrscheinlichkeitsdichten durch einfache A-priori-Argumente festgelegt werden, und das Problem besteht darin, die Verteilung der Zustandwahrscheinlichkeiten herzuleiten. Diese aber bestimmen die signifikanten Dimensionen des Systems (Wie viele Leitungschaltkreise werden gebraucht? Oder: Wieviele Nachrichten-Speicherplätze sind in einem Pufferspeicher erforderlich?). Der Prozeß gehört per definitionem zur allgemeinen Klasse Markowscher Prozesse und läßt sich mit den allgemeinen Verfahren für diese Klasse untersuchen (vgl. Kapitel 3). Es existiert jedoch ein viel einfacheres Verfahren, das mit dem Begriff des statistischen Gleichgewichts zusammenhängt:

Im Gleichgewicht muß die Aufwärtsbewegung vom Zustand i zum Zustand $i+1$ in der Wahrscheinlichkeit durch eine Abwärtsbewegung vom Zustand $i+1$ zum Zustand i ausgeglichen sein. Es gilt also

$$p_i b_i \, \mathrm{d}t = p_{i+1} d_{i+1} \, \mathrm{d}t \tag{5.9}$$

Wenn wir die Notation

$$c_i = \frac{b_0 b_1, \ldots, b_{i-1}}{d_1 d_2, \ldots, d_i}, \quad c_0 = 1 \tag{5.10}$$

verwenden, dann impliziert diese Bilanz, daß

$$p_i = c_i p_0 \tag{5.11}$$

gilt. Da die Summe aller p_i eins ergeben muß, folgt

$$p_i = \frac{c_i}{\sum_j c_j} \tag{5.12}$$

Als erstes Beispiel für diesen Prozeß betrachten wir eine ideale Situation, in der die Kapazität des Systems unbeschränkt ist. Es treten Nachfragen mit konstanter Wahrscheinlichkeitsdichte ρ auf, so daß für alle i $b_i = \rho$ ist. Jeder Anwender falle nach Beendigung seiner Aufgabe aus dem System heraus, etwa durch Freigabe nach einem Telefongespräch, wobei die Haltezeiten mit Mittel h exponentiell verteilt sind. Die Wahrscheinlichkeitsdichte der Freigabe beträgt dann $1/h$ für jeden aktiven Anwender, so daß $d_i = i/h$ ist.

Wir definieren einen *Verkehrsintensitätsparameter* $A = \rho \cdot h$. Dann erhalten wir

$$p_r = \frac{A^r/r!}{\sum_{i=0}^{\infty} A^i/i!} = \frac{A^r \mathrm{e}^{-A}}{r!} \tag{5.13}$$

Hierbei handelt es sich um eine Poisson-Verteilung mit Mittel A. Beachten Sie, daß diese Herleitung sich im Prinzip völlig von unserer ursprünglichen Herleitung der Poisson-Verteilung unterscheidet. Diese würde dieselbe Verteilung für die Anzahl von Gesprächseingängen in einem Intervall h und folglich auch (was ganz klar ist) für die Zahl gleichzeitig laufender, aktueller Gespräche ergeben, wenn die Haltezeiten alle der Konstanten h entsprächen. Es ist ein nichttriviales Ergebnis, daß eine völlig unterschiedliche Haltezeitverteilung dieselbe Verteilung für laufende Gespräche ergibt.

5.2.4 Systeme mit Verlust

Das typische Telefonsystem stellt auf Nachfrage entweder eine Verbindung her oder weist die Anfrage zurück, wenn alle verfügbaren Hauptleitungen besetzt sind. Wir nehmen an, daß S Quellen mit der Rate ρ und N Hauptleitungen existieren. Die Aufwärtswahrscheinlichkeitsdichte aufgrund von Gesprächen, die aus freien Quellen entstehen, beträgt $b_i = \rho(S - i)$. Die Abwärtswahrscheinlichkeitsdichte ist $d_i = i/h$. Es gilt dann

$$p_r = \frac{(\rho h)^r \binom{S}{r}}{\sum_{i=0}^{\min(S,N)} (\rho h)^i \binom{S}{i}} \tag{5.14}$$

Wir betrachten vier Sonderfälle:

1. Eine sehr große Anzahl von Quellen mit jeweils geringer Rate und relativ wenige Hauptleitungen (S sehr viel größer als N)

Wir nehmen $A = \rho \cdot S \cdot h$ als Verkehrsparameter an und lassen S gegen unendlich gehen. Dann gilt

$$p_r = \frac{A^r/r!}{\sum_{i=0}^{N} A^i/i!} \tag{5.15}$$

Hierbei handelt es sich um die Erlang-Verteilung. Die *Blockierwahrscheinlichkeit* ist die Wahrscheinlichkeit, daß alle Hauptleitungen besetzt sind, also pN (Erlangs B-Formel: Hierzu sind Tabellen und Karten weit verbreitet; vgl. [10,11,16]. Dies trifft ganz gut auf die Verdichtungsstufen einer Telefonvermittlung zu, bei der viele Teilnehmer an eine relativ kleine Gruppe von Hauptleitungen angeschlossen ist.

2. Eine kleine Anzahl von Quellen und ausreichend viele Hauptleitungen, so daß eine Blockierung kaum oder überhaupt nicht auftritt. Wir nehmen $p = \rho \cdot h/(1 + \rho \cdot h)$ als Verkehrsparameter an und setzen $N = S$. Dann gilt

$$p_r = \frac{(\rho h)^r \binom{S}{r}}{(1+\rho h)^s} = \binom{S}{r} p^r (1-p)^{S-r} \tag{5.16}$$

Hierbei handelt es sich um die Binomialverteilung, die S Hauptleitungen entspricht, wobei die Belegungswahrscheinlichkeit unabhängig jeweils p beträgt. Dies trifft ganz gut auf die Hauptstufen einer Telefonvermittlung zu, die den geglätteten Verkehr bearbeiten, der aus den Verdichtungsstufen stammt.

3. Eine endliche Zahl von Quellen S und eine begrenzte Zahl von Hauptleitungen $N < S$, so daß Blockierungen merklich statt finden. Die obere Summationsgrenze in Gleichung (5.14) ist dann N; es existiert keine analytische Vereinfachung, aber die numerische Berechnung ist ziemlich einfach. Hierbei handelt es sich um die *Engset-Verteilung* des Fernsprechbetriebs [10].

4. Die vorangegangenen Beispiele entsprechen gewissen Standardsituationen im Fernmeldewesen und können in weitgehend allgemeiner Form ausgedrückt werden. Dieselben Prinzipien können jedoch auch auf eine große Vielzahl von Problemen angewandt werden, die nicht zu den Standardfällen zählen. Die wesentliche Forderung besteht darin, daß durch das Problem die Koeffizienten b_i und d_i aus Abb. 5.1 bestimmt werden können. Die Lösung ergibt sich dann aus den Gleichungen (5.10) bis (5.12).

Zur Veranschaulichung betrachten wir eine moderne mit Selbstwählbetrieb und Anrufanschluß arbeitende Anlage, bei der einlaufende Anrufe an einen anderen Nebenanschluß weitergeleitet werden, wenn der angerufene Anschluß besetzt ist. Der Nebenanschluß A kann an B, B an C und C an A weitergeleitet werden. Der Anrufer erhält nur dann keine Antwort, wenn alle drei Nebenanschlüsse besetzt sind. Von jedem Nebenanschluß gehen Anrufe mit einer Rate ρ aus, und die einlaufenden Gespräche, die an jeden Nebenanschluß gerichtet sind, sollen die Rate ρ haben. Die mittleren Haltezeiten sind für alle Gesprächsarten identisch, und aus Gründen der Einfachheit normieren wir auf eine Einheitshaltezeit. Gespräche zwischen A, B und C werden ignoriert. Wie sehen die Wahrscheinlichkeiten dafür aus, daß ein Anrufer

(a) mit der angewählten Person sprechen kann,
(b) mit einer anderen Person spricht,
(c) das Besetztzeichen hört?

Es gibt vier Zustände, wobei für die Anzahl der besetzten Nebenanschlüsse A, B, C $\{0, 1, 2, 3\}$ gilt. Die Übergangswahrscheinlichkeitsdichten lauten:

$$b_i = \rho(6 - i), \quad i = 0, 1, 2$$
$$d_i = i, \quad i = 1, 2, 3$$

Aus Gleichung (5.12) folgt sofort, daß

$$\begin{bmatrix} p_0 \\ p_1 \\ p_2 \\ p_3 \end{bmatrix} = \frac{1}{1 + 6\rho + 15\rho^2 + 20\rho^3} \begin{bmatrix} 1 \\ 6\rho \\ 15\rho^2 \\ 20\rho^3 \end{bmatrix} \tag{5.17}$$

gilt. Hierbei handelt es sich um eine Engset-Verteilung für $S = 6$ und $N = 3$.

Die erforderlichen Wahrscheinlichkeiten ergeben sich zu

$$\begin{aligned}\begin{bmatrix} p_a \\ p_b \\ p_c \end{bmatrix} &= \begin{bmatrix} 1 & \frac{2}{3} & \frac{1}{3} & 0 \\ 0 & \frac{1}{3} & \frac{2}{3} & 0 \\ 0 & 0 & 0 & 1 \end{bmatrix} \begin{bmatrix} p_0 \\ p_1 \\ p_2 \\ p_3 \end{bmatrix} \\ &= \frac{1}{1+6\rho+15\rho^2+20\rho^3} \begin{bmatrix} 1+4\rho+5\rho^2 \\ 2\rho+10\rho^2 \\ 20\rho^3 \end{bmatrix}\end{aligned} \tag{5.18}$$

Wenn beispielsweise $\rho \cdot h = 0,1$ ist, dann hat der Anrufer eine 82%ige Chance, mit der angerufenen Person zu sprechen, eine 17%ige Chance, mit einer anderen Person zu sprechen, und eine 1%ige Chance, daß er das Besetztzeichen hört.

Dem Leser sei angeraten, jeden Schritt in diesem Beispiel zu verifizieren und einige andere Verkehrsprobleme aus derselben allgemeinen Kategorie zu studieren. In Abschnitt 5.2.6 werden hierzu einige Vorschläge unterbreitet.

Wir werden uns mit Verlustsystemen noch einmal in Abschnitt 5.3 befassen; sehr viel mehr Informationen lassen sich aus der Literatur [10,11] gewinnen. Die Formeln (5.15) und (5.16) sind für sich allein wichtig und stellen auch eine Grundlage für andere Ergebnisse dar. Darüber hinaus gewinnt man nach ein paar Übungen der vorgeschlagenen Art den deutlichen Eindruck, daß dieses allgemeine Verfahren vielseitiger ist, als man annehmen würde, wenn man seine Studien auf die üblichen Lehrbücher zu diesem Thema beschränkt.

5.2.5 Systeme mit Verzögerung

Das typische Datennetz enthält Schaltzentralen, die sowohl speichern wie übermitteln. Hiermit ist gemeint, daß eintreffende Nachrichten in eine Warteschlange eingereiht und dann übermittelt werden, wenn ein geeigneter Kanal frei ist. Ähnliche Warteschlangenoperationen können innerhalb der Signalübertragungs- und Steuersysteme von Telefonnetzen stattfinden, insbesondere bei Signalübertragungstechniken mit gemeinsamem Kanal. In einem ganz typischen Fall werden Nachrichten niemals zurückgewiesen, sondern einer zufälligen Verzögerung unterworfen. Für ein solches System kann ein Modell wie in Abb. 5.1 gelten, wenn die Eingänge eine Poisson-Verteilung und die Haltezeiten (für die Nachrichtenlängen) eine Negativexponentialverteilung aufweisen.

1. Es existiere eine Quelle mit konstanter mittlerer Verkehrsintensität, eine endliche Zahl N von Bedienungskanälen und eine unbegrenzte Warteschlangenkapazität. Im Zustand 0 befindet sich das System im Leerlauf, in den Zuständen $1, 2, \ldots, N$ sind einige oder alle Bedienungskanäle besetzt, aber es existiert keine Warteschlange, und in den Zuständen $N + \mathrm{j}(\mathrm{j} = 1, 2, \ldots)$ sind alle Bedienungsknäle besetzt, und es gibt j Teilnehmer in der Warteschlange. Die Übergangswahrscheinlichkeitsdichten sind $b_i = \rho$, und $d_i = h^{-1}$ min (i, N).

Mit einem Verkehrsparameter $A = \rho \cdot h$ haben wir

$$
\begin{aligned}
p_r &= \frac{\dfrac{A^r}{r!}}{\sum_{i=0}^{N-1} \dfrac{A^i}{i!} + \dfrac{A^N}{N!}\left(\dfrac{N}{N-A}\right)}, \quad r \leq N \\
&= \frac{\dfrac{A^r}{N!N^{r-n}}}{\sum_{i=0}^{N-1} \dfrac{A^i}{i!} + \dfrac{A^N}{N!}\left(\dfrac{N}{N-A}\right)}, \quad r \geq N
\end{aligned}
\tag{5.19}
$$

Die Wahrscheinlichkeit, daß eine Nachricht verzögert wird, entspricht der Wahrscheinlichkeit, daß alle Bedienungskanäle besetzt sind, nämlich

$$
p_D = \sum_{j=0}^{\infty} p_{N+j} = p_N \sum_{j=0}^{\infty} \left(\frac{A}{N}\right)^{\mathrm{j}} = p_N \left(\frac{N}{N-A}\right) \tag{5.20}
$$

Dies ist die Erlangsche C-Formel [8,11] (wenn p_N substituiert wird).

Die Wartezeit W_D einer verzögerten Nachricht ist eine Zufallsvariable, deren Kenngrößen berechnet werden können, indem die Kenngrößen summiert werden, die vom Zustand r abhängen. Wenn wir annehmen, daß die Nachrichten in der Reihenfolge des Eintreffens übermittelt werden, dann ist die bedingte Wartezeit die Zeit, die erforderlich ist, um die $\mathrm{j}+1$ vorangegangenen Nachrichten zu senden. Aus Gründen der Einfachheit werden wir auf Einheitswartezeit normieren. Dann beträgt die Wahrscheinlichkeitsdichte für die Freigabe N, und das Intervall zwischen aufeinanderfolgenden Freigaben hat eine Negativexponentialverteilung mit Mittel $1/N$; die entsprechende Laplace-Transformation ergibt sich nach Gleichung (5.10) zu $N/(s+N)$, und daher lautet die bedingte Laplace-Transformation der Wartezeit

$$
E(\mathrm{e}^{-sW} | r = N + \mathrm{j}) = \left(\frac{N}{s+N}\right)^{\mathrm{j}+1} \tag{5.21}
$$

Die Laplace-Transformation der Wartezeitverteilung für alle verzögerten Anrufe ergibt sich daher zu

$$
\begin{aligned}
E(\mathrm{e}^{-sW_D}) &= \frac{\sum_{j=0}^{\infty} p_{N+\mathrm{j}} E(\mathrm{e}^{-sW} | r = N + \mathrm{j})}{\sum_{j=0}^{\infty} p_{N+j}} \\
&= \frac{N-A}{s+N-A}
\end{aligned}
\tag{5.22}
$$

wobei die zweite Form sofort durch Substitution aus Gleichungen (5.19) und (5.21) folgt. Hiermit wird eine Negativexponentialverteilung mit Mittel

$$
E(W_D) = \frac{1}{N-A} \tag{5.23}
$$

in Einheiten der mittleren Haltezeit definiert. Man beachte, daß sich dieser Ausdruck auf die Wartezeit verzögerter Nachrichten bezieht. Die Wartezeit W aller Nachrichten stimmt hiermit nicht überein, da die Tatsache berücksichtigt werden muß, daß ein Anteil $1 - p_D$ keinerlei Wartezeit hat. Folglich gilt

$$E(W) = \frac{p_D}{N - A} \tag{5.24}$$

2. Der Sonderfall mit Einzelbediener ist für uns von hinreichender Wichtigkeit, um ihn gesondert zu behandeln. Die Formeln reduzieren sich dann auf

$$p_r = (1 - A)A^r \tag{5.25}$$

$$p_D = A \tag{5.26}$$

$$E(W_D) = \frac{1}{1 - A} \tag{5.27}$$

$$E(W) = \frac{A}{1 - A} \tag{5.28}$$

Die Gesamtzeit, die eine Nachricht im System verbringt, entspricht der Summe aus Wartezeiten und Bedienungszeiten, die (in Einheiten von h) den Erwartungswert

$$\frac{A}{1 - A} + 1 - \frac{1}{1 - A} \tag{5.29}$$

hat. Die Übereinstimmung der Ausdrücke (5.27) und (5.29) verursacht manchmal Verwirrung, deshalb müssen sie begrifflich unterschieden werden.

Eine physikalische Begründung ist vielleicht beim Einzelbediener etwas leichter einzusehen. Der gesamte Verkehr zum Beispiel läuft über den einen Bediener (wir nehmen an, daß eine Gleichgewichtsbedingung erreicht ist, die wir noch erläutern), deshalb entspricht der Anteil an Zeit, für den der Bediener belegt ist, $\rho \cdot h = A$. Eine Verzögerung tritt auf, wenn der Bediener belegt ist, deshalb ist $p_D = A$. Wenn es keine Verzögerung gibt, befindet sich das System im Leerlauf, deshalb ist $p_0 = 1 - A$. Wenn Verzögerung auftritt, dann gilt für die mittlere Anzahl von Nachrichten, die vor dem Neuankömmling liegen

$$1 + \frac{\sum_{j=0}^{\infty} jA^j}{\sum_{j=0}^{\infty} A^j} = \frac{1}{1 - A} \tag{5.30}$$

Für die verzögerten Nachrichten ergibt sich dann:

$$\begin{aligned}(\text{mittlere Verzögerung}) &= (\text{mittlere Bedienungszeit}) \\ &\quad \times (\text{mittlere Zahl der vorausgehenden Nachrichten})\end{aligned} \tag{5.31}$$

Dies ist ein intuitiv plausibles Ergebnis, das allgemeiner anwendbar ist, auch wenn es hier mit der Annahme hergeleitet wurde, daß eine Poisson-verteilte Eingabe und eine exponentialverteilte Bedienungszeit vorliegt.

3. Wir schließen diesen Unterabschnitt mit einer Bemerkung über die Gleichgewichtsbedingungen. Verschiedene signifikante Kenngrößen für Wartesysteme - mittlere Verzögerung, mittlere Warteschlangenlänge etc. - nehmen kleine Werte an für $A < N$, aber sie divergieren, wenn A gegen N geht. Folglich versagt die Theorie, wenn $A > N$ ist. Es ist intuitiv klar, daß der mittlere Verkehr A (dies ist das Produkt aus mittlerer Eingangsrate und mittlerer Haltezeit) die mittlere Belegung der Bediener darstellt und deshalb nicht die Anzahl der Bediener überschreiten kann. Wird der Verkehr zu groß, wächst die Warteschlangenlänge, das Gleichgewicht geht verloren, und schließlich versagt das System. Ein ideales Verlustsystem erreicht andererseits immer ein Gleichgewicht. Bei einem praktischen System belasten sogar verlorengegangene Gespräche das System, und es läßt sich kein ideales Verhalten postulieren, aber es sind sehr große Überlastungen erforderlich, bis das System versagt. Bei einem gut ausgelegten System sollten immer Vorkehrungen dafür getroffen sein, daß übermäßige Belastungen abgeworfen werden.

Als ein Beispiel für ein Warteschlangensystem, bei dem Verlust vorgesehen ist, falls Überlastungen eintreten, betrachten wir eine Warteschlange mit Einzelbediener; hier gibt es einen Grenzwert für die Warteschlangenlänge. Es gebe $M-1$ Warteplätze und damit eine endliche Menge von Zuständen $\{0, 1, 2 \ldots, M\}$. Jede Nachfrage, die dann eintrifft, wenn alle Plätze besetzt sind, wird abgewiesen und belastet nicht das System. Es sind

$$b_i = \rho, \qquad i = 0, 1, \ldots, M-1$$
$$d_i = 1/h, \quad i = 1, 2, \ldots, M$$

die Übergangswahrscheinlichkeitsdichten. Dann gilt

$$p_r = A^r \left(\frac{1-A}{1-A^{M+1}} \right) = p_0 A^r \tag{5.31}$$

Es gibt drei Möglichkeiten für eine neue Nachfrage: Sie wird sofort mit der Wahrscheinlichkeit

$$p_0 = \frac{1-A}{1-A^{M+1}} \tag{5.32}$$

bedient. Sie wird mit der Wahrscheinlichkeit

$$p_B = p = \frac{A^M - A^{M+1}}{1-A^{M+1}} \tag{5.33}$$

abgewiesen. Sie wird mit der Wahrscheinlichkeit

$$p_D = 1 - p_0 - p_M = \frac{A - A^M}{1-A^{M+1}} \tag{5.34}$$

verzögert. Die mittlere Verzögerung, die davon abhängt, daß j Anrufe vor der neuen Anfrage warten, beträgt

$$E(W|r = \mathrm{j}) = \mathrm{j}, \quad \mathrm{j} = 0, 1, \ldots, M - 1$$

in Einheiten der mittleren Haltezeit. Die mittlere Verzögerung für verzögerte Anrufe beträgt

$$E(W_D) = \frac{\sum_{j=1}^{M-1} \mathrm{j} A^{\mathrm{j}}}{\sum_{j=1}^{M-1} A^{\mathrm{j}}} = \frac{1 - MA^{M-1} + (M-1)A^M}{(1-A)(1-A^{M-1})} \tag{5.35}$$

Die mittlere Verzögerung für alle abgefertigten Anrufe ergibt sich zu

$$E(W) = \frac{\sum_{j=0}^{M-1} \mathrm{j} A^{\mathrm{j}}}{\sum_{j=0}^{M-1} A^{\mathrm{j}}} = \frac{A - MA^M + (M-1)A^{M+1}}{(1-A)(1-A^M)} \tag{5.36}$$

Für große M und kleine A gehen diese Ausdrücke gegen (5.27) bzw. (5.28), aber im Gegensatz zu diesen divergieren sie nicht, wenn A gegen 1 geht. Es gilt

$$E(W) < E(W_D) < \tfrac{1}{2}M \quad A < 1 \tag{5.37a}$$

$$< M - 1 \quad \text{alle } A \tag{5.37b}$$

In Abb. 5.2 ist die mittlere Verzögerungs- und Verlustwahrscheinlichkeit als Funktion des Verkehrsaufkommens für verschiedene Werte von M dargestellt. Die Kurven der Verlustwahrscheinlichkeit liegen zwischen der Kurve für ein reines Verlustsystem (entsprechend $M = 1$) und einer unteren Schranke min $\{0, 1 - 1/A\}$.

Ein zusammengesetztes System dieser Art kann mit hohem Wirkungsgrad (A um wenig kleiner als 1) sowie niedrigem Verlust und beschränkter Verzögerung betrieben werden. Wir können dieses Problem folgendermaßen betrachten:
1. Ein Mittel zur Behandlung von Überlastung in einem Verzögerungssystem.
2. Ein Mittel zur Verbesserung des Wirkungsgrades in einem Verlustsystem.

Der zweite Aspekt gilt für den Fernsprechbetrieb, zum Beispiel beim Zugriff auf eine Registerbank. Der erste Aspekt gilt für die Flußsteuerung in einem Übertragungsnetz mit Speicher, die viel komplexer sein kann als in unserem Beispiel, wobei aber dasselbe Grundprinzip der Kombination von Verlust und Verzögerung gilt.

5.2.6 Andere Anwendungen des einfachen Modells

Es gibt viele andere Fälle, die durch geeignete Wahl der Übergangswahrscheinlichkeitsdichten angepaßt werden können (s. Modell Abb. 5.1). Hierzu gehören:

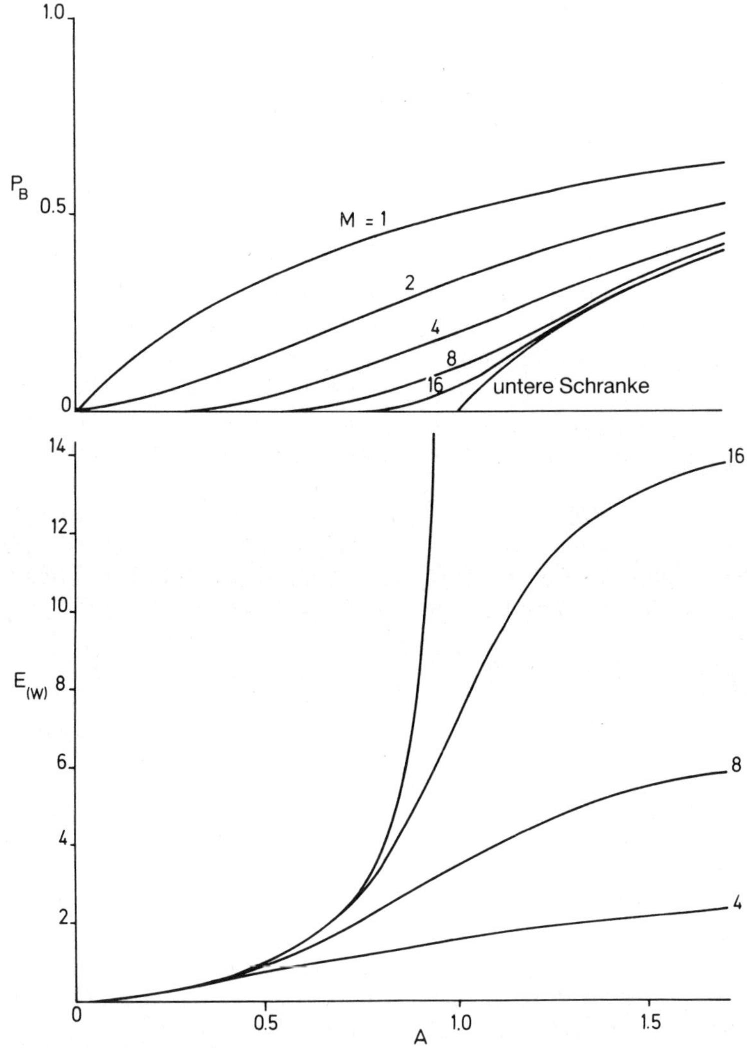

Abbildung 5.2: Mittlere Verzögerungs- und Verlustwahrscheinlichkeit als Funktion des Verkehrsaufkommens für verschiedene Werte von *M*.

1. Wartesysteme mit endlichen Quellen.
2. Wartesysteme, bei denen die Eingangsrate oder Bedienungszeit von der Warteschlangenlänge abhängt.
3. Mehrfachbedienungssysteme mit endlicher Begrenzung der Warteschlangenlänge, bei denen sowohl Verlust als auch Verzögerung auftreten.
4. Kombinationen der obigen Systeme.
5. Telefonverbindungen mit wechselseitigem Verkehr.

6. Sondersituationen im Fernsprechbetrieb einschließlich Gemeinschaftsanschluß, Nebenstelle mit Selbstwählbetrieb und Amtsanschluß, abgeschlossene Teilnehmergruppen, differentielle Anrufraten etc.

Wir können diese Punkte hier nicht ausführlich diskutieren, der allgemeine Ansatz sollte jedoch klar sein*.

5.2.7 Auswirkung der Bedienungszeitverteilung

Die Verallgemeinerung auf andere Bedienungszeitverteilungen als die Negativexponentialverteilung ist die vielleicht natürlichste und naheliegendste. Es ist klar, daß in einigen Situationen, zum Beispiel bei der Steuersignalübertragung Nachrichten oder Prozesse mit Standardformat und damit gleichförmiger Dauer auftreten können; es ist auch klar, daß Nachrichten und Prozesse die Summe aus einfacheren Einheiten sein können; hier könnte man erwarten, daß die Gesamtbedienungszeit eine Gamma-Verteilung hat. Die Theorie der Warteschlangen mit Einzelbediener, poissonverteilten Eingängen und beliebiger Bedienungszeitverteilung ist wohlbekannt. Wir beginnen damit, die mittlere Wartezeit herzuleiten.

Die Bedienungszeit sei eine Zufallsvariable X mit der Wahrscheinlichkeitsdichte $b(x)$. Wir betrachten die Wartezeit W_D, die durch einen verzögerten Anruf bedingt, der eintraf, während ein anderer Anruf mit der Dauer $x < X < x+ \mathrm{d}x$ gerade bedient wurde. Der Anteil der Zeit, die durch Anrufe dieser Dauer belegt wird, ergibt sich zu

$$\frac{xb(x)\,\mathrm{d}x}{\int_0^\infty xb(x)\,\mathrm{d}x} \tag{5.38}$$

Bei Poissonscher Verteilung der Eingänge muß es sich hierbei um die Wahrscheinlichkeit der Bedingung handeln.

Die bedingte Wartezeit enthält den noch nicht abgelaufenen Teil des aktuellen Anrufs, dessen Durchschnittsdauer (bei zufälligen Eingängen) $x/2$ plus Haltezeit der Anrufe, die in der Warteschlange stehen (wobei wir annehmen, daß die Anrufe in der Reihenfolge ihres Eintreffens abgefertigt werden) beträgt. Solange nun eine Warteschlange besteht, entspricht ihre Durchschnittslänge der durchschnittlichen Anzahl von Anrufen, die eintreffen, während sich ein Anruf vom hinteren bis zum vorderen Ende der Warteschlange bewegt, nämlich $\rho \cdot E(W_D)$. Also beträgt die durchschnittliche Gesamthaltezeit $AE(W_D)$. Folglich haben wir

$$E(W_D|x) = \tfrac{1}{2}x + AE(W_D) \tag{5.39}$$

Führen wir die gewichtete Summation gemäß der bedingten Wahrscheinlichkeitsdichte (5.38) durch, erhalten wir

$$E(W_D) = \frac{E(X^2)}{2E(X)} + AE(W_D) \tag{5.40}$$

* Kleinrock [8] diskutiert mehrere dieser Wartesysteme.

Hieraus folgt

$$E(W_D) = \frac{E(X^2)}{2(1-A)E(X)} = \frac{E(X)}{2(1-A)}\left\{1 + \frac{V(X)}{E^2(X)}\right\} \tag{5.41}$$

und ebenso $E(W) = AE(W_D)$.

Ein umfassenderer Ansatz versetzt uns in die Lage, eine Beziehung zwischen der Haltezeitverteilung und der Wartezeitverteilung herzuleiten. Dies läßt sich ganz leicht über die jeweiligen Laplace-Transformieren $B(s)$ bzw. $W(s)$ ausdrücken: es gilt

$$W(s) = \frac{(1-A)sB(s)}{s - A + AB(s)} \tag{5.42}$$

Es läßt sich leicht nachweisen, (1) daß dieser Ausdruck mit dem oben hergeleiteten Erwartungswert konsistent ist, (2) daß sich nach Substitution der exponentiellen Haltezeitverteilung durch $B(s) = (1+s)^{-1}$ als Ergebnis

$$W(s) = \frac{1-A}{1-A+s} \tag{5.43}$$

ergibt. Hierdurch wird eine andere exponentielle Verteilung mit Mittel $(1-A)^{-1}$ definiert, in Übereinstimmung mit (5.22). Kleinrock [8] und Cox und Smith [12] liefern eine vollständige Diskussion des allgemeinen Haltezeitproblems. Die SEL-Tabellen [16] geben Dimensionierungsdaten für negativexponentielle und konstante Haltezeiten an.

Ein wesentlicher Aspekt ist, daß die mittlere Wartezeit mit der Varianz der Bedienungszeit zunimmt. Für die Negativexponentialverteilung gilt $V/E^2 = 1$, und deshalb ist die mittlere Verzögerung doppelt so lang wie bei konstanter Bedienungszeit. Die meisten praktischen Fälle liegen irgendwo zwischen diesen beiden Extremen.

Warteschlangensysteme müssen also großzügiger dimensioniert werden, wenn die Bedienungszeit veränderlich ist. Dies gilt im allgemeinen nicht für Systeme mit Verlust. Wenn die Eingänge eine Poisson-Verteilung haben und keine Verluste oder Verzögerungen auftreten, haben wir gesehen, daß die Anzahl der gerade laufenden Anrufe dieselbe Verteilung aufweist, ob die Haltezeiten nun konstant oder negativexponentiell verteilt sind: tatsächlich ist dies unabhängig von der Haltezeitverteilung. Dasselbe gilt auch für ein Verlustsystem mit Poissonschen Eingängen mit konstanter mittlerer Rate: Die Erlang-Verteilung für besetzte Hauptleitungen ist von der Haltezeitverteilung unabhängig. Wenn wir uns mit dem Überlaufverkehr in Abschnitt 5.3.3 beschäftigen, werden wir noch sehen, daß eine konstante Haltezeit tatsächlich eine etwas großzügigere Dimensionierung verlangt, was die meisten Leute nicht unmittelbar einsehen können.

5.3 Statistische Theorie des Verkehrs in Netzwerken

5.3.1 Reichweite der Theorie

Die analytische Theorie des Verkehrs in Netzen ist längst nicht so vollständig wie die Theorie einfacher Verkehrsgruppen, und ein großer Teil der praktischen Verkehrstechnik hängt von Computersimulationen ab. Aus verschiedenen Gründen lohnt es sich dennoch, sich mit der Theorie auseinanderzusetzen. Erstens erhalten wir damit einen guten Einblick in das qualitative Verhalten von Netzen. Zweitens stellen die Fälle, für die eine Lösung bekannt ist, oft ganz gute Approximationen für praktische Probleme dar. Drittens sind Simulationen oft sehr kostspielig, und man will nicht ohne zwingenden Grund darauf zurückgreifen.

Wir werden vier spezifische Fälle untersuchen; jeder einzelne verschafft uns einen guten Einblick und nützliche numerische Ergebnisse.

1. Telefonnetze mit unabhängig gesteuerten Vermittlungszentralen
2. Überlauf und Umweglenkungen in Telefonnetzen
3. Verbindungsnetze mit koordinierter Steuerung
4. Datennetze mit unabhängiger Speicherübertragungssteuerung

Eine wichtige Einschränkung aller dieser Untersuchungen (und eigentlich fast der gesamten Verkehrstheorie) besteht darin, daß sie sich auf stationäre Bedingungen beziehen. In der Praxis zeigt die Verkehrsnachfrage sowohl zyklische Schwankungen als auch Streuspitzen, die im großen und ganzen nicht adäquat berücksichtigt worden sind [10]. Es ist gängige Praxis, bei der Auslegung kleine akzeptable Beeinträchtigungen (Verlust oder Verzögerung) in einer "durchschnittlichen Hauptverkehrsstunde" zu berücksichtigen. Dies erweist sich, wenn man auf eine Analyse eingeht, als ein sehr genau durchdachter Begriff, der aber in der Praxis ziemlich willkürlich definiert wird.

5.3.2 Netze mit unabhängigen Vermittlungszentralen

Eine Telefonverbindung läuft häufig durch zwei bis acht Vermittlungszentralen, wobei sogar noch größere Zahlen auftreten können. In jeder einzelnen Zentrale kann eine Blockierung auftreten. Die Blockierung kann auf Verkehrsspitzen zurückzuführen sein, die aus so vielen anderen Quellen herrühren, daß es plausibel erscheint, zumindest in kurzfristigen Zeiträumen, die aufeinanderfolgenden Stufen als unabhängig anzusehen. Es seien B_i die Blockierungswahrscheinlichkeiten in der i-ten Vermittlungszentrale der Kette. Dann sollte die Wahrscheinlichkeit für die Blockierung insgesamt

$$B = 1 - \prod_i (1 - B_i) \approx \sum_i B_i, \quad \text{wenn } B_i \text{ sehr klein ist} \tag{5.44}$$

ergeben. Bei Telefonnetzen ist es üblich, den B_i Zielwerte zuzuordnen, so daß, wenn die Blockierung additiv ist, wie in (5.44) angedeutet, das Gesamtergebnis in allen einfacheren Verbindungklassen annehmbar wäre. Aus der praktischen Beoachtung zeigt sich, daß die Gesamtblockierung oft geringer ist, als sie nach der Addition der Zielwerte B_i erscheint. Es gibt (mindestens) drei Gründe hierfür, die sich alle recht schwierig quantifizieren lassen:

1. Vermittlungszentralen werden im allgemeinen bei der Errichtung mit einer Reservekapazität für das Verkehrswachstum versehen. In einer Kette mit mehreren Vermittlungen ist es wahrscheinlich, daß einige nahe der ausgelegten Maximalkapazität arbeiten, andere wiederum noch genügend Kapazität aufweisen.
2. Wenn es sich um eine Fernverbindung handelt, kann es sein, daß die Hauptverkehrsstunden in den verschiedenen Orten nicht zusammenfallen.
3. Es kann eine bestimmte positive Korrelation zwischen den Verkehrspegeln der aufeinanderfolgenden Glieder bestehen.

Wird alles dies berücksichtigt, so kann die einfache Abschätzung (5.44) durchaus als brauchbare obere Schranke angesehen werden.

5.3.3 Überlaufverkehr in Verlustsystemen

In einer wichtigen Kategorie der Umweglenkung werden eine Erstwahlschaltungsgruppe und eine Überlaufgruppe verwendet. Es ist intuitiv klar, daß der Überlaufverkehr nichts mit einer Poisson-Verteilung zu tun hat. Wir werden ein einfaches Modell für den Überlaufverkehr entwickeln, und zwar einerseits wegen seiner Bedeutung im Netz, andererseits zur Veranschaulichung einer anderen Berechnungstechnik von Verkehrsverteilungen.

Der Verkehr gelangt nur dann in den Überlaufweg, wenn die Erstwahlgruppe blockiert ist. Dies tritt nur für kurze Zeitintervalle auf, die unter den Bedingungen aus Abschnitt 5.2.4 von zufälliger Dauer sind (mit einer Negativexponentialverteilung) und zufällig auftreten (näherungsweise ein Poisson-Prozeß). Wir behandeln sie als Zufallsbursts (Abb. 5.3).

Wie viele Anrufe gibt es in einem Burst? Wenn die Burstdauer t beträgt, dann ist die bedingte Erzeugungsfunktion durch (5.4) gegeben. Aber die Dauer hat eine Negativexponentialverteilung der Form (5.8), mit der mittleren Dauer $1/\beta$. Deshalb gilt für die unbedingte Erzeugungsfunktion

$$\int_0^\infty e^{\rho t(z-1)} \beta e^{-\beta t}\, dt = \frac{\beta}{\beta + \rho - \rho z} \tag{5.45}$$

Hiermit wird eine geometrische Verteilung mit

$$p_r = (1-\lambda)\lambda^r, \quad \lambda = \frac{\rho}{\rho + \beta} \tag{5.46}$$

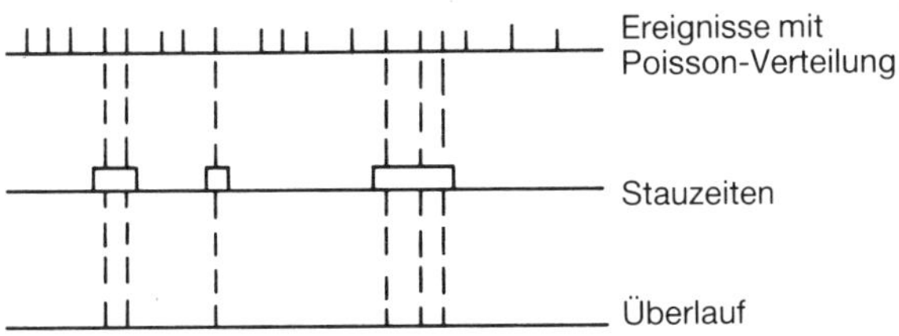

Abbildung 5.3: Verkehr mit Überlauf.

beschrieben. Der Überlaufburst wird im allgemeinen kürzer sein als die mittlere Haltezeit; deshalb nehmen wir an, daß in erster Näherung die r Anrufe eines Bursts zusammen beginnen. Wenn die Haltezeitverteilung mit Mittel h negativ-exponentiell ist, dann beträgt die erwartete Dauer eines Zustands mit $j \leq r$ Anrufen,bedingt durch einen Burst mit r Anrufen, h/j. Die erwartete Dauer von Zuständen mit j Anrufen, wenn über alle r gemittelt wird, beträgt

$$\frac{h}{j}\sum_{r=j}^{\infty} p_r = \frac{h}{j}(1 \quad \lambda)\sum_{r=j}^{\infty} \lambda^r = \frac{h\lambda^j}{j} \tag{5.47}$$

Wir nehmen an, daß ein Burst in einem langen Intervall der Dauer T überall mit gleicher Wahrscheinlichkeit einsetzen kann. Die Zahl der aktuell laufenden Anrufe am Ende des Intervalls ist aufgrund dieses Bursts eine Zufallsvariable mit der Erzeugungsfunktion

$$F(z) = 1 - \frac{h}{T}\sum_{j=1}^{\infty} \frac{\lambda^j}{j}(1 - z^j) = 1 + \frac{h}{T}\log\left(\frac{1-\lambda}{1-\lambda z}\right) \tag{5.48}$$

Die Anzahl der Bursts in dem Intervall ist eine Poisson-Variable mit dem Mittel $\gamma \cdot T$, wobei γ der mittleren Burstrate entspricht. Deshalb lautet die Erzeugungsfunktion für die Gesamtzahl der aktuell laufenden Anrufe am Ende des Intervalls (also zu einem beliebigen Zeitpunkt)

$$e^{\gamma T\{F(z)-1\}} = \left(\frac{1-\lambda}{1-\lambda z}\right)^{\gamma h} \tag{5.49}$$

Hierbei handelt es sich um eine Negativbinomialverteilung mit Index $\gamma \cdot h$, der der mittleren Zahl von Bursts in einer Haltezeit entspricht. Es ist interessant, festzustellen, daß Wilkinson [17] ein heuristisches Argument für die Gültigkeit der Negativbinomialverteilung zusammen mit einem empirischen Beleg geliefert hat. Genauere Theorien des Überlaufverkehrs [11],[18] liefern numerisch ähnliche Ergebnisse.

Das Varianz/Mittel-Verhältnis des Überlaufverkehrs ergibt sich aufgrund der Verteilung (5.49) zu

$$\frac{1}{1-\lambda} = 1 + \frac{\rho}{\beta} > 1 \tag{5.50}$$

wobei reiner Poissonscher Verkehr einen Verhältnis von genau 1 und geglätteter Verkehr (d.h. eine Verkehrsgruppe, deren höchste Spitzen durch Blockierung entfernt worden sind) ein Verhältnis kleiner als 1 hat. Folglich muß bei gegebener Blockierungswahrscheinlichkeit das Verhältnis N/A für den Überlaufverkehr größer sein als für den Verkehr im restlichen Netz.

Wir können eine Variante dieses Verfahrens auf den Fall konstanter Haltezeit anwenden. Alle Gespräche haben die Dauer h, und die Anzahl der Gespräche pro Burst hat die Verteilung (5.46). Deshalb hat die Anzahl der aktuell laufenden Gespräche aufgrund eines Bursts am Ende eines langen Intervalles T die Erzeugungsfunktion

$$\begin{aligned} F(z) &= 1 - \frac{h}{T}(1-\lambda)\sum_{j=1}^{\infty} \lambda^j (1 - z^j) \\ &= 1 - \frac{h}{T}\left\{1 - \frac{1-\lambda}{1-\lambda z}\right\} \end{aligned} \tag{5.51}$$

Die Erzeugungsfunktion für die Zahl der Anrufe aufgrund einer Poisson-Verteilung der Bursts lautet

$$e^{\gamma T\{F(z)-1\}} = \exp\left\{\gamma h \left[\frac{1-\lambda}{1-\lambda z} - 1\right]\right\} \tag{5.52}$$

Mittel und Varianz lassen sich durch Differentiation der Erzeugungsfunktion bestimmen, wie dies in Kapitel 1 erläutert wurde. Die Ergebnisse zeigen, daß das Varianz/Mittel-Verhältnis $1 + 2\rho/\beta$ beträgt, wenn die Haltezeit konstant ist, d.h., es ist höher als für die Negativexponentialverteilung. Diese Schlußfolgerung ist mit den Ergebnissen von Burke [19] konsistent, insbesondere bei geringem Überlaufverkehr, für den das vorliegende Modell am genauesten sein dürfte. Vergleichen Sie auch die Diskussion der Haltezeitverteilungen in Abschnitt 5.2.7.

5.3.4 Verbindungsnetze mit bedingter Auswahl

Innerhalb einer einzigen Telefonvermittlung ist es möglich, beim Durchlaufen vieler Vermittlungsstufen schrittweise vorzugehen, so daß - wie in Abschnitt 5.3.2 - die Gesamtwahrscheinlichkeit der Blockierung (annähernd) das Produkt aus den Verlustwahrscheinlichkeiten in den einzelnen Stufen ist. In modernen Vermittlungssystemen sucht der Steuermechanismus aber in einem mehrstufigen Netz nach freien Wegen und wählt nur dann ein Anfangsverbindungsglied aus, wenn dieses einen freien Ausgang hat, durch den die vollständige Verbindung hergestellt werden kann; dies wird *bedingte Auswahl* genannt. Die Topologie eines solchen Netzes wird zum Beispiel in [4],[10],[20],[21],[22],[24] und [28] beschrieben. Hier ist es ausreichend anzumerken, daß für Verkehrsberechnungen das Netz im allgemeinen als *Kanalgraph* dargestellt werden kann; dies ist ein linearer Graph, der alle Wege zwischen Eingang und Ausgang aufzeigt, die verbunden werden sollen, wobei die Schaltblöcke durch Knoten und die Verbindungsglieder, durch Geraden dargestellt werden.

Es existieren viele mögliche Wege, aber da alle Verbindungsglieder dem Zufallsverkehr aus vielen Quellen zugänglich sind, kann es geschehen, daß alle Wege blockiert sind. Dieses Ereignis werde mit Y bezeichnet. Die Wahrscheinlichkeit $P(Y)$ ist im allgemeinen alles andere als offensichtlich: Die Anzahl der Zustände und Übergänge im Netz ist üblicherweise derartig groß, daß das einfache Gleichgewichtsverfahren nicht durchgeführt werden kann. Aber wir können die bedingten Wahrscheinlichkeiten gemäß Abschnitt 5.2.1 einsetzen. Wir können zum Beispiele eine Variable X nehmen, etwa die Anzahl der Verbindungselemente, die in einer bestimmten Gruppe belegt sind. Die bedingte Wahrscheinlichkeit $P(Y|X = x_i)$ kann unter Umständen viel einfacher sein und vielleicht die Form eines bekannten Ergebnisses für eine Einzelstufe annehmen. Wir müssen uns nicht auf zahlenmäßige Variable beschränken (die Ereignisse von X könnten topologische Konfigurationen belegter Verbindungsglieder sein, eine Verallgemeinerung der Technik, die bei komplexen Netzen sehr nützlich ist), aber wir beginnen dennoch mit einem zahlenmäßigen Beispiel.

Wir betrachten eine Verbindung über zwei in Reihe geschaltete Glieder. Wir bezeichnen die Stufen mit B und C und nehmen an, daß es m Verbindungselemente in jeder Gruppe gibt; es entsteht der einfache Kanalgraph gemäß Abb. 5.4.

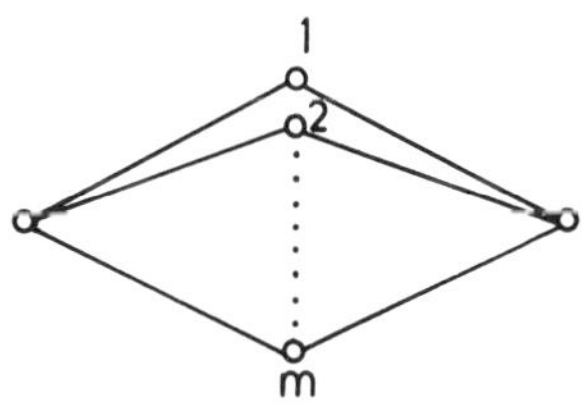

Abbildung 5.4: Zweistufiger Kanalgraph.

Wir definieren Wahrscheinlichkeitsverteilungen $G(x)$, daß exakt x der C-Verbindungsglieder belegt sind (d.h., daß sie kein freies Verbindungsglied enthalten, so daß $H(0) = 1$ ist). Die Blockierwahrscheinlichkeit über zwei Stufen beträgt dann

$$p_B = \sum_{x=0}^{m} G(x)H(m-x) \tag{5.53}$$

Dieses Verfahren wurde erstmals von Palm und Jacobeus [20] angewandt. Es wurde von Elldin [21] erweitert und untersucht; es lassen sich viele Beispiele bei diesen Autoren und bei Bear [10] finden.

Je nach spezifischer Situation können G und H Erlang-, Engset- bzw. Binomialverteilungen haben (Gleichung 5.15, 5.14, 5.16). Die endgültige Blockierwahrscheinlichkeit ergibt sich manchmal als Verhältnis von Erlang-B-Wahrscheinlichkeiten. Wir geben hier lediglich ein Beispiel an, das in diesem Kontext einfach, aber bedeutsam ist, weil sich hierdurch die Entwicklung einer allgemeineren Theorie der Verbindungsnetze ankündigt.

Wir nehmen an, daß die B- und C-Verbindungsglieder Binomialverteilungen haben (dies gilt sehr oft für geglätteten Verkehr; wir haben bereits in Abschnitt 5.2.4 darauf hingewiesen), wobei b bzw. c die Belegungswahrscheinlichkeiten des Verbindungsgliedes sind. Es gilt dann

$$\begin{aligned} G(x) &= \binom{m}{x} c^x (1-c)^{m-x} \\ H(m-x) &= b^{m-x} \\ p_B &= (b+c-bc)^m \end{aligned} \tag{5.54}$$

Dieses Ergebnis läßt sich auch noch auf anderem Wege herleiten. Wir betrachten den Kanalgraph aus Abb. 5.3 und nehmen an, daß die Belegung der Verbindungsglieder unabhängig sei. Jeder der m parallelen Wege ist frei, wenn beide Verbindungsglieder frei sind, deshalb beträgt die Belegungswahrscheinlichkeit $1-(1-b)(1-c)$. Der Kanalgraph ist blockiert, wenn alle Wege blockiert sind, und durch die Multiplikation der unabhängigen Wahrscheinlichkeiten erhalten wir

$$p_B = \{1-(1-b)(1-c)\}^m \tag{5.55}$$

Durch einfache Manipulationen läßt sich zeigen, daß die Ausdrücke (5.54) und (5.55) identisch sind. Das Verfahren läßt sich auf beliebige Kombinationen von reihen- und parallelgeschalteten Wegen erweitern.

Wenn wir annehmen, daß die Belegung der Verbindungsglieder unabhängig ist, können wir die Blockierwahrscheinlichkeiten von Kanalgraphen beliebiger Form berechnen. Es gibt hier zwei Verfahren:

1. Nach Lee [22] werden alle Schnittmengen des Kanalgraphen abgezählt, d.h. die Menge der Verbindungselemente, die eine Blockierung verursachen, wenn sie gelöscht werden, und deren Wahrscheinlichkeiten summiert.
2. Es wird die einfachste Menge von Bedingungen X definiert, die den Kanalgraph auf einfach zu berechnende Sonderfälle reduzieren. Dann werden die bedingten Wahrscheinlichkeiten gemäß Gleichung (5.1) summiert. Dieses Verfahren kann leicht durchführbare Berechnungen ergeben, auch wenn es sich um derart komplexe Kanalgraphen wie bei Netzen aus kartesischen Produkten [23] oder bei Takagis optimalen Mehrstufengraphen [24] handelt; vgl. auch [4].

Bedingungen in der Form von Konfigurationen sind vielleicht weniger vertraut als Bedingungen in der Form von Zahlen, deshalb führen wir hier ein Beispiel dieser sehr leistungsfähigen Technik vor. Wir überprüfen Takagis Behauptung, daß der Kanalgraph aus Abb. 5.5b durchwegs eine geringere Blockierwahrscheinlichkeit hat als der aus Abb. 5.5a, der dieselbe Anzahl von Verbindungsgliedern und Schaltungen verwendet, aber mit einer unterschiedlichen Verschaltung. Wir nehmen an, daß jedes Verbindungsglied unabhängig belegt ist mit der Wahrscheinlichkeit p und frei mit der Wahrscheinlichkeit $q = 1 - p$. Die Blockierwahrscheinlichkeit des Kanalgraphen (a) kann durch Reihen-/Parallelberechnungen bestimmt werden, ähnlich wie oben. Aber der Kanalgraph (b) ist einem solchen Ansatz nicht zugänglich.

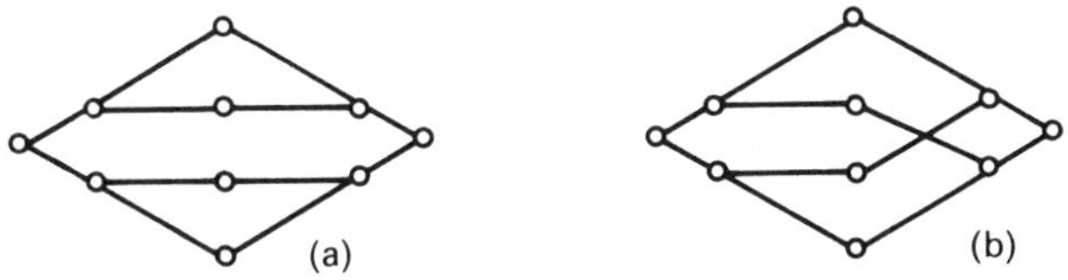

Abbildung 5.5: Kanalgraphen.

Obwohl Lees Verfahren prinzipiell anwendbar ist, sind auch für diesen ziemlich kleinen Graphen relativ viele Abzählungen erforderlich. Das einfachste Verfahren besteht darin, nur die Konfigurationen jener blockierten und freien Verbindungsglieder in den beiden Stufen abzuzählen, die an die Anschlußpunkte angrenzen. Der Kanalgraph, der von jeder Konfiguration abhängt, ist ein einfacher Reihen-/Parallelgraph, dessen bedingte Wahrscheinlichkeit mit Hilfe von

$$b = 1 - q^2$$

ausgedrückt werden kann. Hierbei handelt es sich um die Blockierwahrscheinlichkeit zweier in Reihe geschalteter Verbindungsglieder.

Abbildung 5.6 zeigt die Konfigurationen C_i (wobei die freien Verbindungsglieder eingezeichnet sind): Die Wahrscheinlichkeit ihres Auftretens berücksichtigt die offensichtlichen Permutationen; die bedingten Kanalgraphen G_i; für jedes G_i die Blockierwahrscheinlichkeit b_i. Die Gesamtblockierwahrscheinlichkeit beträgt

$$\begin{aligned} p_B &= \sum_{i=1}^{7} p_i b_i \\ &= q^4 b^4 + 4q^3 p b^2 + 2q^2 p^2 (2b + 1) + 4qp^3 + p^4 \end{aligned} \tag{5.56}$$

Es ist nicht schwierig, die Blockierwahrscheinlichkeit p_A aus Abb. 5.5a entweder durch das bedingte Verfahren oder Reihen-/Parallelberechnungen zu bestimmen.

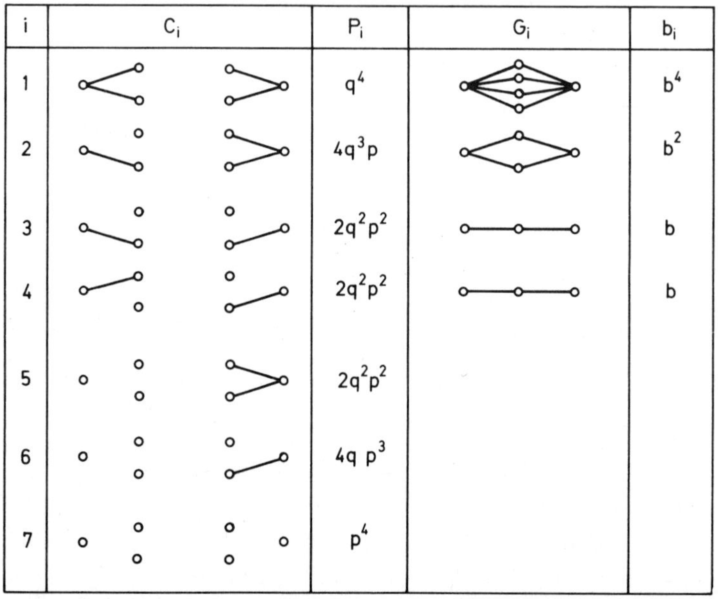

Abbildung 5.6: Blockierwahrscheinlichkeiten bei verschiedenen Kanalgraphen.

Es bleibt dem Leser überlassen, zu zeigen, daß

$$p_A - p_B = 2q^4p^2, \quad > 0 \text{ für } 0 < p < 1 \tag{5.57}$$

gilt, womit Takagis Optimalkonstruktion für den Sonderfall eines 5stufigen Schaltnetzes bewiesen wird. Dieses Ergebnis beinhaltet auch allgemeine Schlußfolgerungen für die Verschaltung redundanter Einheiten bei der Entwicklung zuverlässiger Anlagen.

5.3.5 Speicher/Übertragungsnetze mit Poisson-verteilten Ein- und Ausgängen

Der Poisson-Prozeß und die zugehörige Negativexponentialverteilung bilden einen Spezialfall von besonderer Wichtigkeit unter den statistischen Modellen eines Speicherübertragungsnetzes. Kurz gesagt, handelt es sich um *stabile Verteilungen.* Ein Netz, dessen Eingänge nach Poisson und dessen Bedienungszeiten exponentiell verteilt sind, erzeugt Poissonsche Eingänge und damit die Negativexponentialverteilung der Intervalle zwischen den Eingängen in jedem einzelnen Verbindungsglied, und zwar unabhängig von der Topologie.

Der erste Schritt in unserem Beweis besteht darin zu zeigen, daß mit diesen Voraussetzungen der Ausgangsprozeß aus einer Warteschlange einem Poisson-Prozeß entspricht. Wir beweisen eine Verallgemeinerung des Burkeschen Theorems [25]. Eine Warteschlange werde als stochastistischer Prozeß der Klasse nachgebildet, die Abschnitt 5.2.3 beschrieben ist, wobei die Aufwärtswahrscheinlichkeitsdichten $b_i = b$ (eine Konstante, die eine konstante Rate Poissonscher Eingänge darstellt) und die Abwärtswahrscheinlichkeitsdichten d_i sind (die im allgemeinen verschieden sein können, da sie Bedienungszeiten darstellen, die zustandsabhängig sein können). Die Gleichgewichtsverteilung ist durch (5.12) mit

$$c_i = \frac{b_i}{d_1, d_2, \ldots. d_i}$$

gegeben. Wir definieren $F_k(t)$ als Verbundwahrscheinlichkeit, daß sich (1) das System im Zustand k befindet, (2) das aktuelle Intervall zwischen den Ausgängen größer als t ist. Des Weiteren definieren wir Funktionen $G_k(t)$ über

$$F_k(t) = p_k G_k(t)$$

wobei die p_k die Gleichgewichtszustandswahrscheinlichkeiten sind und die $G_k(t)$ die bedingten Randwahrscheinlichkeiten mit $G_k(0) = 1$ sind. Das Verfahren besteht nun darin, Differentialgleichungen für die $F_k(t)$ und dann für die $G_k(t)$ aufzustellen. In einem infinitesimalen Intervall dt kann sich $F_0(t)$ nur dann ändern, wenn ein neuer Anruf eingeht. Folglich gilt

$$F_0(t + \mathrm{d}t) = F_0(t)(1 - b\ \mathrm{d}t)$$

Hieraus folgt

$$F_0'(t) = -bF_0(t)$$

und auch

$$G_0'(t) = -bG_0(t)$$

Hieraus erhalten wir mit der Randbedingung im Ursprung:

$$G_0(t) = \mathrm{e}^{-bt} \tag{5.58}$$

Für $k > 0$ kann $F_k(t)$ entweder durch Eingang oder Ausgang vermindert und ebenso durch Eingang vermehrt werden. Die Differentialgleichung lautet

$$F_k'(t) = bF_{k-1}(t) - (b + d_k)F_k(t)$$

Hieraus ergibt sich

$$p_k G_k'(t) = p_{k-1} b G_{k-1}(t) - p_k(b + d_k)G_k(t)$$

Da im Gleichgewicht $p_{k-1}b = p_k d_k$ gilt, erhalten wir

$$G'_k(t) = -bG_k(t) + d_k\{G_{k-1}(t) - G_k(t)\}$$

Diese Gleichung hat natürlich folgende Lösung

$$G_{k-1}(t) = G_k(t) = \mathrm{e}^{-bt} \tag{5.59}$$

wobei der geklammerte Term in der Differentialgleichung null ist und die restlichen Terme eine einfache Differentialgleichung für $G_k(t)$ bilden. Aus Gleichungen (5.58) und (5.59) können wir erkennen, daß die bedingte Verteilung zwischen den Ausgängen für alle k dieselbe und zwar negativexponentiell mit demselben Mittel ist, wie die Verteilung zwischen den Eingängen. Wenn Eingänge und Bedienungszeiten unabhängig sind, dann stellen die Ausgänge einen Poisson-Prozeß dar.

Als nächstes greifen wir auf die Eigenschaft zurück, daß die Überlagerung verschiedener Poisson-Prozesse mit den Raten ρ_i wieder einen Poisson-Prozeß mit der Rate $\rho = \sum_i p_i$ darstellt (Abschnitt 5.2.2). Es folgt die Stabilität der Poisson-Statistik im Netz. Der Eingang in jedem Knoten ist die Summe aus den ursprünglichen Eingängen (nach Voraussetzung sind dies Poissonsche Eingänge) und/oder Ausgängen aus anderen Knoten. Wenn jeder Ausgang eine Poisson-Verteilung hat, dann gilt dies auch für die Gesamteingänge, die wiederum die Eigenschaft in den Ausgängen gewährleisten. Und es handelt sich hierbei auch um eine stabile Bilanz. In Kapitel 1, Abschnitt 1.4.4 haben wir eine andere Herleitung für den Ausgangsprozeß aus einer Einzelbedienerwarteschlange mit Poissonschen Eingängen und negativexponentiellen Bedienungszeiten angegeben. Gleichung (1.51b) kann als

$$D(s) = AB(s) + (1 - A)B(s)C(s) \tag{5.60}$$

geschrieben werden, wobei A der mittlere Verkehr ist und $B(s)$, $C(s)$ und $D(s)$ die Laplace-Transformierten der Verteilungen der Bedienungzeit, der Zeit des nächsten Eingangs bzw. der Zeit zwischen den Ausgängen darstellen. Im speziellen Fall haben wir herausgefunden, daß $D(s) = C(s)$ ist. Wir wollen aber annehmen, daß der Eingangsprozeß kein exakter Poisson-Prozeß, sondern ein allgemeinerer Erneuerungsprozeß mit unabhängigen Zeiten zwischen den Eingängen ist, die eine Verteilung haben, welche leicht von der negativexponentiellen abweicht. Nach (5.60) ist klar, daß eine kleine Störung in $C(s)$ eine kleinere Störung in $D(s)$ hervorruft, wobei der Effekt sicherlich bei großen Verkehrspegeln verwischt wird. Er ist dann besonders klein, wenn jeder Knotenpunkt verschiedene Eingänge hat, da - und hier greifen wir wieder auf die Haupteigenschaften aus Abschnitt 5.2.2 zurück - der Poisson-Prozeß ein Grenzprozeß ist, der durch die Summe vieler unabhängiger Punktprozesse approximiert wird, auch wenn diese beliebige stationäre Zeitverteilungen zwischen den Eingängen haben. Die Addition von 3 oder 4 unabhängigen Quellen liefert eine gute Approximation der Negativexponentialverteilung für die Intervalle; man vergleiche zum Beispiel die Simulationen, über die Kleinrock [7] berichtet.

Es existieren weitere Schlüsselergebnisse über Netze mit Warteschlangen, deren Beweise weit über den Rahmen des vorliegenden Kapitels hinausgehen. Jackson [26] bewies, daß in einem Netz bei denselben Annahmen, die wir auch hier getroffen haben, die gemeinsame Belegungsverteilung der Knotenpunkte dem Produkt der Randverteilungen entspricht. Mit anderen Worten: Die Kenngrößen für die Knotenpunktbelegung verhalten sich, als seien die Knotenpunkte unabhängig. Andere Lösungen in Produktform sind von Gordon und Newell [30] für geschlossene Netze mit zustandsabhängigen Bedienungszeiten hergeleitet worden und von Baskett, Chandy und anderen [31,32] für eine umfangreiche Klasse von Netzen mit Warteschlangen, einschließlich solcher mit verschiedenen Kundentypen. Der Ansatz mit Kundentypen kann unter anderem dazu verwendet werden, um nichtzufällige Leitwege zu behandeln; in jedem Knotenpunkt werden Kunden unterschieden, deren Gesamtwege verschieden sind. Reiser und Lavenberg [33] zeigen, daß viele nützliche Kenngrößen, die aus einer Verbundverteilung in Produktform herleitbar sind, auch durch einfachere Verfahren erhalten werden können. Kelly [34] hat eine ausführliche Behandlung stochastischer Netze geliefert, die sich auf den Begriff der Reversibilität stützt, der sehr eng mit dem Begriff der lokalen Bilanz verwandt ist, auf den in einigen der obengenannten Werke [31,32] zurückgegriffen wird.

Werden Poissonsche Netze mit Warteschlangen unter der Annahme untersucht, daß verschiedene Verbindungsglieder unabhängig sind, lassen sich einige interessante Eigenschaften finden, die größtenteils durch Simulation und praktische Erfahrung bestätigt wurden. Die folgende Diskussion stützt sich hauptsächlich auf die Arbeit von Kleinrock [7].

Angesichts der vorausgegangenen Diskussion können wir die Verzögerungen in einem Speicherübertragungsnetz mit Hilfe eines einfachen Modells abschätzen. Jedes Verbindungsglied wird zusammen mit der Warteschlange im Eingangsknotenpunkt getrennt betrachtet. Das Verbindungsglied mit Nummer i habe eine Kapazität C_i (in geeigneten Einheiten, zum Beispiel Bit/Sekunde) und eine mittlere Nachrichtenrate von λ_i Nachrichten/Sekunde. Die Nachrichten im Netz haben eine negativexponentielle Längenverteilung (oder, genauer gesagt, eine diskrete Approximation einer solchen Verteilung) mit einer mittleren Länge von m Bit. Dann beträgt die mittlere Haltezeit m/C_i und die mittlere Belegung $A_i = \lambda_i \cdot m/C_i$. Der Verkehr, der zur Übertragung über dieses Verbindungsglied in eine Warteschlange eingereiht wird, hat eine mittlere Verzögerung, die gemäß der einfachen Warteschlangentheorie durch

$$T_i = \frac{1}{C_i/m - \lambda_i} \tag{5.61}$$

gegeben ist. Die Gesamtverzögerung, die alle Nachrichten erleiden, die während einer Zeiteinheit eingehen, ergibt sich zu

$$S = \sum_i \lambda_i T_i = \sum_i \frac{\lambda i}{C_i/m - \lambda_i} \tag{5.62}$$

Sie läßt sich natürlich beliebig vermindern, indem auf allen Wegen eine große Kapazität bereitgestellt wird, aber es ist interessant, was sich mit einer Kapazitätsbegrenzung $\sum_i C_i = C$ tun läßt. Es kann gezeigt werden [6,7], daß S durch die Zuordnung von Verbindungskapazitäten

$$C_i = m\lambda_i + (C - m\lambda)\left\{\frac{\sqrt{\lambda_i}}{\sum_i \sqrt{\lambda_i}}\right\} \tag{5.63}$$

minimiert wird, wobei $\lambda = \Sigma_i \lambda_i$ ist. Das heißt, jedes Verbindungsglied hat eine Kapazität, die den Durchschnittsverkehr übersteigt, und der Überschuß wird proportional zur Quadratwurzel aus dem Verkehr aufgeteilt. Die Verbindungsverzögerungen sind dann umgekehr proportional zur $\sqrt{\lambda_i}$, und die Gesamtverzögerung ergibt sich zu

$$S = \frac{m\{\sum_i \sqrt{\lambda_i}\}^2}{C - m\lambda} \tag{5.64}$$

Hierbei handelt es sich um eine untere Schranke für die Gesamtverzögerung. Die Zuordnungen sind nicht sehr kritisch, solange es eine vernünftige Überschußkapazität in allen Verbindungsgliedern gibt. Es ist interessant, daß die Gesamtverzögerung eines Netzes umgekehrt proportional zur gesamten Überschußkapazität ist, genauso wie die Verzögerung in einer einfachen Warteschlange proportional zu $1/(N - A)$ ist.

Um die mittlere Verzögerung einzelner Nachrichten zu bestimmen, müssen wir etwas über ihren Leitweg wissen. In einem Netz mit mäßigem Verknüpfungsgrad laufen viele Nachrichten über mehr als ein Verbindungsglied. Die mittlere Gesamtrate, mit der Nachrichten in das Netz eingehen, sei γ. Die gesamte Weglänge, ausgedrückt in Verbindungsgliedern, beträgt $L = \lambda/\gamma$. Wenn wir die optimale Zuordnung (Gleichung 5.6.3) als untere Schranke ansetzen, gilt für die mittlere Nachrichtenverzögerung

$$T = \frac{S}{\gamma} \geq \frac{mL}{C - m\gamma L}\left\{\sum_i \sqrt{\frac{\lambda_i}{\lambda}}\right\}^2 \tag{5.65}$$

Wie zu erwarten, zeigt sich immer noch die reziproke Abhängigkeit der Überschußkapazität. Mit diesem Ausdruck können wir auch zwei bedeutsame Schlußfolgerungen in bezug auf den Leitweg ziehen:

1. Die Weglänge L sollte so kurz wie möglich sein. Die Verzögerungzeit T kann bei gegebenem C mit langen Leitwegen schnell ansteigen.
2. Breite Wege sind effizienter als schmale. Verzögerungen lassen sich verkürzen, wenn verschiedene schmale Wege zusammengefaßt werden können. Dies ergibt sich aus der Abhängigkeit von: $\{\sum \sqrt{\lambda_i}\}^2$.

Diese Faktoren können sich widersprechen, so daß ein Kompromiß gefunden werden muß. Die qualitative Schlußfolgerung besteht darin, daß eher einfache

Netze mit nur einigen Alternativwegen im allgemeinen am effektivsten sind.

In Speicherübertragungsnetzen ergibt sich eine Abweichung von der Unabhängigkeit oft dadurch, daß eine Auslegung auf effiziente Leitwege und Flußsteuerung erfolgt ist; Schwartz [3,35] beschreibt diese Maßnahmen und ihre Auswirkungen. Es gibt bereits sehr viel Material, das ständig erweitert wird, über Reihenwarteschlangen und Netze mit Reihenwarteschlangen in der Literatur über Nachrichtentechnik, Rechnersysteme und Statistik. In den Büchern von Kleinrock [8,9], Newell [27], Kelly [34] und Kobayashi [36] werden gute Zusammenfassungen geliefert.

6 Verkehrsüberlauf und der unterbrochene Poisson-Prozeß

D. J. Songhurst

6.1 Einführung

Der unterbrochene Poisson-Prozeß (UPP) findet eine immer weitere Verwendung als Modell für nichtzufälligen Telefonverkehr. Seine Verbreitung leitet sich aus der Fähigkeit her, daß mit diesem Prozeß nichtzufälliger Verkehr (der über drei variable Parameter verfügt) nachgebildet werden kann, während eine annähernd Markowsche Form beibehalten wird; dadurch ist er auf mehr als nur einfachste System anwendbar.

Kuczura [1] hat den UPP zuerst beschrieben, seine Grundeigenschaften hergeleitet und auch gezeigt, daß der UPP ein sehr genaues Modell für den Überlaufverkehr darstellt.

In Abschnitt 6.2 fassen wir die Eigenschaften des UPP in kurzer Form zusammen. In Abschnitt 6.3 beschreiben wir die Eigenschaften des Überlaufverkehrs und geben an, wie der UPP als Modell für diese Art von Verkehr verwendet werden kann. In Abschnitt 6.4 präsentieren wir ein Verfahren zum Lösen von Zustandsgleichungen für ein System, dessen Verkehrsaufkommen sich durch eine Kombination von unterbrochenen Poisson-Prozessen darstellen läßt.

6.2 Grundeigenschaften des UPP

6.2.1 Definition

Wir beginnen mit einem Poisson-Prozeß der Intensität λ, von dem wir annehmen, daß er einen Eingangsprozeß von Anrufen darstellt. Der Prozeß wird durch Intervalle unterbrochen, in denen kein Anruf einläuft. Die Einschalt- und Ausschaltzeiten haben unabhängige Negativexponentialverteilungen mit Mittel $1/\gamma$ bzw. $1/\omega$.

Es ist möglich, noch allgemeinere unterbrochene Prozesse zu definieren, in denen die Einschalt- und Ausschaltzeiten andere Verteilungen haben können. Wenn nicht anders angegeben, verwenden wir den Begriff "UPP" nur im Zusammenhang mit dem in Abschn. 6.1 definierten Prozeß.

6.2.2 Verteilung der Zeiten zwischen den Eingängen

Es sei $F(t) = P\{\text{Zeit zwischen Eingängen} \leq t\}$.

Ein Eingang muß innerhalb eines Einschaltzeitraums erfolgen. Der nächste Eingang kann innerhalb derselben Einschaltzeit oder in einer nachfolgenden Einschaltzeit auftreten. Wir beschreiben drei verschiedene Wege, auf denen der nächste Eingang innerhalb der Zeit t erfolgen kann:

1. Die Resteinschaltzeit (nach dem ersten Eingang) ist kürzer als t, und der nächste Eingang erfolgt innerhalb dieser Zeit.
2. Die Resteinschaltzeit ist länger als t, und der nächste Eingang erfolgt vor t.
3. Die Resteinschaltzeit plus die folgende Abschaltzeit sind kürzer als t, und der nächste Eingang erfolgt innerhalb einer nachfolgenden Einschaltzeit vor der Zeit t.

Diese drei Ereignisse schließen sich gegenseitig aus, und es gilt also

$$F(t) = P(A) + P(B) + P(C) \tag{6.1}$$

Da es sich um einen Markow-Prozeß handelt, stellen wir fest, daß alle Punkte innerhalb einer Einschaltzeit sowohl für die Resteinschaltzeit als auch für die Zeit zwischen dem Eintreffen von Anrufen Erneuerungspunkte sind. Folglich gilt:

$$P(A) = \int_0^t \gamma \mathrm{e}^{-\gamma x}(1 - \mathrm{e}^{-\lambda x})\, \mathrm{d}x$$

$$P(B) = \int_t^\infty \gamma \mathrm{e}^{-\gamma x}(\mathrm{e}^{-\lambda t})\, \mathrm{d}x$$

$$P(C) = \int_0^t \gamma \mathrm{e}^{-\gamma x} \mathrm{e}^{-\lambda x} \left[\int_0^{t-x} \omega \mathrm{e}^{-\omega y} F(t-x-y)\, \mathrm{d}y \right] \mathrm{d}x$$

Wenn wir in Gleichung (6.1) zu den Transformierten übergehen erhalten wir für die Laplace-Transformierte der Wahrscheinlichkeitsdichte für die Zeiten zwischen den Eingängen

$$\frac{\lambda(\omega + s)}{s^2 + (\lambda + \gamma + \omega)s + \lambda\omega}$$

Kuczura [1] gibt diese Verteilung als Mischung zweier Exponentialkomponenten

$$F(t) = k_1(1 - \mathrm{e}^{-r_1 t}) + k_2(1 - \mathrm{e}^{-r_2 t}) \tag{6.2}$$

mit

$$r_1 = \tfrac{1}{2}[\lambda + \omega + \gamma + \{(\lambda + \omega + \gamma)^2 - 4\lambda\omega\}^{1/2}]$$
$$r_2 = \tfrac{1}{2}[\lambda + \omega + \gamma - \{(\lambda + \omega + \gamma)^2 - 4\lambda\omega\}^{1/2}]$$
$$k_1 = \frac{\lambda - r_2}{r_1 - r_2}, \quad k_2 = 1 - k_1$$

an. Milne [2] gibt eine Alternativzerlegung als Mischung zweier Verteilungen an. Der erste Bestandteil ist ein exponentieller Ausdruck und stellt einen nachfolgenden Eingang innerhalb derselben Einschaltzeit dar. Der zweite Bestandteil ist die Faltung von Exponentialausdrücken und stellt einen nachfolgenden Eingang innerhalb einer weiteren Einschaltzeit dar.

6.2.3 Zustandsgleichungen

Wir nehmen an, daß der UPP einen Eingangsprozeß von Anrufen in einer unendlich großen Schaltungsgruppe darstellt (d.h., alle angebotenen Anrufe werden ohne Verzögerung weitergeleitet) und daß die Anrufe negativexponentiell verteilte Haltezeiten haben mit Mittel $1/\mu$. Es sei $p(m, \varepsilon, t)$ die Wahrscheinlichkeit dafür, daß m Anrufe zum Zeitpunkt t laufen. Der Prozeß befindet sich dann im Zustand $\varepsilon(\varepsilon = 0$ stellt den abgeschalteten Zustand, 1 den eingeschalteten Zustand dar). Die zeitabhängigen Zustandsgleichungen lauten folgendermaßen:

$$\begin{aligned} \frac{\mathrm{d}}{\mathrm{d}t}p(m,0,t) =& \gamma p(m,1,t) + (m+1)\mu p(m+1,0,t) \\ & - (m\mu + \omega)p(m,0,t) \\ \frac{\mathrm{d}}{\mathrm{d}t}p(m,1,t) =& \omega p(m,0,t) + (m+1)\mu p(m+1,1,t) \\ & + \lambda p(m-1,1,t) - (m\mu + \gamma + \lambda)p(m,1,t) \end{aligned} \tag{6.3}$$

Die wahrscheinlichkeitserzeugenden Funktionen sind $G_\varepsilon(Z-1,t) = \sum_{m=0}^{\infty} p(m,\varepsilon,t)Z^m$; $G_\varepsilon(Z,t)$ sind dann die erzeugenden Funktionen für die Fakultätmomente). Aus den Gleichungen (6.3) erhalten wir dann

$$\begin{aligned} \frac{\partial G_0}{\partial t} + \mu Z \frac{\partial G_0}{\partial Z} &= \gamma G_1 - \omega G_0 \\ \frac{\partial G_1}{\partial t} + \mu Z \frac{\partial G_1}{\partial Z} &= \omega G_0 - \gamma G_1 + \lambda Z G_1 \end{aligned} \tag{6.4}$$

Milne leitet die Lösung für dieses System von gewöhnlichen partiellen Differentialgleichungen her. Aus den zeitabhängigen Erzeugungsfunktionen läßt sich dann die Kovarianzfunktion

$$R(t) = E[N(0)N(t)] - E[N(0)]E[N(t)]$$

gewinnen, worin $N(t)$ die Anzahl der zum Zeitpunkt t laufenden Anrufe darstellt:

$$R(t) = V\mathrm{e}^{-t} + (V - A)\frac{\mathrm{e}^{-(\gamma+\omega)t} - \mathrm{e}^{-t}}{1 - (\gamma + \omega)}$$

Hierin sind A und V Mittelwert bzw. Varianz der Anzahl der aktuell laufenden Anrufe, die in Abschnitt 6.2.4 hergeleitet werden.

Aus den Gleichgewichtszustandsgleichungen erhalten wir

$$\mu Z \frac{\partial G_0}{\partial Z} = \gamma G_1 - \omega G_0$$

$$\mu Z \frac{\partial G_1}{\partial Z} = \omega G_0 - \gamma G_1 + \lambda Z G_1 \tag{6.5}$$

6.2.4 Gleichgewichtszustandswahrscheinlichkeiten

Kuczura löste die Gleichung (6.5) und erhielt

$$G_0(Z) = \frac{\gamma}{\gamma + \omega} M\left(\frac{\omega}{\mu}, 1 + \frac{\gamma}{\mu} + \frac{\omega}{\mu}, \frac{\lambda}{\mu} Z\right)$$

$$G_1(Z) = \frac{\omega}{\gamma + \omega} M\left(1 + \frac{\omega}{\mu}, 1 + \frac{\gamma}{\mu} + \frac{\omega}{\mu}, \frac{\lambda}{\mu} Z\right)$$

M ist die konfluente hypergeometrische Funktion, die durch

$$M(a, b, c) = \sum_{n=0}^{\infty} \frac{(a)_n c^n}{(b)_n n!}$$

mit

$$(a)_n = \begin{cases} 1, & n = 0 \\ (a + n - 1)(a)_{n-1}, & n \geq 1 \end{cases}$$

definiert ist.

Die kombinierten Zustandswahrscheinlichkeiten haben die Erzeugungsfunktion

$$G(Z-1) = G_0(Z-1) + G_1(Z-1) = M\left(\frac{\omega}{\mu}, \frac{\gamma}{\mu} + \frac{\omega}{\mu}, \frac{\lambda}{\mu}(Z-1)\right)$$

und sind durch

$$p(m) = p(m,0) + p(m,1)$$
$$= \frac{\left(\frac{\lambda}{\mu}\right)^m}{m!} \cdot e^{-\lambda/\mu} \frac{\left(\frac{\omega}{\mu}\right)_m}{\left(\frac{\gamma+\omega}{\mu}\right)_m} \cdot M\left(\frac{\gamma}{\mu}, m + \frac{\gamma}{\mu} + \frac{\omega}{\mu}, \frac{\lambda}{\mu}\right)$$

gegeben. $G(Z)$ ist aber die Erzeugungsfunktion für die Fakultätmomente der Anzahl der laufenden Anrufe, und die Fakultätmomente ergeben sich zu

$$f_k = G^{(k)}(0) = \left(\frac{\lambda}{\mu}\right)^k \frac{\left(\frac{\omega}{\mu}\right)_k}{\left(\frac{\gamma+\omega}{\mu}\right)_k}$$

Insbesondere gilt für Mittel und Varianz:

$$A = f_1 = \frac{\lambda}{\mu}\left(\frac{\omega}{\gamma+\omega}\right)$$

$$V = f_2 + f_1 - f_1^2 = \frac{\lambda}{\mu}\left(\frac{\omega}{\gamma+\omega}\right)\left\{1 + \frac{\lambda\gamma}{(\gamma+\omega)(\gamma+\omega+\mu)}\right\}$$

6.3 Überlaufverkehr

6.3.1 Umweglenkung

Die Hauptanwendung des UPP im Telefonverkehr besteht in einer Modelldarstellung des Überlaufverkehrs. Telefonnetze verwenden meist Verbindungsschemata mit Umweglenkung, wodurch der Verkehr, der einer Erstwahlschaltungsgruppe angeboten wird, immer dann an andere Schaltungsgruppen weitergeleitet wird, wenn die Erstwahlgruppe belegt ist. Im allgemeinen handelt es sich bei den Erstwahlgruppen um direkte Wege mit hoher Auslastung zu den Zielvermittlungen (AB und AC in Abb. 6.1). Der Verkehr mehrerer derartiger Gruppen kann an eine übliche Endwahlgruppe weitergeleitet werden, was einen hierarchischen Weg (AD) darstellt.

Um solche Netze dimensionieren zu können, müssen im Normalfall Zerlegungsverfahren verwendet werden, bei denen jede Schaltungsgruppe individuell auf der Grundlage der Eigenschaften des dieser Gruppe angebotenen Verkehrs

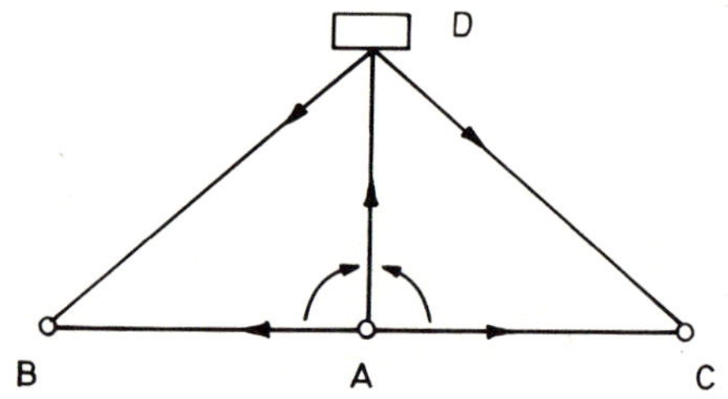

Abbildung 6.1: Telefonnetz mit Hierarchie.

berechnet wird. Folglich müssen wir auch die Eigenschaften des Überlaufverkehrs kennen.

6.3.2 Überlauf aus einer Einzelschaltung

Wir nehmen an, daß ein Verkehrsprozeß mit einer mittleren Anrufeingangsrate λ und einer mittleren Anrufhaltezeit $1/\mu$ einer Einzelschaltung angeboten wird. Ist die Schaltung besetzt, wird der Eingangsprozeß weitergeleitet. Ist die Schaltung frei, wird sie durch den nächsten Eingang belegt. Folglich ist der Überlaufprozeß ein UPP mit den Parametern $\lambda, \gamma = \mu$ und $\omega = \lambda$.

6.3.3 Überlauf aus einer Gruppe von Schaltungen

Der Überlaufverkehr aus einer Schaltungsgruppe muß nicht unbedingt ein UPP (nach unserer Definition) sein, es sei denn, die Gruppe besteht lediglich aus einer Schaltung. Der Prozeß hat negativexponentiell verteilte Einschaltzeiten, bei denen es einen Poisson-Prozeß von Anrufen am Eingang mit fester Rate gibt. Die Ausschaltzeiten sind jedoch nicht exponentiell verteilt. Jeder Abschaltzeitraum entspricht einem Intervall zwischen den Besetztzeiten der Schaltungsgruppe, und seine Länge ist nach einer Mischung von Exponentialausdrücken verteilt.

Der Überlaufverkehrsprozeß hat die Fakultätmomente

$$f_k = a^k \frac{\frac{a^c}{c!}}{\sum_{j=0}^{c} \binom{k+j-1}{j} \frac{a^{c-j}}{(c-j)!}}$$

wobei $a = \lambda/\mu$ den der Gruppe angebotenen Verkehr darstellt, und c ist die Anzahl der Schaltungen.

Der Überlaufprozeß ist ein Erneuerungsprozeß, d.h., die Intervalle zwischen weitergeleiteten Anrufen sind unabhängig und identisch verteilt.

6.3.4 Kombination von Überlaufströmen

Bei dem in Abb. 6.1 geschilderten Netz wird dem Endwahlweg AD eine Kombination aus zwei Überlaufströmen angeboten. In der Praxis können sehr viel mehr als nur zwei Überlaufströme auftreten, und ebenso kann ein Strom mit neuem Verkehr (der nichts mit Überlauf zu tun hat) dem Endwahlweg unmittelbar angeboten werden. Es ist dann außerordentlich schwierig, die Leistungsfähigkeit des Endwahlwegs genau zu berechnen, insbesondere dann, wenn die Schaltungsgruppen groß sind.

Das am häufigsten verwendete Approximationsverfahren wird Wilkinsons äquivalenter Zufallsverkehr (AZV) genannt. Mittelwert und Varianz jedes Überlaufstroms werden berechnet und dann über alle Ströme summiert; auf diese Weise erhalten wir Mittelwert und Varianz des Gesamtverkehrs, der dem Endwahlweg angeboten wird (hierfür ist allerdings erforderlich, daß die Überlaufströme statistisch unabhängig sind). Unter Verwendung dieser beiden Momente kann der kombinierte Verkehr dann als Überlauf aus einer einzigen Erstwahl-Schaltungsgruppe dargestellt werden; die Endwahlgruppe läßt sich dann leicht berechnen.

Es gibt bei dieser Technik drei Fehlerquellen:

1. Jeder Überlaufstrom wird lediglich durch seine ersten beiden Momente beschrieben.
2. Der kombinierte Verkehrsstrom ist kein Erneuerungsprozeß, wird jedoch als ein solcher dargestellt.
3. Die einzelnen Überlaufströme erfahren unterschiedliche Verlustwahrscheinlichkeiten auf dem Endwahlweg, wogegen AZV lediglich einen einzigen Durchschnittswert ausgibt.

6.3.5 UPP als Modell für den Überlaufverkehr

Wir haben bereits gesehen, daß der UPP das korrekte Modell für den Überlauf aus einer Einzelschaltung darstellt. Er läßt sich ebenfalls als Näherungsmodell für den Überlauf aus einer Schaltungsgruppe verwenden. Es taucht dann die Frage auf, welche Werte für die UPP-Parameter verwendet werden sollten. Es sollen aus einer Reihe vieler Möglichkeiten die beiden folgenden Verfahren berücksichtigt werden:

1. Die UPP-Parameter λ, γ und ω werden mit den entsprechenden Parametern des Überlaufprozesses gleichgesetzt.
2. Die ersten drei Fakultätmomente des UPP werden mit den Momenten des Überlaufprozesses gleichgesetzt.

Diese Verfahren können zu ganz unterschiedlichen Ergebnissen führen. Wenn zum Beispiel der Ansatz über die Momentenanpassung gewählt wird, ist es möglich, daß der resultierende Wert für λ nicht nahe an der der Anrufeingangsrate bei der Erstwahlgruppe liegt. Der Ansatz mit der Momentenanpassung ist normalerweise in der Praxis dafür eingesetzt worden, um Endwahlgruppen zu dimensionieren, aber dies mag für andere Anwendungen nicht der beste Weg sein.

Der UPP kann auch als Modell für eine Kombination von Überlaufströmen verwendet werden, wobei ebenfalls eine Momentenanpassung erfolgt. Hierbei ergeben sich dieselben Mängel wie beim AZV, der in Abschnitt 6.3.4 erwähnt wurde. (Daß von zwei auf drei Momente erweitert wird, sollte nicht von vornherein als Verbesserung der Genauigkeit angesehen werden.) Ein vielversprechender Ansatz besteht darin, zwei oder mehr unterbrochene Poisson-Prozesse zu verwenden, um die einzelnen Überlaufverkehrsströme nachzubilden. Im folgenden Abschnitt geben wir ein Verfahren an, mit dem die Zustandsgleichungen für den Endwahlweg gelöst werden können, wobei wir annehmen, daß eine beliebige Anzahl unabhängiger UPP verwendet werden kann, um die Überlaufverkehrsströme darzustellen.

6.4 Matrixlösungsverfahren

6.4.1 Zustandsgleichungen

Wir nehmen zu Beginn an, daß zwei unabhängige UPP zusätzlich zu einem rein zufälligen Verkehrsstrom mit der Intensität von a Erlang sehen Einheiten einer Gruppe von N Schaltungen angeboten wird. Die UPP haben die Parameter $\lambda_1, \gamma_1, \omega_1$ und λ_2, γ_2, ω_2. Alle Anrufe sollen über eine mittlere Haltezeit eins verfügen. Die Zustandswahrscheinlichkeiten sind die $P_{\varepsilon_1\varepsilon_2}(k)$, die die Wahrscheinlichkeit dafür darstellen, daß sich der erste UPP im Zustand ε_1, der zweite UPP im Zustand ε_2 befindet und k Schaltkreise $(k = 0, 1, \ldots, N)$ belegt sind.

Wir werden die Spaltenvektornotation verwenden:

$$P(k) = [P_{00}(k), P_{10}(k), P_{01}(k), P_{11}(k)]'$$

Die Gleichgewichtsgleichungen können jetzt folgendermaßen geschrieben werden:

$$H_1\mathbf{P}(k-1) - H_1 + H_2 + kI)\mathbf{P}(k) + (k+1)\mathbf{P}(k+1) = \mathbf{0}$$
$$(k = 0, 1, \ldots, N-1;\ \mathbf{P}(-1) = \mathbf{0}) \qquad (6.6)$$
$$H_1 = \mathrm{diag}(a - \lambda_1 + a, \lambda_2 + a, \lambda_1 + \lambda_2 + a)$$

$$H_2 = \begin{bmatrix} \omega_1+\omega_2 & -\gamma_1 & -\gamma_2 & 0 \\ -\omega_1 & \gamma_1+\omega_2 & 0 & -\gamma_2 \\ -\omega_2 & 0 & \omega_1+\gamma_2 & -\gamma_1 \\ 0 & -\omega_2 & -\omega_1 & \gamma_1+\gamma_2 \end{bmatrix}$$

Die Normierungsbedingung ist durch

$$\sum_{k=0}^{N} \mathbf{P}(k) = \mathbf{V} = [(1-p_1)(1-p_2), p_1(1-p_2), (1-p_1)p_2, p_1 p_2]' \tag{6.7}$$

gegeben, wobei p_i der Wahrscheinlichkeit entspricht, daß sich der erste UPP im Einschaltzustand befindet. Also gilt:

$$= \frac{\omega_1}{\omega_1+\gamma_1}, \text{usw.}$$

Die drei Verkehrsströme, die der Schaltungsgruppe angeboten werden, erfahren unterschiedliche Verlustwahrscheinlichkeiten, und zwar:

Rein zufälliger Strom: $P_{00}(N) + P_{10}(N) + P_{01}(N) + P_{11}(N)$;

erster UPP: $\dfrac{1}{p_1}[P_{10}(N) + P_{11}(N)]$;

zweiter UPP: $\dfrac{1}{p_2}[P_{01}(N) + P_{11}(N)]$

6.4.2 Lösung durch Rekursion

Die Zustandsgleichung (6.6) und das folgende Lösungsverfahren gelten für eine beliebige Anzahl von UPP, vorausgesetzt, daß die Koeffizientenmatrizen H_1 und H_2 richtig definiert sind. Für eine Kombination von m UPP haben diese Matrizen die Ordnung 2^m. Für einen einzigen UPP (zusammen mit dem rein zufälligen Verkehrsstrom mit a Erlang-Einheiten) erhalten wir:

$$\mathbf{P}(k) = [P_0(k), P_1(k)]'$$

$$H_1 = \begin{bmatrix} a & 0 \\ 0 & \lambda + a \end{bmatrix}$$

$$H_2 = \begin{bmatrix} \omega & -\gamma \\ -\omega & \gamma \end{bmatrix}$$

$$\mathbf{V} = [1-p, p]'$$

Es sei $\mathbf{P}(k) = Q_k\mathbf{P}(0)$, wobei Q_k (für 2 UPP) eine 4×4-Matrix ist. Die Normierungsgleichung (6.7) ergibt

$$\mathbf{P}(k) = Q_k \left[\sum_{j=0}^{N} Q_j\right]^{-1} \mathbf{V} \tag{6.8}$$

Wenn wir $\mathbf{P}(k)$ mit Q_k in den Zustandsgleichungen (6.6) ersetzen, erhalten wir die Matrixgleichungen

$$H_1 Q_{k-1} - (H_1 + H_2 + kI)Q_k + (k+1)Q_{k+1} = 0 \tag{6.9}$$

mit

$$Q_0 = I, \quad Q_{-1} = 0$$

Es ist klar, daß wir die Matrizen Q_k aus Gleichung (6.9) nacheinander gewinnen können, wenn wir mit $k = 0$ beginnen. Die Zustandswahrscheinlichkeiten $\mathbf{P}(k)$ können dann aus Gleichung (6.8) bestimmt werden. Dieser Ansatz ist numerisch allerdings instabil, da die Q_k große Zahlen enthalten, die sich bei der Multiplikation mit der Inversen nach Gleichung (6.8) gegenseitig aufheben.

Es sei

$$X_k = Q_k \left[\sum_{j=0}^{k} Q_j\right]^{-1}$$

Dann erhalten wir

$$\mathbf{P}(N) = X_N \mathbf{V}$$

Durch die Invertierung von X_k gewinnen wir die Rekursionsformel

$$X_k^{-1} = X_{k-1}^{-1} Y_k + I \tag{6.10}$$

mit

$$Y_k = Q_{k-1} Q_k^{-1}$$

Rechtsmultiplikation mit Q_k^{-1} in Gleichung (6.9) liefert

$$Y_{k+1}^{-1} = \frac{1}{k+1}[H_1 + H_2 + kI - H_1 Y_k] \tag{6.11}$$

Also können die beiden Ausdrücke (6.10) und (6.11) dazu verwendet werden, um Y_k und X_k^{-1} nacheinander zu berechnen. Hierbei gehen wir von $Y_0 = 0$ und

$X_0 = 1$ aus.

Wir erhalten hierdurch $\mathbf{P}(N) = X_N\mathbf{V}$. Mehr brauchen wir nicht, um die Verlustwahrscheinlichkeiten zu bestimmen. Weitere Zustandswahrscheinlichkeiten können aus $\mathbf{P}(N)$ unter Verwendung der Beziehung

$$\mathbf{P}(k-1) = Y_k\mathbf{P}(k)$$

bestimmt werden.

Der Ausdruck (6.10) ist direkt analog zur allgemein bekannten Rekursionsformel für die Erlang-Verlustformel:

$$\frac{1}{E_N(A)} = \frac{1}{E_{N_1}(A)}\left(\frac{N}{A}\right)+1$$

6.4.3 Hauptleitungsreservierung

Von Netzen mit Umweglenkung weiß man, daß sie in bezug auf Verkehrsüberlastungen sehr empfindlich reagieren. Insbesondere beeinträchtigt die Verstopfung auf hierarchischen (Endwahl-) Wegen stark den (rein zufälligen) Nichtüberlaufverkehr, der diesen Wegen direkt angeboten wird. Aus diesem Grund sollte der Zugang des Überlaufverkehrs zu Endwahlgruppen eingeschränkt und dem Nichtüberlaufverkehr Priorität eingeräumt werden.

Ein Verfahren, um dieses Ziel zu erreichen, ist als Hauptleitungsreservierung bekannt. Bei diesem Verfahren wird ein Steuerparameter R der Endwahlgruppe zugeordnet. Überlaufanrufen wird nur dann Zugang zur Gruppe gewährt, wenn mehr als R Schaltungen frei sind. Gibt es nur R oder weniger freie Schaltungen, wird nur Nichtüberlaufanrufen Zugang gewährt. 1, 2 oder 3 sind typische zusätzliche Werte für R.

Bestehende Dimensionierungsverfahren für den Überlaufverkehr, zum Beispiel der Wilkinsonsche ΛZV waren nicht in der Lage, Hauptleitungsreservierungen mit einzuarbeiten. Die UPP-Rekursions-Methode, wie weiter oben beschrieben, wurde speziell für diesen Zweck entwickelt [3]. Wenn eine Hauptleitungsreservierung verwendet wird, dann müssen die Zustandsgleichungen für die Zustände $k \geq N - R$ verändert werden. Dies läßt sich sehr leicht in das UPP-Verfahren einbauen, indem in der Matrix H_1 die entsprechenden Änderungen vorgenommen werden, wenn die Rekursion $k = N - R$ erreicht.

6.5 Verallgemeinerungen

6.5.1 Erneuerungstheorie

Das zuvor beschriebene Verfahren, das sich auf die Lösung von Zustandsgleichungen stützt, stellt eine detaillierte und genaue Untersuchung der Leistungsfähigkeit einer Schaltungsgruppe dar, der eine Kombination von Überlaufverkehrsströmen angeboten wird. In einigen Netzen jedoch kann es Mehrfachüberlaufstufen geben: Es kann zum Beispiel Verkehr von einem Erstwahlweg an einen Zwischenweg und dann an einen Endwahlweg weitergegeben werden. Um solche Netze analysieren zu können, müssen wir in der Lage sein, die Charakteristika des Verkehrs zu bestimmen, der von einer Schaltungsgruppe weitergeleitet wird, an der selbst eine Kombination aus Überlaufverkehrsströmen vorliegt.

Manfield und Downs [4] beschreiben ein geeignetes Verfahren, das sich auf eine geringfügig andere Anwendung der UPP stützt. Hier wird ein Ansatz über die Erneuerungstheorie verwendet, wobei die Momente der Zeiten zwischen den Überläufen mit den Momenten der Zeiten zwischen den Eingängen in Beziehung gesetzt werden. Einzelne Verkehrsströme werden wiederum durch UPP unter der Verwendung der Anpassung von drei Momenten nachgebildet.

6.5.2 Phasenprozesse

Der UPP kann auf einen Prozeß verallgemeinert werden, der eine Anzahl von Phasen aufweist: Jede Phase hat unterschiedliche Poisson-Eingangsraten, negativexponentiell verteilte Phasenlängen und eine beliebige Matrix der Übergangswahrscheinlichkeiten zwischen den Phasen. Neuts hat Phasenprozesse untersucht, die Warteschlangensystemen angeboten werden. (Vgl. zum Beispiel [5]; hier wird eine iterative Lösung auf Matrixbasis entwickelt.) Dieser Prozeß kann dazu verwendet werden, um zeitabhängige Eingangs- und Bedienungsraten darzustellen, und ist insbesondere auf Netze mit blockweiser Vermittlung anwendbar.

7 Erzeugende Funktionen, Schranken und Approximationen in der optischen Nachrichtentechnik

J. J. O'Reilly

7.1 Einführung

Die statistische Nachbildung elektrischer Nachrichtensysteme ist weit entwickelt und uns geläufig, aber die Probleme der optischen Nachrichtentechnik haben einen anderen Charakter und sind im allgemeinen nicht in dieser Ausführlichkeit bekannt. In diesem Kapitel zeigen wir, daß mit Hilfe von Erzeugungsfunktionen Signal- und Rauschprozesse statistisch detailliert beschrieben werden können, die in optischen Direktempfängern angetroffen werden.

Das optische Signal hat von Natur aus einen stochastischen Charakter; das einfachste realistische Modell für optischen Empfang ist ein gefilterter Poisson-Prozeß, bei dem zufällig empfangene Photonen ein bandbegrenztes Filter ansprechen. Dieses Modell läßt sich auch sinnvoll anwenden, wenn Grenzen für die Leistungsfähigkeit - grundsätzlicher Art in der optischen Nachrichtentechnik - hergeleitet werden; allerdings muß man es für praktische Zwecke erweitern, so daß zusätzliche stochastische Störungen komplexerer Natur berücksichtigt werden können. Es müssen insbesondere die Multiplikation des Quantenrauschens, das zum Verstärkungsmechanismus einer Lawinenphotodiode (Photomultiplier) gehört, das additive farbige Gauß-Rauschen, das sich durch Signalverarbeitungsschaltungen nach dem Empfang ergibt, und der Einfluß der Filterung auf diese Störungen im Modell berücksichtigt werden. Das Ergebnis ist die Überlagerung eines markierten (zusammengesetzten) und gefilterten Poisson-Prozesses und eines farbigen Gauß-Prozesses - der Mischungsbereich von Poissonscher Verbundstatistik und Gaußscher Statistik [1].

Die Statistik von Signal und Rauschen ist so kompliziert, daß es im allgemeinen, außer im formalen Sinne, nicht durchführbar ist, die Wahrscheinlichkeitsdichtefunktion herzuleiten. Wie wir aber sehen werden, können wir mit den Erzeugungsfunktionen dennoch eine genaue Beschreibung erhalten. Diese ist insofern vollständig, als die Abbildung von charakteristischen Funktionen auf Wahrscheinlichkeitsdichtefunktionen ein Isomorphismus ist. Eine Wahrscheinlichkeitsdichtefunktion liefert nicht mehr und nicht weniger Informationen als die entsprechende charakteristische Funktion. Tatsächlich ist auch bei praktischen Anwendungen die Beschreibung über Erzeugungsfunktionen vorzuziehen. Es hat sich zum Beispiel herausgestellt, daß bestimmte optische Nachrichtenempfänger genau optimiert werden können, wenn Schranken verwendet werden, die mit Hilfe von Erzeugungsfunktionen formuliert sind [1,2]. Im Gegensatz dazu hat sich gerade die Bewertung der Leistungsfähigkeit von Empfängern als äußerst schwierig erwiesen, wenn dies mit Hilfe der Wahrscheinlichkeitsdichtefunktion durchgeführt wird [3]. Angesichts dessen sind wir hier bestrebt, die Beschreibung von optischen Empfängern mit Hilfe von Erzeugungsfunktionen einer kritischen Würdigung zu unterziehen.

7.2 Modell für den optischen Direktempfang

Wir beschäftigen uns mit dem Prozeß des direkten Empfangs bei dem einfallende Photonen mit einer Energie, die größer ist als die Bandlücke des Halbleiterdetektors, durch die Bildung von Elektron-Loch-Paaren absorbiert werden können. Der mittlere Rate der Paarbildung ist durch

$$\lambda(t) = \eta \frac{P(t)}{h\nu} \tag{7.1}$$

gegeben. Hierin bedeuten

$\lambda(t)$: momentaner mittlerer Paarbildungsrate
$P(t)$: einfallende optische Leistung
h : Plancksche Konstante
ν : optische Frequenz
η : Quantenwirkungsgrad des Gleichrichters; entspricht der Absorptionswahrscheinlichkeit durch diesen Mechanismus

Wir sind hier an den Kenngrößen des Ausgangsstroms interessiert, der mit $\lambda(t)$, dem Erzeugungsratenparameter zusammenhängt. Wir beschäftigen uns mit einem Typ von Ladungsträgern (Elektronen, um der Bestimmtheit willen). Die Anzahl der Ladungsträger, die in einem Zeitintervall (t_1, t_2) erzeugt werden, ist durch eine Poisson-Verteilung

$$P_n = \frac{m^n \mathrm{e}^{-m}}{n!} \tag{7.2}$$

mit

$$m = m(t_1, t_2) = \int_{t_1}^{t_2} \lambda(t)\ \mathrm{d}t \tag{7.3}$$

(m mittlere Anzahl, die in$(t-1, t_2)$ erzeugt werden)

gegeben. Der Prozeß ist nicht stationär, weil $\lambda(t)$ zeitabhängig ist, aber wir erkennen in Gleichung (7.2) dennoch die vertraute Poisson-Verteilung wieder. Es handelt sich hierbei um einen nichthomogenen Poisson-Prozeß.

Es sei $w(t)$ die Antwort einer Photodiode auf die Erzeugung eines einzelnen Elektronen-Loch-Paares, so daß

$$\int_{-\infty}^{\infty} w(t)\ \mathrm{d}t = q \text{ (Elektronenladung)} \tag{7.4}$$

gilt. Mit $\{t_i\}$ bezeichnen wir die Erzeugungszeitpunkte, die aus dem empfangenen optischen Signal $P(t)$ resultieren, und der Ausgangsstrom kann dann als

$$X(t) = \sum_i w(t - t_i) \tag{7.5}$$

ausgedrückt werden. Hierbei handelt es sich um einen invariant gefilterten nichthomogenen Poisson-Prozeß. Die charakteristische Funktion für den Prozeß läßt sich schnell zu

$$\phi_X(s\theta) = \exp\left\{\int_0^t \lambda(t)[\exp\ (\mathrm{j}\theta w(z)) - 1]\ \mathrm{d}z\right\} \tag{7.6}$$

herleiten (z.B. [5]). Eine weitere Filterung kann nachträglich auftreten und läßt sich leicht berücksichtigen, indem $w(t)$ durch die Faltung von $w(t)$ mit $h(t)$ ersetzt wird, der Impulsantwort der Nachempfangsfilterung.

Wir haben bis jetzt angenommen, daß die Filterfunktion deterministisch ist. Für den optischen Empfang trifft dies im allgemeinen nicht zu. Es kann eine Zufallsvariation der Filterfunktionen auftreten, z.B.:

1. Ladungsträger werden an verschiedenen Punkten innerhalb des Detektors erzeugt; aus dem Ladungsträgertransport ergibt sich dann eine Variation des Strompulses.
2. Bei jedem Nachweisereignis kann die Ladungsträgermultiplikation im Detektor (aufgrund des Lawinenprozesses) zu einem Puls mit Zufallsamplitude führen.

Diese beiden Phänomene können natürlich auch zusammen auftreten. Ein allgemeines Modell, das Zufallsfilterung zusammen mit additiven Rauschbeeinträchtigungen berücksichtigt, ist durch Hoversten [5] beschrieben worden; dort wird die Zufallsfilterung berücksichtigt, indem eine Zufallsvariable mit den Ereigniszeitpunkten t_i zugeordnet wird. Wenn wir diese Zufallsvariablen, von denen wir annehmen, daß sie unabhängig und identisch verteilt sind, mit U_i bezeichnen, können wir den Ausgangsprozeß ohne Berücksichtigung additiver Beeinträchtigungen als

$$X(t) = \sum_i w(t - t_i; U_i) \tag{7.7}$$

mit der charakteristischen Funktion [6]

$$\phi_X(t) = \exp\left[\int_0^t \lambda(t)\mathbf{E}\{\exp(j\theta w(zU)) - 1\}\right] \mathrm{d}z \tag{7.8}$$

ausdrücken.

Zum Glück wird diese ziemlich beeindruckende Formulierung im Normalfall in der optischen Nachrichtentechnik nicht benötigt. Die Zufälligkeit in der Filterung ergibt sich hauptsächlich aufgrund des Lawineneffekts. Jedes primär Nachweisereignis erzeugt eine ganzzahlige Menge von Elektron-Loch-Paaren, und der Lawinenprozeß ist nur von sehr kurzer Dauer, so daß er als instantan betrachtet werden kann. Die Diodenantwort lautet also

$$X(t) = \sum_i g_i w(t - t_i) \tag{7.9}$$

Jedes Nachweisereignis ist hier durch eine Zufallsverstärkung g_i "gekennzeichnet", die der Zahl primärer Ladungsträgerpaare zum Zeitpunkt t_i entspricht. Die Zufallsvariablen $\{g_i, t_i\}$ entsprechen einem gekennzeichneten oder Poisson-Verbundprozeß, und die $\{t_i\}$ haben in jedem Intervall eine Poisson-Verteilung mit einem Mittelwert, der durch die Rate des treibenden Prozesses bestimmt ist. Die $\{g_i\}$ sind identisch verteilt.

Für die meisten praktischen Zwecke kann die innere Reaktion $w(t)$ der Diode vernachlässigt werden im Vergleich mit der nachfolgenden elektrischen Filterung, und der gefilterte Diodenausgang kann durch

$$Y(t) = q\sum_i g_i h(t - t_i) \tag{7.10}$$

beschrieben werden. $h(t)$ ist hier die Impulsantwort des Filters. Dies entspricht einem gekennzeichneten und gefilterten Poisson-Prozeß oder auch einem gefilterten Poisson-Verbundprozeß.

Die Leistungsfähigkeit eines optischen Empfangssystems wird durch die Statistik von $Y(t)$ und durch weitere additive (Gaußsche) Rauschprozesse bestimmt, die sich aus der Schaltung hinter dem Empfänger ergeben. Die Wahrscheinlichkeitsdichtefunktion p_y hängt vom Treiberprozeßparameter $\lambda(t)$, von der Filterimpulsantwort $h(t)$ und der Lawinenverstärkungsverteilung p_g ab. Es ist nicht allgemein möglich, einen leicht handhabbaren Ausdruck in geschlossener Form für p_y zu gewinnen, aber im nächsten Abschnitt zeigen wir, daß sich eine Beschreibung mittels Erzeugungsfunktion leicht herleiten läßt.

7.3 Statistische Beschreibung des empfangenen optischen Signals

Wir wollen eine momenterzeugende Funktion für den Prozeß herleiten, der durch Gleichung (7.10) beschrieben wird. Die Zeitachse sei in elementare Intervalle unterteilt; wir schreiben den Beitrag zum Ausgangsstrom im Zeitpunkt t aufgrund der Ladungen, die innerhalb eines hinreichend kleinen, auf t_n zentrierten Δt erzeugt wurden, als

$$Y_{t_n} = q \sum_{i}^{I} g_i h(t - t_i) \tag{7.11}$$

I stellt hier die Zahl der Nachweisereignisse innerhalb Δt dar, das auf t_n zentriert ist, und hat eine Poisson-Verteilung mit dem Mittelwert

$$E\{I\} = \lambda(t_n)\Delta t$$

Wir können eine bedingte momenterzeugende Funktion für Y_{tn} schreiben

$$\begin{aligned}\{M_{t_n}(s)|I = I_1\} &= E\{\mathrm{e}^{sY_{t_s}}\}\\ &= E\left\{\exp\left[\mathrm{sq}\sum_{i=1}^{I_1} g_i h(t - t_n)\right]\right\}\end{aligned} \tag{7.12}$$

wobei die Bedingung für eine gegebene Anzahl I_1 von Nachweisereignissen innerhalb von $\lambda(t)$ gilt. Da die g_i unabhängig und identisch verteilt sind, können wir (7.12) als

$$\{M_{t_n}(s)|I = I_1\} = \prod_{i=1}^{I_1} E\{\exp[sqgh(t - t_n\nu]\} \tag{7.13}$$

umschreiben. Das g ohne Index bezeichnet hier die Verstärkungszufallsvariable mit der momenterzeugenden Funktion, die durch

$$M_g(s) = E\{\exp(sg)\} \tag{7.14}$$

gegeben ist. Also läßt sich Gleichung (7.13) als

$$\{M_{t_n}(s)|I = I_1\} = [M_g(sqh(t - t_n))]^{I_1} \tag{7.15}$$

schreiben. Wir mitteln jetzt über I, um die Bedingung in bezug auf die Anzahl der Nachweisereignisse im Zeitintervall Δt zu beseitigen. Wir stellen fest, daß I eine Poisson-Verteilung aufweist und erhalten

$$\begin{aligned} M_{t_n}(s) &= \exp\{-\gamma(t_n)\Delta t\} \sum_{i=1}^{\infty} \frac{1}{i!}\{\lambda(t_n)\Delta t\}^i \{M_g(sqh(t - t_n))\}^i \\ &= \exp\{\lambda(t_n)\Delta t[M_g(sqh(t - t_n)) - 1]\} \end{aligned} \tag{7.16}$$

Betrachten wir jetzt verschiedene Zeitintervalle, dann ist die Anzahl der Nachweisereignisse unabhängig, während die Lawinenverstärkung, die zu einem gegebenen Ereignis gehört, unabhängig von der Verstärkung bei anderen Ereignissen ist. Folglich ergibt sich die momenterzeugende Funktion für die Zufallsvariable $Y(t)$, die der Summe der Beiträge aus den verschiedenen Intervallen entspricht, aus dem Produkt der elementaren beitragenden momenterzeugenden Funktionen

$$\begin{aligned} M_Y(s) &\simeq \prod_n M_{t_n}(s) \\ &= \prod_n \exp\{\lambda(t_n)\Delta t[M_g(sqh(t - t_n)) - 1]\} \\ &= \exp\left(\sum_n \lambda(t_n)\Delta t[M_g(sqh(t - t_n)) - 1]\right) \end{aligned} \tag{7.17}$$

Im Grenzwert, wenn wir Δt gegen null gehen lassen, geht die Summe in ein Integral über, und wir erhalten

$$M_Y(s) = \exp\left\{\int_{-\infty}^{\infty} \lambda(\tau)[M_g(sqh(t - \tau)) - 1]\, \mathrm{d}\tau\right\} \tag{7.18}$$

Gleichung (7.18) stellt die statistische Beschreibung von $Y(t)$ dar, die wir suchen. Sie berücksichtigt die Inhomogenität $\lambda(t)$ in dem treibenden Poisson-Prozeß, die Verbundzufälligkeit in Form einer beliebigen Momenterzeugungsfunktion $M_g(s)$ für die Lawinenverstärkung, zusammen mit deterministischer linearer Filterung $h(t)$. Es ist nicht allgemein möglich, Gleichung (7.18) zu transformieren, um einen analytischen Ausdruck für p_y zu gewinnen, aber dies muß uns nicht übermäßig stören, da die Erzeugungsfunktion eine ebenso vollständige statistische Beschreibung bildet wie die Wahrscheinlichkeitsdichtefunktion. Viele nützliche Kenngrößen lassen sich auch einfacher aus einer Beschreibung über eine Erzeugungsfunktion herleiten.

7.4 Überlegungen zur Lawinenverstärkung

Für die praktische Anwendung von Gleichung (7.18) wird ein Ausdruck für die Momenterzeugungsfunktion der Lawinenverstärkung gebraucht. Es sind verschiedene Modelle vorgeschlagen worden, und wir werden weiter unten einige untersuchen. Als Einleitung und zur Veranschaulichung betrachten wir zunächst einmal den wichtigen Fall einer Verstärkung, die nicht auf einen Lawineneffekt zurückzuführen ist. Dies stellen wir dar, indem wir eine Verstärkungswahrscheinlichkeitsdichtefunktion in der Form

$$p_g = \delta(g-1) \Rightarrow M_g(s) = \exp(s) \tag{7.19}$$

annehmen. Folglich gilt

$$M_Y(s) = \exp\left\{\int_{-\infty}^{\infty} \lambda(\tau)[\exp(sqh(t-\tau)) - 1]\,\mathrm{d}\tau\right\} \tag{7.20}$$

Der Lawinenverstärkungsprozeß wird meist mit Hilfe eines effektiven Wertes von k beschrieben; dies ist das Verhältnis aus Ionisationsraten für Löcher und Elektronen. Physikalisch ist dies in gewissem Sinne eine Näherung, aber Formulierungen der Rauschspektraldichte und der Verteilungen von Sekundärladungsträgerzahlen, die auf dieser Grundlage hergeleitet werden, ergeben in vielen Situationen gute Übereinstimmung mit dem Experiment. [7,8]. Unter Verwendung dieses Modells hat Personick gezeigt, daß die Verstärkungsverteilung für $k = 0$ eine diskrete geometrische Form [9] hat, wobei die momenterzeugende Funktion durch

$$M_g(s) = \frac{1}{1 - E\{g\}\{(1-\exp(-s)\}} \tag{7.21}$$

gegeben ist. Für die meisten praktischen Zwecke kann die diskrete geometrische Verteilung hier durch eine exponentielle Verteilung der Verstärkungen ersetzt werden

$$p_g(g) = \frac{1}{E\{g\}}\exp[-g/E\{g\}]; \quad g > 0 \tag{7.22}$$

wobei die momenterzeugende Funktion durch

$$M_g(s) = \frac{1}{1 - sE\{g\}}; \quad s < 1/E\{g\} \tag{7.23}$$

gegeben ist. Mazo und Salz [10] haben dies verwendet, um Schranken für die Leistungsfähigkeit optischer Empfänger abzuschätzen. Der Fall $k = 0$ entspricht dabei dem bestmöglichen Bauelement mit Lawinenverstärkung.

Personick hat für den allgemeinen Fall mit beliebigem k eine implizite Gleichung für die Momenterzeugungsfunktion der Verstärkung bestimmt [11]. Bis jetzt ist hierfür noch keine analytische Lösung bekannt. Lagrange-Entwicklungen ermöglichen Lösungen mit unendlichen Reihen [10], aber es ist praktisch nicht möglich, diese in Gleichung (7.18) einzubauen, weil weitere analytische Berechnungen damit fast nicht mehr durchführbar ist. Also wird die implizite Verstärkungsmomenterzeugungsfunktion im allgemeinen nur als Grundlage für numerische Auswertungen verwendet.

Eine Alternative zur numerischen Bestimmung von M_g stellt ein empirischer Ausdruck für den Ausgang einer Lawinenphotodiode dar [12], der in Simulationsuntersuchungen [3,14] verwendet worden ist. House hat diesen Ausdruck transformiert [15] und die approximative Verstärkungsmomenterzeugungsfunktion

$$\begin{aligned} M_g(s) = & \frac{a}{(a-1)^2}[1 - \{1 - 2s(a-1)E\{g\}\}^{1/2}] \\ & - \frac{1}{(a-1)} sE\{g\} + 1 \end{aligned} \tag{7.24}$$

gefunden, wobei

$$a = kE\{g\} + \left(2 - \frac{1}{E\{g\}}\right)(1 - k) \tag{7.25}$$

der Überschußrauschfaktor für den Lawinenprozeß ist. Dieses letzte Ergebnis hat sich für detaillierte Untersuchungen von Empfängern [15,16] als wertvoll herausgestellt, obwohl es lediglich eine Abschätzung ist und keiner realen Verstärkungsverteilung entspricht. Es läßt sich jedoch leicht in den allgemeinen Ausdruck in Gleichung (7.18) einbauen.

Es ist interessant, daß sich keine der beschriebenen Lawinenverstärkungsmomenterzeugungsfunktionen besonders gemäßigt verhält. In allen Fällen ist die momenterzeugende Funktion für bestimmte s nicht definiert. Bei dem Modell der exponentiellen Verstärkung läßt sich die Singularität beseitigen, aber sowohl bei der empirischen momenterzeugenden Funktion als auch bei der Funktion nach Personick ist dieses Problem sehr viel gravierender. Schwierigkeiten können zum Beispiel entstehen, wenn versucht wird, eine Tschernow-Schranke zu minimieren, die sich auf eines dieser Modelle stützt. Die Schwierigkeit rührt von dem Randverhalten her, und es kann sein, daß dies auf Vereinfachungen im physikalischen Modell für den Lawinenprozeß zurückzuführen und nicht grundsätzlichen Ursprungs ist. Angesichts dessen lassen sich einige geringe Modifikationen der empirischen momenterzeugenden Funktion durchführen, ohne Kompromisse in bezug auf die Genauigkeit eingehen zu müssen. Selbst wenn wir nichts über die Verstärkungsmomenterzeugungsfunktion wissen, stellen wir fest, daß sich brauchbare Kenngrößen des Ausgangsprozesses, zum Beispiel Mittel und Varianz, auch aus Teilinformationen (siehe Kapitel 1) herleiten lassen.

7.5 Empfängerrauschen

Die bis zu diesem Punkt angeführte Beschreibung spiegelt den inhärenten stochastischen Charakter des Signalprozesses (Gleichung 7.21) wider und zeigt, daß sich eine weitere Beeinträchtigung aufgrund des zufälligen Verstärkungsmechanismus ergeben kann. Darüber hinaus gibt es noch das Gauß-Rauschen, aber dies läßt sich im Modell leicht berücksichtigen. Das Gauß-Rauschen ist additiv und hängt nicht vom Signal und von den Verstärkungsprozessen ab. Da die Addition unabhängiger Zufallsvariabler auf die Multiplikation der Erzeugungsfunktionen führt, hat der Ausgangsprozeß

$$Y_0(t) = Y(t) + Y_n(t)$$

die momenterzeugende Funktion

$$M_{Y_0}(s) = M_Y(s) M_{Y_n}(s) \tag{7.26}$$

wobei

$$M_{Y_n}(s) = \exp\left\{ \frac{\sigma_n^2}{2} s^2 \right\}$$

die momenterzeugende Funktion für einen Gauß-Prozeß mit Mittel Null und Varianz σ_n^2 ist.

Gleichung (7.26) stellt die gewunschte stochastische Beschreibung für Signal- und Rauschprozesse dar, die in optischen Direktempfängern auftreten.

7.6 Binäre optische Signalübertragung

Wir haben ein empfangenes optisches Signal mit deterministischem Ratenparameter $\lambda(t)$ unter Berücksichtigung von additivem Gauß-Rauschen mit einer Erzeugungsfunktion beschreiben können. Wir nehmen jetzt an, daß $\lambda(t)$ durch Daten bestimmt wird, so daß

$$\lambda(t) = \frac{\eta}{h\nu} \sum_i a_i p(t - iT) \tag{7.27}$$

gilt, worin $\{a_i\}$ die Datenfolge und $p(t)$ die Pulsform des Signalelementes darstellt. Da die $\{a_i\}$ eine Zufallsfolge sind, ist das empfangene Signal ein doppeltstochastischer, gekennzeichneter und gefilterter Poisson-Punktprozeß. Das Ausgangssignal hat nach der Filterung durch ein Filter mit der Impulsantwort $h(t)$ die Form

$$y_s(t) = \sum_k q g_k h(t - t_k) \tag{7.28}$$

Es ist q die Elektronenladung und g_k die Verstärkung, die ein Primärladungsträger zum Zeitpunkt t_k erfährt. Gleichung (7.28) stellt eine bestimmte Realisierung eines Zufallsprozesses $Y_s(t)$ mit der Erzeugungsfunktion nach (7.20) dar.

Das additive Gauß-Rauschen, das aus der Eingangsstufe des Empfängers stammt, ist im allgemeinen nicht weiß, sondern hat eine Leistungsspektraldichte, die durch

$$N(\omega) = N_0(1 + \omega^2/\omega_0^2) \tag{7.29}$$

beschrieben werden kann, wobei N_0 und ω_0 Konstanten sind, die zum Empfänger gehören. Im Anschluß an die Filterung hat dieses Rauschen dann die Varianz σ^2 und eine momenterzeugende Funktion, die durch

$$\begin{aligned} M_{y_n}(s) &= \exp\left\{\frac{s^2}{4}N_0 \int_{-\infty}^{\infty} [h^2(t) + h'^2(t)/\omega_0^2]\, \mathrm{d}t\right\} \\ &= \exp\left\{\frac{\sigma^2}{2}s^2\right\} \end{aligned} \tag{7.30}$$

gegeben ist. Der Gesamtausgang ist die Summe zweier unabhängiger Zufallsprozesse und hat die momenterzeugende Funktion der Form (7.26), die dem Produkt aus Gleichung (7.20) und (7.30) entspricht.

Um die Interferenz zwischen nacheinanderfolgenden optischen Pulsen zu berücksichtigen, werden momenterzeugende Funktionen betrachtet, deren Bedingung ein bestimmtes Datenmuster ist und die von weiteren Bedingung abhängen, daß $a_0 = 0$ oder 1 ist. Wir werden dann die Bedingungen teilweise aufheben, indem über alle möglichen Folgen gemittelt wird, während die Symbolbedingung $a_0 = 0,1$ beibehalten wird; hierüber wird in [2] ausführlich berichtet. Die symbolbedingten momenterzeugenden Funktionen $M_0(s,h), M_1(s,h)$ verwenden wir in der Analyse binärer optischer Signalübertragung.

7.6.1 Tschernow-Schranke der Fehlerwahrscheinlichkeit

Die durchschnittliche Fehlerwahrscheinlichkeit, bei der identische A-priori-Wahrscheinlichkeiten für die Elemente angenommen werden, ist durch

$$P_e = \tfrac{1}{2}P_e\{a_0 = 1\} + \tfrac{1}{2}P_e\{a_0 = 0\} \tag{7.31}$$

gegeben. Wenn wir die bedingten Fehlerwahrscheinlichkeiten durch

$$\begin{aligned} P_e\{a_0 = 1\} &\le B_{e_1} = M_1(s_1, h)\exp(-s_1 F), \quad s_1 < 0 \\ P_e\{a_0 = 0\} &\le B_{e_0} = M(s_0, h)\exp(-s_0, F) \quad s_0 > 0 \end{aligned}$$

begrenzen, worin F die Entscheidungsschwelle darstellt, so daß

$$E\{y|a_0 = 0\} < F < E\{y|a_1 = 1\}$$

folgt, erhalten wir für P_e eine Tschernow-Schranke B_e, die durch

$$P_e \leq B_e = \tfrac{1}{2}B_{e_1} + \tfrac{1}{2}B_{e_0}$$
$$= \tfrac{1}{2}\{M_1(s_1, h)\exp(-s_1 F) + M_0(s_0, h)\exp(-s_0 h)\},$$
$$s_1 < 0 < s_0 \qquad (7.32)$$

beschrieben werden kann. Aus praktischen Erwägungen wird eine einzelne Variable $s = s_0 = -s_1$ verwendet, so daß

$$B_e = \tfrac{1}{2}\{M_1(-s, h)\exp(sF) + M_0(s, h)\exp(-sF)\},$$
$$s > 0 \qquad (7.33)$$

gilt. Diese Schranke läßt sich minimieren, wenn die Entscheidungsschwelle F und die Filterimpulsantwort $h(t)$ geeignet gewählt werden.

7.6.2 Modifizierte Tschernow-Schranke

Prabhu [18] hat kürzlich eine modifizierte Tschernow-Schranke (MTS) hergeleitet, die auf binäre elektrische Trägerbandnachrichtensysteme anwendbar ist, welche durch additive Interferenz und unabhängiges Rauschen mit Mittelwert null beeinträchtigt werden. Bei dieser MTS muß lediglich die die momenterzeugende Funktion der Interferenz berechnet oder abgeschätzt werden. Die MTS nach Prabhus Herleitung läßt sich nicht auf optische Nachrichtensysteme mit Direktempfang anwenden, da hier der inhärent stochastische Charakter des optischen Signalprozesses nicht berücksichtigt wird. Wenn jedoch ein im großen und ganzen ähnlicher Ansatz verfolgt wird, kann die MTS erweitert werden, so daß sie auf optische Nachrichtensysteme [18,19] angewendet werden kann; dies schließt ein Modell für das empfangene optische Signal ein, wie dies oben mit Hilfe der bedingten Erzeugungsfunktionen skizziert wurde. Die Schranke wird dann mit den Prinzipien der analytischen Fortsetzung und der Kurvenintegration wie folgt hergeleitet:

Die bedingten Fehlerwahrscheinlichkeiten aus Gleichung (7.31) sind durch

$$\begin{aligned} P_e\{a_0 = 0\} &= \int_F^{\infty} p_{Y_0}(y|0)\ \mathrm{d}y \\ &= \frac{1}{2\pi}\int_F^{\infty} \mathrm{d}y \int_{-\infty}^{\infty} \exp(-\mathrm{j}\theta y)\phi_{Y_0}(\theta)\ \mathrm{d}\theta \end{aligned} \qquad (7.34)$$

und

$$\begin{aligned} P_e\{a_0 = 1\} &= \int_{-\infty}^{F} p_{Y_1}(y|1)\ \mathrm{d}y \\ &= \frac{1}{2\pi}\int_{-\infty}^{F} \mathrm{d}y \int_{-\infty}^{\infty} \exp(-\mathrm{j}\theta y)\phi_{Y_1}(\theta)\ \mathrm{d}\theta \end{aligned} \qquad (7.35)$$

gegeben. Hierbei stellt p_{Y_1} die bedingte Wahrscheinlichkeitsdichtefunktion dar und ϕ_{Y_1} die bedingte charakteristische Funktion des Signal- und Rauschprozesses beim Eingang in die Entscheidungseinheit. Wird die charakteristische Funktion mit Hilfe der analytischen Fortsetzung in der komplexen Ebene erweitert, können die bedingten Wahrscheinlichkeiten durch Kurvenintegration gewonnen werden

$$P_e\{a_0 = i\} = \frac{(-1)^i}{2\pi \mathrm{j}} \int_{C_i} \frac{1}{z} \exp(-\mathrm{j}Fz)\phi_{Y_i}(z)\,\mathrm{d}z \tag{7.36}$$

wobei C_0, C_1 geschlossene Kurven sind, die in der unteren bzw. oberen Halbebene parallel zur reellen Achse laufen.

Wird z in Gleichung (7.36) folgendermaßen substituiert

$$z = u - \mathrm{j}s_0; \quad s_0 > 0, \quad i = 0$$
$$z = u + \mathrm{j}s_1; \quad |s_1 > 0, \quad i = 1$$

können die Verfahren nach Gleichung (7.18) angewendet werden, wie dies in [19] ausführlich beschrieben wird, um eine Schranke für die bedingten Fehlerwahrscheinlichkeiten zu gewinnen:

$$P_e\{a_0 = 0\} \le \frac{1}{\sqrt{(2\pi)}s_0\sigma} \exp(-Fs_0 + \sigma^2 s_0^2/2) M_0(s_0) \tag{7.37a}$$

$$P_e\{a_0 = 1\} \le \frac{1}{\sqrt{(2\pi)}s_1\sigma} \exp(Fs_1 + \sigma^2 s_1^2/2) M_1(-s_1) \tag{7.37b}$$

M_1 und M_0 stellen hier die bedingten momenterzeugenden Funktionen in bezug auf den Signalprozeß dar, und σ^2 ist die Varianz des additiven Gauß-Rauschens. Mit der Vereinfachung $s = s_0 = s_1$ kann Gleichung (7.37) in (7.31) eingesetzt werden; dies liefert die obere Schranke.

$$B_{e_m} = \frac{1}{2\sqrt{(2\pi)}s\sigma} \{M_1(-s)\exp(sF) + M_0(s)\exp(-sF)\} \tag{7.38}$$

In Fällen mit praktischer Bedeutung ist (7.38) im allgemeinen sehr viel genauer als (7.33). Dies wird in Abb. 7.1 und 7.2 für Empfänger ohne und mit Lawinenverstärkung dargestellt. Die Genauigkeit der Schranke reagiert empfindlich auf das Verhältnis Signal/additives Rauschen und hängt demnach von der mittleren Lawinenverstärkung ab; diese Abhängigkeit in in Abb. 7.3 dargestellt.

7.6.3 Gram-Charlier-Reihen

Die Beschreibung der Signal- und Rauschprozesse mit charakteristischen Funktionen kann ebenso eingesetzt werden, um Approximationen für P_e zu bestimmen. Approximationen, die sich auf bedingte Gaußsche Kenngrößen mit Mittelwerten und Varianzen stützen, die aus M_0 und M_1 bestimmt werden, sind

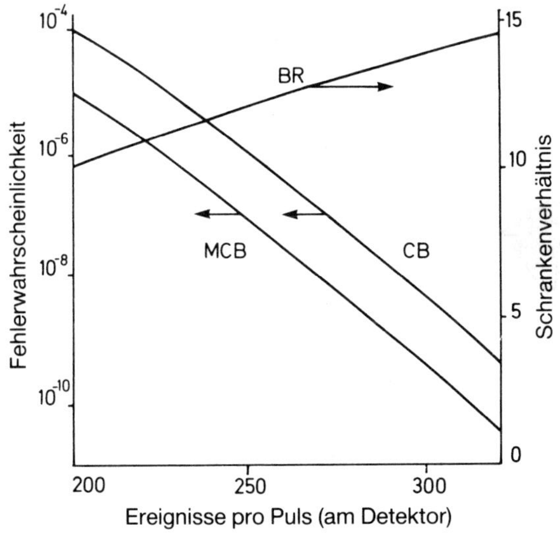

Abbildung 7.1: Vergleich der Tschernow-Schranke mit modifizieren Schranken für Empfänger mit lawinenfreier Verstärkung.

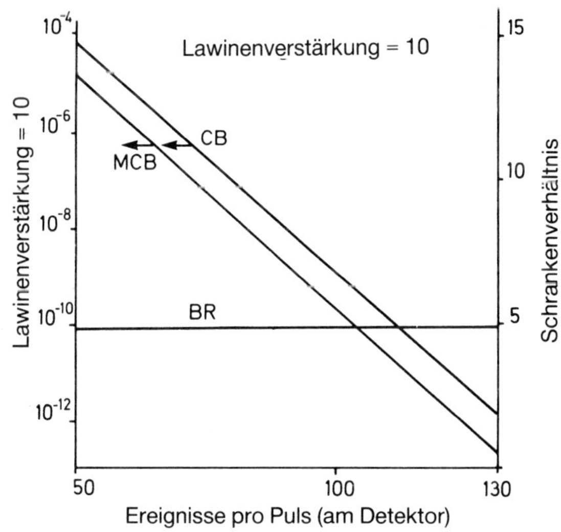

Abbildung 7.2: Vergleich von Tschernow-Schranken und modifizierten Schranken für Empfänger mit Lawinenverstärkung.

für die Entwicklung nützlich; für eine genauere Tauglichkeitsabschätzung sind jedoch präzisere Verfahren nötig. Die Gram-Charlier-Reihe stellt einen brauchbaren Ansatz für dieses Problem dar.

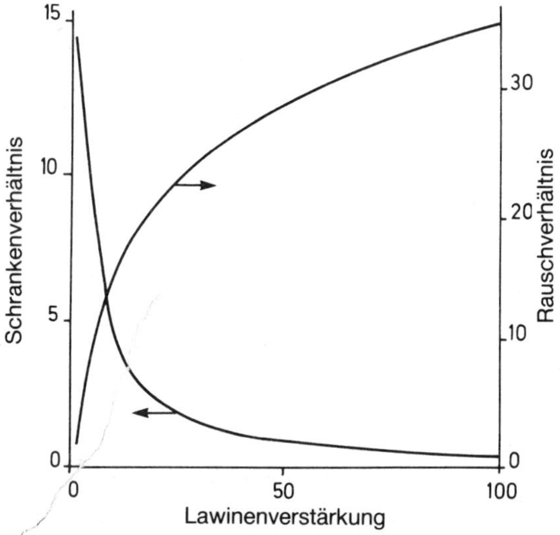

Abbildung 7.3: Einfluß der Lawinenverstärkung auf Genauigkeit der modifizierten Schranke und das Rauschverhältnis.

Das Verfahren, das in Kapitel 4 kurz besprochen worden ist, erweist sich hier besonders nützlich, da sich die Kumulanten des Signal-Rausch-Prozesses, die für die Berechnung der Gram-Charlier-Koeffizienten erforderlich sind, leicht aus dem Logarithmus der momenterzeugenden Funktionen gewinnen lassen, denn die logarithmische momenterzeugende Funktion ist die kumulantenerzeugende Funktion.

Die Leistungsfähigkeit dieses Verfahrens wird in Abb. 7.4 veranschaulicht, die aus [15] entnommen wurde. Hier werden Tschernow-Schranke, Gauß-Approximation und Gram-Charlier-Reihe für einen reinen Poissonschen Kanal verglichen. Ganz allgemein gesprochen, bietet sich die Gram-Charlier-Reihe für Tauglichkeitsbewertungen in optischen Nachrichtensystemen an, in denen additives Gauß-Rauschen dominiert, oder auch für einen reinen Poissonschen plus Gauß-Kanal. Dies gilt, weil die Varianz erhöht wird, die Kumulanten höherer Ordnung aber nicht beeinflußt werden*, wenn ein Gauß-Prozeß zu einem anderen zugrundeliegenden Prozeß, zum Beispiel zu einem Poissonschen, addiert wird. Der Einfluß der Kumulanten höherer Ordnung wird also verringert und die Konvergenz verbessert. Die Verbundzufälligkeit, die sich durch die Geräte mit Lawinenverstärkung ergibt, läßt sich jedoch nicht so leicht handhaben.

Im Fall der Lawinenverstärkung kann die Tauglichkeit genau mit Hilfe von Monte-Carlo-Verfahren bestimmt werden, und die Konvergenzbeschleunigung, die durch gewichtete Stichprobennahme erreicht wird, hat sich in diesem Zusammenhang als nützlich erwiesen [3,15].

* Kumulanten sind additiv für Summen unabhängiger Zufallsvariablen, und Kumulanten der Ordnung 3 und höher sind für eine Gaußsche Zufallsvariable null.

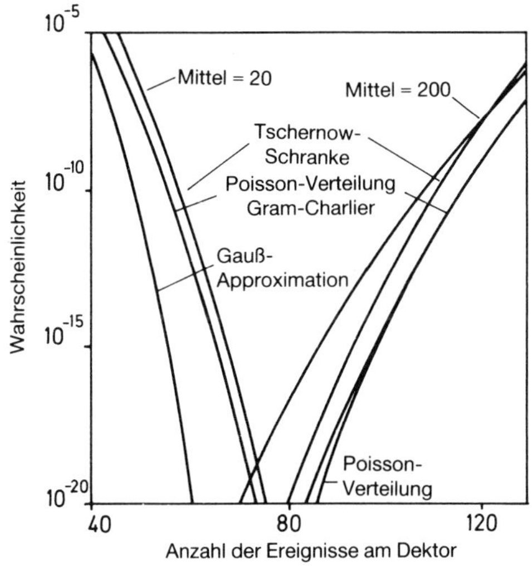

Abbildung 7.4: Vergleich von Schranken und Approximation für Poisson-Verteilungen.

7.7 Schlußfolgerung

In diesem Kapitel wird gezeigt, wie Signal- und Rauschprozesse, die in optischen Empfängern angetroffen werden, mit Hilfe von Erzeugungsfunktionen stochastisch dargestellt werden können. Es wird dargestellt, daß die Kenngrößen zu einem inhomogenen, gekennzeichneten und gefilterten Poisson-Prozeß gehören, der darüber hinaus durch additives Gauß-Rauschen beeinträchtigt wird. Es wird die Anwendung auf binäre optische Signalübertragung skizziert und die relativen Vorzüge verschiedener Schranken und Approximationen diskutiert.

8 Nachbildung von Burst-Fehlern bei digitaler Übertragung

G.G. Pullum

8.1 Einführung

Die "Störung" in ihren vielfältigen elektrischen Erscheinungsformen hat schon immer Probleme verursacht und wird dies auch weiterhin tun. Diese Probleme müssen gelöst werden, wenn zufriedenstellende Nachrichtenverbindungen hergestellt werden sollen. Werden Analogsignale übertragen, taucht im System oft unbeachtet eine vereinzelte Rauschspitze oder ein Puls auf, was aber sehr selten einen Anlaß zu Bedenken darstellt. Wenn die Information digital übermittelt wird, können selbst die kleinsten Störungen manchmal katastrophale Auswirkungen haben. Daher muß große Sorgfalt auf die Auslegung von Netzen und Anlagen verwandt werden, um die Auswirkungen von gestörten "Bit" zu minimieren. Zu diesem Zweck ist die Kenntnis der statistischen Verteilung solcher Bit von unschätzbarem Wert. Eine der bekanntesten Verteilungen, die verwendet wird, um das Auftreten von Fehlern in digitalen Nachrichtenverbindungen zu beschreiben, ist die Poisson-Verteilung. Es ist jedoch bekannt, daß Fehler, wenn sie auftreten, manchmal in "Bursts" und nicht als isolierte Einzelereignisse auftauchen, so daß die einfache Poisson-Verteilung mit den Beobachtungen nicht mehr vereinbar ist. Es läßt sich einwenden, daß das Auftreten von Bursts selbst gut durch eine Poisson-Verteilung mit Parameter m_1 und die Zahl von Fehlern innerhalb eines Bursts durch eine weitere Poisson-Verteilung mit Parameter m_2* beschrieben werden kann. Es taucht also die Frage auf, ob diese beiden Eigenschaften in einer einzigen Verteilung kombiniert werden können. Die Frage kann natürlich bejaht werden. Eine solche Verteilung wurde von Neyman [1] im Jahre 1939 beschrieben und wird die Neyman-Ansteckungsverteilung vom Typ A genannt (in diesem Text nennen wir sie NTA-Verteilung). Untersuchungen im Jahre 1979, bei denen die NTA-Verteilung für die Formulierung der Tauglichkeitsvorgaben bezüglich Fehlern für ISDN (Abk. von engl. integrated services digital networks) verwendet wurde, führten dazu, daß am 4. Januar 1980 der CCITT-Arbeitsgruppe

---

* Der Fehlerprozeß ist dann ein Sonderfall des Poissonschen Verbundprozesses, der in Kapitel 1, Abschnitt 1.3 beschrieben wird.

XVIII (Digitale Netze) Vorschläge unterbreitet wurden. Im Jahre 1981 legten Jones und Pullum [2] einen Artikel, der sich auf die NTA-Verteilung stützt, auf der zweiten internationalen Konferenz für Nachrichtentechnik vor.

8.2 NTA-Verteilung

8.2.1 Zugrundeliegende mathematische Begriffe

Die NTA-Verteilung kann als Verbundverteilung [3,4] betrachtet werden, die sich aus zwei separaten diskreten Verteilungen zusammensetzt:

1. Aus einer Poisson-Verteilung mit Parameter m_1, die das Auftreten von Bursts oder Fehleranhäufungen beschreibt,
2. aus einer Poisson-Verteilung mit Parameter m_2, die die Zahl von Fehlern innerhalb einer Anhäufung beschreibt.

In bezug auf Fehler bei digitaler Übertragung wollen wir eine Stichprobe von "n" Bit betrachten, so daß m_1 der erwarteten Zahl von Anhäufungen pro n Bit und m_2 der erwarteten Anzahl von Fehlern pro Anhäufung entspricht. Also ist die erwartete Anzahl von Fehlern pro n Bit einfach $m_1 m_2$.

Die Wahrscheinlichkeit (p_r), genau "r" Fehler pro n Bit zu beobachten, die durch die NTA-Verteilung gegeben ist, ergibt sich zu

$$p_r = \mathrm{e}^{-m_1} \frac{m_2^r}{r!} \sum_{t=0}^{\infty} \frac{z^t}{t!} t^r \tag{8.1}$$

mit $z = m_1 \mathrm{e}^{-m_2}$ und $m_1, m_2 > 0$. Insbesondere gilt

$$p_0 = \exp\{-m_1(1 - \mathrm{e}^{-m_2})\} \tag{8.2.0}$$

$$p_1 = m_1 m_2 \mathrm{e}^{-m_2} p_0 \tag{8.2.1}$$

$$\begin{aligned} p_2 &= \frac{m_1 m_2}{2} \mathrm{e}^{-m_2} (p_1 + m_2 p_0) \\ \vdots \quad & \quad \vdots \\ p_{n+1} &= \frac{m_1 m_2 \mathrm{e}^{-m_2}}{n+1} \sum_{t=0}^{n} \frac{m_2 t}{t!} p_{(n-t)} \end{aligned} \tag{8.2.2}$$

Die obigen Beziehungen sind für Berechnungen ausgesprochen nützlich und gehen auf Beall [5] zurück.

8.2.2 Momente und andere Eigenschaften

Wie bereits erwähnt, ist der Erwartungswert einer NTA-Variablen x durch

$$E(x) = m_1 m_2 \tag{8.3}$$

gegeben. Zusätzlich gilt

$$\mu_2 = \mathrm{var}(x) = m_1 m_2 (1 + m_2) \tag{8.4}$$

und

$$\mu_3 = m_1 m_2 (1 + 3m_2 + m_2^2) \tag{8.5}$$

Es existiert eine äußerst nützliche Rekursionsbeziehung unter den Kumulanten [6], die sich zu

$$K_{r+1} = m_2 \left(K_r + \frac{\partial K_r}{\partial m_2} \right) \tag{8.6}$$

ergibt. Hieraus lassen sich zusätzlich zu den Ausdrücken (8.3) bis (8.5) folgende Ausdrücke bestimmen (wir erinnern uns, daß $E(x) = K_1$; $\mu_2 = K_2$ und $\mu_3 = K_3$, aber $\mu_4 \neq K_4$ ist, ...):

$$\begin{aligned}
K_4 &= m_1 m_2 (1 + 7m_2 + 6m_2^2 + m_2^3) \\
K_5 &= m_1 m_2 (1 + 15m_2 + 25m_2^2 + 10m_2^3 + m_2^4) \\
K_6 &= m_1 m_2 (1 + 31m_2 + 90m_2^2 + 65m_2^3 + 15m_2^4 + m_2^5) \\
&\vdots \qquad\qquad\qquad \vdots
\end{aligned}$$

Es ist interessant, daß die Zahlen in Klammern eigentlich Stirling-Zahlen zweiter Art sind und daher in Tabellenwerken [7] nachgeschlagen werden können.

Die Verteilung kann drei oder mehr Moden aufweisen, wobei die Modalwerte näherungsweise Vielfache von m_2 sind.

Wenn der Parameter m_2 abnimmt, so daß $m_1 m_2$ endlich bleibt, strebt die NTA-Verteilung gegen eine Poisson-Verteilung mit dem Erwartungswert $m_1 m_2$.

8.3 Datenanpassung

8.3.1 Allgemeine Betrachtungen

Die Schätzfunktionen der Parameter m_1 und m_2 (mit $\hat{m}_1$ bzw. $\hat{m}_2$ bezeichnet), die in der Praxis [8] häufig benutzt werden, lauten

$$\hat{m}_1 = \bar{x}/\hat{m}_2 \tag{8.7a}$$

und

$$\hat{m}_2 = (s^2 - \bar{x})/\bar{x} \tag{8.7b}$$

wobei $\bar{x}$ das Mittel einer Menge n unabhängiger Zufallsvariablen $x_1, x_2, \ldots, x_n$ ist, und

$$s^2 = \frac{\sum^n (x_i - \bar{x})^2}{n-1}$$

Bei einem anderen Abschätzungsverfahren wird das Stichprobenmittel und der beobachtete Anteil von Nullstellen verwendet. Die Gleichungen für die Schätzfunktionen lauten dann

$$\bar{x} = \hat{m}_1 \hat{m}_2 \tag{8.8a}$$

und

$$p_0 = \exp\{-\hat{m}_1(1 - e^{-\hat{m}_2})\} \tag{8.8b}$$

Dem Leser sei für weitere Einzelheiten auf Johnson und Kotz [9] verwiesen.

8.3.2 Numerisches Beispiel

Die Daten in den ersten beiden Spalten der Tabelle 8.1 stammen aus dem Beitrag Nr. 208 für die CCITT-Arbeitsgruppe XVIII von August 1978. Nach Tabelle 8.1 gilt für den Erwartungswert $\{E(x)\}1,1296 \times 10^{-2}$ und für die Varianz $3,6014 \times 10^{-2}$; wenn wir Gleichung (8.7a) und (8.7b) verwenden, erhalten wir

$$\hat{m}_2 = 2.1882 \quad \text{und} \quad \hat{m}_1 = 5.1625 \times 10^{-3}$$

Werden diese Werte für m_1 und m_2 in die Gleichungen (8.2) eingesetzt, können die entsprechenden Werte für p_0, p_1, p_2 bestimmt werden; wenn wir diese Werte mit 518400 multiplizieren, erhalten wir die Einträge aus der letzten Tabellenspalte. Die Einträge aus der vorletzten Spalte sind natürlich Werte von $e^{-K}, Ke^{-K}, (K^2/2!)e^{-K}, \ldots$, (wobei $K = 1,1296 \times 10^{-2}$ ist), die alle mit 518400 multipliziert wurden.

Tabelle 8.1: System von 2048 kBit/s in einem Hauptleitungsanschlußnetz; Weglänge: 52 km, Beobachtungszeit: 6 Tage (518400 Sekunden)

Fehler/s (x)	*Anzahl der Sekunden (beobachtet)* $f(x)$	*Erwartete Sekundenzahl nach*	
		Poisson	*NTA*
0	516150	512577	516029
1,...,2*	1496	5822	1369
3	432	0	522
4	187	0	286
5	65	0	126
6	43	0	46
7	15	0	15
8	5	0	4
>9	7	0	3
	Gesamt: 518400	Gesamt: 518399	Gesamt: 518400

Gesamtzahl der Fehler: 5856

* wird als 2 behandelt, da Gesamtzahl der Fehler mit 5856 angegeben wird.

Beim Vergleich der Einträge aus der dritten und vierten Spalte der Tabelle 8.1 mit den entsprechenden Einträgen in der zweite Spalte zeigt sich deutlich, daß sich die NTA-Verteilung besser an die Beobachtungen anpaßt als die Poisson-Verteilung. Dies überrascht kaum, zumal die NTA-Verteilung im Grenzwert, wenn m_2 gegen null geht, sowieso gegen die Poisson-Verteilung strebt. Es ist viel wichtiger, Antworten auf die folgenden Fragen zu finden:

1. In welchem Maße stellt die NTA-Verteilung ein annehmbares Modell für das beobachtete Auftreten von Fehlern dar?
2. Wenn die NTA-Verteilung dazu als Modell für die Fehlerhäufigkeit verwendet wird, wie lassen sich dann m_1 und m_2 am besten abschätzen?

Die erste Frage läßt sich am besten dadurch beantworten, daß noch viel mehr Messungen nach der Art durchgeführt werden, wie in Tabelle 8.1 beschrieben, und zwar unter Verwendung verschiedener Nachrichtenwege, Bit-Raten etc. Für Datensätze, bei denen vorhergesagte und beobachtete Fehler nahe beeinanderliegen, wäre es sinnvoll, Test der Anpassungsgüte durchzuführen. In bezug auf Frage zwei sollte es theoretisch bei den gemessenen Werten von $\hat{m}_1$ und $\hat{m}_2$ egal sein, ob das gewählte Intervall (das zweite in Tabelle 8.1) 1 Sekunde, 10 Sekunden, 1 Minute oder einem beliebigen anderen Wert entspricht. In der Praxis wird das gewählte Intervall (von quadratischer Form) jedoch fast mit Sicherheit die gewonnenen Ergebnisse beeinflussen. Die Gründe hierfür werden in einem Artikel von Pielou [10] dargelegt, auf den der Leser in diesem Zusammenhang verwiesen sei.

8.4 Leistungsfähigkeit eines Netzes im Zusammenhang mit der NTA-Verteilung

Das International Consultative Committee for Telephone and Telegraph (CCITT) hat Empfehlungen für die Kriterien herausgegeben, die bei einem Netz, dessen Leistungen als annehmbar bezeichnet werden können, eingehalten werden sollten. Die Empfehlung G 821 ist ein Beispiel für solche Kriterien, die auf die Fehlertauglichkeit einer internationalen digitalen Verbindung angewandt wird, welche Teil eines Digitalnetzes mit integrierter Bedienung ist. In dieser Empfehlung beziehen sich die Leistungsziele auf einen Anschluß mit 64 kBit/s, der für den Sprechverkehr oder als Trägerkanal für Daten verwendet wird. Das Leistungsziel ist in Tabelle 8.2 beschrieben.

In der Tabelle steht die Abkürzung BER (Abk. von engl.: bit error ratio). Das Bit-Fehlerverhältnis ist das Verhältnis aus der Anzahl falsch empfangener Bit und der Gesamtzahl der gesendeten Bit.

Tabelle 8.2

BER in 1 Minute	*Prozentsatz verfügbarer Minuten*	*BER in 1 Sekunde*	*Prozentsatz verfügbarer Sekunden*
1.10^{-6}	10%	>0	8%
1.10^{-6}	90%	0	92%

Wenn wir zuerst ein Intervall von einer Sekunde betrachten, dann werden bei einer Übertragungsrate von 64 kBit/s $n = 64000$ Bit übertragen. Wir nehmen an, daß n ein Langzeit-BER bezeichne. Der Erwartungswert von Fehlern ist in einer Stichprobe der Größe n einfach durch np gegeben. Es folgt also

$$m_1 m_2 = np$$

Wenn n feststeht (zum Beispiel mit $n = 64 \times 10^3$) und p feststeht (zum Beispiel mit $p = 3 \times 10^{-6}$), dann existiert für jeden beliebigen Wert von m_2 ein entsprechender Wert für m_1. Wird Ausdruck (8.2.0) verwendet, lassen sich also, für verschiedene Werte von p, die Werte für p_0 gegen m_2 auftragen (s. Abb. 8.1). Aus dieser Abbildung können wir erkennen, daß (für $p = 3 \times 10^{-6}$) 92% der verfügbaren Sekunden ein (BER in einer Sekunde) $= 0$ haben (d.h. 92% der Sekunden sind fehlerfrei), wenn $m_2 \geq 2$ ist und die Fehlerverteilung ausreichend gut durch eine NTA-Verteilung beschrieben ist.

Wenn wir jetzt ein Intervall von 1 Minute betrachten, entspricht $n = 60 \times 64 \times 10^3 = 3,84 \times 10^6$ Bit, und für $p = 3,10^{-6}$ ist $m_1 m_2 = np = 11,52$. Also entspricht die erwartete Anzahl von Fehlern pro Minute dem Wert $11,52$. Wenn tatsächlich drei oder weniger Fehler in einem Intervall von 1 Minute gemessen werden, sagen wir, das BER für diese Minute sei besser als 3 in $3,84 \times 10^6$ (grob

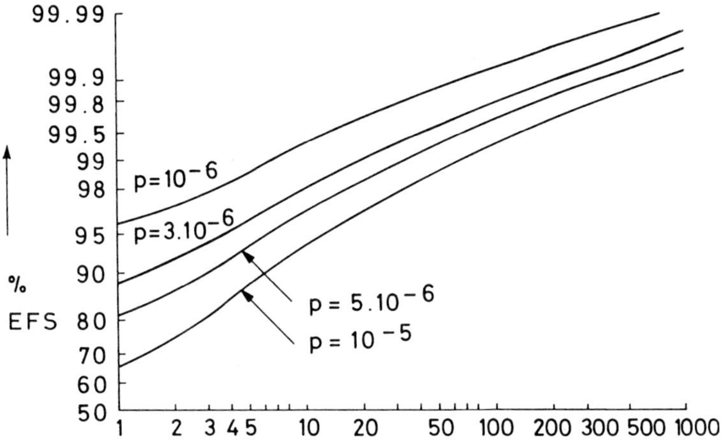

Abbildung 8.1: Clusterindex.

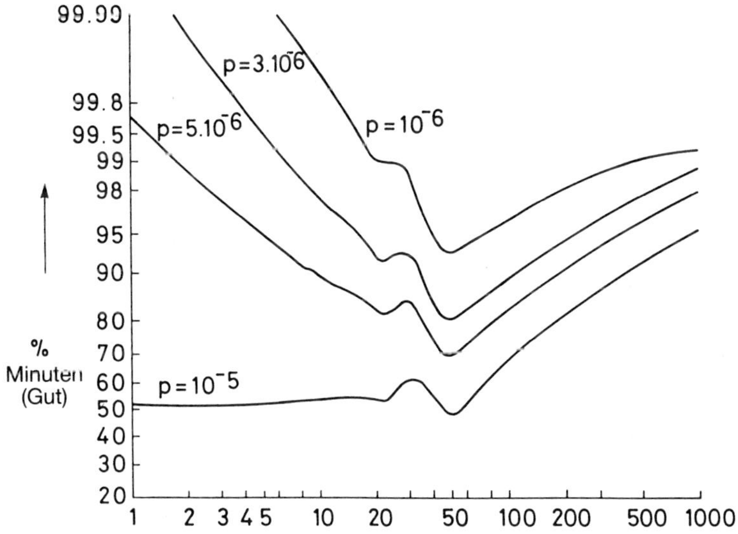

Abbildung 8.2: Clusterindex; Minuten (gut).

1 in 10^6). Wenn ebenso 38 oder weniger Fehler in einem Intervall von 1 Minute beobachtet werden, sagen wir, das BER für diese Minute (BER-Schwelle) sei besser als 38 in $3,84 \times 10^6$ (grob 1 in 10^5). Um die Wahrscheinlichkeit dafür zu bestimmen, daß 38 oder weniger Fehler für $m_1 m_2 = 11,52$ beobachtet werden, wählen wir einen Wert für m_2 (sagen wir, $m_2 = 2$) und summieren die Terme (8.2.0), (8.2.1)...(8.2.38) (vgl. Abschnitt 8.2.1). Wenn wir wie oben fortfahren

und m_2 variieren, lassen sich die Kurven gewinnen, die in Abb. 8.2 dargestellt sind. Unter der Voraussetzung, daß die Fehler einer NTA-Verteilung gehorchen, haben für $p = 3 \times 10^{-6}$ mehr als 90% der Minuten ein BER, das besser ist als 1 in 10^5, wenn dabei m^2 kleiner als ca. 35 oder größer als ca. 110 ist.

Beachten Sie, daß ein BER von 1×10^{-5} als Alternative vorgeschlagen worden und es möglich ist, daß der endgültige Wert im Bereich von 1×10^{-5} bis 1×10^{-6} liegen kann, obwohl in Tabelle 8.2 das BER in einer Minute (BER-Schwelle) mit 1×10^{-6} spezifiziert wurde.

Die Form der Kurven, die in Abb. 8.1 zu sehen sind, ist eigentlich nicht weiter verwunderlich. Man könnte erwarten, daß die Wahrscheinlichkeit einer fehlerfreien Sekunde mit der Größe der Anhäufung zunimmt. Andererseits können die Kurven, die in Abb. 8.2 dargestellt sind, auch völlig von dem abweichen, was wir erwarten würden. Die Kurven, für die $p < 1 \times 10^{-5}$ gilt, neigen im allgemeinen dazu, daß mit steigendem m_2 die Wahrscheinlichkeit 38 oder weniger Fehler zu beobachten (d.h. der Prozentsatz "guter" Minuten) zuerst abnimmt, dann steigen die Kurven schließlich an, nachdem sie einen "Buckel" durchlaufen haben. Mit Ausnahme des Buckels kann dieser Trend folgendermaßen erklärt werden. Wir nehmen an, wir betrachten eine bestimmte Menge von Minuten mit der Eigenschaft, daß für irgendeinen kleinen Wert von m_2 jede Minute eine Anzahl von Fehlern birgt, die gerade unterhalb des Schwellenwertes von 38 liegt. Dann wären alle derartigen Minuten "gut" (d.h., sie hätten ein BER, das besser als 1 in 10^5 ist). Wir nehmen jetzt an, wir könnten in derselben Minutenmenge die Anhäufungslängen erhöhen dergestalt, daß die Gesamtzahl der Fehler unverändert bliebe. Dann würden einige Minuten, die vorher "gut" waren, zu "schlechten" Minuten, weil Fehler aus benachbarten guten Minuten hereingezogen würden. Also würde die Wahrscheinlichkeit "guter" Minuten sinken. Dieser Trend würde sich fortsetzen, bis sich schließlich alle Fehler in einer "schlechten" Minute anhäufen, und ehe dies eintrifft, steigt die Wahrscheinlichkeit wieder, "gute" Minuten zu finden mit zunehmenden m_2. Dies ist natürlich nur eine mögliche anschauliche Erklärung für die allgemeine Kurvenform; wir haben nicht versucht, die "Buckel" zu erklären.

8.5 Nachrichtenverbindungen in Tandemschaltung

Wir betrachten zwei Nachrichtenverbindungen (x und y), die hintereinandergeschaltet sind, und nehmen an, daß Fehler in einer Verbindung unabhängig von den Fehlern in der anderen Verbindung auftreten. Zusätzlich gehen wir davon aus, daß die Fehler, die am Empfängerende der Tandemverbindung beobachtet werden, einfach die Summen der Fehler aus den Einzelverbindungen sind. Für die Verbindung x lauten dann die Kumulanten (vgl. Abschnitt 8.2.2):

$$K_{1x} = m_{1x} m_{2x}$$

$$K_{2x} = m_{1x}m_{2x}(1 + m_{2x})$$
$$K_{3x} = m_{1x}m_{2x}(1 + 3m_{2x} + m_{2x}^2)$$

Die obigen Beziehungen gelten ebenso für die Verbindung y, wobei x durch y ersetzt wird. Die Kumulanten der Fehlerendverteilung (aus den kombinierten Verbindungen) ergeben sich zu

$$\begin{aligned}
K_{1f} &= K_{1x} + K_{1y} = m_{1x}m_{2x} + m_{1y}m_{2y} \\
K_{2f} &= K_{2x} + K_{2y} = m_{1x}m_{2x}(1 + m_{2x}) + m_{1y}m_{2y}(1 + m_{2y}) \\
K_{3f} &= K_{3x} + K_{3y} = m_{1x}m_{2x}(1 + 3m_{2x} + m_{2x}^2) \\
&\qquad + m_{1y}m_{2y}(1 + 3m_{2y} + m_2^{2y}) \\
\vdots \quad & \quad \vdots \qquad\qquad \vdots
\end{aligned}$$

Hieraus können wir erkennen, daß die Kumulanten K_{1f}, K_{2f}, $K_{3f}, \ldots$ *demselben Muster wie die Kumulanten für die Einzelverbindung x und y folgen,* wenn $m_{2x} = m_{2y} = m_2$ ist. Also ist die Verteilung der Fehler aus den beiden kombinierten Verbindungen wieder eine NTA-Verteilung mit den Parametern $(m_{1x} + m_{1y})$ und m_2. Jetzt wird die Frage aufgeworfen, wie weit m_2 von Verbindung zu Verbindung variieren darf, so daß die Gesamtverteilung der Fehler immer noch hinreichend gut durch eine NTA-Verteilung beschrieben werden kann. An diesem Punkt müßte geklärt werden, was mit "hinreichend gut" gemeint ist. Aber nun scheint es, daß wir zu weit vorgreifen. Denn zuvor brauchen wir dringend weitere Rohdaten, um beurteilen zu können, ob die NTA-Verteilung für Einzelverbindungen annehmbar ist, und um dann herauszufinden, wie m_1 und m_2 am besten gemessen werden. Zu diesem Zweck müssen wir warten, bis Ergebnisse von viel mehr Messungen zur Verfügung stehen.

8.6 Schlußfolgerungen

Man glaubt, daß Jones und Pullum [2] als erste den Versuch beschrieben haben, die NTA-Verteilung als Modell für Fehler zu verwenden, die in Digitalübertragungsverbindungen auftreten; dennoch hat sie schon als Modell für Ereignisse gedient, die mit jenen kaum etwas zu tun haben, für die die Verteilung ursprünglich entwickelt worden war. Bis jetzt sind lediglich wenige Daten aus real betriebenen digitalen Netzen verfügbar. Es müssen sehr viel mehr Messungen durchgeführt und analysiert werden, um Fragen wie (1) und (2) aus Abschnitt 8.3.2 oder die Frage in bezug auf die Variationen von m_2 von Verbindung zu Verbindung beantworten zu können, die in Abschnitt 8.5 gestellt wurde. Wir hoffen, daß ausreichend Interesse erregt worden ist, die NTA-Verteilung als Modell für Fehler in digitalen Übertragungssystemen zu benutzen, so daß bald nützliche Daten vorliegen werden. In der Zwischenzeit sei angemerkt, daß es ohne jeden Zweifel viele andere Modelle gibt, die für diese Fehler ebenso geeignet sind. Das Wichtige an der NTA-Verteilung ist aber darin zu sehen, daß sie besonders geeignet ist für die Messung von Ereignissen, die in Anhäufungen auftreten; und obwohl nur wenige Daten in der Form vorhanden zu sein scheinen, die in Abschnitt 8.3.2 beschrieben wird, gibt es eine weitgehende Übereinstimmung in bezug auf den Anhäufungscharakter der Fehler selbst.

Teil III

Nichtlineare Stochastik

9 Nichtlineare Stochastik

K.W. Cattermole

9.1 Einführung

Die Theorie linearer Systeme, und zwar sowohl deterministischer als auch stochastischer Systeme, ist hoch entwickelt und allgemein bekannt. Nichtlineare Operationen werden meist als "schwierig" angesehen, nicht nur weil die mathematische Analyse komplizierter werden kann, sondern auch weil es kein Verfahren mit allgemeiner Anwendbarkeit gibt. Es gibt *Ad-hoc*-Verfahren für viele spezielle Probleme und auch nominell allgemeine Verfahren, mit denen sich ein bestimmter Fall leicht lösen läßt noch nicht. Bei einigen Problemen, die von praktischer Bedeutung sind, kann mit analytischen Verfahren keine leicht handhabbare Lösung erzielt werden, und deshalb wird auf numerische Verfahren und Simulationen zurückgegriffen. Welchen Vorteil der jeweils gewählte Ansatz bietet, hängt von der Anwendung ab: Verfahren, die in einem Bereich üblich sind, müssen nicht unbedingt in einem Bereich gebräuchlich sein.

Es wäre vermessen, wenn wir annehmen würden, daß wir mit dem vorliegenden Kapitel einen auch nur annähernd gründlichen Überblick über das Thema liefern könnten. Wir wollen nur ein wenig Ordnung hineinbringen und müssen deshalb unsere Behandlung eingrenzen. Ihre wesentlichen Gesichtspunkte lauten wie folgt:

1. Die betrachteten stochastischen Prozesse stellen brauchbare Modelle für Signale, Rauschen oder Signale plus Rauschen in einem Nachrichtenkanal dar. Die folgenden Nichtlinearitäten sind typisch für praktische Kanäle: quadratische und kubische Verzerrungen, quadratische und andere Rektifizierungscharakteristiken, die für den Empfang oder die Taktentnahme verwendet werden, Überlastung und Begrenzungscharakteristiken, Quantisierung und *Clipping*. Die Betonung liegt auf instantanen Nichtlinearitäten.
2. Auch in diesem begrenzten Gebiet müssen verschiedene Verfahren eingesetzt werden. Unser Ziel besteht jedoch darin, uns hauptsächlich auf Verfahren zu konzentrieren, die im Prinzip ziemlich allgemein sind, und da auf Kohärenz hinzuweisen, wo sie dem Bereich eigen ist. Das vereinheitlichende Konzept besteht darin, daß unsere verschiedenen Verfahren zwar von speziellen, bei oberflächlicher Betrachtung verschiedenen Formen der Nichtlinearität

abhängen, die aber alle über lineare Transformationen ineinander überführt werden können.
3. Wir heben die Theorie diagonaler Prozesse und der dazugehörigen orthogonalen Reihenentwicklungen mit Absicht hervor. Diese Klasse enthält die Gauß-Prozesse, ist aber wesentlich umfassender und enthält darüber hinaus weitere Prozesse, die von praktischem Interesse sind. Es ist die vielleicht umfangreichste Klasse, für die eine einigermaßen leicht zu bearbeitende, allgemeine Theorie zur Zeit bekannt ist. Sie ist zwar in der speziellen Forschungsliteratur recht gut etabliert, scheint aber nicht weit verbreitet zu sein, vielleicht teilweise aus Mangel an einer klaren, einführenden Darstellung.

9.2 Einige Definitionen und theoretische Grundlagen

Es ist der Zweck dieses Abschnitts, einige Begriffe für den späteren Gebrauch grundsätzlich vorzugeben, statt zu entwickeln. Wir nehmen an, daß der Leser über allgemeine Kenntnisse der Wahrscheinlichkeitsrechnung und Zufallsprozeßtheorie verfügt, die ungefähr dem Niveau des Einführungstextes von Davenport [1] entsprechen sollten. Die Begriffe dieses Abschnitts sollten jedem vertraut sein, der sich mit der statistischen Nachrichtentheorie beschäftigt hat.

9.2.1 Eindimensionale Wahrscheinlichkeitsverteilungen

Wir kennzeichnen eine *Zufallsvariable* mit einem Großbuchstaben und einen bestimmten Wert in ihrem Stichprobenraum mit dem entsprechenden Kleinbuchstaben, zum Beispiel X, x. Unsere Zufallsvariablen sind alle kontinuierlich, wobei der Stichprobenraum entweder die gesamte reelle Achse $-\infty < x < \infty$ oder ein Intervall auf der reellen Achse ist. *Wahrscheinlichverteilungen* werden als *Dichten,* zum Beispiel

$$P(x < X < x + \mathrm{d}x) \equiv g(x)\ \mathrm{d}x \tag{9.1a}$$

oder als entsprechende *kumulative Verteilungen*

$$P(X < x) \equiv \mathbf{G}(x) = \int_{-\infty}^{x} g(\xi)\ \mathrm{d}\xi \tag{9.1b}$$

definiert. Eine Kenngröße der Zufallsvariablen X ist der *Erwartungswert* einer *Funktion* von X

$$E\{f(X)\} = \int f(x) g(x)\ \mathrm{d}x \tag{9.2}$$

gebräuchliche Kenngrößen sind *Mittel* und *Varianz*

$$m \equiv E\{X\} \tag{9.3}$$

$$\sigma^2 \equiv V\{X\} \equiv E\{(-m)^2\} \tag{9.4}$$

Wir werden auch häufig die *charakteristische Funktion*

$$E\{e^{j\theta X}\} = \int_{-\infty}^{\infty} g(x)e^{j\theta x}\, dx \equiv G(\theta) \tag{9.5}$$

verwenden. Hierbei handelt es sich um eine Kenngröße der Variablen X, wie die linke Seite der Gleichung zeigt. Es handelt sich ebenso um eine lineare Transformation der Dichte; wir werden noch erkennen, daß $g(x)$ und $G(\theta)$ über die Fourier-Transformation miteinander in Beziehung stehen (bis auf einen Skalierungsfaktor 2π, der üblicherweise in der Signaltheorie dazugefügt, in der Wahrscheinlichkeitsrechnung aber weggelassen wird). Nach der Entwicklung in eine Taylor-Reihe zeigt sich, daß

$$G(\theta) = 1 + f\theta m - \tfrac{1}{2}\theta^2(m^2 + \sigma^2) + O(\theta^3) \tag{9.6}$$

und

$$\log\{G(\theta)\} = j\theta^2\sigma^2 + O(\theta^3) \tag{9.7}$$

gilt. Die vorangegangenen Beziehungen lassen sich für die *Gauß-Verteilung* leicht nachprüfen, für die

$$g(x) = \frac{1}{(2\pi)^{1/2}\sigma}\exp\left\{\frac{-(x-m)^2}{2\sigma^2}\right\} \tag{9.8a}$$

$$G(\theta) = \exp\{j\theta m - \frac{1}{2}\theta^2\sigma^2\} \tag{9.8b}$$

gilt.

9.2.2 Zweidimensionale Wahrscheinlichkeitsverteilungen

Mehrere Zufallsvariablen haben eine *gemeinsame Verteilung,* die als mehrdimensionale Verteilung mit den entsprechenden mehrdimensionalen Momenten, der entsprechenden mehrdimensionalen charakteristischen Funktion etc. betrachtet werden kann. Wir werden sehr häufig auf *zweidimensionale Verteilungen* zurückgreifen. Zwei Zufallsvariablen X_1, X_2 haben eine zweidimensionale Dichte

$$P(x_1 < X_1 + dx_1, x_2 < X_2 < x_2 + dx_2 = g(x_1, x_2)dx_1\, dx_2 \tag{9.9}$$

Unbedingte Kenngrößen lassen sich durch Integration auf dem zweidimensionalen Stichprobenraum bestimmen.

$$E\{f(X_1, X_1)\} = \iint f(x_1, x_2)g(x_1, x_2)\, dx_1\, dx_2 \tag{9.10}$$

Bedingte Kenngrößen lassen sich durch Integration auf einem eindimensionalen Teilstück, zum Beispiel

$$E\{f(X_1)|X_2 = c\} = \frac{\int f(x_1)g(x_1, c)\,\mathrm{d}x_1}{\int g(x_1, c)\,\mathrm{d}x_1} \tag{9.11}$$

bestimmen. Der Skalierungsfaktor im Nenner der Gleichung (9.11) ist ein Wert der *Randverteilung*

$$g_2(x_2) = \int g(x_1, x_2)\,\mathrm{d}x_1 \tag{9.12}$$

Hierbei handelt es sich um die Dichte von X_2, die über alle X_1 gemittelt wird. Sie kann als Projektion der zweidimensionalen Verteilung auf eine Dimension betrachtet werden. Die algebraischen Variablen sind trennbar, wobei (zum Beispiel) $g(x_1, x_2) = g_1(x_1)g_2(x_2)$, genau dann, wenn die Zufallsvariablen unabhängig sind. Die Kenngrößen umfassen Mittelwert und Varianz m_i und $\sigma_i 2$ der Einzelvariablen X_i und ebenso die Erwartungswerte von Produkten wie $E\{X_1 X_2\}$. Eine besonders wichtige gemeinsame Kenngröße ist die *Kovarianz*

$$\mathrm{Cov}(X_1, X_2) = E\{(X_1 - m_1)(X_2 - m_2)\} \tag{9.13a}$$

die durch einen Normierungsfaktor geteilt wird und so den *Korrelationskoeffizienten*

$$\rho = \frac{E\{(X_1 - m_1)(X_2 - m_2)\}}{\sigma_1 \sigma_2} \tag{9.13b}$$

liefert. Dieser ist bei unabhängigen Variablen null und durch $|\rho| < 1$ beschränkt (die Extremwerte werden nur dann erreicht, wenn zwischen Werten von X_1 und X_2 eine eineindeutige Beziehung besteht, d.h. perfekte Korrelation). Wir werden die *zweidimensionale charakteristische Funktion*

$$\begin{aligned} E\{\mathrm{e}^{\mathrm{j}(\theta_1 X_1 + \theta_2 X_2)}\} &= \int_{-\infty}^{\infty}\int_{-\infty}^{\infty} g(x_1, x_2)\mathrm{e}^{\mathrm{j}(\theta_1 x_1 + \theta_2 x_2)}\,\mathrm{d}x_1\,\mathrm{d}x_2 \\ &\equiv G(\theta_1, \theta_2) \end{aligned} \tag{9.14}$$

sehr häufig einsetzen. Hierbei handelt es sich um eine zweidimensionale Fourier-Transformation. Nach der Entwicklung in eine Taylor-Reihe zeigt sich, daß

$$\begin{aligned} G(\theta_1, \theta_2) &= 1 + \mathrm{j}\theta_1 m_1 + \mathrm{j}\theta_2 m_2 - \tfrac{1}{2}\theta_1^2(m_1^2 + \sigma_1^2) \\ &\quad - \tfrac{1}{2}\theta_2^2(m_2^2 + \sigma_2^2) - \theta_1\theta_2(m_1 m_2 + \rho\sigma_1\sigma_2) + \mathrm{O}(\theta^3) \end{aligned} \tag{9.15}$$

und

$$\log\{G(\theta_1,\theta_2)\} = \mathrm{j}\theta_1 m_1 + \mathrm{j}\theta_2 m_2 - \tfrac{1}{2}\sigma_1^2\sigma_1^2 - \tfrac{1}{2}\theta_2^2\sigma_2^2 - \theta_1\theta_2\rho\sigma_1\sigma_2 + \mathrm{O}(\theta^3) \tag{9.16}$$

gilt. Als Beispiel geben wir die *zweidimensionale Gauß-Verteilung* mit Mittelwert Null an

$$g(x_1,x_2) = \frac{1}{2\pi\sigma_1\sigma_2(1-\rho^2)^{1/2}} \times \exp\left\{\frac{-1}{2(1-\rho^2)}\left(\frac{x_1^2}{\sigma_1^2} - \frac{2\rho_1 x_2}{\sigma_1\sigma_2} + \frac{x_2^2}{\sigma_2^2}\right)\right\} \tag{9.17a}$$

$$G(\theta_1,\theta_2) = \exp\left\{-\tfrac{1}{2}(\sigma_1^2\theta_1^2 + 2\rho\sigma_1\sigma_2\theta_1\theta_2 + \sigma_2^2\theta_2^2)\right\} \tag{9.17b}$$

Es läßt sich leicht überprüfen, daß die beiden marginalen Verteilungen und alle bedingten Verteilungen eindimensionale Gauß-Verteilungen sind.

9.2.3 Zufallsprozesse

Ein *stochastischer Prozeß* oder *Zufallsprozeß* ist in diesem Zusammenhang ein Zufallsphänomen, das sich über einen längeren Zeitraum erstreckt. Formaler können wir eine Indexmenge T definieren, so daß für jedes $t \subset T$ eine Zufallsvariable $X(t)$ existiert, die eine Stichprobe des Zufallsprozesses ist. Der Prozeß kann statistisch durch die gemeinsame Verteilung der $X(t)$ für alle $t \in T$ beschrieben werden. Für beliebig gegebene t nimmt X in einem Stichprobenraum Werte an, der in diesem Zusammenhang als *Zustandsraum* bezeichnet wird. Bei gegebener endlicher Menge $(t_1, t_2, \ldots)$ kann der Zufallsvektor $[X(t_1), X(t_2), \ldots]$ mit Hilfe mehrdimensionaler Kenngrößen beschrieben und analysiert werden. Andererseits können wir uns auf eine bestimmte Wertefolge in einem Intervall auf der Indexmenge konzentrieren, zum Beispiel auf eine spezifische Rauschwellenform in einem Zeitintervall. Dies wird die *Realisierung eines Zufallsprozesses* genannt. Sie wird zufällig aus der Menge aller möglichen Realisierungen entnommen. Die Kenngrößen lassen sich im Prinzip dadurch bestimmen, daß entweder über alle möglichen Realisierungen (Ensemblemittelwert) oder über ein unendlich langes Zeitintervall (Zeitmittelwert) gemittelt wird. Wenn sich die Kenngrößen nicht mit der Zeit verändern, dann ist der Prozeß *stationär.* Wenn darüber hinaus die Zeit- (und Ensemblemittelwerte) dieselben Kenngrößen haben, ist der Prozeß *ergodisch.* Viele stochastische Prozesse, die von praktischem Interesse sind, sind stationär und ergodisch. Unter Lehrbuchbeispielen ist der Anteil sogar noch höher, der diese angenehmen Eigenschaften hat. Eine Klasse von nichtstationären Prozessen taucht ziemlich häufig in Nachrichtensystemen auf: die *zyklostationären Prozesse.* Bekannte Beispiele sind

1. ein stationärer Prozeß, dem periodisch Stichproben entnommen werden;
2. ein sinusförmiger Träger, der durch einen stationären Zufallsprozeß moduliert wird;

3. jedes der obigen Beispiele, modifiziert aufgrund des Durchgangs durch ein lineares, zeitinvariantes Filter.
Die Zyklostationarität wird in Franks Lehrbuch über die Signaltheorie [2] in klassischer Weise abgehandelt. Wir werden die zyklostationäre Theorie nicht explizit entwickeln, aber einige unserer allgemeinen Verfahren (insbesondere Abschnitt 9.8) sind mit nur geringen Änderungen entweder auf stationäre oder zyklostationäre Prozesse anwendbar.

Genau genommen ist ein Prozeß nur dann stationär, wenn und nur wenn alle Kenngrößen zeitinvariant sind. Aber wie oft untersuchen wir, sei es in der Theorie oder in der Praxis, die gemeinsamen Kenngrößen einer großen Zahl von Stichproben? Es ist üblich, lediglich die Kenngrößen bis zur zweiten Ordnung zu berücksichtigen, d.h., Mittelwert und Varianz der Stichproben $X(t_i)$ zusammen mit der Kovarianz der beiden Stichproben $X(t_1)$ und $X(t_2)$. Wenn diese Kenngrößen zeitinvariant sind, wird der Prozeß *kovarianzstationär* genannt. (Hiermit wird nicht impliziert, daß die Kenngrößen höherer Ordnung nichtstationär sind: wir wissen nur nichts über sie. Es ist üblich, hierbei stillschweigend anzunehmen, daß sie sich als stationär erweisen würden, wenn man nur in der Lage wäre, sie zu untersuchen). Die übliche Betonung der kovarianzstationären Theorie wird neben der bloßen Schwierigkeit, die Kenngrößen höherer Ordnung zu behandeln, durch verschiedene positive Faktoren gerechtfertigt:
1. Die Theorie liefert in der Praxis brauchbare Ergebnisse.
2. Sie führt auf die Spektraleigenschaften von Zufallsprozessen, die leicht mit Hilfe linearer Filter gemessen oder modifiziert werden können und die Grundlage für viele Analysen und Entwicklungen sind.
3. Stationäre Gauß-Prozesse, eine offensichtlich wichtige Klasse, werden durch ihre Kenngrößen zweiter Ordnung vollständig beschrieben.
4. Stationäre Diagonalprozesse, eine umfangreichere Klasse und aus Gründen sehr wichtig, die später noch dargelegt werden, werden durch ihre Stichprobenverteilung und die Kovarianz zwischen den Stichproben beschrieben.

Wenn ein Prozeß $X(t)$ kovarianzstationär ist, dann sind erstens die Kenngrößen der einzelnen Stichproben zeitinvariant, und zweitens hängen die gemeinsamen Kenngrößen zweier Stichproben $X(t_1)$ und $X(t_2)$ nur von der Zeitdifferenz $t_2 - t_1$ ab. Wir können daher eine *Autokovarianzfunktion*

$$R_X(\tau) = \operatorname{Cov}\{X(t), X(t+\tau)\} \tag{9.18a}$$

definieren. Es ist auch üblich, eine *Autokorrelationsfunktion*

$$\begin{aligned} \mathbf{R}_X(\tau) &= E\{X(t)X(t+\tau)\} && (9.18b)\\ &= R_X(\tau) + [E(X)]^2 && (9.18c) \end{aligned}$$

zu definieren. [Der Unterschied in der Hintergrundbedeutung von "Kovarianz" und "Korrelation" ist hier nicht derselbe wie in den Ausdrücken (9.13). Die Begriffe haben sich so gut eingebürgert, daß es lediglich verwirrend wäre, wenn wir um der Konsistenz willen hiervon abweichen würden.]

Wir betrachten einen kovarianzstationären Gauß-Prozeß, der durch die gemeinsamen Kenngrößen $X_1 \equiv X(t)$ und $X_2 \equiv X(t+\tau)$ beschrieben wird. Aus Gründen der Einfachheit betrachten wir einen Prozeß mit Mittelwert null, wie zum Beispiel das elektrische Rauschen. Die gemeinsame Verteilung ist die zweidimensionale Gauß-Verteilung aus den Gleichungen (9.17). Setzen wir $\sigma^2 = V(X_1) = C(X_2)$ und $\rho = R_X(\tau)/\sigma^2$, erhalten wir

$$g(x_1, x_2) = \frac{1}{2\pi\sigma^2(1-\rho^2)^{1/2}} \exp\left\{\frac{-(x_1^2 - 2\rho x_1 x_2 + x_2^2)}{2\sigma^2(1-\rho^2)}\right\} \tag{9.19a}$$

$$G(\theta_1, \theta_2) = \exp\{-\frac{1}{2}\sigma^2(\theta_1^2 + 2\rho\theta_1\theta_2 + \theta_2^2)\} \tag{9.19b}$$

Die gemeinsame Verteilung wird durch die marginalen Verteilungen (hierbei handelt es sich bei beiden um Gauß-Verteilungen mit der Varianz σ^2) und dem zusätzlichen Einzelparameter ρ vollständig beschrieben. Das Gauß-Rauschen läßt sich also vollständig durch einen Parameter (seine Leistung) und eine Funktion der Zeitdifferenz (die Autokovarianz) beschreiben. Wie wir in Abschnitt 9.8 noch sehen werden, muß dies nicht unbedingt für nicht-Gaußsche Prozesse gelten.

9.2.4 Spektraltheorie

Ein absolut integrierbares Signal $g(t)$ und sein Spektrum $G(f)$ stehen über die gewöhnlichen Ausdrücke der Fourier-Transformation

$$G(f) = \int_{-\infty}^{\infty} g(t) \mathrm{e}^{-\mathrm{j}2\pi f t}\, \mathrm{d}t \tag{9.20a}$$

$$g(t) = \int_{-\infty}^{\infty} G(f) \mathrm{e}^{\mathrm{j}2\pi f t}\, \mathrm{d}f \tag{9.20b}$$

miteinander in Beziehung, die wir mit $g(t) \rightarrow G(f)$ symbolisch darstellen. Produkte in jedem Bereich gehen im anderen Bereich in eine Faltung über

$$g(t)h(t) \rightarrow G(f) * H(f) \tag{9.21a}$$

$$g(t) * h(t) \rightarrow G(f)H(f) \tag{9.21b}$$

Die Autokorrelation eines Signals mit endlicher Energie ergibt sich zu

$$\mathbf{R}_g(\tau) = \int_{-\infty}^{\infty} g(x)g(x+\tau)\, \mathrm{d}x \tag{9.22a}$$

$$= g(t) * g(-t) \tag{9.22b}$$

Die zweite Version folgt aus dem Vergleich mit dem gewöhnlichen Faltungsintegral. Die Fourier-Transformation der endlichen Autokorrelationsfunktion ergibt sich unter Verwendung der Gleichung (9.21b) und (9.22b) zu

$$\mathbf{R}_g(\tau) \rightarrow G(f)G(-f) = |G(f)|^2 \tag{9.23}$$

Um die Spektraltheorie auf die Realisierungen eines stationären Zufallsprozesses zu erweitern, die natürlich nicht integrierbar sind, muß an dem Zeitmittelwert ein Grenzübergang durchgeführt werden, so daß wir die Autokorrelationsfunktion einer sich unendlich weit erstreckenden Wellenform $h(t)$ durch

$$\mathbf{R}_h(\tau) = \lim_{T\rightarrow\infty} T^{-1} \int_{-\frac{1}{2}T}^{\frac{1}{2}T} h(x)h(x+\tau)\,\mathrm{d}x \tag{9.24}$$

erhalten. Eine entsprechende Operation im Frequenzbereich ergibt das *Leistungsspektrum*

$$\mathbf{P}_h(f) = \lim_{T\rightarrow\infty} T^{-1}|H(f) * T \text{ sinc } fT|^2 \tag{9.25}$$

Aus einer Erweiterung der Überlegungen zu Gleichung (9.23) folgt

$$\mathbf{R}_h(\tau) \rightarrow \mathbf{P}_h(f) \tag{9.26a}$$

Es ist für einen ergodischen Zufallsprozeß klar, daß der Zeitmittelwert über jede Realisierung nach Gleichung (9.24) den Erwartungswert (9.18b) ergibt; die Begründung bleibt also gültig. Die Beziehung

$$\mathbf{R}_X(\tau) \rightarrow \mathbf{P}_X(f) \tag{9.26b}$$

ist bei einem stationären Zufallsprozeß X(t) das *Wiener-Khintchine-Theorem.* Es folgt, daß die Autokorrelationsfunktion und das Leistungsspektrum äquivalente Kenngrößen sind. Insbesondere wird ein kovarianzstationärer Gauß-Prozeß vollständig durch sein Leistungsspektrum definiert.

Der Durchgang durch ein lineares Filter läßt sich in der Spektraltheorie sehr leicht abhandeln. Ein kovarianzstationärer Prozeß $X(t)$ werde auf ein lineares Filter mit der Impulsantwort $g(t) \rightarrow G(f)$ angewandt. Der Ausgang ist dann ein kovarianzstationärer Prozeß $Y(t)$, so daß

$$\mathbf{R}_Y(\tau) = \mathbf{R}_X(\tau) * \mathbf{R}_g(\tau) \tag{9.27a}$$

gilt, wobei $\mathbf{R}_g(\tau)$ die endliche Autokorrelation (9.22) ist. Aus der Fourier-Transformation erhalten wir

$$\mathbf{P}_Y(f) = \mathbf{P}_X(f)|G(f)|^2 \tag{9.27b}$$

Wenn der Eingangsprozeß unkorreliert ist (zum Beispiel ein idealer Poisson-Punktprozeß), dann hängen die Ausgangskorrelation und die Form des Spektrums lediglich vom Filter ab. Wenn der Eingangsprozeß ein Gauß-Prozeß ist, dann ist der Ausgangsprozeß auch wieder ein Gaußscher (da dieser durch eine lineare Superposition gebildet wird und die Gauß-Verteilung stabil ist). Das Leistungsspektrum ist dann eine vollständige statistische Beschreibung von Eingang und Ausgang. Dies gilt im allgemeinen nicht, wenn die Operation nichtlinear ist oder wenn die beiden Prozesse keine Gauß-Prozesse sind. Dennoch kann das Leistungsspektrum eine wertvolle Kenngröße darstellen, da die spektrale Verteilung der Verzerrung, Interferenz etc. in einem praktischen Nachrichtensystem gewöhnlich von Bedeutung ist.

9.3 Darstellung von Nichtlinearitäten

Wir beschäftigen uns ausschließlich mit instantanen Nichtlinearitäten, bei denen der Ausgang $Y(t)$ nur vom momentanen Eingang $X(t)$ und nicht von den vorausgegangenen Ereignissen abhängt. Ein solche Übertragungscharakteristik wird durch eine eindeutige Funktion $y = \phi(x)$ spezifiziert.

Zu den häufigsten Fällen von Nichtlinearitäten gehören (vgl. Abbildung 9.1)

1. Glatte, kleine Abweichungen von der Linearität, die harmonische Verzerrung und Intermodulation von niedriger Ordnung (Abbildung 9.1a) verursachen;
2. Harte oder weiche Abschneide- oder Begrenzungseigenschaften (Abbildung 9.1b und 9.1c), die symmetrisch (wie hier) oder asymmetrisch sein können;
3. Halbwellen- (Abbildung 9.1d) oder Vollwellengleichrichter (Abbildung 9.1c und 9.1f); mit Knick (Abbildung 9.1d und 9.1e), quadratisch (Abbildung 9.1f) oder exponentiell (Abbildung 9.1g);
4. Amplitudenstauchungs- oder -streckungseigenschaften; logarithmisch oder exponentiell (Abbildung 9.1g);
5. Unstetigkeiten, entweder einfach (Abbildung 9.1h) oder mehrfach wie bei Quantisierungskennlinien auftreten (Abbildung 9.1i und 9.1j).
6. Kombinationen, wie zum Beispiel Verzerrung oder Quantisierung zusammen mit Begrenzung.

Die Nichtlinearität kann auf vielfältige Art spezifiziert werden, u.a durch:

1. Explizit definierte analytische Funktionen mit behandelbaren Eigenschaften, deren Ableitung in allen Ordnungen existiert (zum Beispiel quadratische, exponentielle Funktionen etc.).
2. Explizit definierte Funktionen anderer Art (zum Beispiel mit Sprüngen oder Steigungsunstetigkeiten).
3. Analytische Funktionen, die jedoch implizit gegeben sind, wobei der Ausgang y die Lösung einer nichtlinearen Gleichung ist (zum Beispiel der Strom durch eine Reihenschaltung aus einem linearen Widerstand und einem exponentiellen Halbleiter).
4. Empirische Beziehungen, die lediglich als Satz von numerischen Meßwerten

vorliegen (dies ist oft bei elektronischen Bauelementen der Fall, die nahe am Begrenzungsbereich arbeiten, für den keine genaue Theorie bekannt ist; zum Beispiel Hochleistungs-Wanderwellenverstärker).

Wie immer die Kennlinie auch spezifiziert sein mag, wir können normalerweise zwischen verschiedenen möglichen Darstellungen auswählen, wie wir im nächsten Abschnitt sehen werden.

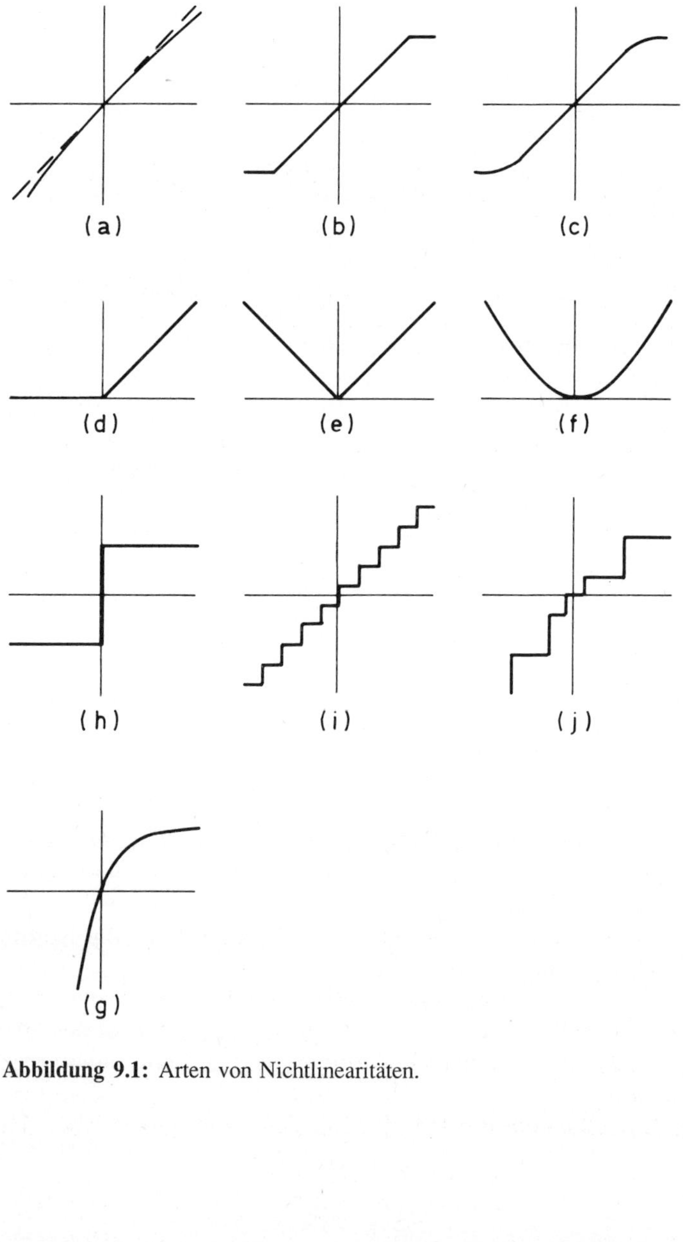

Abbildung 9.1: Arten von Nichtlinearitäten.

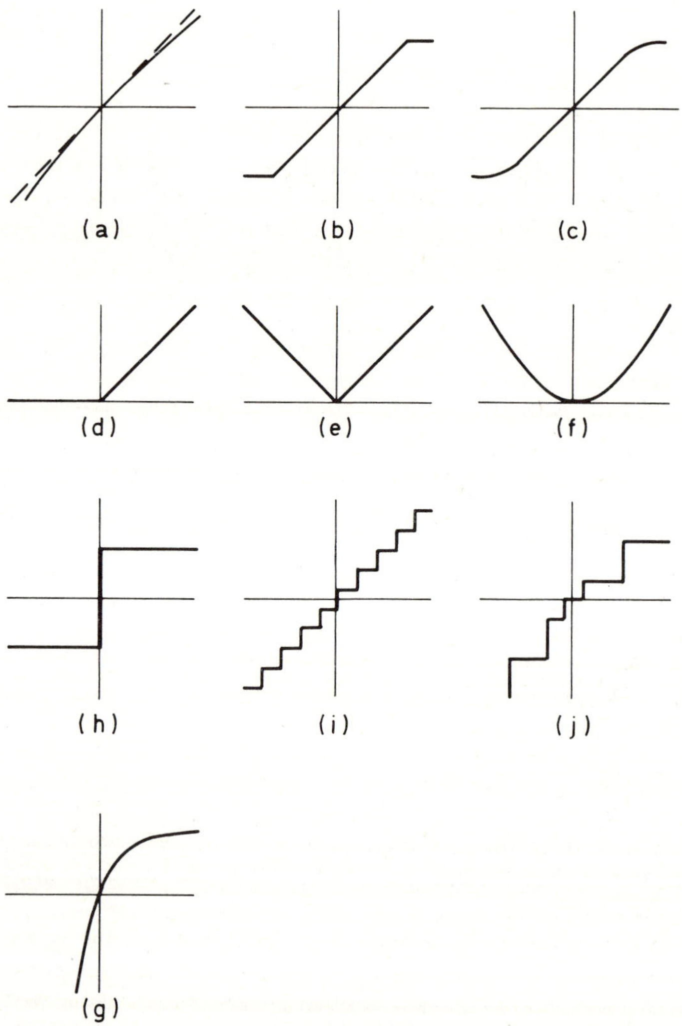

9.3.2 Darstellungsarten

Direkte Darstellung

Wenn die Kennlinie durch eine explizite Funktion spezifiziert wird, können wir diese direkt verwenden. Die Amplitudenverteilung des Ausgangs kann zum Beispiel eine einfache Transformation der Eingangsverteilung darstellen. Dieser Ansatz liegt nahe, wenn er analytisch durchführbar ist; leider trifft das nur auf wenige Sonderfälle zu. In Abschnitt 9.4 geben wir hierzu einige Beispiele.

Potenzreihen

Analytische Funktionen lassen sich in Taylor-Reihen entwickeln, und in geeigneten Fällen konvergiert die Reihe schnell genug, so daß ein Abbruch nach wenigen Gliedern gerechtfertigt ist. Empirische, glatte Nichtlinearitäten lassen sich durch ein Polynom approximieren. Bestimmte Spezialgeräte (zum Beispiel quadratische Detektoren) lassen sich exakt durch Polynome nachbilden. Wir geben in Abschnitt 9.5 einige Beispiele an. Die Grenzen liegen darin, daß erstens die praktische Reihe zu langsam konvergiergen kann, und zweitens das Verfahren für Nichtlinearitäten mit Amplituden- oder Steigungsunstetigkeiten vollkommen unbrauchbar ist.

Charakteristische Funktionen

Die Funktion $y(x)$ läßt sich durch eine Integraltransformierte, zum Beispiel die Fourier-Transformierte (in der statistischen Literatur charakteristische Funktion genannt) oder die Laplace-Transformierte darstellen. Ein leistungsfähiges Merkmal dieses Verfahrens besteht darin, daß Funktionen mit Unstetigkeiten analytisch darstellbar sind. Beispiele tauchen in Abschnitt 9.6 auf. Die wesentliche Beschränkung liegt darin, daß Lösungen in geschlossener Form immer noch unerreichbar sein können, so daß auf Reihenentwicklungen zurückgegriffen werden muß. Wir müssen uns zwar nicht unbedingt auf die bereits erwähnten einfachen Potenzreihen beschränken, dennoch können wiederum Konvergenzprobleme auftreten.

Orthogonale Funktionen

Die vorangegangenen Modelle werden ohne Bezug auf die fraglichen Zufallsvariablen definiert. Eine Darstellung der Nichtlinearität wird konstruiert; darin wird impliziert, daß dies bei einem beliebigen Eingangsprozeß funktioniert und einen Ausgangsprozeß liefert, dessen Kenngrößen wir dann abschätzen können. Es stellt sich heraus, daß eine sehr leistungsfähige Klasse von Darstellungen definiert werden kann, die jeweils an einen speziellen Zufallsprozeß angepaßt werden. Wir nehmen eine spezielle Wahrscheinlichkeitsdichte als Gewichtsfunktion, konstruieren eine Menge von Funktionen, die unter dieser Gewichtung orthogonal sind, und entwickeln die nichtlineare Kennlinie in eine Reihe, wobei jedes Glied ein Element der orthogonalen Basis ist. Wenn der Eingangsprozeß eine gegebene

Dichte als Amplitudenverteilung hat, dann lassen sich bestimmte Kenngrößen des Ausgangsprozesses ganz leicht berechnen. Dieses Verfahren gilt für eine große Klasse von Nichtlinearitäten, und zwar für stetige und unstetige, analytische und empirische Nichtlinearitäten. Für viele praktische Zufallsprozesse sind die orthogonalen Funktionen wohlbekannt; und es gibt eine allgemeine Theorie, nach der sich weitere herleiten lassen. Die Theorie wird in Abschnitt 9.7 entwickelt, und es werden einige Beispiele genannt. Dieses Verfahren ist für die Klasse der als diagonal bezeichneten besonders leistungsfähig. Diese haben zweidimensionale Verteilungen, lassen aber eine eindimensionale Reihenentwicklung zu, so daß die Kenngrößen zweiter Ordnung auf relativ einfache Weise berechnet werden können. Die Theorie der Diagonalprozesse wird mit einigen Beispielen in Abschnitt 9.8 entwickelt.

9.3.3 Anmerkung zur Literatur

Die Literatur zu diesem Thema ist umfangreich, aber weit verstreut. Das einzige Fachlehrbuch, das dem Autor bekannt ist, stammt von Deutsch [3], und stellt trotz einiger Einschränkungen eine sehr nützliche Quelle dar. Das einzige weitere Buch, das diesem Thema gewidmet ist, stammt von Kuznetsow et al [4]. Hierbei handelt es sich um eine Sammlung von Artikeln, die die Herausgeber und andere verfaßt haben und die ursprünglich in russischen Zeitschriften erschienen sind. Dieses Buch ist weder gut aufgebaut noch leicht verständlich, aber es enthält einen beträchtlichen Teil des relevanten Stoffes. Einige - auf gar keinen Fall alle - Lehrbücher über die statistische Nachrichtentheorie enthalten Abschnitte über nichtlineare Operationen, insbesondere Middleton [5] (wohl trotz des Untertitels "Einführung" das bedeutendste und umfangreichste Buch), Harman [6], Blachman [7] und Beckmann [8]. Jedes dieser Bücher enthält interessanten Stoff, kann aber in keiner Weise umfassend genannt werden. Eine klassische Abhandlung, die sowohl für dieses als auch für andere statistische Themen sehr empfehlenswert ist, ist der sehr ausführliche Artikel von Rice [9], der die Hauptquelle für das Verfahren mit charakteristischen Funktionen darstellt. Der Ansatz über die orthogonalen Funktionen leitet sich trotz einiger ursprünglicher Verschwommenheit aus der Arbeit von Barret und Lampard [10,11] her, die im Nachrichtenbereich von Blachman [12] und anderen erweitert worden ist. In der statistischen Literatur liefert Lancaster [13,14] eine brauchbare allgemeine Behandlung. Es existiert ausführliche technische Literatur zu speziellen Problemen und auch mathematische Literatur über orthogonale Funktionen, auf die wir uns an passenden Stellen beziehen.

9.4 Direkte Transformation

9.4.1 Eindimensionale Kenngrößen

Wir betrachten zuerst eine einzelne Zufallsvariable X mit der kumulativen Verteilung $\mathbf{G}_x(x)$ und eine eindeutige Funktion $\phi(\ )$. Dann ist $Y = \phi(X)$ eine Zufallsvariable. Um ihre Verteilung $G_Y(y)$ zu bestimmen, müssen wir die Teilmenge B_y des Stichprobenraums finden, so daß $\phi(x) \leq y$, wenn $x \in B_y$ ist. Es gilt dann

$$\mathbf{G}_Y(y) = E\{I_{By}(X)\} \tag{9.28}$$

wobei I_B die entsprechende Indikatorfunktion ist. Wenn $\phi(\ )$ monoton ist, dann ist B_Y ein halbunendliches Intervall. Also hat $\phi()$ eine Inverse $\phi^{-1}(\ )$. Für eine steigende Funktion gilt:

$$\mathbf{G}_Y(y) = P(Y \leq y) = P(X \leq \phi^{-1}(y)) = \mathbf{G}_X[\phi^{-1}(y)] \tag{9.29}$$

Um die Dichte zu bestimmen, differenzieren wir

$$g_Y(y) = g_X[\phi^{-1}(y)]\frac{\mathrm{d}}{\mathrm{d}y}\phi^{-1}(y) \tag{9.30a}$$

An diesen Ausdruck kann man sich wohl am besten in folgender Form erinnern

$$g_Y(y)\ \mathrm{d}y = g_X(x)\ \mathrm{d}x \tag{9.30b}$$

Ist $\phi(\ )$ nicht monoton, dann muß der Stichprobenraum von X in Intervall aufgeteilt werden, so daß die Funktion innerhalb jedes Intervalls monoton ist. Die Verteilung von Y ist dann die Summe aus verschiedenen Gliedern, die jeweils nach dem genannten Verfahren hergeleitet werden.

Wenn wir die transformierte Verteilung kennen, dann können wir unter zwei Verfahren wählen, nach denen Kenngrößen der Form (9.2) berechnet werden, nämlich

$$E\{f(Y)\} = \int f(y)g_Y(y)\ \mathrm{d}y \tag{9.31a}$$

$$= \int f[\phi(x)]g_X(x)\ \mathrm{d}x \tag{9.31b}$$

Im Normalfall wählen wir das Verfahren aus, das sich leichter auswerten läßt. In den folgenden Beispielen verwenden wir Gleichung (9.31b), hauptsächlich deswegen, weil die Eingangsverteilung allgemein bekannte Eigenschaften hat.

Einfache analytische Funktionen $\phi(x)$ liefern oft Beziehungen zwischen allgemein bekannten Verteilungen.

Beispiele:

1. Wir betrachten die Exponentialfunkton $y = \mathrm{e}^x$ mit der Inversen $x = \ln y$ $(y > 0)$. Wenn X die Gaußsche (Normal-)Wahrscheinlichkeitsdichte (9.8) hat, dann hat Y die logarithmischnormale Dichte

$$g_Y(y) = \frac{1}{(2\pi)^{1/2}\sigma y} \exp\left\{\frac{-(\log y - m)^2}{2\sigma^2}\right\} \tag{9.32}$$

Einige Kenngrößen ergeben sich schnell aus den Eigenschaften der Gauß-Verteilung: Zum Beispiel gilt für die Momente nach (9.8b)

$$E\{Y_r\} = E\{\mathrm{e}^{rX}\} = \exp\{rm + \tfrac{1}{2}r^2\sigma^2\} \tag{9.33}$$

2. Wir betrachten die quadratische Funktion $y = x^2$. Diese ist nicht monoton, und formal müssen wir die Transformation separat für positive und negative x durchführen. Aus Symmetriegründen braucht diese aber nur für positive x ausgeführt und die resultierende y-Dichte verdoppelt zu werden. Einige Kenngrößen ergeben sich leicht, zum Beispiel auch die Momente

$$E(Y^r) = E(X^{2r}) \tag{9.34}$$

X habe eine Gauß-Verteilung mit dem Mittelwert Null und der Varianz Eins. Es gilt dann

$$g_Y(y) = \frac{\mathrm{e}^{-(1/2)y}}{(2\pi y)^{1/2}} = \frac{(\frac{1}{2})^{1/2} y^{-1/2} \mathrm{e}^{-(1/2)y}}{\Gamma(\frac{1}{2})} \tag{9.35}$$

Hierbei handelt es sich um die Gamma-Verteilung der Ordnung $1/2$. Die ersten beiden Momente lauten

$$\begin{aligned} E(Y) &= E(X^2) = 1 \\ E(Y^2) &= E(X^4) = 3 \end{aligned} \tag{9.36}$$

Wenn X eine Rayleigh-Verteilung hat, dann ist Y negativexponentiell verteilt. In diesem Fall ließe sich im allgemeinen das Verfahren (9.31a) einfacher auswerten.

9.4.2 Zweidimensionale Kenngrößen

Formal können wir die entsprechende Transformation der *bivariaten Dichte* ausführen und dann Ausdrücke für die zweidimensionalen Dichten und Kenngrößen gewinnen. Es gibt wiederum zwei äquivalente Ausdrücke für jede

Kenngröße, nämlich die zweidimensionalen Entsprechungen zu den Ausdrücken (9.31a und 9.31b). Wenn wir zum Beispiel die zweite Form verwenden, um die Autokorrelation des Ausgangs auszudrücken, erhalten wir

$$\mathbf{R}_Y(\tau) = E\{Y_1 Y_2\} = E\{\phi(X_1)\phi(X_2)\} \tag{9.37a}$$

$$= \iint \phi(x_1)\phi(x_2) g_X(x_1, x_2)\, \mathrm{d}x_1\, \mathrm{d}x_2 \tag{9.37b}$$

(die Grenzen beider Integrale sind $\pm\infty$. Dies kann manchmal eine einfache Beziehung liefern).

9.4.3 Symmetrisches Clipping

Wir betrachten als Beispiel den Fall des bandbegrenzten Gaußschen Rauschens, das durch ein ideales symmetrisches Clipping mit einer Übertragungskennlinie gemäß Abb. 9.1.h geschickt wird: Der Ausgang ist ± 1, je nachdem, ob der Eingang kleiner oder größer null ist. Eine Einzelstichprobe des Ausgangs ist eine äquiprobable binäre Variable. Die Autokorrelation des Ausgangs kann durch ein Integral der Form (9.37b) bestimmt werden. Ohne Einschränkung der Allgemeinheit können wir $g_X(x_1, x_2)$ als (9.19a) mit Varianz Eins annehmen. Dann ist $\mathbf{R}_X(\tau) = \rho$, und es gilt

$$\begin{aligned}\mathbf{R}_Y(\tau) = \int\int & \frac{\operatorname{sgn}\,(x_1 x_2)}{2\pi(1-\rho^2)^{1/2}} \\ & \times \exp\left\{\frac{-(x_1^2 - 2\rho x_1 x_2 + x_2^2)}{2(1-\rho^2)}\right\} \mathrm{d}x_1\, \mathrm{d}x_2\end{aligned} \tag{9.38}$$

$\phi(x_1)\phi(x_2) = \operatorname{sgn}(x_1, x_2)$ ist im ersten und dritten Quadranten $+1$ und im zweiten und vierten Quadraten -1. Nach Übergang auf Polarkoordinaten läßt sich die Gauß-Verteilung auf einem Quadranten integrieren. Harmann [6] gibt als Ergebnis

$$\mathbf{R}Y(\tau) = \frac{1}{\pi} \sin^{-1} \mathbf{R}_X(\tau) \tag{9.39}$$

an. Die Auswirkung besteht darin, daß sich die Autokorrelation für fast alle τ verringert; folglich würden wir bei der Fourier-Transformation erwarten, daß sich das Leistungsspektrum aufgrund des Clippings verbreitert.

9.5 Potenzreihen

9.5.1 Ursprung der Reihen

Die Verfahren in diesem Abschnitt verlangen, die Nichtlinearität in folgender Form auszudrücken:

$$y \equiv \phi(x) = \sum_i a_i x_i \quad (i = 0, 1, 2, \ldots) \tag{9.40}$$

Und damit die Reihen praktisch verwertet werden können, müssen sie entweder endlich sein oder ziemlich schnell konvergieren. Wir können uns vier Quellen für derartige Ausdrücke vorstellen.

1. Eine nichtlineare Vorrichtung, zum Beispiel ein quadratischer Detektor, kann exakt durch ein Polynom charakterisiert werden.
2. Eine Nichtlinearität kann durch eine explizite analytische Funktion charakterisiert werden, die in eine Taylor-Reihe entwickelt werden kann. Die Strom-Spannungsbeziehung vieler Halbleiterelemente läßt sich im Arbeitsbereich gut durch den (theoretisch gestützten) Ausdruck

$$\phi(x) = \mathrm{e}^{cx} - 1 \tag{9.41}$$

darstellen.

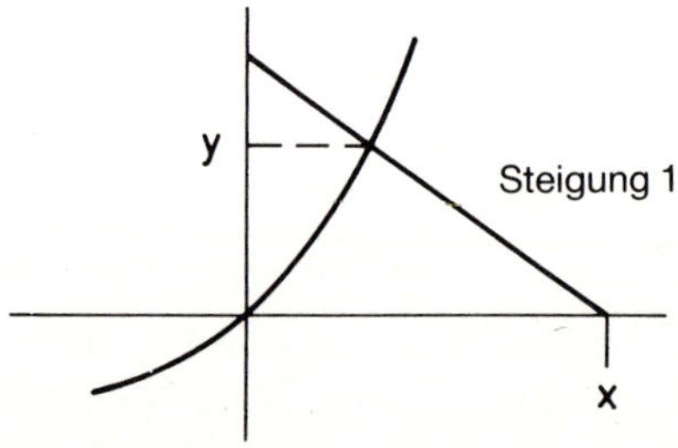

Abbildung 9.2: Exponentielle Stufe mit von Null verschiedener Impedanz.

Es werden geeignet normierte Skalen für x und y angenommen. Wenn der statische Arbeitspunkt x_0 ist, dann wird das Verhalten für kleine Signale (Auslenkungen $< c^{-1}$) durch die ersten Glieder der Reihe

$$\phi(x) = (\mathrm{e}^{cx_0} - 1) + \mathrm{e}^{cx_0} \sum_{i=1}^{\infty} \frac{c^i (x - x_0)^i}{i!} \tag{9.42a}$$

approximiert. Um die Verzerrung kleiner Signale zu bestimmen, können wir mit a_1 normieren und erhalten

$$\frac{a_i}{a_1} = \frac{c^{i-1}}{i!} \quad (i = 2, 3, \ldots) \tag{9.42b}$$

3. Eine Nichtlinearität kann implizit durch eine Gleichung definiert werden, deren Lösung in einer Potenzreihe entwickelt wird. Wir nehmen beispielsweise an, daß ein Halbleiterelement mit der obigen exponentiellen Kennlinie über eine Quelle mit dem Innenwiderstand R (Abb. 9.2) betrieben wird. Der Ausgang y steht dann mit x über die Gleichung

$$x = yR + \frac{1}{c} \log\,(1 + y) \tag{9.43}$$

in Beziehung. Wenn x_0, y_0 den statischen Arbeitspunkt kennzeichnet, dann können wir eine Reihenentwicklung für kleine Signale aufstellen:

$$y - y_0 = \sum_{i=1}^{\infty} a_i (x - x_0)^i \tag{9.44}$$

Wir setzen diesen Ausdruck in Gleichung (9.43) ein und die Koeffizienten auf beiden Seiten gleich. Die sich daraus ergebenden Gleichungen können für die Koeffizienten $a_1, a_2, \ldots$ der Reihe nach gelöst werden. Die beiden ersten normierten Verzerrungskoeffizienten ergeben sich zu

$$\frac{a_2}{a_1} = \frac{c}{2(1 + z)^2} \tag{9.45a}$$

und

$$\frac{a_3}{a_1} = \frac{c^2(1 - 2z)}{6(1 + z)^4} \tag{9.45b}$$

Für den Parameter z gilt

$$z = cR(1 + Y_0) \tag{9.45c}$$

Es ist klar, daß sich diese Ausdrücke auf die Form (9.42b) reduzieren, wenn $R = 0$ ist, aber mit steigendem R verschwinden, wie wir dies auch erwarten würden.

4. Eine empirische Kennlinie, die lediglich kleine und glatte Abweichungen von der Linearität aufweist, kann durch ein Polynom approximiert werden. Kleine quadratische und kubische Glieder lassen sich durch Messung der harmonischen und Intermodulationsverzerrungen abschätzen, indem man die allgemein bekannten Beziehungen

$$\cos^2 \alpha t = \tfrac{1}{2}(\cos 2\alpha t + 1) \tag{9.46a}$$

$$\cos^3 \alpha t = \tfrac{1}{4}(\cos 3\alpha t + 3 \cos \alpha t) \tag{9.46b}$$

verwendet.

Dies ist mit der im folgenden entwickelten Spektraltheorie konsistent, nach der das Verhalten bei anderen Erregungen, die entweder von deterministischer oder stochastischer Art sind, berechnet werden kann.

9.5.2 Spektraltheorie

Zuerst betrachten wir die Antwort einer Nichtlinearität, die einem Potenzgesetz gehorcht, auf ein deterministisches Signal $g(t) \to G(f)$. Der Ausgang bei quadratischer Kennlinie ist durch

$$[g(t)]^2 \to G(f) * G(f) \tag{9.47}$$

unter Verwendung des Faltungstheorems (9.21) gegeben. Wenn wir das Produkt weiterführen, hat der Ausgang einer n-ten Potenz ein Spektrum in der Form einer n-fachen Faltung. Werden diese Terme addiert, so gilt für den Ausgang der Nichtlinearität (9.40)

$$\sum_n a_n [g(t)]^n \to \sum_n a_n [G(f)]^{*n} \tag{9.48}$$

Die Notation auf der rechten Seite bedeutet eine Faltung n ähnlicher Faktoren. Die Gleichungen (9.46) lassen sich im Frequenzbereich mit diesem Verfahren leicht überprüfen (Abb. 9.3a).

Ein ähnlicher Beweis läßt sich für das Leistungsspektrum eines stochastischen Signals entwickeln, allerdings mit einem bedeutsamen Unterschied, wie sich noch zeigen wird. Wir betrachten die Integraldarstellung der Faltung (Gleichung 9.47):

$$[G(f)]^{*2} = \int G(f - x) G(x) \,\mathrm{d}x \tag{9.49}$$

Der Ausgang bei der Frequenz f ist die Superposition von Summenfrequenzen, die durch alle Eingangsfrequenzpaare x, $f - x$ erzeugt wurden. Die Erzeugung der Summenfrequenzen als Folge der Multiplikation im Zeitbereich ist ein allgemein bekanntes Ergebnis der Gleichung

$$\mathrm{e}^{\mathrm{j}2\pi x t}\, \mathrm{e}^{\mathrm{j}2\pi (f-x) t} = \mathrm{e}^{\mathrm{j}2\pi f t} \tag{9.50}$$

Ein Zufallssignal erzeugt ebenso Summenfrequenzen in Abhängigkeit von allen Frequenzpaaren $x, f - x$. Aber die Komponenten sind inkohärent (mit einer Ausnahme) und haben eine zufällige Phase. Folglich addieren wir Leistungen und keine Beträge, und dies führt auf eine Faltung der Leistungsspektren. Die

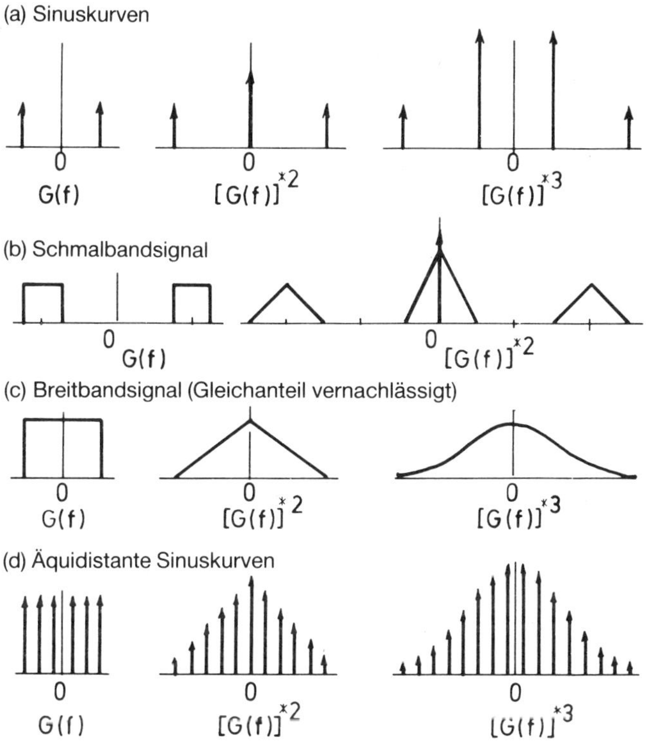

Abbildung 9.3: Faltung von Frequenzspektren.

Ausnahme ist, daß sich Nullfrequenzkomponenten ($f = 0$ im Ausgang) kohärent addieren, woraus sich im Ursprung ein Spektralimpuls (Dirac-Funktion) ergibt. Hierbei handelt es sich in der Elektrotechnik um die Gleichstromkomponente, in der Statistik um den Erwartungswert des Ausgangs. Also gilt für das Leistungsspektrum des Ausgangs eines quadratischen Stufe bei gegebenen Eingangsleistungsspektrum $\mathbf{P}_X(f)$

$$\mathbf{P}_Y(f) = [\mathbf{P}_X(f)]^{*2} + E\{X^2\}\delta(f) \tag{9.51}$$

Diese Argumentation wird ausführlich in dem klassischen Artikel von Rice [9] entwickelt. Nach dem Parseval-Theorem kann das quadratische Mittel entweder im Zeit- oder im Frequenzbereich berechnet werden.

$$E\{X^2\} = \mathbf{R}_X(0) = \int_{-\infty}^{\infty} \mathbf{P}_X(f)\, \mathrm{d}f \tag{9.52}$$

Der Beweis läßt sich auf kubische, doppeltquadratische u.a. Gesetze durch weitere Faltungen erweitern. Es ist klar, daß das Ausgangsspektrum $\mathbf{P}_Y(f)$ aufgrund einer Nichtlinearität x^n folgendes enthalten wird:

1. Eine n-fache Faltung $[\mathbf{P}_X(f)]^{*n}$;
2. eine Nullfrequenzkomponente mit Betrag $E\{X^n\}$, die null sein kann, insbesondere dann, wenn die Eingangsverteilung symmetrisch und n ungerade ist;
3. eventuell andere Terme; zum Beispiel hat die kubische Nichtlinearität einen Term, der das Eingangsspektrum $\mathbf{P}_X(f)$ enthält; dies kann man sehen, wenn Gleichung (51) mit dem Eingangsspektrum gefaltet wird.

Der erste Punkt ist immer von Bedeutung. Die anderen können es je nach Anwendung auch sein.

9.5.3 Quadratische Detektoren

Die rein quadratische Nichtlinearität ist von besonderer Bedeutung, da sie in zwei Vorrichtungen eingesetzt wird, die in Nachrichtensystemen sehr häufig gebraucht werden:
1. Im quadratischen Detektor, der in Analogträgersystemen verwendet wird,
2. in der quadratischen Zeittaktentnahmeeinheit, die im digitalen Nachrichtenwesen eingesetzt wird.

Die oben vorgestellte Theorie zeigt, daß Ausgänge mit Bändern existieren, die um die Mittenfrequenzen null und 2α zentriert sind, wenn ein Schmalbandzufallssignal mit der Mittenfrequenz α auf eine quadratische Stufe gegeben wird. Abbildung 9.3b zeigt die Form des Leistungsspektrums, wobei die Trägerwelle fehlt. Es ist interessant, die Auswirkung davon zu betrachten, daß ein Träger und ein Zufallssignal addiert werden (was in der Praxis selbstverständlich üblich ist). Das Thema wird sehr gründlich von Rice [9], Blachman [7] und Harman [6] diskutiert. Wir kommen hierauf in Abschnitt 9.6.4 zurück.

Der Fall der Taktrückgewinnung liegt insofern etwas anders, als der Eingang kein stationärer Zufallsprozeß, sondern eher ein zyklostationärer Prozeß ist. Das signifikante Merkmal ist jedoch wieder die Rückgewinnung der Energie im Band um die zweite Harmonische zum Maximum der Spektraldichte. Wegen der Zyklostationarität kann es eine Linie bei der zweiten harmonischen Frequenz geben. Die Taktrückgewinnung wird in Kapitel 10 diskutiert.

9.5.4 Verzerrung in Trägersystemen

In Frequenzmultiplexträgersystemen wird das kombinierte Spektrum eines voll ausgelasteten Satzes von Kanal oft als Breitbandzufallssignal nachgebildet. Der Übertragungsweg, zum Beispiel ein Koaxialkabel mit einer Kette von Leitungsverstärkern, ist von der Auslegung her ganz und gar linear. Abweichungen von der Linearität sind klein und glatt (vorausgesetzt, daß das System nicht überlastet ist), und daher läßt sich die Übertragungskennlinie durch eine Reihe (9.40) mit großem a_1 (dem linearen Glied) und kleinem, aber nichttrivialem a_2 und a_3 (Intermodulation zweiter und dritter Ordnung) und noch kleineren, wahrscheinlich vernachlässigbaren Gliedern höherer Ordnung darstellen.

Das Leistungsspektrum ist, wie in Abb. 3(c), tatsächlich breitbandig, wobei die Einschränkung gilt, daß es im Normalfall eine untere Grenzfrequenz gibt, die in der Abbildung nicht dargestellt ist. Also entsprechen die Intermodulationsspektren zweiter und dritter Ordnung ungefähr der Abbildung. Ein Teil der Verzerrungsleistung liegt außerhalb des nutzbaren Spektrums und braucht in der Praxis nicht beachtet zu werden.

Es ist auch möglich, ein Mehrträgersystem als Menge von Sinuskurven (Abb. 9.3.d) nachzubilden. Bennett [15] wählt einen Ansatz über die Kombinatorik, der im wesentlichen aus einem Analogon mit diskreten Komponenten zur kontinuierlichen Spektraltheorie besteht. Sein Verfahren hat den Vorteil, daß Komponenten unterschieden werden können, die sich auf verschiedene Weise entlang einer Leitungsverstärkerkette akkumulieren. Dieses Thema wird auch in [16] diskutiert.

Bei frequenzmodulierten Mikrowellenfunksystemen, mit denen Frequenzmultiplexfernsprechbetrieb übertragen wird, kann Intermodulation durch Verzögerungsverzerrung verursacht werden. Wenn die Gruppenverzögerung in Abhängigkeit von der Frequenzabweichung durch eine Potenzreihe dargestellt wird, dann gilt die oben vorgestellte Theorie mit einer kleinen Veränderung. Der Unterschied besteht darin, daß Frequenzspektren wie in Abb. 9.3.c bei hohen Frequenzen (6 dB/Oktave) im Verlauf der FM-Demodulation nach oben geneigt werden und die Signalleistungsspektren absichtlich durch Preemphasis verändert werden können.

9.6 Verfahren der charakteristischen Funktion

9.6.1 Darstellung über charakteristische Funktionen

Es gibt viele wichtige Probleme in der Praxis, auf die Potenzreihen nicht angewandt werden können. Deshalb brauchen wir eine Darstellung, die für eine große Klasse von Nichtlinearitäten existiert und praktisch zu handhaben ist. Das Verfahren der charakteristischen Funktion wurde durch Rice [9] eingeführt und ist im Prinzip sehr allgemein. Es ist äquivalent zum Potenzreihenverfahren, wenn die Reihe existiert, und läßt sich auf viele Fälle anwenden, in denen die Reihe nicht existiert oder nicht schnell genug konvergiert.

Die Nichtlinearität $\phi(x)$ wird durch die Integraltransformierte

$$\phi(x) = \int_c \Phi(t)\mathrm{e}^{\mathrm{j}ux}\,\mathrm{d}u \tag{9.53}$$

dargestellt. Die Integrationskurve c kann auf der reellen Achse zwischen $\pm\infty$ liegen; in diesem Fall sind $\Phi(x)$ und $F(u)$ tatsächlich Fourier-Transformierte; als andere Möglichkeit kann die Kurve "gezahnt" verlaufen oder in die komplexe Ebene verschoben werden, um Singularitäten zu vermeiden; in diesem Fall ist die Beziehung meist die der Laplace-Transformation. Rice [9], Middleton [5] und Deutsch[3] führen viele Beispiele an.

Wir haben gesehen, daß bei einem kovarianzstationären Prozeß die Autokorrelationsfunktion (9.37) die wichtigste Kenngröße ist. Wenn wir die Darstellung (9.53) in (9.37b) einsetzen, erhalten wir

$$\begin{aligned}\mathbf{R}_Y(\tau) = \int_{-\infty}^{\infty}\int_{-\infty}^{\infty}\Big[\int_c \Phi(u_1)\mathrm{e}^{\mathrm{j}u_1x_1}\,\mathrm{d}u_1 \\ \times \int_c \Phi(u_2)\mathrm{e}^{\mathrm{j}u_2x_2}\,\mathrm{d}u_2\Big]\, g_X(x_1,x_2)\,\mathrm{d}x_1\,\mathrm{d}x_2\end{aligned} \tag{9.54a}$$

Durch Änderung der Integrationsreihenfolge ergibt sich

$$\begin{aligned}\mathbf{R}_Y(\tau) = \int_c\int_c \Phi(u_1)\Phi(u_2) \\ \times \Big[\int_{-\infty}^{\infty}\int_{-\infty}^{\infty} g_X(x_1,x_2)\mathrm{e}^{\mathrm{j}(u_1x_1+u_2x_2)}\,\mathrm{d}x_1\,\mathrm{d}x_2\Big]\,\mathrm{d}u_1\,\mathrm{d}u_2\end{aligned} \tag{9.54b}$$

In dem geklammerten Ausdruck erkennen wir eine gemeinsame charakteristische Funktion der Form (9.14) wieder, und deshalb können wir

$$\mathbf{R}_Y(\tau) = \int_c\int_c \Phi(u_1)\Phi(u_2)G_X(u_1,u_2)\,\mathrm{d}u_1\,\mathrm{d}u_2 \tag{9.54c}$$

schreiben. Dies ist in der Struktur Gleichung (9.37b) ähnlich; eine Ausnahme besteht jedoch darin, daß jede Funktion im Integranden des einen Ausdrucks im anderen durch die jeweilige Transformierte ersetzt wird. (Beachten Sie, daß die funktionale Abhängigkeit von τ in g_X und G_X implizit enthalten ist.) Diese Alternativversion kann in einigen Fällen auf geschlosse Lösungen führen oder sich für eine Reihenentwicklung anbieten.

9.6.2 Potenzreihen in ρ als Lösung

Zum Zwecke der Veranschaulichung geben wir ein Beispiel an, dessen Lösung wir auf anderem Wege kennengelernt haben*, das ideale symmetrische Clipping, Abb. 9.1h. In diesem Fall lautet die Transformierte (9.53)

$$\phi(x) = \operatorname{sgn}(x), \quad \Phi(u) = \frac{1}{\mathrm{j}\pi u} \tag{9.55}$$

Die Integration erfolgt entlang der reellen Achse (d.h., wir haben es mit der gewöhnlichen Fourier-Transformation zu tun). Für das Gauß-Rauschen können

* Im Vorwort zu seinem Buch [3] bemerkt Deutsch ironisch, aber zutreffend: "Die Zahl der gelösten Probleme weist nicht die Tendenz auf, mit der Zahl der verfügbaren Techniken anzusteigen ...".

wir ohne Einschränkung der Allgemeinheit (9.19b) als charakteristische Funktion mit Varianz Eins annehmen. Für die Ausgangsautokorrelation gilt dann nach Gleichung (9.54c)

$$\mathbf{R}_Y(\tau) = \int_{-\infty}^{\infty}\int_{-\infty}^{\infty} \frac{-1}{\pi^2 u_1 u_2} \exp\{-\tfrac{1}{2}(u_1^2 + 2\rho u_1 u_2 + u_2^2\}\, du_1\, du_2 \tag{9.56a}$$

Dies läßt sich lösen, wenn der Faktor $\exp(-\rho u_1 u_2)$ in eine Potenzreihe entwickelt wird. Aus der Autokorrelation wird dann

$$\frac{-1}{\pi^2}\sum_{n=0}^{\infty}\left[\int_{-\infty}^{\infty} u^{n-1} \mathrm{e}^{(1/2)u^2}\, du\right]^2 \tag{9.56b}$$

Das Integral verschwindet für gerade n. Für $n = 1$ nimmt es den Wert $(2\pi)^{1/2}$ an, und für $n = 2m + 1$ ist es $(2m - 1)!!(2\pi)^{1/2}$. Dies führt auf die Lösung

$$\mathbf{R}_Y(\tau) = \frac{2}{\pi}\left[\rho + \frac{\rho^3}{3!} + \frac{\rho^5 3^2}{5!} + \frac{\rho^7 15^2}{7!} + \ldots\right] \tag{9.56c}$$

$$= \frac{2}{\pi}\sin^{-1}\rho = \frac{2}{\pi}\sin^{-1}\mathbf{R}_X(\tau) \tag{9.56d}$$

Dieser Ausdruck ist mit unserer obigen Lösung (9.39) konsistent. Obwohl unser Beispiel einfach ist, lassen sich mit ihm drei Punkte von weitreichender Bedeutung illustrieren. Erstens können wir Unstetigkeiten behandeln, die oft einfache algebraische Fourier- oder Laplace-Transformationen haben, obwohl sie nicht durch eine Potenzreihe oder andere algebraische Ausdrücke dargestellt werden können. Zweitens ist es oft möglich und nützlich, (9.54) in eine Reihe zu entwickeln, deren Glieder Potenzen der Eingangsautokorrelation enthalten. Drittens sind die sich ergebenden Integrale für Gaußsche Eingänge oft leicht zu bearbeiten, so daß die Reihenkoeffizienten ausgerechnet werden können: Die Reihe ist dann als hypergeometrische Funktion erkennbar. Middleton [5] und Deutsch [3] geben hierzu Beispiele an.

Die Terme einer Reihe gemäß (9.56c) können auf interessante Weise physikalisch interpretiert werden. Nach dem Wiener-Khintchine-Theorem (9.26b) und dem Faltungstheorem (9.21) folgt sofort, daß die n-te Potenz einer Autokorrelationsfunktion in die n-te Selbstfaltung des Leistungsspektrums überführt wird.

Wenn also

$$\mathbf{R}_Y(\tau) = \sum_n K_n[\mathbf{R}_X(\tau)]^n \tag{9.57a}$$

gilt, dann ist

$$\mathbf{P}_Y(f) = \sum_n K_n[\mathbf{P}_X(f)]^{*n} \tag{9.57b}$$

Wie auch schon bei dem Potenzreihenverfahren in Abschnitt 9.5 sind wir bei einer Reihe von Selbstfaltungen angelangt, die insbesondere bei Schmalbandprozessen deutlich zu unterscheidende Komponenten im Ausgangsspektrum liefert.

9.6.3 Price-Theorem

Die Theorie der charakteristischen Funktionen bietet sich für eine weitere Technik an, nach dem die Ausgangsautokorrelation für den wichtigen Sonderfall berechnet werden kann, bei dem der Eingang ein Gauß-Prozeß ist. Wir werden hier in begrenzter Form ein allgemeineres Ergebnis in Anlehnung an Price [17] entwickeln. Deutsch [3] oder der Originalartikel liefern eine umfassendere Diskussion.

Wir schreiben Gleichung (9.54c) für den Sonderfall eines Gaußschen Eingangs mit Varianz Eins ausführlich:

$$\mathbf{R}_Y = \int\int \Phi(u_1)\Phi(u_2)\exp\{-\frac{1}{2}(u_1^2 + 2\rho u_1 u_2 + u_2^2)\ \mathrm{d}u_1\ \mathrm{d}u_2 \tag{9.58}$$

Wenn wir nach ρ differenzieren, erhalten wir

$$\begin{aligned}\frac{\mathrm{d}\mathbf{R}_Y}{\mathrm{d}\rho} = &\int\int \Phi(u_1)\Phi(u_2)(-u_1 u_2)\\ &\times\ \exp\{-\frac{1}{2}(u^2 + 2\rho u_1 u_2 + u_2^2)\}\ \mathrm{d}u_1\ \mathrm{d}u_2\end{aligned} \tag{9.59}$$

Aufgrund der Transformationsbeziehung (9.53) ist klar, daß $juF(u)$ die Transformierte von $\phi'(x)$ ist. Folglich ist Gleichung (9.59) die Autokorrelation eines Gauß-Prozesses, der von einer Nichtlinearität $\phi'(x)$ abhängt, und wir können dies folgendermaßen schreiben.

$$\frac{\mathrm{d}\mathbf{R}_Y}{\mathrm{d}\rho} = E\{\phi'(X_1)\phi'(X_2)\} \tag{9.60a}$$

Wenn wir unter Fortführung derselben Überlegung n-mal differenzieren, erhalten wir

$$\frac{\mathrm{d}^n\mathbf{R}_Y}{\mathrm{d}\rho^n} = E\{\phi^{(n)}(X_1)\phi^{(n)}(X_2)\} \tag{9.60b}$$

Und dies ist das nützliche Ergebnis. Unter Verwendung der charakteristischen Funktionen sind wir tatsächlich in der Lage gewesen, auf die Differentiationseigenschaft von Fourier-Transformationen zurückzugreifen.

Der Wert dieses Ansatzes besteht darin, daß solche Nichtlinearitäten wie Unstetigkeiten oder Abschnitte mit Potenzgesetz und unstetiger Steigung oder Amplitude einfache Ableitungen haben. Wird oft genug differenziert, erhält man Impulssingularitäten. Wir betrachten die ideale symmetrische Clippingeinheit nach

Abb. 9.1h mit der Transformierten (9.55). Ihre Ableitung ergibt sich zu $2\delta(x)$. Folglich gilt

$$\begin{aligned}\frac{\mathrm{d}\mathbf{R}_Y}{\mathrm{d}\rho} =& 4\int\int \frac{\delta(x_1)\delta(x_2)}{2\pi(1-\rho^2)^{1/2}} \\ &\times \exp\left\{\frac{-(x_1^2-2\rho x_1 x_2+x_2^2)}{2(1-\rho^2}\right\} \mathrm{d}x_1 \, \mathrm{d}x_2 \end{aligned} \tag{9.61a}$$

$$= \frac{2}{\pi(1-\rho^2)^{1/2}} \tag{9.61b}$$

Die Integration (mit der naheliegenden Randbedingung $\mathbf{R}_Y = 0$ für $\rho = 0$) liefert

$$\mathbf{R}_Y = \frac{2}{\pi} \sin^{-1}\rho \tag{9.62}$$

Dies ist mit unseren obigen Lösungen (9.39) und (9.56) konsistent.

Das Price-Theorem gilt nur für Gauß-Eingänge, und der Originalbeweis deckt ebenso den Umkehrschluß ab, daß der Eingang nämlich ein Gauß-Prozeß sein muß, wenn die angeführte Eigenschaft zutrifft. McGraw und Wagner [18] haben gezeigt, daß eine ähnliche, aber kompliziertere Beziehung für eine größere Klasse von zweidimensionalen Verteilungen hergeleitet werden kann, die die Eigenschaft elliptischer Symmetrie aufweisen. Diese Verteilungen stehen mit den Diagonalprozessen in Beziehung, die wir in Abschnitt 9.8 beschreiben,wo wir auf dieses Thema noch einmal zurückkommen.

9.6.4 Sinussignal plus Gauß-Rauschen

Vom Zeitpunkt der Riceschen Originalarbeit [9] an, ist die Technik der charakteristischen Funktionen auf die Überlagerung eines Signals (zum Beispiel Sinusträgerwellen mit Amplituden-, Phasen- oder Frequenzmodulation) und Rauschen angewandt worden. Wenn jetzt Signal und Rauschen unabhängig sind (was normalerweise in einem Kanal mit additivem Rauschen zutrifft), dann ist die charakteristische Funktion der Summe gerade das Produkt aus den einzelnen charakteristischen Funktionen. Die charakteristische Funktion des Gauß-Rauschens ist ziemlich einfach (Gleichung 9.17b), aber bei der Funktion für die Sinuswelle tauchen analytische Schwierigkeiten auf, selbst dann, wenn es sich um den einfachsten Fall mit konstanter Amplitude und gleichverteilter Zufallsphase handelt. Wenn die Sinuswelle A cos (βt) ist, dann lautet die charakteristische Funktion

$$E\{\exp[\mathrm{j}\theta_1 A \cos \beta t + f\theta_2 A \cos \beta(t+\tau)]\} \tag{9.63}$$

Wir verwenden die allgemein bekannt Reihe

$$\exp\{\mathrm{j}\theta A \cos \beta t\} = J_0(\theta A) + 2\sum_{n=1}^{\infty} \mathrm{j}^n J_n(\theta A) \cos n\beta t \tag{9.64}$$

Wenn wir den Zeitmittelwert des Produktes zweier solcher Reihen bilden, ergibt sich die charakteristische Funktion der Sinuswelle zu

$$J_0(\theta_1 A)J_0(\theta_2 A) + 2\sum_{n=1}^{\infty}(-1)^n J_n(\theta_1 A)J_n(\theta_2 A) \cos n\beta\tau \tag{9.65}$$

Das Produkt davon mit

$$\begin{aligned} &\exp\{-\tfrac{1}{2}(\theta_1^2 + 2\rho\theta_1\theta_2 + \theta_2^2)\} \\ &\quad = \exp\left\{-\tfrac{1}{2}(\theta_1^2 + \theta_2^2)\right\} \textstyle\sum_{k=0}^{\infty} \frac{(-\rho\theta_1\theta_2)^k}{k!} \end{aligned} \tag{9.66}$$

ist als G_X in Gleichung (9.54c) einzusetzen. Hiermit erhalten wir eine zweifache unendliche Reihe für die Ausgangsautokorrelation, die die Form

$$\mathbf{R}_Y(\tau) = \sum_{n=0}^{\infty}\sum_{k=0}^{\infty} c_{mk}[\rho(\tau)]^k \cos n\beta\tau \tag{9.67a}$$

mit den Koeffizienten

$$c_{0k} = \frac{(-1)^k}{k!}\left\{\int_c \Phi(u)J_0(uA)u^k \mathrm{e}^{-(1/2)u^2}\, du\right\}^2 \tag{9.67b}$$

$$C_{nk} = \frac{2(-1)^{n+k}}{k!}\left\{\int_c \Phi(u)J_n(uA)u^k \mathrm{e}^{-(1/2)u^2}\, du\right\}^2 \tag{9.67c}$$

hat. Diese beiden Ausdrücke sehen ziemlich kompliziert aus, lassen sich aber in vielen wichtigen Fällen analytisch auswerten. Weitere Informationen liefern [5], [6], [7] und [9]. Unser Interesse gilt im Moment der allgemeinen Form von (9.67a), für die es eine klare physikalische Interpretation gibt. Ein Index der Doppelsumme legt die Potenzen der Autokorrelation des Eingangsrauschens und damit der Selbstfaltungen des Eingangsrauschspektrums fest. Diese sind aus früheren Beispielen vertraut, und sie tauchen immer dann auf, wenn ein stationärer Zufallsprozeß auf eine Nichtlinearität angewandt wird. Der andere Index legt die Oberwellen der Eingangssinuskurve fest. Die Menge der Rauschbänder wird aufgrund eines Mischprozesses in der nichtlinearen Einheit (Abb. 9.4) in die Umgebung jeder Oberwelle übertragen. Die Modulation der Sinuskurve führt im einzelnen zu Verwicklungen, ohne jedoch das Prinzip zu ändern. Es existiert sehr viel Literatur zu diesem Thema im Zusammenhang mit Satellitennachrichtensystemen, bei denen ein Transponder mit merklicher Nichtlinearität durch Superposition mehrerer modulierter Träger und Bandpaßrauschen angetrieben wird. Vergleichen Sie hierzu auch Shimbo [19], Fuenzalida et al. [20] und

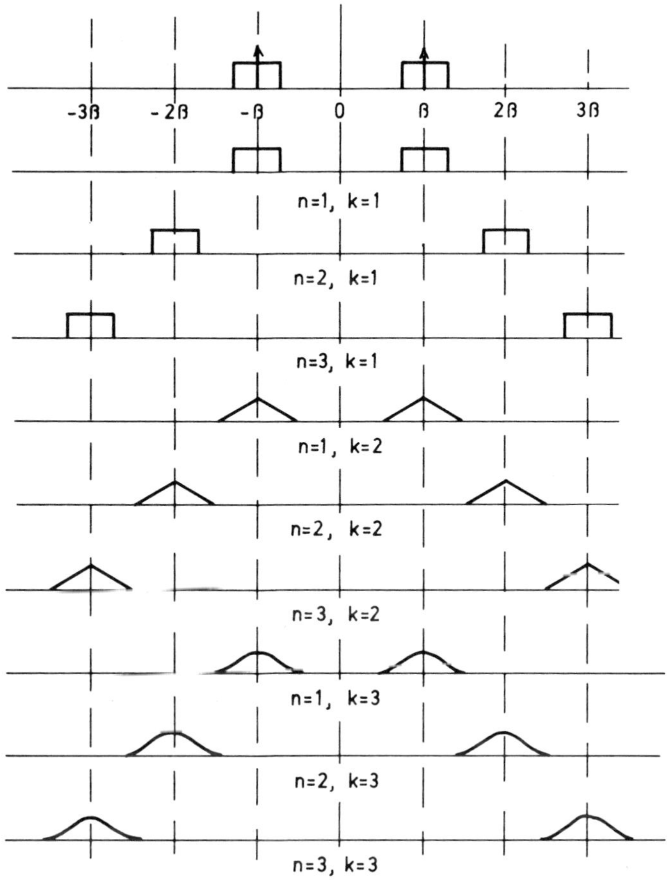

Abbildung 9.4: Verzerrung von Sinuswelle plus Rauschen (Notation in Gleichung 9.67).

Kapitel 13. Die Nichtlinearitäten können manchmal durch analytische Approximationen nachgebildet werden; die Koeffizienten von Reihen wie (9.67) werden häufig auch numerisch ausgerechnet.

9.7 Entwicklung nach orthogonalen Funktionen

9.7.1 Orthogonalitätseigenschaften

Wir sind mit der Vorstellung vertraut, daß Signale und andere Variablen in Form einer Reihe mit paarweise orthogonalen Gliedern dargestellt werden können. Die Fourier-Reihe und das Fourier-Integral zum Beispiel hängen von der Orthogonalität der Sinusfunktionen ab. Wir werden jetzt den Begriff verallgemeinern, um ihn dem vorliegenden Thema anzupassen.

Die Orthogonalität zweier Funktionen bedeutet, daß der Mittelwert ihres Produktes null ergibt. Wir nehmen an, wir suchen eine orthogonale Reihe, um die Funktion $f(x)$ aus Gleichung (9.2) darzustellen. Wir bilden den Erwartungswert von $f(X)$ unter der Voraussetzung, daß X die Wahrscheinlichkeitsdichte $g(x)$ hat. Die Glieder der Reihe müssen derart gewählt werden, daß die gemittelten Produkte bei der gegebenen Verteilung null ergeben.

Eine Menge von Funktionen $q_i(x)$ mit $i = 0, 1, 2, \ldots$ ist unter der Gewichtsfunktion $w(x)$ orthogonal, wenn

$$\int_{-\infty}^{\infty} q_i(x) q_j(x) w(x) \, \mathrm{d}x = 0, \quad i \neq j \tag{9.68a}$$

$$\int_{-\infty}^{\infty} [q_i(x)]^2 w(x) \, \mathrm{d}x = k_i \neq 0 \tag{9.68b}$$

gilt. Wenn für alle i $k_i = 1$ gilt, dann ist sie orthonormal. Sie ist vollständig, wenn eine beliebige stetige Funktion $f(x)$ mit endlicher Varianz um quadratischen Mittel beliebig gut durch eine Linearkombination der $q_i(x)$ approximiert werden kann.

Es existieren wohlbekannte Mengen orthogonaler Funktionen für bestimmte Gewichtsfunktionen $w(x)$ einschließlich der Gaußschen und einiger anderer gebräuchlicher Wahrscheinlichkeitsdichten; es existieren auch einige allgemeine Techniken, um orthogonale Funktionen zu konstruieren und zu manipulieren. Wir geben hierzu noch einen Überblick in den anderen Abschnitten. Im Moment nehmen wir an, daß eine Menge $q_i(x)$ bekannt sei, und entwickeln ihre Bedeutung für die statistische Abschätzung.

$f(x)$ sei eine Funktion, die wir als Superposition orthonormaler Glieder darstellen wollen

$$f(x) = \sum_i c_i q_i(x) \tag{9.69}$$

Dann sind die Koeffizienten c_i durch

$$c_i = \int_{-\infty}^{\infty} q_i(x) f(x) w(x) \, \mathrm{d}x \tag{9.70}$$

gegeben. Die schwierigen Teile des Beweises beziehen sich auf Vollständigkeit und Konvergenz; wir überlassen diese den tiefergehenden Abhandlungen. Wenn wir eine Reihendarstellung annehmen, ist es klar, daß die Koeffizienten die angegebene Form aufweisen, da das Integral (9.70)

$$\sum_j c_j \int_{-\infty}^{\infty} q_i(x) q_j(x) w(x) \, \mathrm{d}x$$

lautet, und aufgrund der Orthogonalität nur der Term $i = j$ von null verschieden ist. Die Reihe (9.69) approximiert $f(x)$ im quadratischen Mittel, so daß bei gegebenem Abbruch der Reihe $i < n$ keine andere Wahl der Koeffizienten den mittleren quadratischen Fehler reduzieren kann.

Wir nehmen an, daß zwei Funktionen $f_1(x)$ und $f_2(x)$ durch eine Reihe der Form (9.69) mit Koeffizienten b_i bzw. c_i dargestellt werden können. Es gilt dann

$$E\{f_1(X)f_2(X)\} = \sum_i \sum_j b_i c_j \int_{-\infty}^{\infty} q_i(x)q_j(x)w(x)\,\mathrm{d}x \tag{9.71a}$$

$$= \sum_i b_i c_i \tag{9.71b}$$

da aufgrund der Orthogonalität nur die Terme $i = j$ von null verschieden sind.

Als Sonderfall von (9.71) betrachten wir den Ausgang einer Nichtlinearität

$$\phi(x) = \sum_i c_i q_i(x) \tag{9.72}$$

wobei die q_i orthonormal in bezug auf die Eingangsverteilung sind. Der mittlere quadratische Ausgang ergibt sich zu

$$E\{Y^2\} = E\{[\phi(X)]^2\} = \sum_i c_i^2 \tag{9.73}$$

Und wir dürfen auf schnelle Konvergenz hoffen, so daß die ersten c_i am signifikantesten sind.

Zu den bekannten orthogonalen Funktionen gehören transzendente Funktionen, wie Sinusfunktionen, Bessel-Funktionen etc., aber in diesem Kontext sind unsere orthogonalen Funktionen Polynome. Sie werden gewöhnlich nach dem höchsten Grad geordnet, so daß

$$q_i(x) = \sum_{j=0}^{i} q_{ij} x^j \tag{9.74}$$

gilt. Der höchste Koeffizent q_{ii} ist immer von Null verschieden, obwohl einige andere Koeffizienten verschwinden können. Manchmal ist es praktisch, eine Menge orthogonaler Polynome durch die Erzeugungsfunktion darzustellen

$$Q(z, x) = \sum_{n=0}^{\infty} q_n(x) z^n \tag{9.75}$$

wobei die q_n nicht unbedingt orthonormal sein müssen ($k_i = 1$ in Gleichung 9.68b). Wir sollten noch anmerken, daß viele Arten orthogonaler Polynome eingebürgerte Definitionen und Notationen mit von Eins verschiedenen k_i haben. Dies zieht eine Skalierung von Ausdrücken wie (9.71b) und (9.73) nach sich.

9.7.2 Hermite-Polynome

Hier ist nicht der Ort für eine erschöpfende Abhandlung über orthogonale Polynome. Wir geben die Eigenschaften der Hermite-Polynome beispielhaft in einiger Ausführlichkeit an und führen kurz vor, welche anderen relevanten Mengen allgemein bekannt sind und wie weitere Mengen konstruiert werden können. Weitere Informationen stehen in vielen mathematischen Texten und Handbüchern. Wir weisen insbesondere auf Szego [21] hin, dem vielleicht umfassendsten Standardwerk, und auf Lavrentev und Schabat [22], das eine relativ kurze, aber dennoch überzeugende Behandlung einschließlich einiger Ergebnisse enthält, die sich anderenorts nicht so einfach finden lassen.

Die Hermite-Polynome $H_n(x)$ sind in bezug auf die Gauß-Verteilung orthogonal; hierdurch fällt ihnen in der Wahrscheinlichkeitstheorie eine zentrale Rolle zu. Aus praktischen Erwägungen beginnen wir mit der Erzeugungsfunktion

$$Q(z,x) \equiv \sum_{n=0}^{\infty} \frac{H_n(x)}{n!} z^n = \mathrm{e}^{-(1/2)z^2+zx} \tag{9.76}$$

Durch recht einfache Umformung zeigt sich, daß

$$\frac{1}{(2\pi)^{1/2}} \int_{-\infty}^{\infty} Q(z,x)Q(u,x)\mathrm{e}^{-(1/2)x^2}\, \mathrm{d}x = \mathrm{e}^{uz} \tag{9.77}$$

gilt. Wir entwickeln beide Seiten in eine Potenzreihe in u und z und setzen die Koeffizienten gleich. Das Ergebnis lautet

$$\frac{1}{(2\pi)^{1/2}} \int_{-\infty}^{\infty} H_n(x)H_m(x)\mathrm{e}^{-(1/2)x^2}\, \mathrm{d}x = n!, \quad m = n \tag{9.78a}$$

$$= 0, \quad m \neq n \tag{9.78b}$$

Hierdurch wird die Orthogonalität bewiesen, und außerdem ergeben sich noch die Normierungskonstanten k_i aus Gleichung (9.68b). Es ist sinnvoll, die Fourier-Transformierte von $H_n(x)$ nach Gauß zu wichten (hierbei handelt es sich nicht exakt um eine charakteristische Funktion, weil die gewichteten $H_n(x)$ keine zulässigen Wahrscheinlichkeitsdichten sind). Wenn wir die gewichtete Erzeugungsfunktion transformieren, erhalten wir

$$(2\pi)^{-1/2}Q(z,x)\mathrm{e}^{-(1/2)x^2} \to \mathrm{e}^{\mathrm{j}\theta z-(1/2)\theta^2} \tag{9.79a}$$

Die Entwicklung in eine Potenzreihe in z und Gleichsetzung der Koeffizienten liefert

$$(2\pi)^{-1/2} H_n(x) \mathrm{e}^{-(1/2)x^2} \rightarrow (\mathrm{j}\theta)^n \mathrm{e}^{-(1/2)\theta^2} \tag{9.79b}$$

Es folgt aus dem Differentiationstheorem für die Fourier-Transformation

$$H_n(x) \mathrm{e}^{-(1/2)x^2} = (-1)^n \left(\frac{\mathrm{d}}{\mathrm{d}x}\right)^n \mathrm{e}^{-(1/2)x^2} \tag{9.80}$$

Dieser Ausdruck wird oft als definierende Eigenschaft gewählt; er ist mit dem Konstruktionsverfahren konsistent, das in Abschnitt 9.7.4 beschrieben wird.

Polynome können nach Gleichung (9.76) und (9.80) oder nach der Rekursionsformel

$$H_{n+1}(x) = x H_n(x) - n H_{n-1}(x) \tag{9.81}$$

berechnet werden.

Die ersten Polynome lauten

$$\begin{aligned} H_0(x) = 1 H_1(x) = x \\ H_2(x) = x^2 - 1 \qquad H_3(x) = x^3 - 3x \end{aligned} \tag{9.82}$$

Wir werden uns jetzt anschauen, wie die Hermite-Polynome verwendet werden, um die Kenngrößen des Ausgangs von nichtlinearen Stufen mit Gaußschem Eingang abzuschätzen. Wir betrachten eine Approximation der nichtlinearen Kennlinie

$$\phi(x) \approx \hat{\phi}_N(x) \equiv \sum_{n=0}^{N} c_n H_n(x) \tag{9.83}$$

Typischerweise, wie auch in den folgenden Beispielen, konvergiert die Reihe interessierenden Bereich, wenn auch nicht gleichmäßig. Wir bezeichnen eine Approximation für den Ausgang mit

$$\hat{Y}_N = \hat{\phi}_N(X) = \sum_{n=0}^{N} c_n H_n(X) \tag{9.84}$$

Der mittlere quadratische Ausgang kann mit Hilfe des quadratischen Mittelwertes dieser Approximation abgeschätzt werden:

$$E\{Y^2\} \approx E\{\hat{Y}^2\} = \sum_{n=0}^{N} n! c_n^2 \tag{9.85}$$

(Der Faktor $n!$ entspricht in diesem Fall der Normierungskonstanten k_n). Die Reihe (9.85) konvergiert i.allg. wesentlich schneller als (9.83).

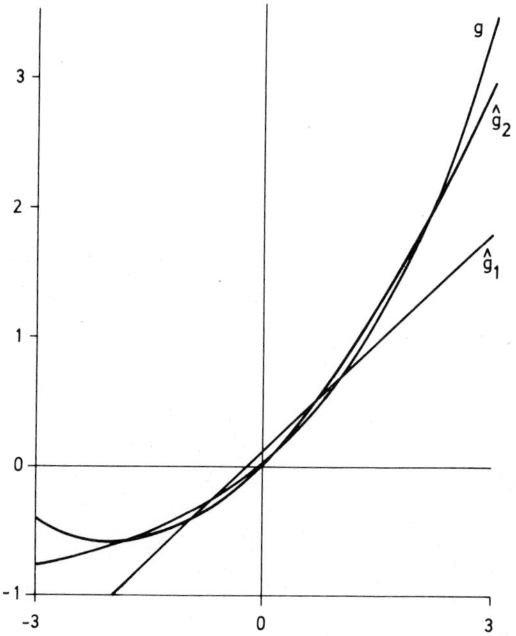

Abbildung 9.5: Approximation durch Hermite-Polynome.

Beispiele

1. Wir betrachten die exponentielle Nichtlinearität (9.41) mit Gaußschem Eingang der Varianz σ^2. Es kann gezeigt werden, daß in diesem Fall

$$\hat{\phi}_N(x) = (\mathrm{e}^{(1/2)c^2r^2} - 1) + \mathrm{e}^{(1/2)c^2\sigma^2} \sum_{n=1}^{N} \frac{(c\sigma)^n}{n!} H_n\left(\frac{x}{\sigma}\right) \tag{9.86}$$

gilt.

Ein Zahlenbeispiel mit $c = 1/2$ und $\sigma = 1$ ist in Abb. 9.5 dargestellt. Die Approximation $\hat{\phi}_4(x)$ läßt sich bei diesem Maßstab in dem dargestellten Bereich von $\pm 3\sigma$ vom wahren $\phi(x)$ nicht unterscheiden (was für die Taylor-Reihe entsprechenden Grades nicht zutrifft). Die Schätzfunktion für das quadratische Mittel lautet

$$E\{\hat{Y}_N^2\} = (1 - 2\mathrm{e}^{1/2)c^2\sigma^2}) + \mathrm{e}^{c^2\sigma^2} \sum_{n=0}^{N} \frac{(c\sigma)^{2n}}{n!} \tag{9.87a}$$

die gegen das wahre quadratische Mittel

$$E\{Y^2\} = 1 - 2e^{(1/2)c^2\sigma^2} + e^{2c^2\sigma^2} \tag{9.87b}$$

konvergiert. In dem Zahlenbeispiel $(c\sigma = 1/2)$ beträgt der wahre Wert $0,3824$ (auf vier Dezimalstellen); nachfolgende aufeinanderfolgende Schätzwerte für $N = 1, 2, 3, 4$ lauten $0,3387$; $0,3789$; $0,3822$ bzw. $0,3824$.

2. Wir betrachten die symmetrische Clippingstufe aus Abb. 9.1h und Gleichung (9.55) mit Gaußschem Eingang, bei dem wir ohne Einschränkung der Allgemeinheit Varianz Eins annehmen können. Es kann gezeigt werden, daß in diesem Fall

$$\hat{\phi}_{2N+1}(x) = \left(\frac{2}{\pi}\right)^{1/2} \sum_{m=0}^{N} \frac{(-1)^m H_{2m+1}(x)}{m! 2^m (2m+1)} \tag{9.88}$$

gilt. Also verfügen wir über eine Polynomfolge, die eine Unstetigkeit approximiert, was mit einer Taylor-Reihe nicht geglückt wäre. Die Reihe konvergiert jedoch nicht gleichmäßig und sehr langsam. Die Schätzfunktion für das quadratische Mittel des Ausgangs lautet

$$E\{\hat{Y}^2_{2n+1}\} = \frac{2}{\pi} \sum_{m=0}^{N} \frac{(2m)!}{(m!)^2 2^{2m} (2m+1)} \tag{9.89a}$$

Dies konvergiert gegen den tatsächlichen Wert

$$E\{Y^2\} = \frac{2}{\pi} \sum_{m=0}^{\infty} \frac{(2m)!}{(m!)^2 2^{2m} (2m+1)} \tag{9.89b}$$

$$= \frac{2}{\pi} \sin^{-1}(1) = 1 \tag{9.89c}$$

aber nur sehr langsam. Die Zahlenwerte für $2N + 1 = 1; 13; 25; 37$ und 49 sind (auf vier Dezimalstellen) $0,6366; 0,8635; 0,9001; 0,9174$ bzw. $0,9280$.

Diese Beispiele deuten bereits an, daß die Technik auf eine große Zahl von Nichtlinearitäten anwendbar ist (einschließlich analytisch und empirisch beschriebener Kennlinien), aber die Konvergenz kann langsam sein, wenn die Kennlinien Unstetigkeiten enthalten. Insbesondere Untersuchungen der Quantisierungsverzerrung haben auf sehr lange Reihen, aber auch auf Techniken geführt, wie diese Reihen zu handhaben sind. Weitere Informationen hierzu sind in Kapitel 11 und bei Lever und Cattermole [23] zu finden.

9.7.3 Kurzer Überblick über orthogonale Polynome

Als geeignete grundsätzliche Information soll hier eine Liste mit Wahrscheinlichkeitsverteilungen angeführt werden, für die orthogonale Polynome bestimmt worden sind. Außerdem soll ausgewählte Literatur für weitere Informationen angegeben werden. Dies alles ist in Tabelle 9.1 zu finden. Es ist klar, daß Nummer

Tabelle 9.1: Orthogonale Polynome.

	Wahrscheinlichkeitsverteilung	*Gewichtsfunktion*	*übliche Bezeichnung der Polynome*	*Literatur*
1	Gauß	$e^{-(1/2)x^2}$	Hermite	[21,22,24,25]
2	negativexponentiell	$e^{-x}, 0 < x$	Laguerre	[21,22,24,25]
3	Gamma	$x^k e^{-x}, 0 < x$	verallgemeinerte Laguerre	[21,22,24,25]
4	rechteckig	$1, -1 < x < +1$	Legendre	[21,22,24,25]
5	arcsin	$(1-x^2)^{-1/2}, -1 < x < +1$	Tschebyschow	[21,22,24,25]
6		$(1-x^2)^{k-1/2}, -1 < x < +1$	Gegenbauer	[21,24,25]
7		$(1-x)^\lambda (1+x)^\mu, -1 < x < +1$	Jacobi	[21,22,24,25]
8		$x^{-k \log x}, 0 < x$	Stieltjes-Wigert	[21]
9	logarithmischnormal	$\frac{1}{(2\pi)^{1/2}\sigma x} \exp\left\{\frac{-(\log x - m)^2}{2\sigma^2}\right\}$		[26]
10	Poisson	$\sum_{n=0}^{\infty} \frac{\lambda^n e^{-\lambda}}{n!} \delta(x-n)$	Poisson- Charlier	[21]
11	binomial	$\sum_{n=0}^{N} \binom{N}{n} p^n (1-p)^{N-n} \delta(x-n)$	Krawtchouk	[21]

2 ein Sonderfall von Nummer 3 ist; Nummer 4, 5 und 6 sind Sonderfälle von Nummer 7; Nummer 8 und 9 stehen auch miteinander in Beziehung. Nummer 10 ist ein Grenzfall von Nummer 11.

9.7.4 Verfahren zur Herleitung orthogonaler Polynome

Wenn erst einmal feststeht, daß eine Menge orthogonaler Funktionen in Form von Polynomen mit ansteigendem Grad existiert, dann ist klar, daß ein direktes, wenn auch aufwendiges Verfahren mit $q_0(x) = 1$ beginnt, um dann nacheinander die $q_i(x)$ wobei die Koeffizienten in jedem Schritt derart angepaßt werden, daß die $q_n(x)$ zu allen $q_i(x)$ für $i < n$ orthogonal sind.

In der Literatur wird eine Vielzahl von Verfahren beschrieben, aber wir wollen hier hauptsächlich die Aufmerksamkeit auf ein Verfahren lenken, das sehr leistungsfähig ist, aber nur wenig bekannt zu sein scheint. Der einzige Beweis, den der Autor gefunden hat, taucht bei Lavrentev und Schabat [22] auf. Beckmann [8] liefert eine Behauptung ohne Beweis, aber leider hat sich in seine Version ein Druckfehler eingeschlichen, und diese ist somit falsch. Die folgende Behauptung wurde sorgfältig geprüft und sollte richtig sein!

Wir betrachten eine Klasse von Gewichtsfunktionen $w(x)$, die die folgenden Bedingungen erfüllen:

$$(1)\quad \frac{w'(x)}{w(x)} = \frac{\alpha_0 + \alpha_1 x}{\beta_0 + \beta_1 x + \beta_2 x^2} \equiv \frac{\alpha(x)}{\beta(x)}$$

(2) $w(x)\beta(x) = 0$ für beide Grenzwerte im Bereich von x.

Dann ist die Menge der nachstehend definierten Polynome $P_n(x)$ in bezug auf $w(x)$ orthogonal:

$$P_n(x) = \frac{1}{w(x)} \left(\frac{\mathrm{d}}{\mathrm{d}x}\right)^n \{w(x)[\beta(x)]^n\} \tag{9.90}$$

Es läßt sich leicht zeigen, daß Gleichung (9.80) für die Hermite-Polynome mit (9.90) konsistent ist. Es gibt verschiedene andere Fälle, bei denen (9.90) mit der Rodrigues-Formel für eine Menge orthogonaler Polynome übereinstimmt, die zum Beispiel in [21] und [24] angeführt sind.

9.8 Diagonalprozesse

9.8.1 Zweidimensionale Verteilungen vom Diagonaltyp

Wir haben gesehen, daß eine bedeutsame Anwendung der zweidimensionalen Wahrscheinlichkeitstheorie darin besteht, die gemeinsamen Eigenschaften zweier

Stichproben $X_1 = X(t)$ und $X_2 = X(t + \tau)$ aus einem kovarianzstationären Zufallsprozeß zu beschreiben. Die marginalen Verteilungen von X_1 und X_2 sind identisch, aber wenn sich τ verändert, ändert sich auch die Kovarianz. Um einen solchen Prozeß nachzubilden, brauchen wir eine zweidimensionale Verteilung mit gegebenen (identischen) marginalen Verteilungen und der Kovarianz oder Korrelation als Parameter.

Leider reichen diese Informationen im allgemeinen nicht aus, um eine zweidimensionale Verteilung zu spezifizieren. Die Gauß-Verteilung bildet hier allerdings eine Ausnahme. Um weitere zweidimensionale Verteilungen zu erhalten, muß eine weitere Eigenschaft gefordertwerden.

Ein weiteres Problem besteht darin, daß sich bei einer allgemeinen zweidimensionalen Verteilung die Berechnung der Erwartungswerte $E\{\phi(X_1), \phi(X_2)\}$ auch für offensichtlich einfache Funktionen $\phi(x)$ ziemlich schwierig gestaltet. Man würde dann gern eine Approximationstechnik einsetzen, wie zum Beispiel die Reihenentwicklung orthogonaler Funktionen, die für eindimensionale Probleme in Abschnitt 9.7 entwickelt worden ist. Jedoch ist die Aussicht, mehrfach unendliche Reihen zu summieren, nicht allzu verlockend, und es wäre uns lieber, wenn sich die Approximationen leicht handhaben ließen.

Es stellt sich heraus, daß es eine Klasse zweidimensionaler Verteilungen gibt, die die Gauß-Verteilung enthält, aber keinesfalls nur auf diese begrenzt ist, und für die sich eindimensionale Reihen entwickeln lassen. Wir werden die allgemeinen Eigenschaften der Klasse erläutern, die entsprechende Gauß-Theorie in einiger Ausführlichkeit entwickeln und einige wenige paar anschauliche Beispiele nennen.

Der erste Schritt besteht darin, eine zweidimensionale Dichte $g(x_1, x_2)$ als Reihe orthogonaler Glieder darzustellen. Es ist vielleicht plausibel, daß es eine Darstellung in der Form

$$g(x_1, x_2) = g_1(x_1)g_2(x_2) \sum_{m=0}^{\infty} \sum_{n=0}^{\infty} a_{mn} q_m(x_1) q_n(x_2) \tag{9.91}$$

gibt, in der alle Produkte der Form $q_m(x_1)q_n(x_2)$ zulässig sind. Eine zweidimensionale Verteilung gehört zum *Diagonaltyp*, wenn die Produkte nicht für $m \neq n$ erforderlich sind. Eine solche Verteilung läßt die folgende Reihendarstellung zu:

$$g(x_1, x_2) = w(x_1)w(x_2) \sum_{m=0}^{\infty} a_m q_m(x_1) q_m(x_2) \tag{9.92}$$

Hierbei sind die $q_m(x)$ orthogonal, mit einer Gewichtsfunktion $w(x)$ die mit den beiden Randdichten übereinstimmt. Das Konzept läßt sich auf zweidimensionale Verteilungen mit verschiedenen marginalen Dichten erweitern, aber wir konzentrieren uns hier auf den einfacheren Fall.

Um die Diagonalreihe auf die Berechnung der Kenngrößen anwenden zu können, postulieren wir Reihen der Form (9.69) für Funktionen $f_1(x_1)$ und $f_2(x_2)$ mit den Koeffizenten b_i bzw. c_i. Wenn dann X_1 und X_2 die gemeinsame

Verteilung (9.92) haben und die $q_i(\,)$ orthonormal sind, nimmt eine gemeinsame Kenngröße die Form

$$E\{f_1(X_1)f_2(X_2)\}$$
$$= \sum_{m=0}^{\infty} a_m \sum_i b_i \int q_i(x_1)q_m(x_1)w(x_1)\,\mathrm{d}x_1 \times \sum_j c_j \int q_j(x_2)q_m(x_2)w(x_2)\,\mathrm{d}x_2 \tag{9.93a}$$

$$= \sum_{m=0}^{\infty} a_m b_m c_m \tag{9.93b}$$

an, da aufgrund der Orthogonalität nur die Terme $i = j = m$ von null verschieden sind.

Bei dieser Theorie besteht die Aussicht, daß die Kenngrößen zweiter Ordnung kovarianzstationärer Prozesse mit Hilfe eindimensionaler Reihenentwicklungen berechnet werden können. Ehe wir nun Diagonalprozesse im allgemeinen untersuchen, behandeln wir einige spezielle Beispiele.

9.8.2 Nichtlineare Operationen mit Gauß-Prozessen

Die zweidimensionale Gauß-Verteilung gehört zum Diagonaltyp. Ihre charakteristische Funktion (9.17b) mit Varianz eins läßt sich in die Reihe

$$G(\theta_1,\theta_2) = \mathrm{e}^{-(1/2)(\theta_1^2+\theta_2^2)} \sum_{m=0}^{\infty} \frac{(-\rho\theta_1\theta_2)^m}{m!} \tag{9.94}$$

entwickeln. Jedes Glied dieser Reihenentwicklung läßt sich in θ_1 und θ_2 trennen, und deshalb auch in einen Ausdruck Fourier in dem x_1 und x_2 getrennt sind. Es kann also eine Fourier-Transformierte für separate Ausdrücke in x_1 und x_2 durchgeführt werden. Wenn die Transformation (9.79) auf jede Dimension jedes Gliedes angewandt wird, ergibt sich direkt

$$g(x_1,x_2) = \frac{1}{2\pi}\mathrm{e}^{-(1/2)(x_1^2+x_2^2)} \sum_{m=0}^{\infty} \frac{\rho^m}{m!} H_m(x_1)H_m(x_2) \tag{9.95}$$

wobei die $H_m(\,)$ Hermite-Polynome sind.

Ein Gauß-Prozeß der Varianz σ^2 wird auf eine Nichtlinearität (9.83) angewandt. Dann kann die Ausgangsautorkorrelation als

$$\mathbf{R}_Y(\tau) = E\{Y_1Y_2\} = E\{\phi(X_1)\phi(X_2)\} \tag{9.96a}$$

$$= \sum_{m=0}^{\infty} m!\rho^m c_m^2 \tag{9.96b}$$

dargestellt werden (der Faktor $m!$ ist die Normierungskonstante für die Hermite-Polynome). Beachten Sie, daß sich für eine Eingangskorrelation ρ dieser Ausdruck auf Gleichung (9.85) für $E\{Y_2\}$ reduziert.

Beispiele

1. Wir betrachten die exponentielle Nichtlinearität (9.41), für die wir bereits die Entwicklung (9.86) verwendet haben. In diesem Fall gilt

$$\mathbf{R}_Y(\tau) = 1 - 2e^{(1/2)c^2\sigma^2} + e^{c^2\sigma^2(1+\rho)} \tag{9.97}$$

Dieser Ausdruck reduziert sich im Fall von Eingangskorrelation gleich Eins auf (9.87b). Es ist auch interessant, den Korrelationskoeffizienten zwischen den Ausgangsstichproben zu bestimmen. Dieser ergibt sich zu

$$\frac{\mathrm{Cov}(Y_1, Y_2)}{V(Y)} = \frac{e^{\rho c^2\sigma^2 - 1}}{e^{c^2\sigma^2} - 1} \leq \rho \tag{9.98}$$

Er stimmt mit dem Eingangskorrelationskoeffizienten ρ bei kleinen $c\sigma$ fast überein (d.h. für kleine Abweichungen, so daß die Übertragungscharakteristik fast linear verläuft), verschwindet aber, wenn die Abweichungen zunehmen und die Nichtlinearität stärker wird.

2. Wir betrachten die symmetrische Clippingstufe aus Abb. 9.1h und Gleichung (9.55), für die wir bereits die Entwicklung (9.88) verwendet haben. In diesem Fall gilt

$$\mathbf{R}_Y(\tau) = \frac{2}{\pi} \sum_{m=0}^{\infty} \frac{(2m)!\rho^{2m+1}}{(m!)^2 2^{2m}(2^m + 1)} \tag{9.99a}$$

$$= \frac{2}{\pi} \sin^{-1}\rho \tag{9.99b}$$

Beachten Sie, daß sich dieser Ausdruck bei Eingangkorrelation Eins auf Gleichung (9.89) reduziert. Wichtiger ist aber noch, daß diese Lösung mit Gleichung (9.56) übereinstimmt, die wir über das Verfahren mit charakteristischen Funktionen erhalten haben, und zwar nicht nur im Endergebnis, sondern auch in bezug auf die Reihe, die summiert wurde, um das Ergebnis zu erzielen. Diese Übereinstimmung ergibt sich, weil sich sowohl unsere Lösung mit der charakteristischen Funktion als auch unsere zweidimensionale Diagonalreihenentwicklung auf eine Entwicklung der gemeinsamen charakteristischen Funktion in trennbare Glieder stützt. Es existiert auch tatsächlich eine allgemeine Beziehung zwischen beiden Verfahren, die jedoch nicht immer so offensichtlich ist wie in diesem Beispiel.

9.8.3 Kurzer Überblick über Diagonalprozesse

In Tabelle 9.2 werden die Diagonalprozesse angeführt, die dem Autor bekannt sind. Dieses Thema ist bis jetzt noch nicht in die Lehrbücher aufgenommen worden (abgesehen von einigen Hinweisen auf die Mehlersche Reihenentwicklung der zweidimensionalen Gauß-Verteilung, die unserer Gleichung (9.95) entspricht, obwohl sie in einer weniger einleuchtenden Weise hergeleitet wird), und deshalb enthält dieser Abschnitt ziemlich umfassende Verweise auf die Veröffentlichungen in Periodika.

Das Thema der Diagonalprozesse beginnt mit der Arbeit von Barrett und Lampard [11], die eine allgemeine Theorie entwickelt haben und als Beispiele den Gauß-, den Rayleigh- und den Arcussinus-Prozeß angeführt haben (Nummer 1,2 und 5 in Tabelle 9.2). Sie zeigten unter anderem, daß von den Koeffizienten a_m in Gleichung (9.92) $a_o = 1$ und $a_1 = \rho$, der Eingangs-Korrelationskoeffizient, ist. Sie diskutierten auch die Kreuzkorrelation zweier Prozesse, die wir hier noch nicht betrachtet haben. Blachman [12] zeigt, daß der Ausgang aus der Summe unkorrelierter Terme besteht, die in offensichtlicher Beziehung zu bestimmten Reihenentwicklungen stehen, die nach dem Rice-Verfahren der charakteristischen Funktionen hergeleitet wurden. Lancaster [13] entwickelte vom statistischen Standpunkt aus ähnliche Ideen in bezug auf die Struktur der zweidimensionalen Verteilungen und zeigte die Beziehung zu den Fisherschen "kanonischen Variablen". Brown [34] lieferte ein Kriterium dafür, ob eine zweidimensionale Verteilung zum Diagonaltyp gehört: Die bedingten Momente $E\{X_1^k|X_2 = x_2\}$ müssen Polynome in x_2 sein, wobei der Grad k nicht übersteigen darf (und ebenso bei den vertauschten Variablen). Miller et al. [28] führten den generalisierten Rayleigh-Prozeß ein (Nummer 3 in Tabelle 9.2). Wong und Thomas [29] führten die zweidimensionale Verteilung ein, die sich auf die Jacobi-Polynome (Nummer 7) gründet, und McFadden [30] die Verteilung, die sich auf die Gegenbauer-Polynome stützt (Nummer 6). McGraw und Wagner [18] entwickelten das Konzept von Verteilungen mit elliptischer Symmetrie, die nichts mit Diagonalverteilungen zu tun haben, obwohl sie auf bestimmte Weise daran erinnern (und auch bei nichtlinearen Problemen nützlich sind). Sie zeigten, daß nur die Gauß-, die Arcussinus- und die Gegenbauer-Polynomtypen beiden Klassen gemein sind. Lever und Cattermole [23], die die Auswirkung der Quantisierung auf Gauß-Prozesse untersuchten, fanden heraus, daß die Analyse mit Diagonalprozessen auf eine sehr hohe Zahl von Gliedern führt, daß diese Reihe aber eine Struktur höherer Ordnung hat, die sich auf Anhäufungen von Intermodulationskomponenten gründet.

Die gesamte vorgestellte Theorie und ebenso die Zitate beziehen sich auf instantane Nichtlinearitäten. Eine interessante neue Entwicklung stellt eine entsprechende Theorie zur Behandlung von nichtlinearen Anlagen dar, bei denen die Phasenverschiebung amplitudenabhängig ist. Blachman [35] und Chie [36]

Tabelle 9.2: Diagonalprozesse und -verteilungen.

	Name des Prozesses oder der Verteilung	*Gewichtsfunktion*	*Polynomtyp*	*Literatur*
1	Gauß	$e^{-(1/2)x^2}$	Hermite	[11,12,27,29,31,18,33]
2	negativexponentiell, Rayleigh	$e^{-x}, 0 < x$	Laguerre	[11]
3	Gamma, Chi-Quadrat, generalisierter Rayleigh	$x^k e^{-x}, 0 < x$	verallgemeinerte Laguerre	[28,29,32]
4	–	$1, -1 < x < 1$	Legendre	[13]
5	Arcussinus	$(1-x^2)^{-1/2}, -1 < x < 1$	Tschebyschow	[11,18]
6	–	$(1-x^2)^{k-1/2}, -1 < x < 1$	Gegenbauer	[30,18]
7	–	$(1-x)^{\lambda}(1+x)^{\mu}, -1 < x < 1$	Jacobi	[29]

verwenden Diagonalreihenentwicklungen mit vier Variablen, nämlich Amplitude und Phase zweier komplexwertiger Stichproben eines Bandpaßzufallsprozesses. Es existierten natürlich schon Arbeiten über gemeinsame Amplituden- und Phasenprobleme, hauptsächlich von Shimbo [19], der Verfahren mit charakteristischen Funktionen verwendet hat.

9.8.4 Überlagerung von Zufallsprozessen

Fast unsere gesamte Untersuchung bezog sich auf einen Eingangsprozeß, der durch eine Einzelverteilung wie Gauß-Rauschen oder Signal beschrieben wird. Bei praktischen Problemen interessieren häufig mehrfache Eingänge: Signal plus Rauschen oder mehrere Zufallssignale plus Rauschen.

Die Überlagerung von Zufallsprozessen läßt sich durch eine Erweiterung unserer hier beschriebenen Verfahren durchführen. Unsere Behandlung Sinusfunktion plus Rauschen in Abschnitt 9.6.4 ist eine Anleitung für die allgemeine Form der Phänomene: Terme verschiedener Ordnungen, die auf die einzelnen Eingänge zurückzuführen sind, zusammen mit Produkten aufgrund der Wechselwirkung zwischen Eingängen. Bachmann [37] diskutiert dies allgemein unter dem aussagekräftigen Titel "Signal × Signal-, Rauschen × Rauschen- und Signal × Rauschen-Ausgang einer Nichtlinearität". Viele neuere Arbeiten, insbesondere solche, die im Zusammenhang mit Nachrichtensatelliten durchgeführt wurden, beschäftigen sich hauptsächlich mit dem Fall mehrerer Eingänge: [19],[20],[35],[36],[38],[39] und Kapitel 13. Aber das Problem ist wirklich ziemlich alt und geht auf die früheren Untersuchungen der Intermodulation in Trägersystemen zurück [15]. Es bleibt ein ziemlich komplexes Thema, bei dem es schwierig ist, den Wald vor lauter Bäumen zu sehen, wenn man nicht eine klare Vorstellung der zugrundeliegenden Begriffe im Kopf hat.

9.9 Schlußfolgerung

Es ist das Ziel dieses Kapitels, die prinzipiellen Mittel für die Analyse der Auswirkung von nichtlinearen Operationen an Zufallsprozessen klar darzustellen. Die Beziehung unter den verschiedenen Verfahren, zur Beschreibung von Nichtlinearitäten, ist das vereinheitlichende Thema: explizite Formeln oder Kurven, Potenzreihen, charakteristische Funktionen und Reihen orthogonaler Polynome. Diese Verfahren sind weniger Ad-hoc-Verfahren und sind enger verwandt, als man manchmal glaubt. Wir haben gesehen, daß ähnliche Begriffe bei verschiedenen Ansätzen auftauchen: Selbstfaltungen von Leistungsspektren, Frequenzumsetzung von Komponenten, Reihen unkorrelierter Komponenten. Wir hoffen, daß der Leser mit diesen Vorstellungen besser ausgerüstet ist, um seinen Weg durch die verwirrende Vielfalt eingehende praktischer Untersuchungen zu finden.

10 Taktgewinnung für die digitale Trägerbandübertragung

J. J. O'Reilly

10.1 Einführung

Bei der digitalen Nachrichtenübertragung muß der Empfängertakt mit dem eingehenden Signal synchronisiert werden. Meist wird dies dadurch erreicht, daß Operationen am Digitalsignal durchgeführt werden, um eine geeignete Taktwelle zu entnehmen. Eine weitverbreitete Technik, die für die pulsamplitudenmodulierte (PAM) Trägerbandsignalübertragung geeignet ist, ist in Abb. 10.1 dargestellt. Das PAM-Signal wird gefiltert und auf eine nichtlineare Schaltung gegeben, deren Ausgang dann bandpaßgefiltert oder auf eine phasenstarre Schleife (PLL) weitergegeben wird. Der Ausgang des Bandpaßfilters oder der PLL liefert die erforderliche Taktwelle mit der Signalübertragungsrate.

Verschiedene Autoren, zum Beispiel [1-5] haben dieses Schema diskutiert. Es ist die Möglichkeit in Betracht gezogen worden, eine Taktwelle ohne datenmusterabhängiges Jitter zu gewinnen [2], und es sind die Bedingungen für den Sonderfall einer quadratischen Nichtlinearität zur Entnahme eines jitterfreien Taktsignals veröffentlich worden [3,5]. Diese Untersuchungen sind jedoch derart komplex, daß der Prozeß der Taktgewinnung vielleicht immer noch nicht so gut verstanden wird, wie es seine weite Verbreitung bei der digitalen Nachrichtenübertragung verdient. In diesem Kapitel stellen wir eine vereinfachte Analyse vor, die die Bedingung dafür festlegt, daß kein musterabhängiges Jitter auftritt. Das hier angegebene Ergebnis stellt eine bescheidene Verallgemeinerung des Ergebnisses dar, das in [3] in Übereinstimmung mit [5] über einen gänzlich anderen Weg gewonnen wurde. Die Haupteigenschaft der vorliegenden Untersuchung ist die Einfachheit - wobei die Vereinfachung in großen Maße dadurch erreicht wird, daß wir uns auf eine einzelne Realisierung des Digitalsignals konzentrieren. Es wird angenommen, daß dieser Ansatz das Verständnis der zugrundeliegenden physikalischen Mechanismen erleichtert, die mit dem Taktrückgewinnungsprozeß in Zusammenhang stehen. Schließlich muß aber noch der inhärente stochastische Charakter des Problems berücksichtigt werden. Hier ist Sorgfalt erforderlich, da das Digitalsignal nicht wirklich *stationär*, sondern *zyklostationär* ist.

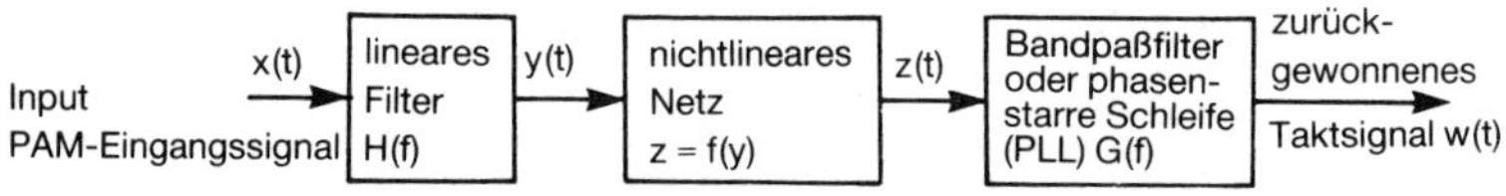

Abbildung 10.1: Taktgewinnungsfilter.

10.2 Scheinbares Paradoxon

Wir betrachten ein PAM-Signal, das durch

$$x(t) = \sum_r a_r p(t-r) \tag{10.1}$$

gegeben ist, wobei $\{a_r\}$ die Nachricht darstellt (von der angenommen wird, daß sie aus einem stationären Prozeß mit Mittelwert Null und unabhängigen Elementen stammt), $p(t)$ die Signalpulsform ist, und ohne Einschränkung der Allgemeinheit wird ein Signalübertragungsintervall der Länge Eins angenommen. Es läßt sich schnell zeigen (s. zum Beispiel [7]) daß das Leistungsspektrum für ein solches Signal eine Nullstelle bei der Signalübertragungsfrequenz aufweist. Betrachten wir beispielsweise Rechtecksignale in voller Breite*, so daß

$$p(t) = \text{rect }(t) \triangleq \begin{cases} 1, & |t| < \frac{1}{2} \\ 0, & \text{ansonsten} \end{cases} \tag{10.2a}$$

$$\Rightarrow P(f) = \text{ sinc }(f) \triangleq \frac{\sin \pi f}{\pi f} \tag{10.2b}$$

gilt, dann hat das Leistungsspektrum $S_x(f)$ die Form

$$S_x(f) = \text{ sinc}^2(f) \tag{10.3}$$

und es gilt:

$$S_x(f)|_{f=1} = \text{ sinc}^2(1) = 0$$

Da $S_x(f)$ bei der Übertragungsrate eine Nullstelle hat, enthält $x(t)$ nicht direkt eine Taktkomponente. Des weiteren, und vielleicht ist dies noch wichtiger, ist $S_x(f)$ ein *kontinuierliches Spektrum*: es enthält keine Anteile von diskreten Spektrallinien. Trotzdem überzeugt die Beobachtung des Zeitsignals $x(t)$ - wobei Datenübertragung in ganzzahligen Zeitintervallen auftritt - davon, daß Taktinformationen vorhanden sind. Berücksichtigen wir die Menge aller möglichen

* Signale im Zeitbereich werden durch Kleinbuchstaben, Fourier-Spektren durch Großbuchstaben gekennzeichnet, wobei $x(t) \Leftrightarrow X(f)$ ein Fourier-Transformationspaar darstellt.

Realisierungen von $x(t)$, so stellen wir fest, daß (vorausgesetzt

$$E[X(t)] = E[a] \sum_r p(t-r) \tag{10.4}$$

identisch Null ist), das Quadrat des PAM-Signals einen periodischen Mittelwert von

$$E[X^2(t)] = \bar{a^2} \sum_r p^2(t-r) \tag{10.5}$$

hat. Dabei hängt der Betrag der periodischen Komponente von der Pulsform $p(t)$ ab*. Ebenso läßt sich experimentell feststellen, daß der Ausgang bei der Übertragungsrate eine Spektrallinie enthält, wenn $x(t)$ entsprechend gefiltert und die Resultierende auf eine Stufe mit quadratischer Kennlinie gegeben wird.

Daß eine Taktinformation in $x(t)$ vorhanden ist, obwohl in $S_x(f)$ eine Linienkomponente fehlt, und daß jedoch eine Linienkomponente durch die nichtlineare Verarbeitung auftaucht, mag auf den ersten Blick paradox erscheinen. Wir werden dieses vermeintliche Paradoxon bald lösen; in diesem Stadium ist es lehrreich, die qualitative Erklärung zu beachten, die Bylanski und Ingram [5] gegeben haben. Diese Autoren haben betont, daß das kontinuierliche Spektrum nicht das Spektrum eines "echt zufälligen" Signals ist, sondern "versteckte Phasenbeziehungen zwischen den verschiedenen Komponenten hat". Um den Taktrückgewinnungsprozeß richtig verstehen zu können, müssen wir den Charakter dieser "versteckten Phasenbeziehungen" aufdecken. Wir stellen hier aber fest, daß es sich um eine allgemeine Eigenschaft zyklostationärer Prozesse handelt, daß Komponenten in verschiedenen Frequenzbändern korreliert sein können [8].

10.3 Spektrale Symmetrie bei digitalen Signalen

Das PAM-Signal aus (10.1) kann folgendermaßen umgeschrieben werden:

$$\begin{aligned} x(t) &= \sum_r a_r p(t-r) \\ &= p(t) * \sum_r a_f \delta(t-r) \\ &= p(t) * s(t) \end{aligned} \tag{10.6}$$

---

* Gleichung (10.4.) und (10.5) sind Folgen der Tatsache, daß das PAM-Signal aus (10.1) einen (im weiteren Sinne) zyklostationären Prozeß mit Mittelwert Null bildet. Ein zyklostationärer (oder periodisch instationärer) Prozeß hat statistische Momente, die zeitlich periodisch sind, und nicht konstant wie bei einem stationären Prozeß.

Das Symbol $*$ steht hier für Faltung. Beachten Sie, daß $s(t)$ die Form eines regelmäßig abgetasteten Signals hat und alle Information in bezug auf die Nachricht $\{a_r\}$ enthält, diese wiederum ist einfach eine spezielle Realisierung eines diskreten stochastischen Prozesses. Da $s(t)$ die Nachrichteninformation enthält, können wir $p(t)$ zeitlich vernachlässigen:

$$p(t) = \delta(t) \Rightarrow p(t) * s(t) = s(t)$$

Dies entspricht einer Pulsübertragung. Eine realistische Signalpulsform läßt sich leicht zu einem späteren Zeitpunkt über das Faltungstheorem einführen.

Aufgrund der Form des Signals, nämlich die regelmäßige Abtastung, können wir $s(t)$ ein reelles Zeitsignal $a(t)$ zuordnen, das streng durch $|f| < 1/2$ bandbegrenzt ist, wobei wir uns im wesentlichen auf eine Umkehrung des Abtasttheorems [9] stützen. Des weiteren können wir vorbehaltlich der Konvergenz der Fourier-Integrale* ein Fourier-Spektrum $A(f)$ bestimmen, so daß $a(t) \Leftrightarrow A(f)$ und $A(f) = 0$ für $|f| < 1/2$ gilt.

Durch Einführung der Notation

$$\text{rep}\,\{f(t)\} \triangleq \sum_r f(t-r)$$

können wir

$$\begin{aligned} s(t) &= \sum_r a_r s(t-r) \\ &= a(t)\ \text{rep}\,\{\delta(t)\} \end{aligned} \tag{10.7a}$$

$$\Rightarrow S(f) = \text{rep}\,\{A(f)\} \tag{10.7b}$$

schreiben.

Eine repräsentatives Nachrichtenspektrum $A(f)$ und ein entsprechendes Wiederholungsspektrum $S(f)$ sind in Abb. 10.2 dargestellt. Aus praktischen Erwägungen sind reelle Funktionen mit endlicher Energie dargestellt worden, obwohl für die Untersuchung keinerlei derartige Einschränkungen erforderlich sind. Im allgemeinen sind $A(f)$ und $S(f)$ komplexwertige Funktionen der Frequenz, aber da $\{a_r\} \to a(t)$ reell ist, ist $A(f)$ hermitesch, wobei $A(f) = A^*(-f)$ gilt. Hierin kennzeichnet der hochgestellte Index "*" die komplexe Konjugation. Folglich ist $S(f)$ sowohl hermitesch als auch periodisch, und es ist $S(f) = S^*(-f)$ und $S(f) = S(f-1)$; es folgt, daß $S(f)$ hermitesche Symmetrie in bezug auf

* Es sollte beachtet werden, daß die Konvergenz des Fourier-Integrals nicht allgemein gewährleistet ist, es sei denn, $a(t)$ ist endlich. Die Verwendung verallgemeinerter Funktionen (Distributionen) [10] läßt jedoch periodische und fast-periodische Funktionen zu [10], und wenn wir tiefer in die Funktionalanalyis einsteigen, können wir eine verallgemeinerte Fourier-Transformierte [11] definieren, die die Klasse der zulässigen Funktionen bis zu dem Umfang erweitert, der in diesem Zusammenhang erforderlich ist.

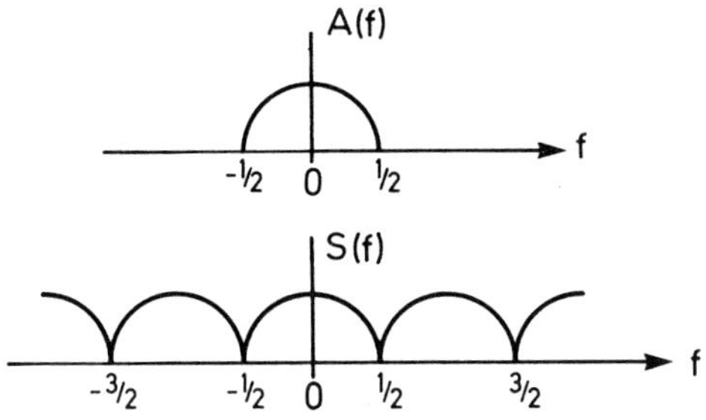

Abbildung 10.2: Anschauliches Nachrichtenspektrum *A(f)* und entsprechendes Wiederholungsspektrum *S(f)*.

$f = \pm 1/2$ aufweist. (Es existieren für $S(f)$ viele andere Symmetrien, die aber in diesem Zusammenhang nicht so interessant sind.)

10.4 Rückgewinnung eines jitterfreien Taktsignals

Wir wollen jetzt die Auswirkung einer linearen Filteroperation $H(f)$ auf $S(f)$ untersuchen. $H(f)$ sei so gewählt, so daß der positive Frequenzanteil

$$H_+(f) \triangleq H(f) \cdot U(f)$$

mit der Einheitssprungfunktion $U(f)$ hermitesche Symmetrie bezüglich $f = +1/2$ aufweist, d.h., es gilt $H_+(f + 1/2) = H_+(1/2 - f)$. Es folgt, daß der negative Frequenzanteil $H_-(f)$ eine ähnliche Symmetrie bezüglich $f = -1/2$ aufweist. Aus praktischen Erwägungen werden wir solche Funktionen* von jetzt an als bandpaßhermitesch bezüglich $f = \pm 1/2$ bezeichnen.

Der Ausgang aus dem Filter $y(t) \Leftrightarrow Y(f)$ ergibt sich zu

$$\begin{aligned} y(t) &= s(t) * h(t) \\ \Rightarrow Y(f) &= S(f) \cdot H(f) \end{aligned} \tag{10.8}$$

so daß $Y(f)$ ebenfalls bandpaßhermitesch bezüglich $f = \pm 1/2$ ist. Dies ist in Abb. 10.3 dargestellt, in der wiederum aus praktischen Gründen reelle Funktionen gewählt wurden. Aufgrund dieser Symmetrien stellen wir fest, daß $y(t)$

* Die Leser, die mit dem Begriff der komplexen Hüllkurve vertraut sind, werden erkennen, daß diese Einschränkungen sicherstellen, daß die entsprechende komplexe Hüllkurve ein reelles Signal ist. Wir werden den Formalismus der komplexen Hüllkurve aber nicht explizit verwenden.

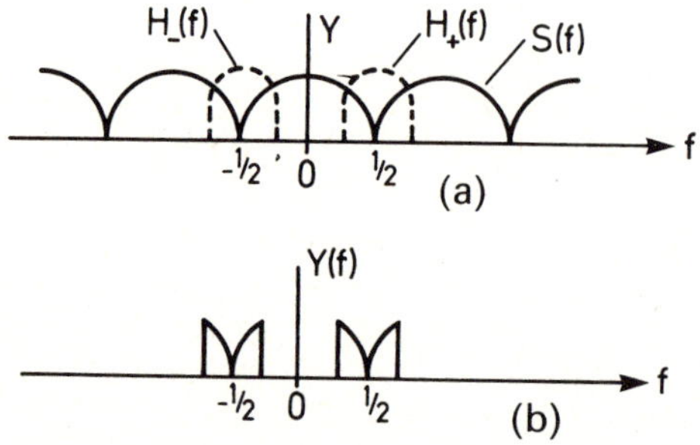

Abbildung 10.3: Filterung von *S(f)*, um *Y(f)* mit den gewünschten Symmetrien zu erhalten. (a) Wiederholungsspektrum und Filterantwort; (b) Bandpaßspektrum *Y(f)*.

genau die Form eines amplitudenmodulierten Signals mit zwei Seitenbändern und unterdrücktem Trägerband hat, wobei die (unterdrückte) Trägerfrequenz die Hälfte Übertragungsrate ist. Folglich gilt

$$y(t) = r(t)\cos\pi t \tag{10.9}$$

wobei $r(t) = 2\mathcal{F}_{-1}\{H_+(f+1/2)S(f+1/2)\}$ eine reelle Zeitfunktion mit Mittelwert $\bar{r}(t) = 0$ ist.

Es ist jetzt angebracht, noch einmal den Einfluß der Signalpulsform $p(t) \Leftrightarrow P(f)$ zu betrachten. Beim Filtereingang gilt nach (10.6)

$$p(t) * s(t) \Leftrightarrow P(f)S(f)$$

so daß für den Ausgang

$$y(t) = p(t) * s(t) * h(t) \Leftrightarrow Y(f) = P(f) \cdot S(f) \cdot H(f)$$

gilt.

Da $S(f)$ bezüglich $f = +1/2, f = -1/2$ hermitesche Symmetrie hat, ist $Y(f)$ bezüglich $f = \pm 1/2$ bandpaßhermitesch, wenn und nur wenn $P(f)H(f)$ eine derartige Symmetrie aufweist. Dies ist dann die gemeinsame Bedingung für $p(t), h(t) \Leftrightarrow P(f)$ und $H(f)$, die erforderlich ist, um die Signalform mit zwei Seitenbändern gemäß (10.9) beizubehalten.

Nach Abb. 10.1 wird $y(t)$ jetzt auf ein nichtlineares Netz gegeben, um $z(t)$ zu gewinnen:

$$\begin{aligned} z(t) &= f\{y(t)\} \\ &= y^2(t) \text{ bei quadratischer Nichtlinearität} \end{aligned} \tag{10.10}$$

Durch Anwendung des Faltungstheorems erhalten wir

$$Z(f) = \int_{-\infty}^{\infty} Y(u)Y(f-u)\,du = Y^{*2}(f) \tag{10.11}$$

wobei der Index "$*n$" die n-fache Selbstfaltung einer Funktion kennzeichnet. Wir wollen aber $y(t)$ betrachten, das über den gesamten Zeitbereich existiert. Es entspricht damit einem Signal mit unendlicher großer Energie, aber endlicher mittlerer Leistung. Um diese Möglichkeit zuzulassen, haben wir auf die verallgemeinerte Fourier-Transformierte nach (10.7) zurückgegriffen. Es ist möglich, die Untersuchungen im Frequenzbereich fortzuführen, aber es sind einige Anstrengungen erforderlich, um die Konvergenz des Integrals in Gleichung (10.11) nachzuweisen [12]. Glücklicherweise versetzt uns der Ansatz im Zeitbereich in die Lage, diese Schwierigkeiten zu umgehen.

Wenn wir $z(t)$ im Zeitbereich betrachten, erhalten wir

$$z(t) = r^2(t)\,\cos^2(\pi t) = \tfrac{1}{2} r^2(t)(1+\cos 2\pi t) \tag{10.12}$$

wobei $r^2(t)$ nichtnegativ mit von null verschiedenem Mittelwert $\bar{r}^2(t)$ ist. Folglich können wir schreiben:

$$r^2(t) = r_0(t) + \overline{r^2}(t) \tag{10.13}$$

Dabei ist $r_o(t)$ ein Signal mit Mittelwert Null, das $r_2(t)$ entspricht, wenn der Gleichstromterm $\bar{r}^2(t)$ verschwindet. Wir erhalten also jetzt

$$\begin{aligned} z(t) &= \tfrac{1}{2}[r_0(t) + \overline{r^2}(t)](1+\cos 2\pi t) \\ \Rightarrow Z(f) &= \tfrac{1}{2}R_0(f) + \tfrac{1}{4}R_0(f+1) + \tfrac{1}{4}R_0(f-1) \\ &\quad + \tfrac{1}{2}\overline{r^2}(t)\delta(f) + \tfrac{1}{4}\overline{r^2}(t)\delta(f+1) + \tfrac{1}{4}\overline{r^2}(t)\delta(f-1) \end{aligned} \tag{10.14}$$

Das Spektrum $Z(f)$ und seine Beziehung zu $Y(f)$ sind in Abb. 10.4 schematisch dargestellt. Beachten Sie insbesondere die Linienkomponenten, die den letzten drei Termen in Gleichung 10.14 entsprechen. Das Spektrallinienpaar bei $f = \pm 1$ entspricht der gewünschten Taktkomponente $1/2r^2(t)$ cos $(2\pi t)$, die $z(t)$ durch Bandpaßfilterung entnommen werden kann. Jedes Filter mit endlicher Bandbreite läßt aber einen Teil der anderen Terme aus (10.14) durch, und wenn wir diesen Beitrag minimieren wollen, müssen wir ein sehr schmalbandiges Filter verwenden. Andererseits begrenzen wir die Toleranz der Taktrückgewinnungsschaltung, gegenüber der Signalübertragungsgeschwindigkeit, wenn wir ein schmalbandiges Filter verwenden; dies kann auch auf große Taktphasenfehler führen, wenn Parameteränderungen auftreten, zum Beispiel aufgrund von Temperatur- oder Alterungseinfluß. Folglich sollte einem Filter mit relativ mäßiger Bandbreite der Vorzug gegeben werden.

Es lohnt sich in dieser Hinsicht, Gleichung (10.14) genauer zu untersuchen. Existiert keine spektrale Überlappung zwischen $R_o(f)$ und $R_o(f \pm 1)$, dann ist es prinzipiell durchführbar, die Gleichstrom- und Basisbandkomponenten

$$\tfrac{1}{2}\overline{r^2}(t)\delta(f) + \tfrac{1}{2}R_0(f)$$

zu eliminieren, während die Komponenten bei und um $f = \pm 1$ ohne Beeinträch-

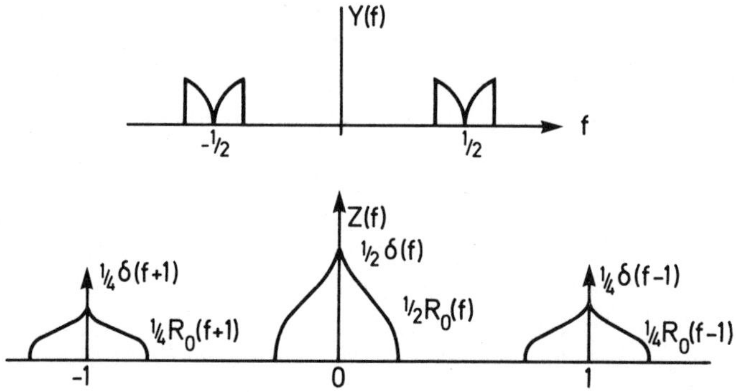

Abbildung 10.4: Spektrum *Z(f)=Y*(f)* einschließlich diskreter Spektrallinien bei $f = 0, \pm 1$.

tigung beibehalten werden können. Bezeichnen wir den Ausgang eines solchen Filters mit $w(t) \Leftrightarrow W(f)$, dann erhalten wir

$$\begin{aligned} W(f) &= \frac{1}{4}\{R_0(f \pm 1) + \bar{r^2}(t)\delta(f \pm 1)\} \\ \Rightarrow w(t) &= \frac{1}{2}r_0(t) \cos 2\pi t + \frac{1}{2}\bar{r^2}(t) \cos 2\pi t \\ &= \frac{1}{2}r^2(t) \cos 2\pi t \end{aligned} \tag{10.15}$$

wobei $r^2(t) = r_o(t) + \bar{r^2}(t)$ nichtnegativ ist. Folglich ist $w(t)$ eine hüllkurvenmodulierte Welle mit äquidistanten Nulldurchgängen. Die *Hüllkurve von* $w(t)$ *hängt von den Daten* $\{a_r\}$ *ab*, aber die Phase ist datenunabhängig. Also kann das erforderliche Taktsignal mit Hilfe eines Detektors für Abwärts- (oder Aufwärts-) Nulldurchgangsdetektors bestimmt werden, der $w(t)$ verarbeitet.

Wir kommen jetzt auf Gleichung (10.15) zurück und sollten beachten, daß die Bedingungen, daß keine spektrale Überlappung zwischen $R_o(f)$ und $R_o(f \pm 1)$ auftritt und daß $R_o(f)$ durch das Ausgangsfilter zurückgewiesen, $R_o(f \pm 1)$ aber ohne Veränderung durchgelassen wird, unnötig einschränkend sind. Weniger strenge, aber dennoch hinreichende Bedingungen lauten:

1. Das Ausgangsbandpaßfilter $G(f)$ muß die Gleichstrom- und Basisbandkomponenten eliminieren: $\Rightarrow R_o(f)G(f) = 0$ für alle f.
2. $G(f)$ muß bezüglich $f = \pm 1$ bandpaßhermitesch sein.
3. Es muß $G(\pm 1) \geq G(f)$ für alle f sein.

Die beiden ersten Bedingungen stellen sicher, daß der Ausgang $w(t)$ die Form eines Signals mit zwei Bändern hat, aber sie gewährleisten nicht, daß die Hüllkurve nichtnegativ und reell ist. Dies wird durch das Auferlegen der dritten Bedingung erreicht, die praktisch keinerlei Einschränkung bedeutet, wenn sie auch stärker ist, als streng genommen erforderlich wäre.

Der Ausgang $w(t) \Leftrightarrow W(f)$ hat eine hüllkurvenmodulierte Form mit datenunabhängigen Nulldurchgängen und ist in Abb. 10.5 dargestellt. Wird die Bandbreite des Ausgangsfilters $G(f)$ verringert, verringern sich auch die datenabhängigen Hüllkurvenschwankungen. Hierdurch werden auch die Anforderungen an den Nulldurchgangsdetektor entschärft, aber es wird ebenso, wie wir dies vorher angedeutet haben, die Toleranz des Systems in bezug auf Änderungen der Signalübertragungsgeschwindigkeit eingeschränkt. Die erforderliche Filterung zwischen $H(f)$ und $G(f)$ ausgeglichen werden, wobei ein guter Kompromiß darin besteht, von $P(f)H(f)$ eine Bandbreite $B_H < 1/2$ (endlicher Träger) zu fordern, damit die Trägerbandkomponenten von $z(t)$ nicht durchgelassen werden. Unter diesen Umständen hat $w(t)$ eine reelle nichtnegative Hüllkurve, äquidistante Nulldurchgänge, die von der Datenfolge $\{a_r\}$ unabhängig sind; und die Taktschaltung reagiert nicht übermäßig empfindlich auf Geschwindigkeitsänderung oder Abstimmungsfehler.

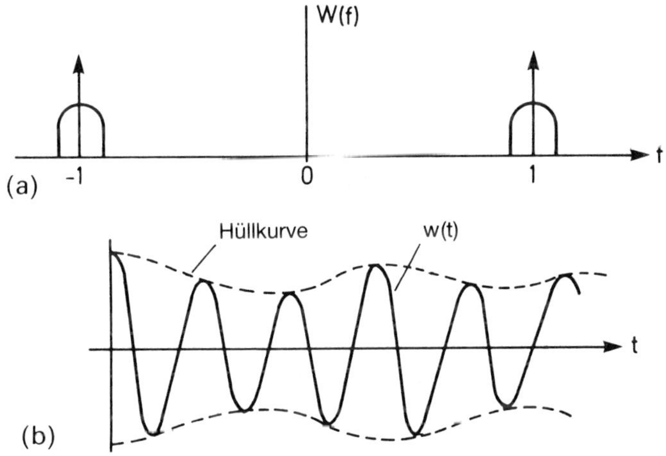

Abbildung 10.5: Ausgangstaktsignale *w(t)* und Ausgangsspektrum *W(f)*. (a) Repräsentatives Ausgangsspektrum; (b) repräsentatives Ausgangssignal im Zeitbereich mit äquidistanten Nulldurchgängen.

10.5 Statistische Eigenschaften des PAM-Signals und der Taktwelle

Weiter oben haben wir uns mit einer einzelnen Realisierung eines PAM-Signals beschäftigt und bestimmte spektrale Symmetrien ausgenutzt, um Kriterien für die Rückgewinnung einer Taktwelle mit datenunabhängigen Nulldurchgängen zu bestimmen. Wenn wir uns auf eine einzelne Realisierung konzentrieren, so mag dies einer deterministischen Behandlung des Problems gleichkommen. Es sollte aber beachtet werden, daß die Nachricht $\{a_r\}$ aus der Menge zulässiger Nachrichten beliebig gewählt wird. Es ist daher angemessen, wenn wir jetzt die stochastischen Aspekte des Problems sorgfältiger untersuchen.

10.5.1 Zyklostationarität

Während die statistischen Kenngrößen eines stationären Prozesses unter beliebigen Zeitverschiebungen invariant sind, sind die Kenngrößen eines zyklostationären Prozesses* nur dann invariant, wenn sie um ein ganzzahliges Vielfaches einer Periode T verschoben werden. Folglich hängen die statistischen Kenngrößen - Wahrscheinlichkeitsdichten, - momente, -funktionen, Autokorrelationsfunktionen etc. - von der absoluten Zeit und von der Zeitdifferenz ab. Die Abhängigkeit von der absoluten Zeit ist jedoch periodisch. Insbesondere wird ein Zufallsprozeß genau dann im weiteren Sinne zyklostationär genannt, wenn der Mittelwert und die Autokorrelationsfunktion Periodizität aufweisen [6]:

$$\begin{aligned} M_x(t) &\triangleq E[x(t)] = M_x(t+T) \quad \text{für alle } t \\ R_{xx}(t,\tau) &\triangleq E[x(t), x^*(\tau)] = R_{xx}(t+T, \tau+T) \quad \text{für alle } t, \tau \end{aligned} \tag{10.16}$$

Wir haben schon weiter oben festgestellt, daß das PAM-Signal aus (10.1) zyklostationär ist, und behauptet, daß ein Leistungsspektrum $S_X(f)$ berechnet werden kann. Angesichts Gleichung (10.16) verdient diese letzte Behauptung eine Erklärung. Bei instationären $x(t)$ ist der gewohnte Begriff der Spektraldichte nicht anwendbar; wir können wegen der Abhängigkeit von der absoluten Zeit nicht einfach auf das Wiener-Khintchine-Theorem zurückgreifen und $S_X(f)$ als Fourier-Transformierte von $R_{xx}(t,\tau)$ gewinnen. Ein stationärer Prozeß kann jedoch aus $x(t)$ durch einen Zufallsphasenansatz [6] hergeleitet werden, d.h., die statistischen Parameter über eine Periode

$$\tilde{M}_x = \frac{1}{T}\int_{-T/2}^{T/2} M_x(t)\,\mathrm{d}t \tag{10.17a}$$

$$\tilde{R}_{xx}(\tau) = \frac{1}{T}\int_{-T/2}^{T/2} R_{xx}(t,\tau)\,\mathrm{d}t \tag{10.17b}$$

zu mitteln.

Die Fourier-Transformation von Gleichung (10.17) liefert dann ein Leistungsspektrum $\tilde{S}_X(f)$. Genau genommen, ist dies das Leistungsspektrum des im weiteren Sinne stationären Prozesses, der aus $x(t)$ hergeleitet wurde; es wird aber oft auch einfach das Leistungsspektrum $S_X(f)$ von $x(t)$ genannt. Wird $x(t)$ linear gefiltert, wie dies in Abb. 10.1 der Fall ist, ist das daraus resultierende $y(t)$

---

* Solche Prozesse werden auch "periodisch instationär" genannt [13].

immer noch zyklostationär, obwohl sich der Grad der Zyklostationarität durch die Filteroperation erhöht oder erniedrigt haben kann. Für eine Taktentnahme soll der Grad der Zyklostationarität erhöht werden, und dies läßt sich über eine Bandpaßfilterung bei halben Übertragungsfrequenz durchführen. Um das Leistungsspektrum $S_Y(f)$ für den gefilterten Prozeß herzuleiten, muß noch einmal eine Mittlung über Zufallsphasen durchgeführt werden.

Wir wollen jetzt die Auswirkung einer Nichtlinearität $f(\ )$ auf einen zyklostationären Prozeß untersuchen. Manchmal ist es möglich, die Spektraldichte im Ausgang einer nichtlinearen Stufe mit Hilfe mehrfacher Faltungen der Eingangs-Spektraldichte (Kapitel 9 und [15]) zu berechnen. Dies ist hier jedoch nicht der Fall. Zyklostationäre Prozesse weisen im Gegensatz zu stationären Prozessen im allgemeinen eine Korrelation unter den Komponenten in verschiedenen Frequenzbändern auf. Wir erzeugen mit einer Mittelung über Zufallphasen, mit der wir ein Leistungsspektrum erhalten wollen, einen stationären Prozeß und verlieren diese Korrelationen aus den Augen, die im wesentlichen die "versteckten Phasenbeziehungen" darstellen, die weiter oben aus [4] zitiert wurden. In den vorangegangenen Abschnitten dieses Kapitels wurden diese Schwierigkeiten umgangen, indem eine einzelne Realisierung $x(t)$ betrachtet und ein verallgemeinertes Fourier-Integral zur Erzeugung des Spektrums verwendet wurde. Das Spektrum X(f), das auf diese Weise gewonnen wird, unterscheidet sich in der Art erheblich von $S_x(f)$. Es handelt sich um eine komplexwertige Funktion der Frequenz und enthält deswegen explizit die erforderlichen Phaseninformationen. Beachten Sie jedoch, daß $X(f)$ selbst eine einzelne Realisierung eines Zufallsprozesses ist - eine Zufallsfunktion der Frequenzvariablen [4] - und deshalb keine Charakterisierung des Prozesses darstellt.
Zeitinvariante Operationen ändern die Zyklostationarität [8] nicht, obwohl sich der Grad wiederum ändern kann. In diesem Zusammenhang heißt das, daß der Ausgang des Quadrierers $z(t)$ und die zurückgewonnene Taktwelle $w(t)$ zyklostationäre Prozesse darstellen. Im Gegensatz zu den Eingängen $x(t)$ und $y(t)$ weisen die Ausgangsprozesse $z(t)$ und $w(t)$ einen periodischen Mittelwert auf. Dies ergibt sich deutlich aus dem Oszillographenbild nach Abb. 10.6, in der die fast sinusförmige Taktwelle - wobei sich die Amplitude langsam ändert und Störungen im allgemeinen klein sind - durch die Synchronisierung der horizontalen Ablenkung mit dem Daten- "Takt"-Signal dargestellt wird. Der quadratische Mittelwert der Taktwelle ist periodisch und nichtnegativ, wie dies in Abb. 10.7a dargestellt ist. Das Minimum von $E[z^2(t)]$ wurde als Maß für den restlichen Taktjitter verwendet [3,5], eine Rechtfertigung hierfür ergibt sich aus Abb. 10.7.b. Man erkennt, daß $E[w^2(t)]$ gegen null geht, wenn die Nulldurchgänge von $w(t)$ jitterfrei sind.

10.5.2 Ergodenhypothese

Wenn wir die Verteilung der Nulldurchgänge einer Einzelrealisierung auf die Verteilung der Nulldurchgänge in der Umgebung eines Zeitpunktes t_o für das Ensemble aller möglicher Realisierungen übertragen, stützen wir uns im wesent-

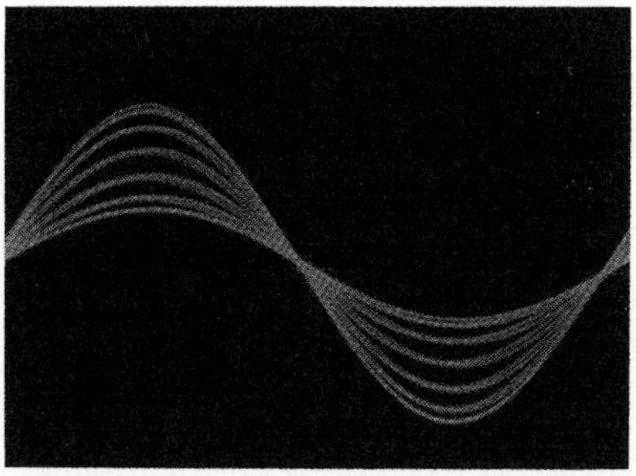

Abbildung 10.6: Zurückgewonnenes Taktsignal.

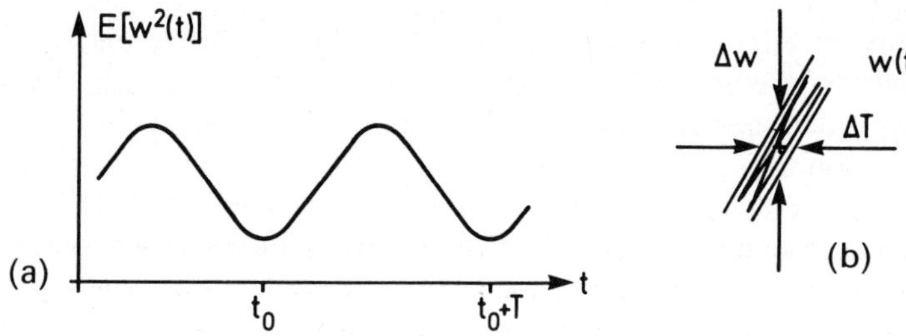

Abbildung 10.7: Variation des quadratischen Mittelwertes der Taktwelle und die Beziehung zum Taktjitter (nach [3]). (a) Variation von $E[w^2(t)]$; t_0 ist der mittlere Nulldurchgang von $w(t)$; (b) Beziehung zwischen Zeit- und Amplitudenvariationen in der Umgebung von t_0.

lichen auf eine Form der Ergodizität. Soweit ein bestimmtes System betroffen ist, ist vielleicht das Verhalten einer Einzelrealisierung interessant, aber unter der Voraussetzung, daß die Daten $\{a_r\}$ *a priori* nicht bekannt sein können, muß das Ensemble aller möglichen Nachrichten betrachtet werden. Bei einem ergodischen Prozeß sind Zeit- und Ensemblemittelwert identisch, und es ist also ausreichend, wenn der Mittelwert berechnet wird, der uns am angenehmsten erscheint. Wenn wir hier das Konzept der Ergodizität anwenden wollen, müssen wir vorsichtig vorgehen, denn ergodische Prozesse sind eine Unterklasse der stationären Prozesse, und wir behandeln hier keine stationären Prozesse.

Die wesentliche Eigenschaft eines ergodischen Prozesses besteht darin, daß wir durch Zeitverschiebungen eine unendlich großes statistisches Ensemble von Realisierungen gewinnen können, wenn wir eine Einzelrealisierung auf der gesamten Zeitachse t Element $(-\infty, \infty)$ kennen. Wir können also die statistischen Kenngrößen eines ergodischen Prozesses aus einer Einzelrealisierung bestimmen. Mit dieser Perspektive können wir uns eine Form von Ergodizität vorstellen, die auf zyklostationäre Prozesse anwendbar ist, wenn wir die Zeitverschiebungen auf ganzzahlige Vielfache der Periode beschränken und dadurch aus einer Einzelrealsierung das Ensemble erzeugen können*. Die Kenngrößen des Ensembles, die zu einem gegebenen Zeitpunkt t_o berechnet werden, wären dann mit Kenngrößen identisch, die aus Stichproben einer aus der Menge $\{t|t = t_o + rT, r \text{ ganzzahlig}\}$ entnommenen Einzelrealisierung berechnet werden. Mit dieser Annahme können wir das Jittermaß $E[w^2(t)]$ berechnen, indem wir den Ensemblemittelwert oder den zeitlichen Stichprobenmittelwert bilden.

Die Bildung des Ensemblemittelwertes hat sich in der Vergangenheit als praktisch erwiesen [3,5], aber bei der Erweiterung der vorliegenden Behandlung auf die Jitterberechnung ist die Bildung des Zeitmittelwertes geeigneter. Wir geben hier keine Einzelheiten an, sondern bemerken nur, daß das Problem mit der Berechnung der Symbolinterferenz (ISI) äquivalent ist, wobei allerdings der Unterschied besteht, daß wir mit der Taktwelle $w(t)$ arbeiten und nicht mit dem informationstragenden Signal $x(t)$. Die Berechnung der ISI-Varianz mit Hilfe eines Signalspektrums ist in der Literatur gut dokumentiert [zum Beispiel 17,18].

10.6 Schlußfolgerungen

In diesem Kapitel werden die Bedingungen für die Entnahme einer Taktwelle ohne datenabhängiges Jitter aus einem Digitalsignal bestimmt. Das Ergebnis ist nicht neu, aber von dem Herleitungsverfahren wird angenommen, daß es vorher noch nicht voröffentlicht worden ist und daß es bestimmte pädagogische Vorteile aufweist. Es wird die Bedeutung des zyklostationären Charakters stochastischer Prozesse im Zusammenhang mit der Digitalübertragung herausgestellt, und es wird darauf hingewiesen, daß genau eine Taktwelle aufgrund dieser Zyklostationarität zurückgewonnen werden kann. Schließlich wird noch kurz umrissen, wie die Untersuchung erweitert werden kann, um die Berechnung des Taktjitters zu berücksichtigen, wenn die Bedingungen für Jitterfreiheit nicht erfüllt sind (was in der Praxis immer der Fall sein muß). Es muß sich noch zeigen, ob dieser Ansatz rechnerische Vorteile im Vergleich zum konventionellen Verfahren bietet; es ist wohl eher wahrscheinlich, daß das bedeutendste Merkmal des vorliegenden Analyseverfahrens darin besteht, daß es einen Einblick in den Taktgewinnungsprozeß ermöglicht.

* Der Begriff "zykloergodisch" wäre für Prozesse mit dieser Eigenschaft angemessen.

11 Spektren von Quantisierungsrauschen

K.V. Lever

11.1 Einführung

Nachrichteningenieure sind mit der Quantisierungsoperation als Quelle für Verzerrungen vertraut, die in einem gut ausgelegten System die Leistung eines Pulscodemodulationssystems [1] begrenzt. Der Effekt ist gleichermaßen für andere Digitalsysteme wichtig, bei denen kein Nachrichtenkanal verwendet wird, um Endstationen für Datenfernübertragung zu verbinden - zum Beispiel digitale Filter für die Analog-Analog-Signalverarbeitung. Beide Systemarten werden in einer großen Zahl militärischer und ziviler Nachrichtennetze eingesetzt. Tatsächlich ist die Verwendung digitaler Techniken heute so verbreitet, daß es auch zahlreiche Anwendungen außerhalb der Narichtentechnik gibt. sind. Wegen der auffälligen Notwendigkeit, analoge und digitale Untereinheiten kompatibel zu verbinden, wobei eine Verschlechterung aufgrund der Quantisierung auftritt, müssen wir (1) eine klares theoretisches und praktisches Verständnis vom Charakter des Quantisierungsmechanismus und der Wechselwirkung mit der Abtastung haben und (2) dieses Verständnis auf einfache Entwicklungsverfahren übertragen, die Ingeni eure bequem und routinemäßig beim Entwurf von Systemen mit Analog-Digital-Schnittstellen anwenden können. Im Jahre 1970, als der Autor die Arbeit, die in diesem Kapitel beschrieben wird, als Teil einer Graduiertenausbildung [2] im GEC-Forschungszentrum in Hirst durchführte, kam es ihm merkwürdig vor, daß der Stand der Technik in bezug auf Punkt (2) angemesen war, dies aber in bezug auf Punkt (1) nicht zutraf. Das heißt, für die Entwicklung waren genaue Formeln hergeleitet und lange Zeit befriedigend angewandt worden, eine Situation, die durch die Veröffentlichung von Cattermoles Einführung [1] in die Prinzipien der Pulscodemodulation gefestigt wurde. Und doch war nach einem Blick auf die Veröffentlichungen bis 1970 klar, daß es immer noch einige Lücken, Inkonsistenzen und offensichtliche Widersprüche in unserem theoretischen Grundwissen des Quantisierungsmechanismus gab. Es war der Zweck dieser Fallstudie gewesen, die problematischen Gebiete aufzuzeigen, die Lücken zu füllen und die Widersprüche zu beseitigen. In einem gewissen Maße wurden diese Ziele erreicht, und die Ergebnisse dieser Untersuchung wurden im Jahre 1974 veröffentlicht [3].

Es schien insbesondere zwei gedankliche Strömungen zu geben, wie das Verhalten eines Quantisierers zu untersuchen sei. Bennets früherer Artikel [4] stellte ein numerisches Verfahren vor, das sich auf die Technik der charakteristischen Funktionen nach Rice [5] und Kapitel 9 dieses Bandes stützt, um das Spektrum des Quantisierungsrauschens (und andere abgeleitete Parameter, zum Beispiel die gesamte Rauschleistung im Band) für ein unkompandiertes Pulscodemodulationssystem mit Gaußschen Eingangssignal* zu berechnen. Obwohl Bennetts Analyse etwas umständlich ist, führte sie dennoch auf einen einfachen, leicht berechenbaren Ausdruck für das Spektrum des Quantisierungsrauschens, die berühmte B-Reihe, die eine enge numerische Übereinstimmung mit den experimentellen Ergebnissen zeigt, aber in keiner offensichtlichen Form dem Intermodulationsmechanismus entspricht, der die Verzerrung verursacht. Einer von Benetts Kritikern, Velichkin, kommentierte [6], daß in Bennetts Analyse "...die Pegelquantisierung und die Zeitquantisierung gemeinsam untersucht wurden, und dies führte auf derartig komplexe Ausdrücke für die Korrelationsfunktion, daß die Spektraldichte nur näherungsweise bestimmt werden konnte". Dies stimmt, aber auch Velichkins Alternativverfahren läßt sich kritisieren. In seinem Ansatz (der dem Ansatz sehr ähnelt, den Shimbo, Ohira und Nitadori [7] unabhängig und gleichzeitig gewählt hatten) formulierte er die Analyse mit Hilfe einer erkennbaren Zerlegung der Nichtlinearität in eine erwünschte Signalkomponente plus unerwünschte Intermodulationsprodukte, aber unglücklicherweise unternahm er keinen Versuch, das Problem des immensen numerischen Aufwandes zu bewältigen, auf den man in Fällen von praktischer Bedeutung trifft. Robertson nahm später diese Herausforderung an, indem er ein numerisches Hau-Ruck-Verfahren wählte und in einem ausgezeichneten Artikel [8] (unter anderem) bekanntgab, daß die Intermodulationreihe im Falle eines 5-Bit-Systems mit 32 Stufen für die genaue Berechnung bis zu 10.000 Gliedern erforderte. Das würde bedeuten, daß die Berechnung für Systeme höherer Auflösung mit 7 oder 8 Bit, die für Nachrichteningenieure von praktischem Interesse sind, außerordentlich aufwendig wäre. Es drängt sich der Schluß auf, daß in dem Velichkin-Robertson-Ansatz obschon theoretisch überzeugend, etwas ernstlich falsch ist. Schließlich erwies Bennetts Verfahren als adäquat, auch wenn es unklar war. Dieser Punkt wird auch in einer anderen Veröffentlichung von Richards [9] betont, der einen dritten Ansatz (Regressionsanalyse) verwendet, um hinreichend kompakte Formeln zur Berechnung des Verhältnisses von Quantisierungsrauschen und Signal (NSR) herzuleiten. Dies ist eine passende Maßnahme von subjektiver Qualität im Fall eines Einzelkanal-Sprachsystems, das nahe der Nyquist-Rate abgetastet wird.

Was gebraucht wurde, war offensichtlich ein theoretisches Modell der Quan-

---

* Die Annahme einer Gaußschen Statistik ist entscheident: FDM-Anordnungen in FDM-PCM-Systemen kommen nahe an die Gauß-Verteilung heran, und derartige Systeme werden routinemäßig mit Hilfe von Testmengen getestet, die einen Breitbandprozeß aus weißem Rauschen umfassen, der das Multiplexsystem simuliert. Einzelkanalsprachsysteme werden mit Hilfe von schmalbandigen (Pseudo-) Gaußschen Wellenformen getestet, weil das eine reproduzierbare Messung dargestellt und in begrenztem Ausmaß den Hauptformanten der Sprache imitiert. Die Gaußsche Testwellenform soll keine genaue Simulation von Sprache darstellen, von der man weiß, daß sie mit Gaußscher Statistik nichts zu tun hat.

tisierungsoperation über eine allgemeine Theorie der nichtlinearen Verzerrungen anzugehen. Eine Reihe von Versuchen [10-13] wurde unternommen, um eine derartige allgemeine Theorie zu formulieren, aber Blachmans richtungsweisende Artikel [14,15] gaben diesen Gedanken eine feste Form. Es war klar, daß es durch die Anwendung von Blachmans Verfahren auf die Quantisierungsnichtlinearität möglich ist, die theoretischen Schwierigkeiten zu lösen, auf die man früher gestoßen war.

Diese Fallstudie enthält insbesondere die folgenden Ziele:

1. Es soll gezeigt werden, daß die früher nachgewiesenen theoretischen Ergebnisse sich auch durch Blachmans Verfahren gewinnen lassen; es soll ein Ausdruck für das Ausgangsspektrum aus einem Stichprobenquantisierer bestimmt werden; es sollen notwendige und hinreichende Bedingungen für das weiße Quantisierungsrauschen bestimmt werden; es soll ein Ausdruck für das Rausch-Signal-Verhältnis gewonnen werden, der der Richard-Formel entspricht.
2. Es soll experimentell nachgewiesen werden, daß die Vorhersagen, die aus Blachmans Verfahren hergeleitet wurden, der gemessenen Leistung für ein PCM-System entsprechen, das sowohl unter normalen als auch anomalen Bedingungen arbeitet.
3. Es soll eine Erklärung für die Beobachtung gefunden werden, daß die Spektren des Quantisierungsrauschens unter Bedingungen weiß sind, die sich vollkommen von den Bedingungen unterscheiden, die unter Punkt (1) festgestellt wurden.
4. Es sollen die Folgen untersucht werden, die sich aus der Anwendung asymptotischer Näherungstechniken ergeben, um die Berechnung des Rauschspektrums wirtschaftlicher zu gestalten, indem die Genauigkeit durch Wiederholung der Arbeit von Robertson geprüft wird.
5. Es sollen vor allem die offensichtlichen Diskrepanzen beseitigt werden, die sich aus den oben umrissenen Ansätzen ergeben.

11.2 Mathematisches Modell eines abgetasteten Quantisierers

Es läßt sich leicht zeigen, daß das in Abb. 11.1 skizzierte Modell eine angemessene Darstellung für die Analyse der Quantisierungsverzerrung kaskadenförmiger AD/DA-Operationen ist, die zum Beispiel in der Pulscodemodulation auftreten.

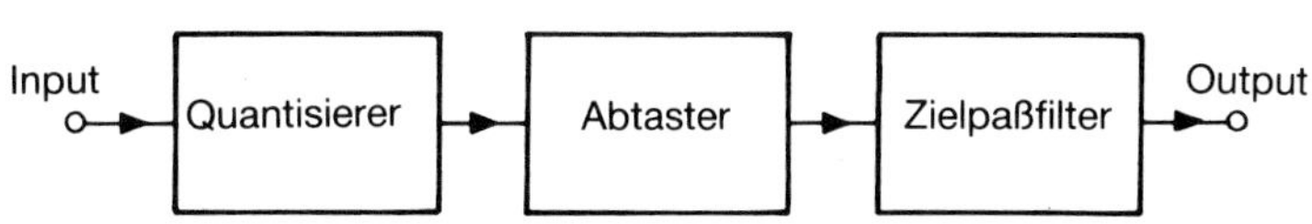

Abbildung 11.1: Vereinfachtes Modell eines Pulscodemodulationssystems.

Die Abtastoperation läßt sich als

$$s(x) = \sum_{m=-\infty}^{\infty} x(mT)\delta(t - mT) \tag{11.1}$$

darstellen, wobei $x(t)$ das Eingangssignal, T das Tastintervall in Sekunden und $\delta(t)$ die Idealisierung einer Dirac-Funktion des zur Rekonstruktion benutzten Tastpulses durch ist. Wird die gedächnislose nichtlineare Quantisierungsoperation mit $y = q(x)$ bezeichnet, kann der Ausgang des abgetasteten Quantisierers unter Verwendung der Verknüpfungsoperation $\bullet$ als

$$s \bullet q(x) = \sum_{m=-\infty}^{\infty} q \bullet x(mT)\delta(t - mT) \tag{11.2}$$

geschrieben werden. Es folgt direkt aus der Blachmanschen Zerlegung, daß die Autokorrelation des Quantisiererausgangs mit Hilfe der Eingangsautokorrelation $R_X(\tau)$ über eine Reihe der Form

$$R_1(\tau) = \sum_{n=0}^{\infty} a_n R_x^n(\tau) \tag{11.3}$$

ausgedrückt werden kann. Die Autokorrelation des getasteten Ausgangs lautet dann

$$\begin{aligned} R_{s\bullet q}(\tau) &= \frac{1}{T} R_q(\tau - mT) \\ &= \frac{1}{T} \sum_{m=-\infty}^{\infty} \sum_{n=0}^{\infty} a_n R_x^n(mT) R_\delta(\tau - nT) \end{aligned} \tag{11.4}$$

Die Intermodulationskoeffizienten stehen hier in üblicher Weise mit den Skalarprodukten q_n in der Fourier-Hermite-Zerlegung von q in Beziehung

$$q_n = \langle q, He_n \rangle = \int_{-\infty}^{\infty} q(x) He_n(x) p(x) \, \mathrm{d}x \tag{11.5}$$

$$a_n = q_n^2 / c_n; \quad c_n = \langle He_n^2 \rangle = n! \tag{11.6}$$

und $p(x) = \exp\,(-x^2)/2)/\sqrt{(2\pi)}$ ist die Wahrscheinlichkeitsdichtefunktion des Gaußschen Eingangssignals $N(0,1)$.

Die Fourier-Transformation von Gleichung (11.4) liefert die Struktur des Ausgangsspektrums durch die "um"gefalteten Intermodulationsprodukte $W_x^{(n)}(f)$, mehrfache Selbstfaltungen des Eingangsspektrum $W_x(f)$

$$W_{s\bullet q}(f) = \sum_{n=0}^{\infty} a_n \sum_{m=-\infty}^{\infty} W_x^{(n)}(f - mf_s) \tag{11.7}$$

wobei $f_s = 1/T$ die Tastfrequenz in Hz darstellt.

Hierbei handelt es sich exakt um die Struktur, die Velichkin und Shimbo et al. diskutierten. Es folgt, daß

$$W_x(f) = \begin{cases} 1/2f_b & |f| < f_b; \\ 0 & |f| > f_b \end{cases} \quad R_x(\tau) = \frac{\sin 2\pi f_b \tau}{2\pi f_b \tau} \tag{11.8}$$

gilt, wenn (und nur wenn) das Eingangsspektrum weiß und auf f_b Hz beschränkt ist. Wenn (und nur wenn) das Signal Nyquist ($f_s = 2f_b$) getastet wird, dann entspricht die Autokorrelation aus Gleichung (11.4) einem Impuls, so daß das Ausgangsspektrum eine exakt flache Verzerrungskomponente enthält. Hierdurch läßt sich die beobachtete Flachheit des Quantisierungsrauschens erklären, wenn das Eingangssignal weiß ist wie im Test mit dem breitbandigen weißen Rauschen. Beachten Sie, daß keine speziellen Eigenschaften des Quantisierers verwendet worden sind, um die obigen notwendigen und hinreichenden Bedingungen zu bestimmen: Das Ergebnis gilt für eine beliebige Nichtlinearität. Es folgt auch, daß wir dieses Ergebnis nicht verwenden können, um die weißen Spektren des Quantisierungsrauschens zu erklären, wenn das Eingangssignal nicht weiß ist oder wenn Hyper-Nyquist-Abtastung durchgeführt wird wie im Fall des Schmalbandtests eines einzelnen Sprachkanals.

Eine weitere Folgerung besteht darin, daß unter den angegebenen Bedingungen die gesamte Leistung des Quantisierungsrauschens unter Informationsverkennung zurück in den Innerbandbereich übertragen wird. Da sowohl Signal- als auch Verzerrungsspektren flach sind, ist das Rausch-Signal-Verhältnis, berechnet als Leistungsverhältnis, ein adäquates summarisches Maß der Tauglichkeit. Trennen wir in Gleichung (11.7) die Signal- ($n = 1$) und Verzerrungsterme ($n \geq 2$) und vernachlässigen den Gleichstromterm ($n = 0$), dann erhalten wir

$$\frac{N}{S} = \sum_{n=2}^{\infty} \frac{a_n}{a_1} \tag{11.9}$$

Es gilt aber nach der Parseval-Gleichung für die Nichtlinearität

$$\sum_{n=2}^{\infty} a_n = \langle q^2 \rangle - a_0 - a_1 = \langle q^2 \rangle - \langle q \rangle^2 - \langle xq \rangle^2 \tag{11.10}$$

Dies führt uns auf die Gleichung

$$\frac{N}{S} = \frac{\langle q^2 \rangle - \langle q \rangle^2 - \langle xq \rangle^2}{\langle xq \rangle^2} = \frac{\langle q^2 \rangle - \langle q \rangle^2}{\langle xq \rangle^2} - 1 \tag{11.11}$$

und stimmt vollkommen mit der Richards-Gleichung für den Fall eines einkanaligen Pulscodemodulationssystems überein [9]. Es ist klar, daß wir die Ziele erreicht haben, die in (1) gesetzt wurden.

11.3 Vergleich der theoretischen und experimentellen Ergebnisse

Es mußte unbedingt festgestellt werden, ob mit der detaillierten Untersuchung, die oben skizziert wird, numerische Vorhersagen getroffen werden können, die mit experimentellen Messungen übereinstimmen. Gleichung (11.11) läßt sich erfolgreich anwenden, wie Richards bereits gezeigt hatte, um die Leistung des Rausch-/Signal-Verhältnisses für den Fall einer einkanaligen Sprach-Pulscodemodulation vorherzusagen, und es wäre nicht sinnvoll gewesen, die Messungen für diesen Fall zu wiederholen. Statt dessen wurde entschieden, die Theorie an einem Pulscodemodulationssystem zu testen, das mit 120 mb/s dem (damaligen) Stand der Technik entsprach [16] und für eine 900-Kanal-FDM-Telefon-Hypergruppe (oder alternativ ein einzelnes 625-Zeilen-Farbfernsehsignal) ausgelegt war. Die Messungen des Rausch-/Signal-Verhältnisses wurden routinemäßig mit einer breitbandigen (4,028 MHz) Testmenge mit weißem Rauschen durchgeführt, die eigentlich für Testzwecke bei FDM-Systemen [17] entwickelt worden war. Trotz der strukturellen Unterschiede in den Spektren des Signals, wenn es durch die Systeme mit geringer und hoher Geschwindigkeit verarbeitet wird, wurde angenommen, daß Gleichung (11.11) auf beide Fälle anzuwenden sei, denn Blachmanns Reihenentwicklung stellt immer eine Zerlegung in Gleichstrom-, erwünschte Signal- und unerwünschte Verzerrungskomponenten dar.

Als strengerer Test sollten Theorie und Experiment bei einem Quantisierer mit insgesamt nichtlinearer Charakteristik verglichen werden. Bei dieser Situation versagt bekanntlicherweise das übliche Verzerrungsmaß der mittlere quadratische Fehler [18,19]. Also wurde das Experiment als Test mit weißem Rauschen an der in Abb. 11.2 dargestellten Nichtlinearität durchgeführt.

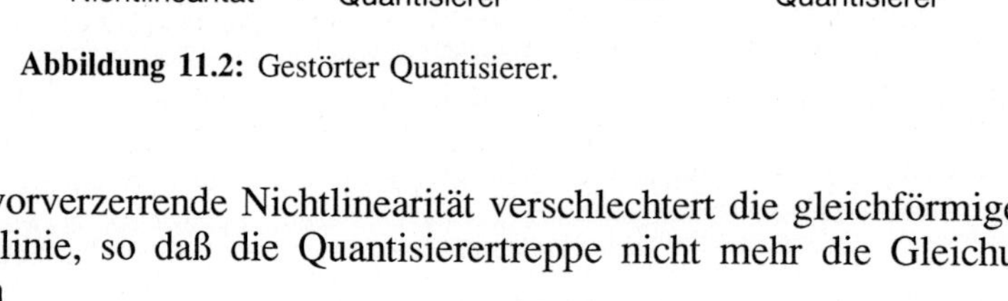

Abbildung 11.2: Gestörter Quantisierer.

Die vorverzerrende Nichtlinearität verschlechtert die gleichförmige Quantisiererkennlinie, so daß die Quantisierertreppe nicht mehr die Gleichung $y = x$, sondern

$$y = \begin{cases} x & x > 0 \\ \lambda x & x < 0 \end{cases} \tag{11.12}$$

approximiert. Die Verstärkung für negative Signale λ wurde derart gewählt, daß eine Verzerrung aus der Nichtlinearität erzeugt wurde, die der Verzerrung aus dem Quantisierer entspricht. Werden für den Quantisierer $N = 16$ Stufen und $\lambda = 0,736$ gewählt, wird dieses Kriterium erfüllt, so daß der gestörte Quantisierer eine deutliche Verschlechterung im Vergleich zum ungestörten Fall zeigen sollte.

Wie aus Abb. 11.3 ersichtlich, existiert eine enge Übereinstimmung zwischen den Vorhersagen für das Rausch-/Signal-Verhältnis und den Messungen in den beiden Fällen mit und ohne die vorverzerrende Nichtlinearität. Beachten Sie aber, daß das Maß des mittleren quadratischen Fehlers für den gestörten Quantisierer nicht geeignet ist. Die vermeintliche Übereinstimmung zwischen dem mittleren quadratischen Fehler und der Messung bei hohen Signalpegeln ist in Wirklichkeit ein Nebeneffekt. Sie ist auf die zusätzliche Überlastungsverzerrung in der zusätzlichen nichtlinearen und der Sample-and-hold-Stufe am Eingang zurückzuführen, die weder in der Formel für den mittleren quadratischen Fehler (noch im Rausch/Signal-Verhältnis für diesen Fall) berücksichtigt worden ist. Trotzdem ist die Vorhersage, die mit Hilfe der Blachman-Theorie für das Gebiet gewonnen wird, in dem der Quantisierungsmechanismus dominiert ist, im wesentlichen durch die Messung bestätigt worden. Diese Bestätigung stärkt unser Vertrauen in die Theorie enorm, wenn sie, mutatis mutandis, für die Analyse und Entwicklunganderer Systeme als PCM-Systeme angewandt wird.

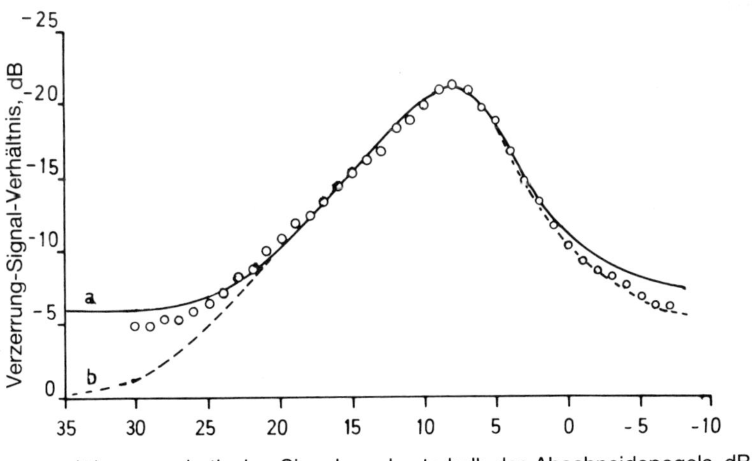

Abbildung 11.3a: Theoretische und experimentelle Ergebnisse für den ungestörten Quantisierer (λ=1). (a) Rausch-/Signal-Verhältnis, (b) mittlerer quadratischer Fehler, (c) experimentelle Punkte.

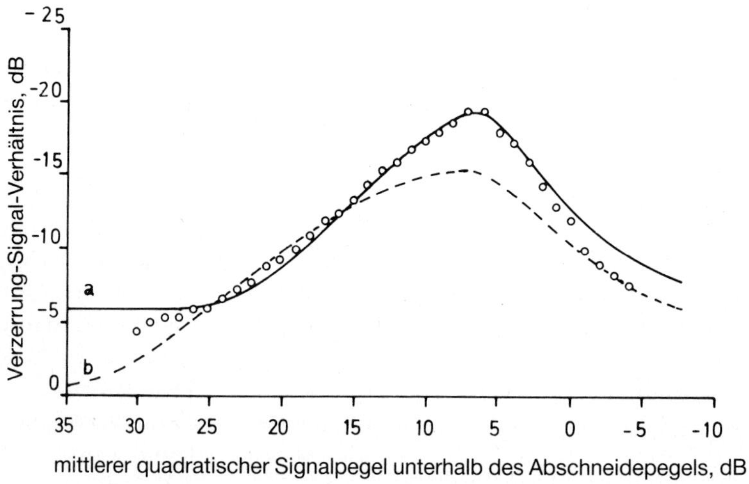

Abbildung 11.3b: Theoretische und experimentelle Ergebnisse für den gestörten Quantisierer (λ=0,736) (a) Rausch-/Signal-Verhältnis, (b) mittlerer quadratischer Fehler, (c) experimentelle Punkte.

11.4 Hyper-Nyquist-Abtastung und farbige Eingangsspektren

Abbildung 11.4 veranschaulicht die Tatsache, daß das Spektrum des Quantisierungsrauschens (abgesehen von erklärlichen Abweichungen) im wesentlichen weiß ist, auch wenn das Eingangssignal nicht die Kriterien Nyquistscher Abtastung und weißen Rauschens erfüllt.

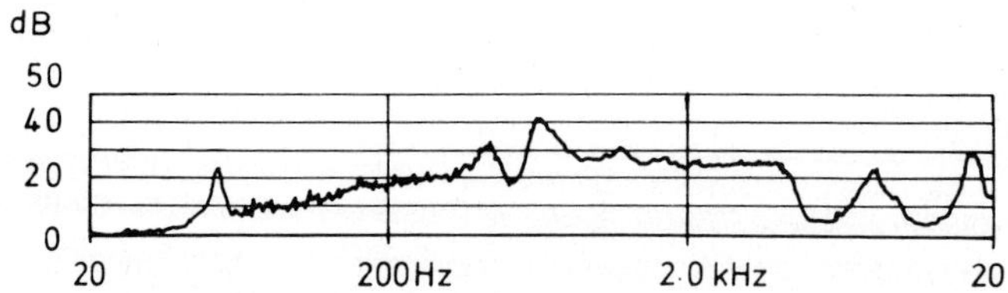

Abbildung 11.4: Typisches gemessenes Spektrum. (Bemerkung: Das Testsignal ist ein Schmalbandrauschen, das um 500 Hz zentriert ist) (nach Cattermole [1]).

Aus Abb. 11.4 geht klar hervor, daß wir das Rauschen immer noch als im wesentlichen weiß betrachten würden, auch wenn die Hüllkurve des Spektrums mit einer kleinen Welligkeit (sagen wir 0,5 dB) überlagert wäre. Eine hinreichend kleine Welligkeit wäre mit Instrumenten beschränkter Genauigkeit nicht meßbar. Es besteht daher ein deutlicher Unterschied zwischen "exakt weiß" gemäß den Kriterien aus Gleichung (11.8) und "praktisch weiß", wie es sich per Messung bestimmen läßt. Wenn dieser Unterschied erst einmal erkannt wird, ist eigentlich klar, daß wir von der die Untersuchung aus Abschnitt 11.2 abgesehen und neu beginnen sollten.

Wir nehmen an, daß die Abtastrate (f_s) K-mal $(K > 1)$ die Nyquist-Rate ist. Gleichung (11.7) liefert die Form des informationsverkannten Quantisierungsrauschens. Offensichtlich ergibt sich aus der Kombination der Intermodulationsprodukte höherer Ordnung (Index n) mit der Informationsverkennung höherer Ordnung (Index m) ein Spektrum mit weißem Rauschen. Die Periodizität der informationsverkannten Intermodulationsspektren

$$AW_x^{(n)}(f) = \sum_{m=-\infty}^{\infty} W_x^{(n)}(f - mf_s)$$

bietet sich für eine Fourier-Analyse an. Gleichung (11.7) läßt sich

$$W_{s\bullet q}(f) = \frac{1}{T} \sum_{n=0}^{\infty} a_n \sum_{m=-\infty}^{\infty} R_x^n(mT) \exp\left(-\mathrm{j}2\pi f mT\right) \qquad (11.13)$$

schreiben. Diese Form ist für die Beschreibung einer kleinen Welligkeit besser geeignet, mit einem konstanten Pegel überlagert wird. Aus Gründen der Einfachheit nehmen wir hier an, daß im Ausgang keine Gleichstromlinienkomponente enthalten ist $(a_o = 0)$. Wir können das Ausgangsspcktrum dann in Signal- und Verzerrungsterme wie folgt zerlegen und dabei die natürlichere Darstellung der Informationsverkennung für die Signalkomponente beibehalten [wir setzen zur Vereinfachung der Schreibweise $R_x(\tau) = \rho(\tau)$].

$$\begin{aligned} W_{s\bullet q}(f) =& a_1 AW_x(f) + \frac{1}{T} \sum_{n=2}^{\infty} a_n \sum_{m=-\infty}^{\infty} \rho^n(mT) \\ & \exp\left(-\mathrm{j}2\pi f mT\right) \end{aligned} \qquad (11.14)$$

Das zweite Glied in dieser Gleichung stellt das informationsverkannte Quantisierungsrauschen dar (als Fourier-Reihe ausgedrückt), das auch folgendermaßen geschrieben werden kann:

$$N(f) = \frac{1}{T} \sum_{n=2}^{\infty} a_n \left[1 + 2 \sum_{m=1}^{\infty} \rho^n(nT) \cos\left(2\pi f mT\right) \right] \qquad (11.15)$$

In dieser Form läßt es sich etwas bequemer behandeln. Durch einen einfachen Beweis läßt sich zeigen (vgl. [3]), daß nicht alle Terme in Gleichung (11.15) einen

Beitrag liefern können, wenn $N(f)$ praktisch weiß sein soll. Wir betrachten die *informationsverkannten* Intermodulationsprodukte steigender Ordnung: Produkte niedriger Ordnung können nicht unter *Informationsverkennung* in eine weiße Resultierende übertragen werden, da ihre Bandbreiten zu klein sind. Die mehrfache Selbstfaltung vergrößert aber schließlich die Bandbreiten der Produkte höherer Ordnung und sorgt so für die beträchtliche Überlappung, die für weißes Rauschen wie in Abb. 11.5 erforderlich ist.

Es existiert also ein Schwellenwert L für den Intermodulationsindex n, über den hinaus die *informationsverkannten* Intermodulationsspektren praktisch weiß sind. Es folgt, daß die ersten Glieder in der Reihe mit $n < L$ durch die späteren Glieder "überschwemmt" werden müssen, wenn das gesamte Spektrum weiß sein soll. Da die Welligkeit flach ist, können wir weiter eine Sinusform annehmen, $(m = 1)$ und die Glieder $n \leq L-1, m \geq 2$ in Gleichung (11.15) vernachlässigen. Es folgt, daß L mit dem Hyper-Nyquist-Faktor K durch die folgende einfache Formel in Beziehung gesetzt werden kann (Einzelheiten sind in [3] zu finden):

$$L \simeq cK^2/\alpha^2 \tag{11.16}$$

Dabei entspricht α hier der normierten mittleren quadratischen Bandbreite des Eingangsspektrums und c einer Funktion der spektralen Welligkeit

$$c = \frac{2}{\pi^2} \log_e \left[\frac{2(r+1)}{r-1} \right] \tag{11.17}$$

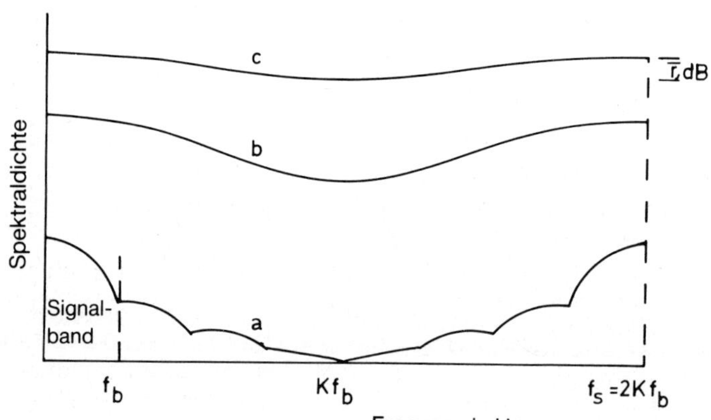

Abbildung 11.5: Maskierung nichtunitärer Spektralkomponenten. (a) Intermodulationsreihe, K Glieder summiert, (b) Intermodulationsreihe, L Glieder summiert, (c) gesamtes Rauschspektrum.

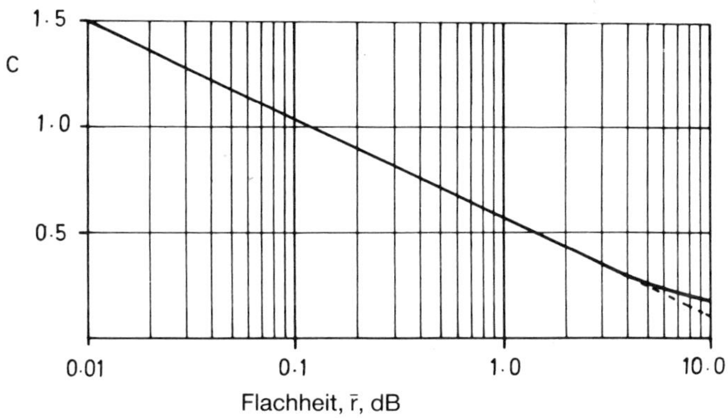

Abbildung 11.6: Die c- $\bar{r}$-Beziehung.

Wie in Abbildung 11.6 zu erkennen ist, ist der Wert von c in bezug auf den Wert von r äußerst unempfindlich. Für einen Wert von r bis zu 2,5 (d.h. $\bar{r} < 4$) läßt sich c relativ genau durch

$$c \simeq 0.58 + 0.47\ \log_{10}\bar{r} \tag{11.18}$$

approximieren, wobei $\bar{r}$ die relative Welligkeitsamplitude in dB darstellt.

Durch numerisches Probieren mit verschiedenen Spektralformen haben wir herausgefunden, daß Gleichung (11.16) unter der Voraussetzung immer gilt, daß die Abtastrate größer als die fünffache Nyquist-Rate ist. Wiederum benötigen wir keine spezifische Eigenschaften des Quantisierers; unter der Voraussetzung, daß der Hauptteil der Intermodulationsleistung in den Komponenten höherer Ordnung als $L = cK^2/\alpha^2$ liegt, gilt: Die Verzerrung eines farbigen Gaußschen Eingangssignals aufgrund einer *beliebigen* Nichtlinearität jedoch mit der 5fachen Nyquist-Rate abetastet, ist bis auf $\bar{r}$ dB weiß.

Es gibt verschiedene Aspekte der obigen Untersuchung, die der Intuition nicht so leicht zugänglich sind. Die üblichen Nichtlinearitäten, mit denen Nachrichteningenieure vertraut sind (Verstärker im Sättigungbetrieb, Begrenzer, Clipping-Stufen etc.) haben Intermodulationsreihen, die schnell konvergieren, wobei die ersten Glieder über die nachfolgenden dominieren. Genau das Gegenteil muß für das obige Flachheitskriterium zutreffen. Und dies ist nur dann möglich, wenn die Intermodulationsreihe des Quantisierers *langsam* konvergiert, so daß die ersten $L = cK^2/\alpha^2$ Glieder guten Gewissens vernachlässigt werden können. Es ist eine seltsame Art der Nichtlinearität, die über eine enorm lange Intermodulationsreihe verfügt und *dennoch* $y = x$ relativ genau approximiert, wie dies für die Übertragungstreue erforderlich ist. Aufgrund des diskontinuierlichen Charakters des Quantisierers stellt sich heraus, daß er diese unwahrscheinliche Kombination von Eigenschaften hat. Da das Verhalten der Intermodulationsglieder mit großem Index der Kern des Problems zu sein scheint, ist es nicht abwegig, das Problem mit Hilfe asymptotischer Näherungen zu untersuchen.

11.5 Asymptotische Untersuchung der Intermodulationsglieder von Quantisierern

Aus praktischen Erwägungen beschränken wir unsere Aufmerksamkeit auf den ungeraden Quantisierer, den Bennett betrachtet hat, und vernachlässigen die geraden Glieder in der Fourier-Hermiteschen Reihenentwicklung. Die Verzerrungskomponente kann als

$$n(x) = \sum_{n=3}^{\infty} \frac{q_n}{c_n} He_n(x), \quad q_n = \langle q, He_n \rangle \tag{11.19}$$

geschrieben werden. Die ungeraden Hermite-Polynome haben die folgende asymptotische Näherung:

$$He_n(x) \sim \gamma_n \exp\,(x^2/4)\,\sin\,[\surd(n+\tfrac{1}{2}x] \tag{11.20}$$

mit

$$\gamma_n = (-1)^{(n-1)/2} 2^{-n/2} n!/\Gamma(n/2+1) \tag{11.21}$$

Für große n ergibt sich für die Skalarprodukte

$$q_n \sim \frac{\gamma_n}{\sqrt{2\pi}} \int_{-\infty}^{\infty} n(x)\,\exp\,(-x^2/4)\,\sin\,(\sqrt{n}x)\,\mathrm{d}x \tag{11.22}$$

Dieses Integral sieht der konventionellen Fourier-Transformation eines Produktes sehr ähnlich und legt den folgenden Ansatz nahe. Bei einem gleichförmigen Quantisierer mit konstanter Schrittgröße Q ist $n(x)$ eine periodische Sägezahnkurve mit Periode Q (unter der Voraussetzung, daß Abschneideeffekte von Mitten oder Spitzen vernachlässigbar sind). Also hat $n(x)$ ein Linienspektrum mit den Fourier-Koeffizienten

$$t_p = 2/p\omega_0 \tag{11.23}$$

wobei $\omega_o = 2\pi/Q$ ist. Die Reihe q_n erscheint daher als Reihe diskreter Linien, die $p = 1, 2, 3 \ldots$ entsprechen und die über Faltungen durch die Fourier-Transformierte von $\exp(-x^2/4)$ verbreitert werden. Die Linien haben aufgrund des Argumentes Wurzel(n) einen quadratischen Abstand

$$q_n \sim \frac{\gamma_n}{\sqrt{2}} \sum_{p=1}^{\infty} t_p \exp\,[-(\sqrt{n} - p\omega_0)^2] \tag{11.24}$$

Da das Abschneiden von Mitten vernachlässigbar ist, steht fest, daß die Linien in der Reihe disjunkt sind, so daß

$$a_n = \frac{q_n^2}{c_n} \sim \delta_n \sum_{p=1}^{\infty} t_p^2 \exp\,[-2(\sqrt{n} - p\omega_0)^2] \tag{11.25}$$

gilt, wobei $\delta_n = \gamma_n^2/2n! \sim 1/\sqrt{2\pi n}$ nach der Stirling-Formel.

Diese Formel wurde anhand eines Vergleichs mit dem exakten Ansatz überprüft, den Robertson [8] diskutiert hat. Die Näherung ist in allen wesentlichen Bereichen der Reihe bis auf 1% genau. Die Linienstruktur wird durch Abb. 11.7 und 11.8 bestätigt, die aus einer Wiederholung der Robertson-Berechnung gewonnen wurden.

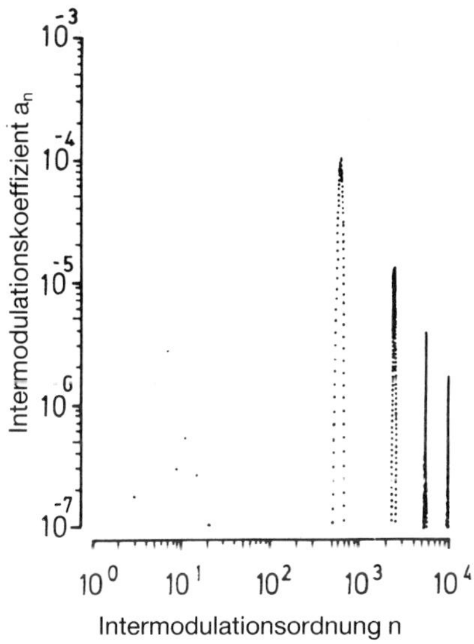

Abbildung 11.7: Intermodulationskoeffizienten für den mittleren quadratischen Signalpegel eines gleichförmigen 5-Bit-Quantisierers, 12 dB unterhalb des Abschneidepegels.

Man beachte, daß es Linien gibt, die auf $N_p = p^2\omega_0^2 = 4\pi^2p^2/Q^2$ mit den Spitzenwerten

$$a_{N_p} = \frac{t_p^2}{\sqrt{(2\pi N_p)}} = 2\sqrt{\frac{2}{\pi}}N_p^{-3/2}$$

zentriert sind und ein Gauß-Profil haben (das auf der logarithmischen Achse parabolisch ist). Wir sehen also, daß in der Intermodulationsreihe des Quantisierers die Glieder höherer Ordnung und nicht die Glieder niedriger Ordnung dominieren. In Abbildung 11.7 beginnt die Reihe bei ca. $L = N_1 = 521$. Aber es ist $N_1 = 4\pi^2/Q^2$, also entspricht dieser Wert von L $K = \alpha\sqrt{(L/c)} = 2\pi\alpha/Q\sqrt{c}$: Dies bedeutet beispielsweise, daß das Quantisierungsrauschen bei weißem Eingangssignal ($\alpha = 1/\sqrt{3}$) bei einer Abtastrate bis zur $K = 38$fachen Nyquist-Rate weiß wäre. Es ergibt sich, daß Gleichung (11.25) viel wirtschaftlicher ist als der Ansatz, den Velichkin und Robertson gewählt haben: Für einen Quantisierer mit

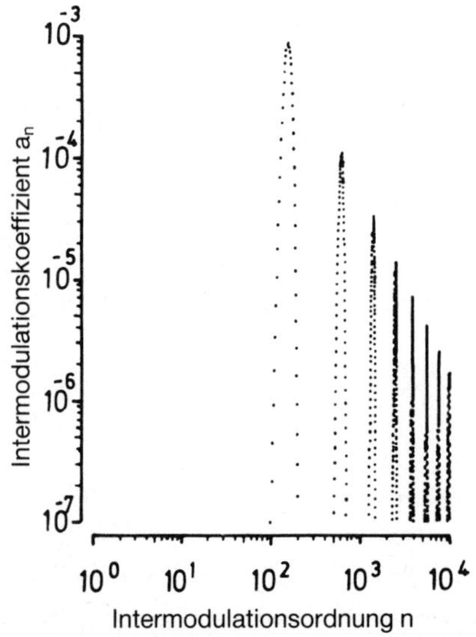

Abbildung 11.8: Intermodulationskoeffizienten für den mittleren quadratischen Signalpegel eines gleichförmigen 5-Bit-Quantisierers, 18 dB unterhalb des Abschneidepegels.

N Stufen erhalten wir für das Verhältnis des Rechenaufwand $N : N^3$.

Wir betrachten jetzt ein ähnlich gelagertes Problem, das bei der Berechnung der Intermodulationsspektren auftritt: die mehrfachen Selbstfaltungen des Eingangsspektrums. Da wir wissen, daß die wichtigen Komponenten von sehr hoher Ordnung sind, ist es nicht abwegig, die Näherung nach dem zentralen Grenzwertsatz zu verwenden:

$$W_x^{(n)}(f) \sim \exp\left[-\frac{1}{2}\frac{1}{n}\left(\frac{f}{f_b\alpha}\right)^2\right] \Big/ [\sqrt{(2\pi n)} f_b\alpha] \tag{11.26}$$

Die Linienstruktur der $\{a_n\}$-Reihe impliziert, daß das Ausgangsrauschspektrum

$$W_n(f) = \sum_{n=3}^{\infty} a_n W_x^{(n)}(f) \tag{11.27}$$

aus "Anhäufungen" von Intermodulationsspektren besteht, deren Hauptelemente von der Ordnung N_p sind. Um die Linienstruktur explizit herauszustellen, können wir

$$W_n(f) = \sum_{p=1}^{\infty}\sum_{n=3}^{\infty} \alpha_{pn} W_x^{(n)}(f) \tag{11.28}$$

schreiben, wobei $\{\alpha_{pn}\}$ die Beschränkung von $\{a_n\}$ auf die p-te Linie darstellt. Wir nehmen jetzt an, daß bei einem impulsartigen Verhalten der $\{\alpha_{pn}\}$ die Formänderung der entsprechenden $W_x^{(n)}(f)$ vernachlässigbar ist, so daß die $W_x^{(n)}(f)$ alle durch das Hauptelement der Anhäufung $W_x^{(N_p)}(f)$ approximiert werden können. $W_x^{(Np)}(f)$ muß entsprechend multipliziert werden, und zwar nicht mit dem ursprünglichen Koeffizienten a_{N_p}, sondern mit der Gesamtleistung in der p-ten Anhäufung $\beta_p = \sum_{n=3}^{\infty} \alpha_n$. Diese Summation läßt sich durch ein Integral approximieren, wobei gerade Terme nicht berücksichtigt werden:

$$\beta_p \sim \frac{1}{2} \int_0^{\infty} \alpha_{pn} \, \mathrm{d}n = \frac{1}{2} \frac{t_p^2}{\sqrt{2\pi}} \int_0^{\infty} \frac{\exp[-2(\sqrt{n} - \sqrt{N_p})^2]}{\sqrt{n}} \, \mathrm{d}n \quad (11.29)$$

Bei der Variablentransformation $y = \sqrt{2}(\sqrt{n} - \sqrt{N_p})$ ergibt sich als untere Grenze $-\sqrt{2N_p}$, die durch $-\infty$ approximiert werden kann, wenn $Q < \pi p$ ist; so erhalten wir ein Standardintegral, das β_p proportional $t_p^2/2$ liefert. Das Ergebnis ist intuitiv korrekt, denn wir haben lediglich die Verschwommenheit des Sägezahnlinienspektrums aufgrund der Faltung beseitigt. Der Faktor 2 ergibt sich aus der Verwendung zweiseitiger Spektren. Dies läßt sich überprüfen, wenn wir feststellen, daß wie zu erwarten

$$\begin{aligned}
\langle n^2 \rangle = \int_{-\infty}^{\infty} W_n(f) \, \mathrm{d}f &= \sum_{p=1}^{\infty} \beta_p = \sum_{p=1}^{\infty} t_p^2/2 \\
&= \sum_{p=1}^{\infty} \frac{Q^2}{2\pi^2 p^2} = \frac{Q^2}{2\pi^2} \sum_{p=1}^{\infty} \frac{1}{p^2} \\
&= \frac{Q^2}{2\pi^2} \frac{\pi^2}{6} = \frac{Q^2}{12}
\end{aligned}$$

gilt.

Wenn wir alle diese Gleichungen kombinieren, erhalten wir für das Ausgangsspektrum folgenden Ausdruck:

$$W_n(f) \sim \sum_{p=1}^{\infty} \frac{Q^3}{4\pi^3} \frac{1}{\sqrt{(2\pi f_b \alpha)}} \frac{1}{p^3} \exp\left[-\frac{Q^2}{8\pi^2 p^2} \left(\frac{f}{f_b \alpha} \right)^2 \right] \quad (11.30)$$

Zum ersten stimmt für den Fall eines weißen Eingangsspektrums ($\alpha = 1/\sqrt{3}; f_b = 1$), den Bennett untersucht hat, diese Gleichung mit der Bennett-B-Reihe überein (Bennets k entspricht unserem Q^2), und der zusätzliche Faktor 2 erklärt sich daraus, daß Bennett einseitige Spektren verwendet hat). Die Schlußfolgerung lautet, daß Bennetts Formel jetzt als asymptotische Form einer ursprünglichen Intermodulationsreihe erkennbar ist:

$$W_n(f) \sim \sum_{p=1}^{\infty} \left(\frac{2}{N_p}\right)^2 \exp\left[-\frac{1}{2}\left(\frac{f}{N_p f_b \alpha}\right)^2\right] \Big/ [\sqrt{2\pi} N_p f_b \alpha] \qquad (11.31)$$

Fourier-Reihe für Quantisierersägezahn — Zentraler Grenzwert des Intermodulationsspektrums

Dies ist eine Tatsache, die auf gewitzte Weise Velichkins oben zitierte Kritik widerlegt. Um aber fair gegenüber Velichkin zu sein, müssen wir sagen, daß sich Bennett nicht über den Intermodulationscharakter seiner B-Reihe nicht bewußt war.

Zum zweiten erkennen wir, daß wir nicht nur Bennetts Originalberechnung erklärt und gerechtfertigt haben, sondern sie auch für ein beliebiges Eingangsspektrum bewiesen haben. Man beachte, daß keine Feinheiten des Eingangsspektrums erkennbar sind, da diese bei Spektren höherer Ordnung durch den Mechanismus der mehrfachen Selbstfaltung getilgt werden. In der Formel taucht nur die mittlere quadratische Bandbreite αf_b auf.

Zum dritten sehen wir, daß Robertsons Behauptung, es seien 10 000 Glieder für die Konvergenz erforderlich, sowohl richtig als auch falsch ist. Es sind bestimmt ca. 10 000 Glieder für eine genaue Berechnung erforderlich, aber ein sehr großer Teil hiervon kann vernachlässigt werden. In Abb. 11.7 beispielsweise beträgt die Gesamtzahl der Glieder, die größer als 1% des größten sind, in jeder der vier Linien 74, 110, 118 und 94, zusammen also 396. Robertson hat ganz offensichtlich die Linienstruktur übersehen und auch die daraus erwachsenden Einsparungen von Rechenzeit.

Mit diesen drei Punkten haben wir die Unstimmigkeiten der drei verschiedenen Ansätze ausgemerzt und Ziel (5) damit erreicht.

Ein letzter Punkt bleibt noch übrig: der Effekt der Kompandierung. In praktischen Sprach-Pulscodemodulations-Verbindungen muß unbedingt eine ungleichförmige Quantisierung verwendet werden, damit das vorgesehene Rausch-/Signal-Verhältnis für die vielen auftretenden Eingangssignalpegeln sicher eingehalten werden kann. Wie in Abbildung 11.9. und 11.10 gezeigt wird, füllt sich bei dem Einsatz der Kompandierung nicht die anfängliche Lücke in der Reihe der Modulationskoeffizienten, so daß das Flachheitskriterium aus Abschnitt 11.4 für den Kompandierungsfall aufrechterhalten wird.

Die Quasilinienstruktur kann für den praktischen Fall der Kompandierung mit linearen Segmenten ausgenutzt werden, um eine ökonomische Näherung zu gewinnen, die Bennetts B-Reihe ähnelt. Der Ansatz, den Gurevich und Diratsky [21] vorschlagen, nämlich die Reihe in der nichtapproximierten Form und auf dieselbe Weise wie Velichkin zu verwenden, ist übermäßig und wahrscheinlich auch unnötig teuer.

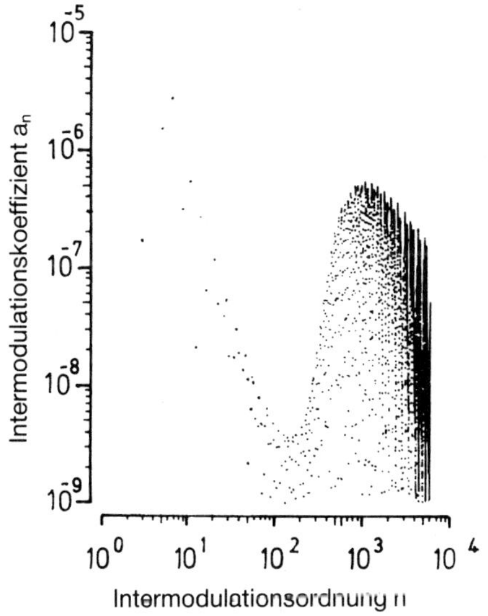

Abbildung 11.9: Intermodulationskoeffizienten für einen 7-Bit-Quantisierer mit glatter Kompandierung nach dem A-Gesetz (A=87.6). Mittlerer quadratischer Signalpegel 12 dB unterhalb des Abschneidepegels.

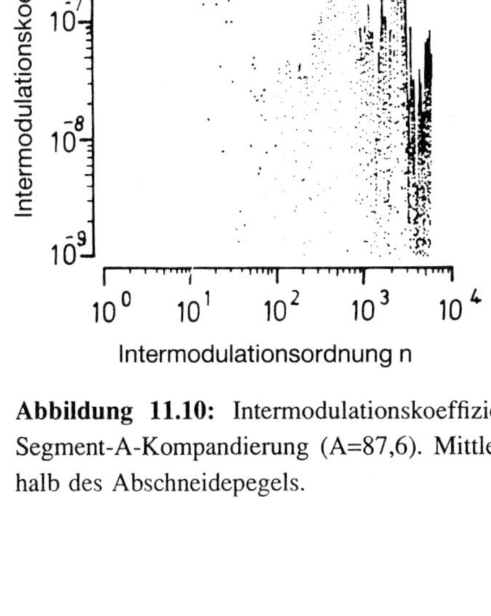

Abbildung 11.10: Intermodulationskoeffizienten für einen 7-Bit-Quantisierer mit 13-Segment-A-Kompandierung (A=87,6). Mittlerer quadratischer Signalpegel 12 dB unterhalb des Abschneidepegels.

11.6 Zusammenfassung und Schlußfolgerungen

Die fünf Ziele, die in Abschnitt 11.1 umrissen werden, sind alle erreicht worden. Das Ergebnis ist eine durchdringende Erklärung der Arbeit von Bennett und deren Beziehung zur Arbeit von Velichkin, Shimbo et al., Robertson und Richards. Die verschiedenen Ansätze werden, unter der Verwendung von Blachmans Diagonalentwicklungstechnik als Ausgangspunkt, zusammengeführt und einerseits um asymptotische numerische Verfahren zur Lösung des Rechenproblems und andererseits um experimentelle Belege zur Bestätigung der Theorie erweitert. Die allgemeine Schlußfolgerung dieser und anderer Untersuchungen besteht darin, daß bei Bedingungen, unter denen Pulscodemodulationssysteme normalerweise arbeiten - und auch weit darüber hinaus - die spektrale Verteilung des Quantisierungsrauschens im wesentlichen weiß ist. Dies impliziert, daß wir uns um die Berechnung von Spektren des Quantisierungsrauschens überhaupt nicht zu kümmern brauchen und das Rausch/Signal-Verhältnis (und in einigen Fällen der mittlere quadratische Fehler) eine hinreichend genaues Maß für die Tauglichkeit des Systems darstellt. Angesichts der Kosten bei den Berechnung von Spektren (auch wenn diese nach Bennetts Ansatz durchgeführt wird) ist diese Schlußfolgerung höchst willkommen.

Es bleibt noch ein Punkt offen: Die gesamte Untersuchung ist dem Fall gewidmet, daß es sich um ein Gaußsches Eingangssignal handelt. Aus der Fülle praktischer Erfahrungen läßt sich annehmen, daß ähnliche Schlußfolgerungen auch für andere als Gauß-Signale gelten. Abgesehen von der Tatsache, daß die Abschätzung $Q^2/12$ verteilungsfrei ist, scheint es nach dieser Untersuchung keine in ähnlicher Weise detaillierte Rechtfertigung auf theoretischer Ebene zu geben. Es ist jedoch sehr wahrscheinlich, daß ähnliche Untersuchungen für alle Diagonalprozesse durchgeführt werden könnten, deren Intermodulationsspektren mit zunehmender Ordnung gegen eine flache Form streben. Da die Entwicklungsfunktionen orthogonal sind, würden sie im kontinuierlichen Fall die Eigenschaft der Trennbarkeit nach Sturm-Liouville haben, und dies scheint das asymptotische quasisinusförmige Verhalten zu implizieren, das für die Linienstruktur der Intermodulationsreihe bei einem gleichförmigen Quantisierer oder für die Dominanz der Glieder höherer Ordnung bei einem ungleichförmigen Quantisierer erforderlich ist.

Noch anspruchsvoller ist der Fall, daß die Spektren höherer Ordnung *nicht* asymptotisch abfallen, wie dies bei einem sinusförmigen Prozeß der Fall ist. Glieder höherer Ordnung, die nur Oberwellen des Eingangssignals sind, werden nicht immer breitbandiger. Trotzdem liegen experimentelle Belege vor, nach denen im Fall asynchroner Abtastung das Spektrum des Quantisierungsrauschens weiß ist. Vermutlich spielt der Mechanismus der mehrfachen *Informationsverkennung* unter diesen Bedingungen eine größere Rolle als im Gaußschen Fall, bei dem die Situation von der spektralen Flachheit (im zentralen Grenzwert des Ausgangs aufgrund von Nichtlinearitäten höherer Ordnung beherrscht wird. Es ist möglich, daß die Bedingungen, unter denen die spektrale Flachheit beibehalten wird, in beiden Fällen ganz unterschiedlich sind. Da die Quantisierung einer Sinuswelle praktisch nicht besonders wichtig ist, gibt es keinen wirksamen Anreiz, dieses Problem weiterzuverfolgen. Es reicht aus, daß ein Fall von praktischer Bedeutung, nämlich der Gaußsche, sowohl vom theoretischen als auch vom experimentellen Standpunkt aus vollständig untersucht und verstanden worden ist. Für andere Fälle ist das Gewicht der experimentelle Belege allein hinreichend überzeugend.

Danksagung

Diese Fallstudie wurde in großzügiger Weise durch Anlagen und Mitarbeiter der Nachrichtentechnik-Forschungslabors und den Datenverarbeitungsabteilung des GEC-Forschungszentrums in Hirst unterstützt. Insbesondere stellten F.M. Clayton, J.C. Barlow und M. Carter aus der Systemtheorie-Gruppe, P. Wells, P. Bylanski und D.G.W. Ingram aus der Schaltungs- und Übertragungsgruppe und F.W. Parker, Miss M.E. Doo und J.G. Wynne aus der Datenverarbeitung ihre unschätzbare Hilfe zur Verfügung.

Abbildung 11.4 wurde aus Abb. 3.52 aus [1] entnommen. Abbildung 11.6 stammt aus [2], der Rest aus [3].

12 Numerische Berechnung von Intermodulationsprodukten einer gedächtnislosen Nichtlinearität

F.M. Clayton

12.1 Einführung

In vielen Situationen von praktischem Interesse muß die Antwort einer nichtlinearen Einheit auf ein Eingangssignal untersucht werden, das aus einer Anzahl unabhängiger sinusförmiger Komponenten besteht. Solche Umstände ergeben sich beispielsweise beim Mehrfachträgerbetrieb von Mikrowellenverstärkern in Satellitennachrichtensystemen, bei der Bestimmung winkelmodulierter Signale, wenn gleichzeitig Nachbarkanalstörungen auftreten, und, wenn man den Grenzfall unendlich vieler Töne mit Zufallphasen betrachtet, bei jedem Problem, das die nichtlineare Verarbeitung Gaußschen Rauschens beinhaltet.

Berechnungen der Leistungsfähigkeit beginnen meistens damit, daß die Frequenzkomponenten, die in der Ausgangswellenform vorhanden sind, in drei verschiedene Klassen eingeteilt werden: in die Eingangsfrequenzen selbst, ihre verschiedenen Oberwellen und in die Intermodulationsprodukte die bei den Summen und Differenzen von Vielfachen der Grundfrequenzen auftreten. Unter bestimmten Umständen können diese Intermodulationsprodukte sehr nahe an den Eingangsfrequenzen liegen oder sogar mit ihnen zusammenfallen; dann ist es wichtig, die Energie zu bestimmen, die sie enthalten. Dies ist besonders wichtig, wenn die Nichtlinearität eine verzerrende Störung in einem nominell linearen System ist. In solchen Fällen läßt sich ein Maß für den Qualitätsverlust des Signals oft durch das Trägerintermodulationsverhältnis (C/I) bestimmen:

$$(C/I) = \frac{\text{(Leistung in einem erwünschten Träger)}}{\text{(gesamte Intermodulationsleistung in der Umgebung von vorgegebener Bandbreite)}}$$

Eine direkte Messung dieses Parameters erweist sich als sehr schwierig, wenn das Eingangssignal aus mehr als zwei oder drei Tönen [1] besteht; folglich gibt es eine starke Motivation, theoretische Analyseverfahren zu entwickeln, die für die Vorhersage des Systemverhaltens aus den Ergebnissen von *durchführbaren* experimentellen Untersuchungen verwendbar sind.

Die Geschichte dieses Themas erstreckt sich über viele Jahre [1-17] und reicht bis in die Zeit zurück, als zum erstenmal elektronische Anlagen in Nachrichtensystemen verwendet wurden. Aber trotz der beträchtlichen Bemühungen, die der Entwicklung geeigneter Analyseverfahren galten, ist das Thema immer noch sehr lebendig, und es existiert eine Anzahl ungelöster Probleme, die den Blick auf weitere Untersuchungen lenken. Der Zweck dieses Kapitels besteht darin, eine spezielle Rechentechnik zu beschreiben, die sich bei verschiedenen Anwendungen als erfolgreich herausgestellt hat, die Beziehung dieser Technik zu weiteren Verfahren zu zeigen, die von anderen Autoren auf diesem Gebiet entwickelt wurden, und um einige mögliche Richtungen zu skizzieren, in die sich die zukünftige Forschung bewegen könnte.

Das Verfahren wurde ursprünglich von Medhurst [6] erdacht und stützt sich auf den folgenden Begriff. Wenn eine nichtlineare Einheit experimentell untersucht wird, wobei bestimmte Kenngrößen ihrer Tauglichkeit gemessen werden, dann geben diese zusammen ein Bild von speziellen Aspekten ihres Verhaltens. Es sollte möglich sein, aus diesem Bild verschiedene andere Kenngrößen der Tauglichkeit herzuleiten: die gewünschten Informationen sind oft in den Grunddaten enthalten, obwohl beträchtliche Bearbeitung erforderlich sein kann, um sie zu erhalten. Die zu beschreibende Technik, zielt darauf ab, diese Bearbeitung durchzuführen, ohne auf ein explizites Modell der zugrundeliegenden Eingangs/Ausgangs-Linearität zurückgreifen zu müssen; hierdurch wird die Anwendung auf praktische Situationen vereinfacht.

12.2 Das Berechnungsverfahren und die dazugehörige Mathematik

Wir nehmen an, daß $F_1(u)$ als bekannte Kennlinie eines nichtlinearen Gliedes gegeben ist, wobei u ein variabler Eingangsparameter ist. $F_1(u)$ könnte beispielsweise die Amplitude der Grundfrequenz der Ausgangswellenform darstellen, die sich aus dem Eingang eines Einzeltons mit der Amplitude u ergibt. Das Problem besteht darin, die Form einer anderen Kenngröße des Gliedes, sagen wir $F_2(u)$, herzuleiten. Wir wir das Beispiel fortsetzen, könnte dies die Amplitude des Intermodulationsproduktes "$2\omega_1 - \omega_2$" sein, das sich dann ergibt, wenn der Eingang aus zwei Sinuswellen teilerfremden Frequenzen besteht, die jeweils die Amplitude u haben.

In diesem Stadium fordern wir eine weitere Bedingung, nämlich daß die Approximation, wenn möglich, die folgende Form einer gewichteten linearen Summe annehmen soll:

$$F_2(u) \simeq b_1 F_1(c_1 u) + b_2 F_1(c_2 u) + \cdots + b_n F_1(c_n u) \tag{12.1}$$

Hierin bedeuten

n	die Ordnung der Approximation, die durch die erforderliche Genauigkeit festgelegt wird,
$\{b_i\}$	die Menge der Stichprobengewichte,
$\{c_i\}$	die Menge der Stichprobenmultiplikatoren.

Die Aufgabe besteht nun darin, solche b und c zu finden, die von der *Form* der als Eingangsdatenn gegebenen F_1-Kurve unabhängig sind, aber spezifisch für ein bestimmtes Problem (d.h., für die Art des Verhaltens, das durch die Kennlinien F_1 und F_2 dargestellt wird) und für die Approximationsordnung n.

Ein möglicher Ansatz besteht darin, anzunehmen, daß $F_1(u)$ als Potenzreihe in u ausgedrückt werden kann

$$F_1(u) = \sum_{n=0}^{\infty} \alpha_n u^n \tag{12.2}$$

Es ist dann im allgemeinen möglich, $F_2(u)$ durch eine andere Potenzreihe darzustellen, die aus praktischen Erwägungen als eine Modifikation von (12.2) geschrieben wird

$$F_2(u) = \sum_{n=0}^{\infty} A_n \alpha_n u^n \tag{12.3}$$

Die vermeintliche Einfachheit dieser Gleichung ist in gewisser Hinsicht illusorisch - in vielen Fällen können der analytische und der numerische Rechenaufwand, die zur Bestimmung der Menge $\{A_n\}$ benötigt werden, gewaltig sein.

Die analytische Behandlung erfolgt aber durch das Einsetzen von Gleichung (12.2) und (12.3) in (12.1) und unter der Annahme, daß die $\{b_i\}$ und $\{c_i\}$ derart gewählt werden, daß die letzte Gleichung bis zum größtmöglichen Grad gilt. Durch den Koeffizientenvergleich der aufeinanderfolgenden Potenzen in n ergibt sich das folgende Gleichungssystem:

$$\begin{array}{llll} b_1 & +b_2 & +\cdots+b_n & =A_0 \\ b_1 c_1 & +b_2 c_2 & +\cdots+b_n c_n & =A_1 \\ b_1 c_1^2 & +b_2 c_2^2 & +\cdots+b_n c_n^2 & =A_2 \\ \vdots & \vdots & \vdots & \vdots \\ b_1 c_1^{2n-1} & +b_2 c_2^{2n-1} & +\cdots+b_n c_n^{2n-1} & =A_{2n-1} \end{array} \tag{12.4}$$

Die Verfahren zum Lösen dieser Gleichungen sind bekannt; das Verfahren, das im Anhang genannt wird, liefert die c als Wurzeln einer Polynomgleichung und die b anschließend aus einem System linearer Gleichungen [die ersten n aus

(12.4)]. Wenn die Lösung physikalisch sinnvoll ist (vgl. Abschnitt 12.3.1), dann stellt Gleichung (12.1) ein einfaches Mittel dar, um $F_2(u)$ mit Hilfe der Werte von $F_1(u)$ zu bestimmen. Außerdem können die erforderlichen Daten aus einer gemessenen Kennlinie abgelesen werden, ohne jegliche Kurvenanpassung.

Da es sich bei der Approximation mit Polynomen hoher Ordnung um einen sehr kritischen Prozeß handeln kann, könnte man erwarten, daß der Ausdruck (12.1), der aus einer angenommenen Polynomanpassung hergeleitet wird, sehr empfindlich auf Veränderungen der Werte von F1 reagiert. In der Praxis stellt sich das Berechnungsverfahren als einigermaßen stabil heraus, vorausgesetzt, das Ausgangsproblem selbst ist gut gestellt; dies ist ein Merkmal, das in Abschnitt 12.3 und 12.4 weiter untersucht wird.

12.3 Anwendungen dieser Technik

12.3.1 Zwei Sinuswellen mit gleicher Amplitude in einer nichtlinearen Stufe

Hier besteht das Grundproblem darin, bei gegebener Kurve der Ausgangsamplitude als Funktion der Eingangsamplitude für einen Einzelton das Verhalten derselben nichtlinearen Einheit herzuleiten, wenn das Eingangssignal aus zwei Tönen mit gleichen Amplituden, aber teilerfremden Frequenzen besteht. Die speziellen Ausgangskenngrößen von Interesse sind:

1. Die Amplitude der Grundkomponente bei der Frequenz ω_1 (oder ω_2).
2. Die Amplitude des Intermodulationsproduktes dritter Ordnung bei der Frequenz $2\omega_1 - \omega_2$ (oder $2\omega_2 - \omega_1$).

Für die Rechnung schreiben wir den Einzelton als

$$v(t) = B \text{ cost } \omega t \tag{12.5}$$

und nehmen an, daß die Nichtlinearität eine "statische" Eingangs/Ausgangs-Kennlinie hat:

$$V(v) = \sum_{n=1}^{\infty} a_{2n-1} v^{2n-1} \tag{12.6}$$

(Man beachte, daß die Glieder gerader Ordnung weggelassen wurden, da sie keinen Beitrag zur den betrachteten Ausgangsgrößen liefern.)

Dann gilt für die Ausgangsamplitude bei der Frequenz ω

$$F_1(B) = \sum_{n=1}^{\infty} \frac{1}{2^{2n-1}} \binom{2n-1}{n-1} a_{2n-1} B^{2n-1} \tag{12.7}$$

Schreiben wir den Zweitoneingang als

$$v(t) = B \cos \omega_1 t + B \cos \omega_2 t \tag{12.8}$$

ergibt sich für den entsprechenden Ausgang

$$\begin{aligned} V(t) &= \sum_{n=1}^{\infty} a_{2n-1} B^{2n-1} (\cos \omega_1 t + \cos \omega_2 t)^{2n-1} \\ &= \sum_{n=1}^{\infty} a_{2n-1} B^{2n-1} w^{2n-1} \cos^{2n-1} \omega_S t \cos^{2n-1} \omega_D t \end{aligned} \tag{12.9}$$

mit

$$\omega_X = (\omega_1 + \omega_2)/2; \quad \omega_D = (\omega_1 - \omega_2)/2$$

Werden die beiden Cosinus-Terme in eine harmonische Reihe entwickelt, ergibt sich die Amplitude der ω_1-Grundfrequenz (aus dem Produkt der Grundfrequenzen jeder Reihenentwicklung) zu

$$F_2(B) = \sum_{n=1}^{\infty} \frac{1}{2^{2n-2}} \binom{2n-1}{n-1}^2 a_{2n-1} B^{2n-1} \tag{12.10}$$

und die Amplitude des Produktes $2\omega_1 - \omega_2$ zu

$$F_3(B) = \sum_{n=2}^{\infty} \frac{1}{2^{2n-2}} \binom{2n-1}{n-1} \binom{2n-1}{n-2} a_{2n-1} B^{2n-1} \tag{12.11}$$

Die entsprechenden Werte für A, die in Gleichung (12.4) eingesetzt werden müssen, nehmen die besonders einfache Form

$$A_n^{(2)} = \binom{2n-1}{n-2} \quad [n \geq 1] \tag{12.12}$$

$$A_n^{(3)} = \binom{2n-1}{n-2} \quad [n \geq 2] \tag{12.13}$$

an. Die entsprechenden Stichprobengewichte und -multiplikatoren für die Approximationen mit drei Gliedern sind in Tabelle 12.1 und 12.2 aufgeführt.

Tabelle 12.1: Gewichte und Multiplikatoren zur Herleitung des ω_1-Grundfrequenzausgangs bei Zweitoneingang aus Stichproben der Einzeltonausgangs.

$$F_2(B) = \sum_{i=1}^{3} b_i F_1\ (c_i B)$$

i	b_i	c_i
1	0,1240	0,8678
2	0,2234	1,5673
3	0,2786	1,9499

Tabelle 12.2: Gewichte und Multiplikatoren zur Herleitung des Intermodulationsproduktes $2\omega_1 - \omega_2$ bei Zweitoneingang aus Stichproben der Einzeltonausgangs.

$$F_3(B) = \sum_{i=1}^{3} b_i F_1\ (c_i B)$$

i	b_i	c_i
1	–0,19425	0,68404
2	–0,19245	1,28558
3	0,19245	1,96962

Es sollte beachtet werden, daß in beiden Fällen die c über das Intervall (0,2) verteilt sind, wie auch zu erwarten, da dies dem Bereich der momentanen Amplituden des zusammengesetzten Eingangssignals entspricht. Die Tatsache, daß Stichproben vorzugsweise dem oberen Ende des Intervalls entnommen werden, spiegelt die Tatsache wider, daß die statistische Verteilung dieser momentanen Amplitude der Amplitude einer Sinuswelle mit dem Betrag 2B (Abb. 12.1) entspricht. Für die Bestimmung der genannten Ausgangskennlinien ist folglich das Verhalten von $F_1(B)$ in den beiden Endpunkten des Intervalls am wichtigsten.

Ein weiterer Punkt, von beträchtlichem praktischen Interesse ergibt sich bei einem Vergleich des Verhaltens der Stichprobengewichte $\{b_i\}$ in den beiden Formeln. In der Approximation für $F_2(B)$ sind diese alle positiv, so daß bei positivem F_1 die Berechnungen keinerlei Einbuße in der numerischen Genauigkeit aufgrund sich wegnetzender Beiträge unterliegen. Es treten jedoch negative Gewichte in der Approximation für $F_3(B)$ auf, und da existiert dann die Gefahr, daß diese Formel auf Fehler in den Eingangsdaten empfindlich reagieren könnte. Es gibt hierfür eine einfache physikalische Erklärung: Bei einem Versuch, die Intermodulationsverzerrung aus einer Messung der effektiven linearen Leistung

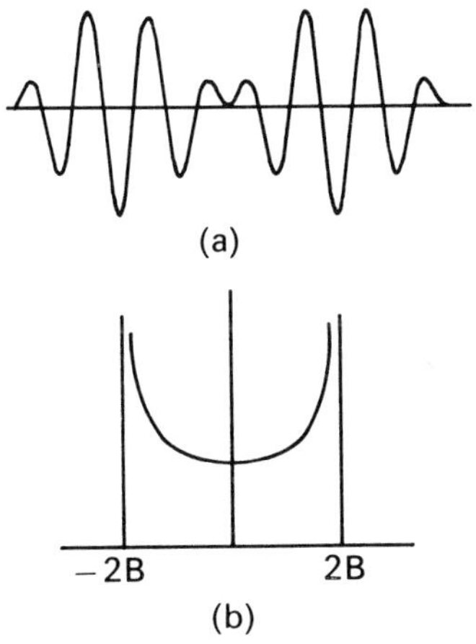

Abbildung 12.1: Testsignal. (a) Signalverlauf im Zeitbereich; (b) Wahrscheinlichkeitsdichte der Augenblickwerte der Amplitude.

einer Anlagen herzuleiten, muß das Berechnungsverfahren auf irgendeine Weise die "äquivalente Linearität" entfernen, die dem betrachteten Eingangssignal angemessen ist. Kleine Meßungenauigkeiten können daher deutliche Änderungen an den restlichen Kenngrößen der Einheit hervorrufen [8]. Dieser Punkt wird in Abschnitt 12.3.2 und 12.4.1 weiter untersucht.

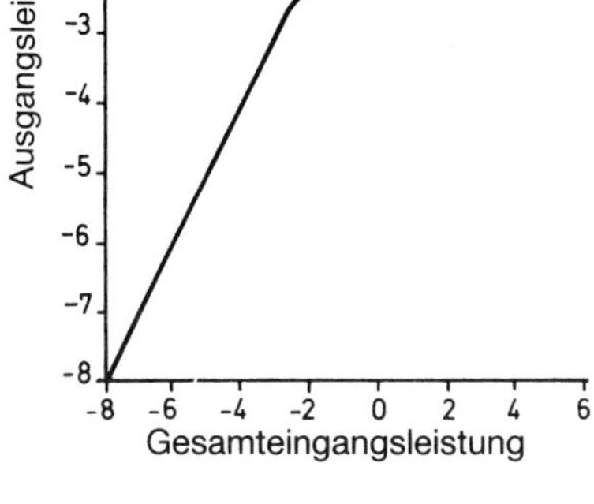

Abbildung 12.2: Grundfrequenz-Einzelton-Output eines idealen symmetrischen Begrenzers.

Um die numerischen Ergebnisse zu veranschaulichen, die aus diesen Formeln zu gewinnen sind, liefern Abb. 12.3 und 12.4 Vergleiche zwischen den exakten und approximierten Berechnungen die für die ideale Spitzen-Clippingstufe durchgeführt wurden, deren Einzeltonantwort in Abb. 12.2 dargestellt ist. Diese Beispiele machen deutlich, daß sogar eine Formel von relativ niedriger Ordnung genaue Vorhersagen treffen kann. Dies ist hauptsächlich darauf zurückzuführen, daß die Grunddatenkurve nur auf dem Bereich approximiert wurde, der für den gerade berechneten Ausgangspunkt erforderlich ist. Wenn beispielsweise das Zweitonsignal nur den linearen Teil der Clipping-Kennlinie erregt, geben die Formeln eine Verstärkung von Eins und eine Intermodulationsverzerrung null an und sind damit absolut exakt. Jeder Versuch bei *globaler* Kurvenanpassung für die Ausgangskennliniern (entweder statisch oder mit Einzelton-Eingang/Ausgang) wird im Gegensatz dazu wahrscheinlich nicht soerfolgreich sein, da das Verhalten der Näherungskurve im interessierenden Gebiet durch die Datenwerte aus anderen Gebieten beeinflußt wird (zum Beispiel durch Stetigkeitsbeschränkungen).

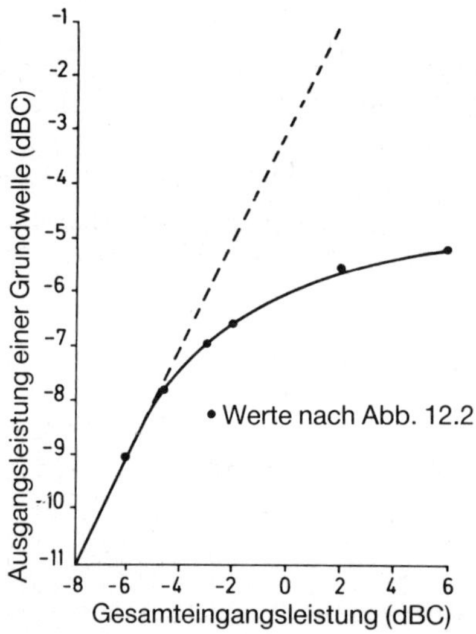

Abbildung 12.3: Grundfrequenz-Ausgangsleistung bei einem Ton. Eingang mit zwei gleichen Tönen bei einem idealen symmetrischen Begrenzer.

12.3.2 Bandbeschränktes Gauß-Rauschen in einer nichtlinearen Stufe

Diese Situation hat viel mit der Situation gemein, die wir in Abschnitt 12.3.1 betrachtet haben, aber hat eine hinreichende praktische Bedeutung, so daß sie eine separate Diskussion verdient. Es wird angenommen, daß die Ausgangsdaten aus einem Zweitontest der fraglichen Anlage stammen, wobei Messungen der Grundfrequenzausgangsleistung als auch des "$\omega_1 - \omega_2$"-

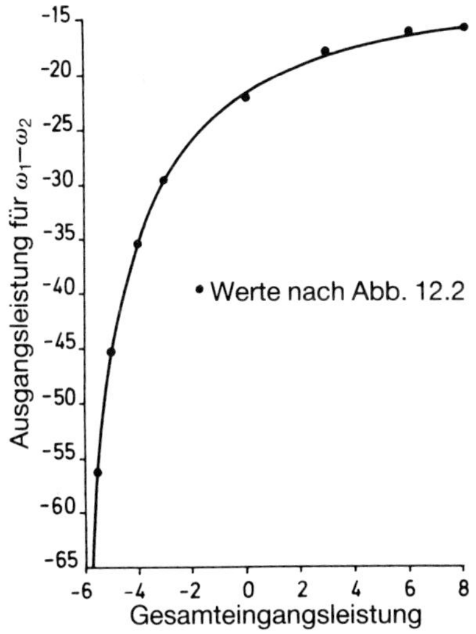

Abbildung 12.4: Ausgangsleistung bei der Frequenz $2\omega_1 - \omega_2$. Eingang mit zwei gleichen Tönen in einem idealen symmetrischen Begrenzer.

Intermodulationsverzerrungsprodukts durchgeführt worden sind. Dies ist für viele Komponentenspezifikationen heutzutage üblich und kann wertvolle Informationen liefern. Die uns interessierenden Ausgangscharakteristiken lauten:

1. Kohärente Rauschbandausgangsleistung (gewünschtes Signal) G_1^2,
2. gesamte Intermodulationsleistung dritter Ordnung G_3^2.

Wir nehmen an, daß das Rauschen den quadratischen Mittelwert σ hat. Um dann den Durchgang durch die nichtlineare Stufe zu untersuchen, kann die statische Eingangs/Ausgangs-Kennlinie als Hermite-Reihe

$$V(v) = \sum_{n=1}^{\infty} \frac{g_{2n-1}}{(2n-1)!} He_{2n-1}(v/\sigma) \tag{12.14}$$

dargestellt werden. (Wie weiter oben sind auch hier nur die ungeraden Glieder enthalten.) Die Koeffizienten $\{g_i\}$ können mit Hilfe der $\{a_i\}$ aus Gleichung (12.6) geschrieben werden, und insbesondere sind die beiden wesentlichen Glieder durch

$$g_1(\sigma) = \sum_{n=1}^{\infty} \frac{(2n-1)!}{(n-1)!2^{n-1}} a_{2n-1}\sigma^{2n-1} \tag{12.15}$$

$$g_3(\sigma) = \sum_{n=2}^{\infty} \frac{(2n-1)!}{(n-2)!2^{n-2}} a_{2n-1}\sigma^{2n-1} \tag{12.16}$$

gegeben. Diese können verwendet dazu werden, um Werte für $G_1^2(= g_1^2)$ und $G_3^2(= g_3^2)$ herzuleiten.

Ist die gesamte Eingangsleistung konstant, bedeutet dies für die Kurven der Ausgangsdatenkurven, daß

$$\Phi_1(\sigma) \equiv \frac{F_2(\sigma)}{\sqrt{2}} = \frac{1}{\sqrt{2}} \sum_{n=1}^{\infty} \frac{[(2n)!]^2}{(n!)^4 2^{2n-4}} a_{2n-1} \sigma^{2n-1} \tag{12.17}$$

gilt. $[\Phi_1(\sigma)]^2$ ist die Grundfrequenzausgangsleistung, die durch einen Zweiton-eingang mit der Gesamtleistung σ^2 hervorgerufen wird

$$\begin{aligned} \Phi_3(\sigma) &\equiv \frac{F_3(\sigma)}{\sqrt{2}} \\ &= \frac{1}{\sqrt{2}} \sum_{n=2}^{\infty} \frac{[(2n-1)!]^2}{(n+1)!n!(n-1)!(n-2)!2^{2n-2}} a_{2n-1} \sigma^{2n-1} \end{aligned} \tag{12.18}$$

Tabelle 12.3: Gewichte und Multiplikatoren zur Herleitung der Grundfrequenzausgangsleistung des Rauschbandes aus Stichproben des Zweiton-Grundfrequenzausgangs.

$$[G_1(\sigma)]^2 = \left[\sum_{i=1}^{3} b_i \Phi_1 \ (c_i \sigma) \right]^2$$

i	b_i	c_i
1	0,93723	0,83703
2	0,42170	1,41272
3	0,01633	2,08016

Tabelle 12.4: Gewichte und Multiplikatoren zur Herleitung der Leistung der Intermodulation dritter Ordnung des Rauschbandes aus Stichproben des Zweiton-Ausgangs $2\omega_1 - \omega_2$.

$$[G_3(\sigma)]^2 = \left[\sum_{i=1}^{3} b_i \Phi_3 \ (c_i \sigma) \right]^2$$

i	b_i	c_i
1	1,28488	1,19605
2	0,41391	1,75942
3	0,01191	2,40666

$[\Phi_3(\sigma)]^2$ ist die $2\omega_1 - \omega_2$- Ausgangsleistung, die durch einen (Zweiton-) Eingang mit der Gesamtleistung σ_2 hervorgerufen wird.

In Tabelle 12.3 und 12.4 sind die Stichprobengewichte und -multiplikatoren aufgeführt, die der Annahme entsprechen, daß die Approximationsformeln drei Glieder umfassen. Wiederum spiegeln sich die statistischen Eigenschaften des Eingangssignals im Verhalten der Koeffizienten $\{b_i\}$ und $\{c_i\}$ wieder. Es ist jedoch auffällig, daß die entsprechende Formel zur Vorhersage positive Gewichte hat und daher in bezug auf Störungen der Eingangsdaten relativ unempfindlich ist, weil in diesem Fall das Verhalten der Intermodulation dritter Ordnung aus einer Messung der Intermodulation dritter Ordnung hergeleitet wird, obwohl diese von ganz anderer Art ist.

In Abb. 12.6 ist das Ergebnis für den Fall dargestellt, daß die Formeln auf die Daten angewandt werden, die in Abb. 12.5 gegeben sind; diese entsprechen der gemessenen Leistung eines typischen modernen Mikrowellen-FET-Verstärkers. Die vorausgesagte Leistung wird unter der Annahme hergeleitet, daß sich der Verstärker im wesentlichen wie eine Widerstandsnichtlinearität verhält; unter der Voraussetzung, daß das Rauschen hinreichend schmalbandig ist, so daß eine effektive Zonentrennung der harmonischen Komponenten im Verstärkerausgang erfolgen kann, können die Ergebnisse verwendet werden, um die Rausch/Leistungs-Kurve herzuleiten, die in Abb. 12.7. dargestellt ist.

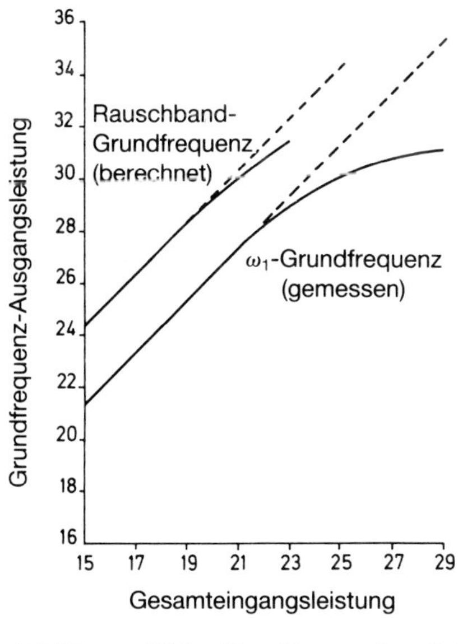

Abbildung 12.5: Grundfrequenzkennlinie für einen Mikrowellenleistungsverstärker (Rauschband oder Zweiton-Eingang).

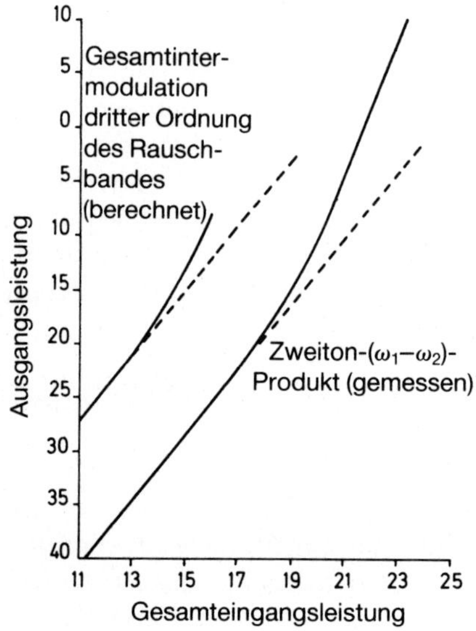

Abbildung 12.6: Intermodulationskennlinie eines Leistungsverstärkers (Rauschband oder Zweiton-Eingang).

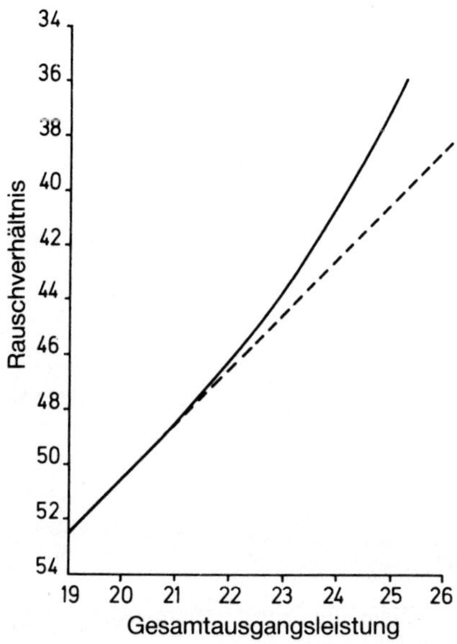

Abbildung 12.7: Rauschverhältniswerte für Schmalband-Rauscheingang in Mikrowellenleistungsverstärkern.

12.4 Beziehungen zu anderen Verfahren und mögliche Richtungen zukünftiger Arbeiten

12.4.1 Gauß-Quadratur

Aus der Struktur der Gleichung (12.1), die die Grundlage für das Näherungsverfahren bildet, wird deutlich, daß das Verfahren viel mit der bekannten Analysetechnik der Gaußschen Quadratur gemein hat [19]. Die Parallele läßt sich in verschiedenen Fällen explizit aufweisen - zum Beispiel wird in [6] gezeigt, wie die Beziehung zwischen $F_2(B)$ und $F_3(B)$ als Integral geschrieben werden kann:

$$F_2(B) = \frac{1}{\pi} \int_0^2 \frac{x}{\sqrt{(4 - x^2)}} F_1(Bx) \, \mathrm{d}x \tag{12.19}$$

Folglich sind die hergeleitete Approximation und die Verwendung einer Gauß-Formel für die Integration auf (0,2) mit der Gewichtsfunktion

$$w(x) = \frac{1}{\pi} \frac{x}{\sqrt{(4 - x^2)}}$$

äquivalent. Die Tatsache, daß diese Gewichtsfunktion positiv ist [19], sorgt dafür, daß die Koeffizienten $\{b_i\}$ und $\{c_i\}$ für die Näherungsformeln in allen Ordnungen existieren und daß die $\{b_i\}$ ebenfalls positiv sind. Hiermit werden die früheren empirischen Beobachtungen mathematisch gerechtfertigt.

Die entsprechende Integralformulierung, die auf die Funktion F_3 anwendbar ist, lautet

$$F_3(B) = \frac{1}{\pi} \int_0^2 \frac{(x^2 - 2)}{\sqrt{(4 - x^2)}} F_1(Bx) \, \mathrm{d}x \tag{12.20}$$

In diesem Fall bleibt die Gewichtsfunktion nicht im ganzen Bereich (0,2) positiv, und demnach folgt die Existenz einer Näherungsformel nicht mehr automatisch.

Wenn wir die mächtige Allgemeinheit der verschiedenen Theoreme betrachten, die sich auf die Gauß-Quadratur mit positiven Gewichtsfunktionen beziehen, so ist es interessant, darüber zu spekulieren, ob jene Näherungsformeln, die numerisch erfolgreich sind (beispielsweise G3 mit Hilfe von F3), immer in Integralbeziehungen umgeformt werden können oder nicht, in denendiese Eigenschaft manifest wird. Eine mögliche Richtung, in die die Untersuchung dieses Punktes zu beginnen wäre, könnte durch eine Erweiterung des Ansatzes mit Beschreibungsfunktionen gegeben werden, der im folgenden Abschnitt besprochen wird.

12.4.2 Beschreibungsfunktionen und Tschebyschow-Transformationen

Bei einer gedächtnislosen Nichtlinearität mit sinusförmigem Eingang (12.5) ist die Tschebyschow-Transformation m-ter Ordnung als

$$C_m(B) = \frac{2}{\pi} \int_{-B}^{B} \frac{T_m(v/B)}{\sqrt{(B^2 - v^2)}} V(v) \, \mathrm{d}v \tag{12.21}$$

definiert, wobei $T_m(x) = \cos(m \arccos x)$ das Tschebyschow-Polynom vom Grad m darstellt. Physikalisch ist $C_m(B)$ die Amplitude der m-ten Harmonischen in der Ausgangswellenform (mit Ausnahme von $m = 0$, wenn die Gleichstromkomponente $1/2C_o$ beträgt). In der Steuerungstheorie wird $C_m(B)/B$ oft als m-te Beschreibungsfunktion bezeichnet [14].

Da Gleichung (12.21) den harmonischen Ausgang (als Funktion der Eingangsamplitude) mit der zugrundliegenden Kennlinie der Stufe in Beziehung setzt, haben mehrere Autoren [14-17] verschiedene Wege untersucht, um eine inverse Transformation herzuleiten, diese würde Eigenschaften der Stufe aus Daten liefern, die bei der Beobachtung des Ausgangs gewonnen werden. Blachman [17] hat dies schließlich erreicht.

Werden lediglich ungerade Nichtlinearitäten betrachtet, dann zeigt [17], daß die Inversion von $C_{2n-1}(B)\ V$ lediglich bis zu einem beliebigen (ungeraden) Polynom vom Grad $2n - 3$ definiert. $C_3(B)$ sollte zum Beispiel ausreichend Informationen enthalten, so daß das Verhalten einer beliebigen Intermodulation dritter Ordnung für jede gegebene Eingangswellenform charakterisiert werden kann. Wenn der Beweis dieser Behauptung bald erfolgt, ist es vorstellbar, ihm dahingehend zu erweitern daß sich verschiedene Funktionen derselben Ordnung (zum Beispiel F_1, F_2 und G_1, F_3, G_3 und C_3) in gewissem Sinn als äquivalent erweisen - das heißt, jede Funktion läßt sich aus jeder anderen herleiten. Dies könnte dann auf einen Beweis eines früheren Postulats führen, das die Stabilität der Näherungen betrifft.

12.4.3 Problem der Quadraturverzerrung in Bandpaßnichtlinearitäten

Wieder einmal handelt es sich hierbei um ein Phänomen, das seit einiger Zeit bekannt ist. Für die Lösung sind verschiedene Modellverfahren vorgeschlagen worden [6,9-13]. Von diesen Verfahren scheint sich die Quadratursummation, die von Kaye, George und Eric [10] vorgeschlagen wurden (Abb. 12.8), als erfolgreich herausgestellt zu haben. Unsere Technik läßt sich direkt in ihre Formulierung übertragen, vorausgesetzt, daß Informationen sowohl über die phasenrichtige Nichtlinearität als auch die Quadraturnichtlinearität zur Verfügung stehen. Die Grundschwierigkeit besteht in der Interpretation der Meßdaten, insbesondere in der Entwirrung der Ausgangskomponenten, die in beiden Nichtlinearitäten entstanden sein können. Obwohl als Problem bekannt, insbesondere beim Verständnis des experimentellen Verhaltens des $2\omega_1\omega_2$-Produktes, sind erst kürzlich Untersuchungen auf diesem Gebiet beschrieben worden [12,13]. Hier gibt es Raum für theoretische und praktische Arbeiten mit dem Ziel eines "Vektorspektralanalysators", der eine vollständigere Beschreibung der Bandpaßnichtlinearitäten liefern könnte.

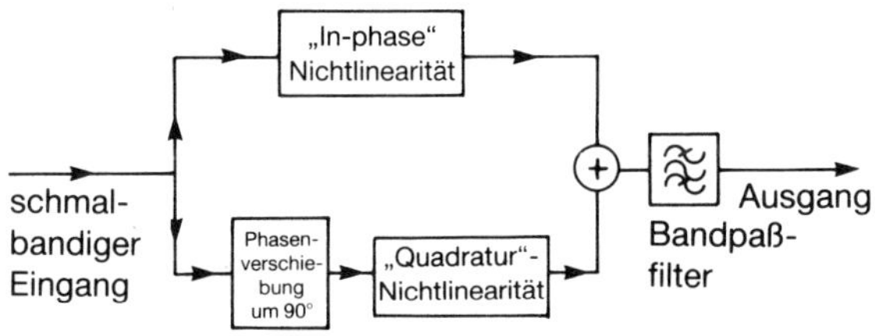

Abbildung 12.8: I-Q-Modell für Bandpaßnichtlinearitäten.

12.5 Schlußfolgerungen

Mit dem Berechnungsverfahren, das weiter oben beschrieben wird, können Verzerrungsprodukte eines bestimmten Typs schnell und leicht aus gemessenen Kennlinien berechnet werden, wobei einfache Näherungsformeln verwendet werden. Bestimmte numerische Konstanten müssen vorab bestimmt werden, aber wenn diese erst einmal bekannt sind, gelten die Formeln ohne Modifikationen für jede Kennlinienform.

Danksagung

Mein Interesse an diesem Thema wurde zum ersten Mal in einer Unterhaltung mit Herrn Dr. R.G. Medhurst und R.A. Harris geweckt. J.A. Gillespie arbeitete mit mir zusammen, um deren Arbeit zu erweitern und numerische Werte für verschiedene Approximationsformeln herzuleiten.

Anhang: Lösung des Gleichungssystems, mit dem die Stichprobengewichte und -multiplikatoren definiert werden

Die Gleichungen nehmen die Form

$$\begin{aligned}
\sum_{i=1}^{n} b_i &= A_0 \qquad (1)\\
\sum_{i=1}^{n} b_i c_i &= A_1 \qquad (2)\\
&\vdots \quad \vdots\\
\sum_{i=1}^{n} b_i c_i^{2n-1} &= A_{2n-1} \qquad (2n-1)
\end{aligned} \tag{A.1}$$

an. Wir nehmen an, daß die c_i die Wurzeln der Polynomgleichung

$$z^n + \sum_{k=0}^{n-1} q_k z^k = 0 \tag{A.2}$$

sind. Die Koeffizienten q_k werden durch die folgenden Verfahren bestimmt:

Man multipliziere Gleichung (1) mit q_o
(2) mit q_1
$(n-2)$ mit q_{n-1}
$(n-1)$ mit 1

und addiere

$$A_n + \sum_{k=0}^{n-1} q_k A_k = 0 \tag{A.3}$$

Werden Gleichung (2) bis (n) auf dieselbe Weise behandelt und anschließend (3) bis $(n+1)$ etc., dann läßt sich ein lineares Gleichungssystem für die q_k herleiten:

$$\sum_{k=0}^{n-1} q_k A_{k+i} = -A_{n+i} \quad [i = 0, 1, 2, \ldots, n-1] \tag{A.4}$$

Sobald (A.2) für die Werte von c_i gelöst ist, ergibt das Einsetzen der ersten n Gleichungen in (A.1) ein lineares Gleichungssystem für die b_i.

13 Intermodulation in Satellitennachrichtensystemen mit einem Kanal pro Trägerfrequenz

B.G. Evans

13.1 Einführung

Dieses Kapitel beschäftigt sich mit Problemen der Nichtlinearität und stochastischen Schwankung, wie sie in analogen Satellitennachrichtensystemen auftreten. Es faßt einen Teil der Arbeiten über Analyse und Simulation von Intermodulation und Interferenz zusammen, die bei Satellitensystemen mit einem Kanal pro Trägerfrequenz (SCPC) gelten. Diese Arbeiten hat die Essex-Gruppe in den letzten fünf Jahren durchgeführt. In diesem Kapitel konzentrieren wir uns insbesondere auf die verwendeten Verfahren um Qualitätsverluste durch Trägerband-intermodulationsrauschen aufgrund des Mehrfachträgerbetriebs in einem nichtlinearen Satellitentransponder zu berechnen. Hierbei handelt es sich um ein besonderes Beispiel für das allgemeinere mathematische Modell für Nichtlinearitäten, wie in Kapitel 9 behandelt. Die mit der Interferenz zwischen Radio-/Satellitensystemen verbundenen Probleme zeigen jedoch derart enge Parallelen, daß wir unsere Ergebnisse auch auf dieses Gebiet anwenden konnten. Die Behandlung der hier dargestellten Nichtlinearitäten ist nicht neu, aber ihre Anwendung auf die Art der betrachteten Systeme. Die speziellen Probleme, die mit der Verarbeitung von SCPC-Signalen in Zusammenhang stehen, werden nur kurz erwähnt.

Wir wollen zunächst einmal das Problem im Zusammenhang sehen: Wir betrachten ein Satellitennachrichtensystem mit Mehrfacheingang, bei dem viele Trägerfrequenzen gleichzeitig durch einen nichtlinearen Satellitentransponder verstärkt werden (vgl. Abb. 13.1). Die Gesamtqualität der Nachrichten über eine beliebige Verbindung im System wird durch das entsprechende Signal-Rausch-Verhältnis oder die Fehlerwahrscheinlichkeit über

$$\left\{\frac{S}{N} \text{ oder } P_e\right\} = f_n\left\{\frac{C}{N_{\mathrm{TOT}}} \times m\right\} \tag{13.1}$$

beschrieben, wobei m den Modulationsvorteil und C/N_{TOT} das Verhältnis von Träger zu Gesamtrauschen darstellen. Der letzte Term ist in der Entwicklung von Satellitensystemen offensichtlich entscheidend, die wirklich auf die optimale Verteilung der Rauschkomponenten hinausläuft. Diese lassen sich folgendermaßen zusammenfassen:

$$\text{Gesamtrauschen} = \left\{\begin{array}{c}\text{thermisches Rauschen}\\ \text{auf dem Hin- und Rückweg}\end{array}\right\} + \{\text{Anlagenrauschen}\} + \{\text{Intermodulationsrauschen}\} + \{\text{Interferenzrauschen}\}$$

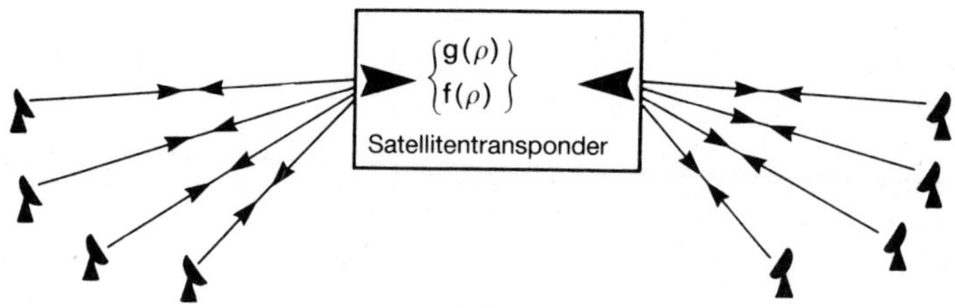

Abbildung 13.1: Satellitensystem mit Mehrfacheingang.

In diesem Artikel beschäftigen wir uns mit den beiden letzten Komponenten. Beachten Sie, daß diese sich ähnlich behandeln lassen, was die Herleitung des äquivalenten Grundbandrauschens angeht, wenn erst einmal die Leistungsspektraldichte der Sendefrequenzintermodulation (PSD) aus Nichtlinearitätsbetrachtungen berechnet worden ist.

Das Problem kann dann folgendermaßen zusammengefaßt werden:

1. Sendefrequenzintermodulationsanalyse
   - beide Ebenen und PSDs der Intermodulatronsprodukte
2. Grundbandverzerrung, die entweder

$$\left.\begin{array}{r}\text{(I) durch Intermodulation}\\ \text{oder (II) durch Interferenz}\end{array}\right\}\text{unerwünschte Sendefrequenzkomponenten}$$

erzeugt wird.

Viele Untersuchungen haben sich mit der Bestimmung der Amplituden der Intermodulationsprodukte und PSDs beschäftigt [1-5]. Die vielleicht vollständigste und einheitlichste Untersuchung geht auf Fuenzalida, Shimbo und Cook

[6] zurück, die sowohl Amplituden- als auch Phasennichtlinearitäten und damit durch AM/PM-Umwandlung erzeugte IMPs sowie nichtlineare Amplituden-IMPs berücksichtigt. Die Methode benutzt die Darstellung des Ausgangs der nichtlinearen Stufe im Zeitbereich, und die Berechnung der sich daraus ergebenden Grundband-Intermodulations-Rauschspektren erfolgt in diesem Bereich. Mit dieser Technik läßt sich die Grundbandverzerrung exakt berechnen, da die statistische Abhängigkeit zwischen Intermodulationsrauschen und Trägerfrequenzen berücksichtigt wird. Wir haben die Technik in unseren Untersuchungen auch verwendet, da sie im Gegensatz zu anderen für Träger und Interferenzen mit recht allgemeinen Spektralformen angewandt werden kann.

Das spezielle System, das wir untersucht haben, besteht aus einem kompandierten frequenzmodulierten SCPC, das in vielen Inlands- und Regionalsatelliten verwendet wird. Das Problem der Intermodulationsanalyse läuft dann auf die Simulation des Systems hinaus, das in Abb. 13.2 dargestellt ist. Im Vergleich zu den weitverbreiteten und gut dokumentierten FM/FDMA-Systeme weist dieses System verschiedene wichtige Unterschiede auf.

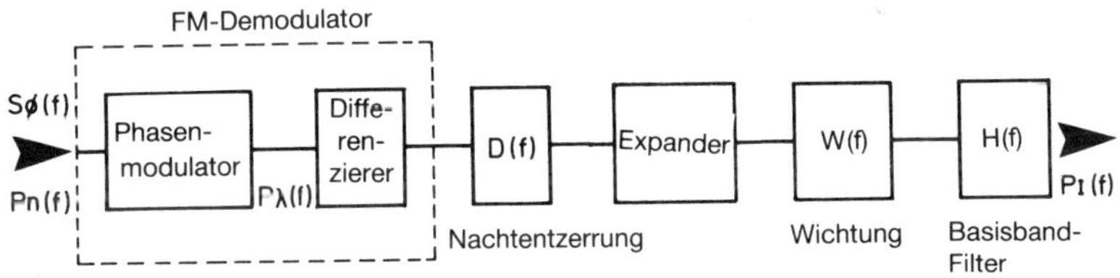

Abbildung 13.2: SCPC-kompandierte FM, Sendefrequenz-Grundband-Demodulator.

1. Das Spektrum der SCPC-Trägerfrequenz kann durch eine einfache Gauß-Verteilung approximiert werden und ist nicht stationär.
2. Die Anzahl der Trägerfrequenzen und damit IMPs ist bedeutend größer, und die Sprachschaltung bedeutet, daß die Anzahl nicht konstant ist.
3. Es müssen nicht unbedingt alle Trägerfrequenzen in Amplitude oder Spektrum übereinstimmen.
4. Im allgemeinen wird keine Energiedispersion benutzt.
5. Die Verwendung einer zusätzlichen nichtlinearen Stufe, des Silbenkompandierers, beeinträchtigt sowohl das Spektrum als auch die Statistik der IMPs.

Durch die obigen Punkte sind wir gezwungen, uns die statistischen Variationen der Parameter anzusehen und stochastische Beschreibungen der Spektren und Operationen zu verwenden [7]. Wir werden diese nur kurz in Abschnitt 13.3 erwähnen, aber im wesentlichen sind dies die Hauptprobleme, wenn man sich mit Intermodulations-SCPC-Systemen beschäftigt, da das allgemeine Verfahren von Fuenzalida angewendet werden kann, sobald es gelöst ist.

Es gibt noch ein weiteres wichtiges Gebiet, für das diese Berechnungen relevant sind; hierbei handelt es sich um die Anforderungen an die Sendeleistung der Erdstation. Die Sender sind entweder Klystrons oder TWTs, und beide müssen zurückgefahren werden, um die Auswirkungen der Intermodulationsprodukte zu einzuschränken. Bei der Wahl der Leistungskapazität von Bodensendern, bei denen es erforderlich sein kann, FDM- und SCPC-Träger gleichzeitig zu verstärken, ist es äußerst wichtig, daß die Intermodulationspegel genau abgeschätzt werden.

13.2 Mathematische Modelle für Intermodulationsberechnungen

Wir betrachten hier das Intermodulationsrauschen, das sich aus der Verstärkung eines Eingangssignals durch einen nichtlinearen TWT ergibt, das aus einer Summe von winkelmodulierten Trägerfrequenzen besteht. Im folgenden sind die Schritte der Analyse beschrieben:

1. Modell der Nichtlinearität des TWT.
2. Herleitung einer Darstellung des TWT-Ausgangs im Zeitbereich.
3. Herleitung des Leistungsspektrums der Sendefrequenzintermodulation.
4. Bestimmung des Grundbandintermodulationsrauschens durch Demodulation.

13.2.1 Nichtlinearitätsmodell

In Anlehnung an die Mathematik Shimbos [4] charakterisieren wir die nichtlineare Stufe mit Hilfe der Eingangs- und Ausgangshüllkurven. Neben der Tatsache, daß diese Beschreibung physikalisch sinnvoller ist als die Beschreibung über die momentane Spannung, bietet sie sich in idealer Weise für einfache Labormessungen der Amplituden- und Phasennichtlinearität an.

Die allgemeine Darstellung eines Eingangsbandpaßsignals ist durch

$$\begin{aligned} e_i(t) &= R_e\{V(t) \exp\left(\mathrm{j}\omega_0 t\right)\} \\ &= R_e\{\rho(t) \exp\left(\mathrm{j}\omega_0 t + \mathrm{j}\theta(t)\right)\} \end{aligned} \tag{13.2}$$

mit

$$V(t) = \rho(t) \exp\left[\mathrm{j}\theta(t)\right] = \text{komplexe Eingangshüllkurve}$$

$$\rho(t) = \text{Amplitude von } V(t)$$

$$\theta(t) = \text{Phase von } V(t)$$

gegeben. Zwei reelle nichtlineare Funktionen sind erforderlich, um die Eigenschaften der Nichtlinearität zu beschreiben:

$g(\rho)$ = Amplitudennichtlinearität

$f(\rho)$ = Phasennichtlinearität

Im sogenannten "gedächtnislosenlosen" Fall, d.h., beide Funktionen sind frequenzunabhängig, gilt für den Bandpaßausgang aus der Stufe

$$e_0(t) = R_e\{g[\rho(t)] \exp\,(\mathrm{j}\omega_0 t + \mathrm{j}\theta(t) + \mathrm{j}f[\rho(t)]\} \tag{13.3}$$

Diese Gleichung läßt sich mit Hilfe einer komplexen Hüllverstärkungsfunktion folgendermaßen schreiben:

$$e_0(t) = R_e\{G[\rho(t)]e_i(t)\} \tag{13.4}$$

wobei $G[\rho(t)] = g(\rho)\,\exp\,\{\mathrm{j}f(\rho)\}/\rho(t)$ ist.

In Abb. 13.3 zeigen wir typische gemessene Amplituden und Phasenkennlinien eines TWT (in der Praxis unterscheiden sie sich nicht sehr), die auf Messungen von Hüllkurven basieren. Obwohl zahlreiche Reihenentwicklungen für $g(\rho)\,\exp\,\{\mathrm{j}f(\rho)\}$ möglich sind [2], erweist die Reihenentwicklung mit Bessel-Funktionen als besonders geeignet für die analogen Eingangssignale, die in dieser Arbeit untersucht werden.

$$g(\rho)\,\exp\,\{\mathrm{j}f(\rho)\} = \sum_{s=1}^{L} b_x J_1(\alpha s \rho) \tag{13.5}$$

Hierbei sind die b_s komplexe Koeffizienten, die über ein Anpassungsverfahren bestimmt werden müssen, und α ist ein Skalierungsfaktor [6].

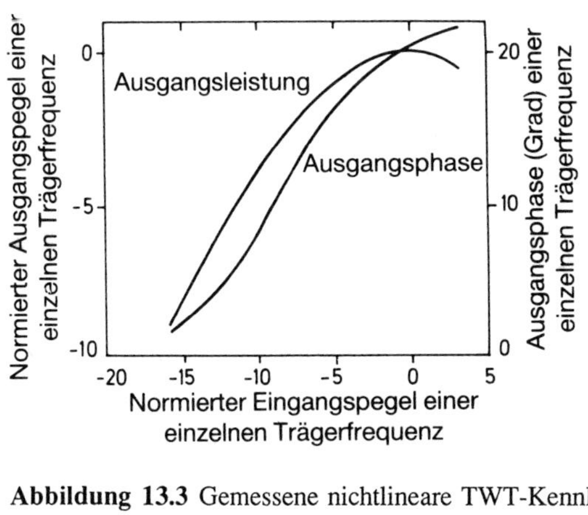

Abbildung 13.3 Gemessene nichtlineare TWT-Kennlinien.

13.2.2 Bestimmung der Zeitbereichsdarstellung des Ausgangs

Wenn wir den einfachsten Fall behandeln, in dem sich der Eingang aus der Summe von m schmalbandigen Bandpaßsignalen zusammensetzt, erhalten wir

$$\begin{aligned} e_i(t) &= R_e \sum_{j=1}^{m} A_j(t) \exp\left[\mathrm{j}\omega_0 t + \mathrm{j}\theta_j t)\right] \\ &= R_e\{\rho(t) \exp \mathrm{j}[\omega_0 t + \theta(t)]\} \end{aligned} \tag{13.6}$$

Der Bandpaßausgang wird durch Gleichung (13.8) dargestellt.

Die Grundfrequenzkomponente des Ausgangs läßt sich als

$$\hat{e}_0(t) = \mathcal{H}[\hat{e}_i(t)] \tag{13.7}$$

ausdrücken. Das Verfahren, das zur Gewinnung des Outputs innerhalb des Bandes eingesetzt wird, ähnelt sehr stark dem Verfahren mit charakteristischen Funktionen. Die Übertragungsfunktion $\mathcal{H}$ wird als inverse Fourier-Transformierte ihrer Fourier-Transformierten

$$\mathcal{H}(z) = \mathcal{F}^{-1}[\mathcal{F}(\mathcal{H}(z))] \tag{13.8}$$

ausgedrückt. Hierbei handelt es sich richtig besehen um eine doppelte Fourier-Transformation, da z komplex ist. Diese Formulierung führt auf eine Vereinfachung, da sie es zuläßt, ein Mehrfachintegral aufzuspalten und jeden Teil getrennt zu berechnen. Nach einigen Umformungen ergibt sich [6,7]

$$\begin{aligned} e_0(t) = R_e\Bigg\{\exp\left[\mathrm{j}\omega_0 t\right] \sum_{k_1 \cdots k_m = -\infty}^{\infty} \exp\left[\mathrm{j}\sum_{i=1}^{m} k_i \theta_i(t)\right] \\ \times M(k_1, k_2, \ldots, k_m)\Bigg\} \end{aligned} \tag{13.9}$$

Die komplexe Amplitude $M(k_1, \ldots, k_m)$, die ein Zweifachintegral über Produkte der Bessel-Funktionen enthält, läßt sich weiter zu

$$\begin{aligned} M(k_1, k_2, \ldots, k_m) = \int_0^{\infty} \gamma \left\{\prod_{i=1}^{m} J_{k_i}[A_i(t)\gamma]\right\} \mathrm{d}\gamma \\ \times \int_0^{\infty} \rho g(\rho) \exp\left[\mathrm{j}f(\rho)\right] J_1(\gamma\rho)\, \mathrm{d}\rho \end{aligned} \tag{13.10}$$

vereinfachen. Hieraus ergibt sich unter Verwendung der Entwicklung nach der Bessel-Funktion (13.5) das einfache Ergebnis

$$M(k_1, k_2, \ldots, k_m) = \sum_{s=1}^{L} b_s \prod_{i=1}^{m} J_{k_i}[\alpha s A_i(t)] \tag{13.11}$$

Der Bandpaßausgang aus der Nichtlinearität wird also in diesem Fall auch aus winkelmodulierten Signalen gebildet. Jede Komponente (Träger und IMP) wird als Menge ganzer Zahlen $k_1, \ldots, k_m$ beschrieben. Die entsprechende Amplitude ist $M(k_1, \ldots, k_m)$, und die Winkelmodulation ist durch

$$\sum_{i=1}^{m} k_i \theta_i(t).$$

gegeben.

Unter Verwendung dieser Formulierung können wir stationäre Signale wie FDM-Blöcke, jedoch - wegen der Zeitabhängigkeit - keine SCPC-Trägerfrequenzen oder Mischformen davon, behandeln. Diese Fälle sind gelöst worden [7], aber sie sind auch vielschichtiger.

13.2.3 Leistungsspektrum der Sendefrequenzintermodulation

Die Leistungsspektraldichte des Bandpaßausgangs $e_o(t)$ läßt sich bestimmen, wenn zuerst die Autokorrelationsfunktion von $e_o(t)$ berechnet und dann gliedweise die Fourier-Transformation durchgeführt wird. Das allgemeine Verfahren wird in [4] und der spezielle Fall für die Besselsche Reihenentwicklung der Nichtlinearität in [6] erläutert. Als Ausdruck für das Ausgangsleistungsspektrum ergibt sich

$$\begin{aligned} P(f) &= \frac{1}{4} \sum_{k_1, \cdots, k_m = -\infty}^{+\infty} |M(k_1, k_2, \ldots, k_m)|^2 \\ &\times \left[\mathcal{P}_{\Delta\phi}\left(f - f_0 - \sum_{i=1}^{m} k_i f_i\right) + \mathcal{P}_{\Delta\phi}\left(-f - f_0 - \sum_{i=1}^{m} k_i f_i\right)\right] \end{aligned} \tag{13.12}$$

Obiges ist für identische FDM- und SCPC-Trägerfrequenzen erweitert worden, wobei folgendes gilt

$$\begin{aligned} f_0 + f_i &= \frac{\omega_0 + \omega_i}{2\pi} = \text{Frequenz des } i\text{-ten Trägers} \\ \mathcal{P}_{\Delta\phi}(f) &= \mathcal{F}\left\{ E\left[\exp \mathrm{j} \sum_{i=1}^{m} k_i(\phi_\rho(t+\tau) - \phi_\rho(t))\right]\right\} \\ \Delta\phi &= k_1\phi_1 + \cdots + k_m\phi_m \end{aligned} \tag{13.13}$$

$\mathcal{P}_{\Delta\phi}(f)$ stellt hier die auf Leistung Eins normierte, einem Tiefpaß äquivalente Leistungsspektraldichte (PSD) eines Trägers dar, der durch das Signal $\sum_{i=1}^{m} k_i\phi_\rho(t)$ winkelmoduliert ist. Bei Signalen $\phi_\rho(t)$, die statistisch unabhängig sind, kann man zeigen [8], daß

$$\mathcal{P}_{\Delta\phi}(f) = S_{k1}\phi_1(f) * S_{k2}\phi_2(f) * \cdots * S_{km}\phi_m(f)$$

gilt, wobei

$$S_{ki}\phi_i = \mathcal{F}\{E[\exp \mathrm{j}k_i(\phi_i(t-\tau) - \phi_i(t))]\} \tag{13.14}$$

die PSD des Tiefpaßäquivalents (auf Einheitsleistung normiert) eines Trägers darstellt, der durch ein Signal $k_i\phi_i(t)$ winkelmoduliert ist. Wir werden feststellen, daß für eine große Zahl von Trägern, wie beispielsweise beim SCPC, viele Faltungen $*$ erforderlich sind.

Außer in Fällen, bei denen linearisierte TWTs verwendet werden, wird der Intermodulationspegel hauptsächlich durch den Pegel der Produkte dritter Ordnung beherrscht [1]. Diese können mit $-2f_1 - f_2$ als Typ A und $-(f_1 + f_2 - f_3)$ als Typ B definiert werden; und die Gleichungen (13.12) bis (13.14) können ausgewertet werden [7], um die PSD der Intermodulatinosprodukte dritter Ordnung zu liefern.

$$\begin{aligned}
\mathcal{P}_3(f) =& \frac{1}{4}\sum_{\{A\}} |M(k_1, k_2, \ldots, k_m)|^2 \\
& \times [S_{2\theta_i} * S_{\theta_j}(f - f_0 - 2f_i + f_j) \\
& \qquad + S_{2\theta_i} * S_{\theta_j}(-f - f_0 2f_i + f_i)] \\
& + \frac{1}{4}\sum_{\{B\}} |M(k_1', k_2', \ldots, k_m')|^2 \\
& \times [S_{\phi_i} * S_{\phi_j} * S_{\phi_k}(f - f_0 - f_i - f_j + f_k) \\
& \qquad + S_{\phi_i} * S_{\phi_j} * S_{\phi_k}(-f - f_0 - f_i - f_j + f_k)]
\end{aligned} \tag{13.15}$$

Obiges wurde in [7] auf identische FDM- und SCPC-Träger und den Fall gemischter FDM- und SCPC-Blöcke erweitert.

13.2.4 Grundbandintermodulationsspektrum

Wir haben erfahren, daß die einem IMP zugeordnete PSD als Spektrum eines winkelmodulierten Signals betrachtet werden kann, dessen Modulationssignal durch die Modulationssignale der Träger bestimmt wird, die das Produkt erzeugen. Dann läßt sich das Problem der Demodulation eines gewünschten Trägers in Gegenwart von IMPs sukzessive lösen und das Rauschen des Grundbandes durch Summation bestimmen (vgl. Abb. 13.2.). Die Herleitung des Rauschspektrums des Grundbandes ist klassisch, wenn auch etwas kompliziert [7]. Das Verfahren besteht darin, den zeitlichen Ausgang des Demodulators als

$$S(t) = \phi(t) + \lambda_i(t)$$

auszudrücken, wobei $\lambda_i(t)$ die Phasenmodulation aufgrund eines bestimmten IMP ist. Nach Bildung der Autokovarianzfunktion von $\lambda_i(t)$ und anschließender Fourier-Transformation ergibt sich die PSD, $P\lambda_i(f)$, zu

$$P_{\lambda_i}(f) = \frac{1}{A^2}[P_n(f+f_c) + P_n(f-f_c)] * S_\phi(f) \qquad (13.16)$$

Hierbei ist $P_n(f)$ die PSD von $n(t)$ und $S_\phi(f)$ die PSD des Trägers.

Die Behandlung ist ganz allgemein, und es läßt sich ein beliebiges Eingangssignal betrachten, vorausgesetzt, daß sein Spektrum nachgebildet werden kann. Bei der COMSAT-Arbeit müssen die PSDs für die numerische Auswertung auf Gaußsche oder Rechteck-Eingänge beschränkt werden. Diese Beschränkung ist wegen der Rechenzeit erforderlich, da viele Faltungen durchgeführt werden müssen, und diese sind bei den obigen Signalformen analytisch. Bei SCPC-Trägern ist das Sendefrequenzspektrum sehr gezackt, wobei ein großer Teil der Leistung in der Nähe der Trägerfrequenz liegt, und dies führt auf Probleme bei der Definition des Spektrums und der Rauschbestimmung. Das Rauschen aufgrund von IMPs im Grundband ist unter Bezug auf Abb. 13.2 durch

$$N = \sum_i \int_{-\infty}^{\infty} P_{\lambda_i}(f) f^2 D(f) W(f) H(f)\, \mathrm{d}f \qquad (13.17)$$

und das Rausch-/Leistungs-Verhältnis (NPR) als

$$\mathrm{NPR} = \sigma + 10 \log (p) - 10 \log \left\{ \int_{-\infty}^{\infty} \frac{P_\lambda(f)}{W(f)}\, \mathrm{d}f \right\} \qquad (13.18)$$

gegeben, wobei p und σ das Aktivitätsverhältnis bzw. Sprachvolumen in dBmO im SCPC-Kanal darstellen.

13.3 Spezielle Probleme im Zusammenhang mit der SCPC-kompandierten Frequenzmodulation

13.3.1 Simulation des Spektrums

Im Unterschied zu einem FDM/FM-Träger, dessen Spektrum gut durch eine Gaußsche Form genähert werden kann, hängt das Spektrum des SCPC-Trägers von der dynamischen Statistik der Sprache und den Sprechervariationen ab; diese führen zu einem gezackten Spektrum, wobei große Komponenten in der Nähe der Trägerfrequenz liegen. Die PSD muß daher als Funktion der Frequenz und des Modulationspegels $(\sigma_j S(\sigma, f)$ betrachtet werden. Wir haben typische kompandierte und nichtkompandierte Spektren gemessen und versucht, die mittleren

Spektren (1) mit dem Modell "Delta-Funktion plus Gauß-Funktion" und (2) mit dem Modell "Delta-Funktion plus Gamma-Funktion", nämlich

$$\hat{S}(\sigma, f) = k\delta(f) + (1-k)\sqrt{\left[\frac{b(\sigma)}{\pi}\right]}\ \exp\left\{-b(\sigma)f^2\right\} \tag{13.19}$$

$$\hat{S}(\sigma, f) = k\delta(f) + \frac{1-k}{2}\sqrt{\left[\frac{b(\sigma)}{\pi|f|}\right]}\ \exp\left\{-b(\sigma)|f|\right\} \tag{13.20}$$

anzupassen. Die Ergebnisse [7] zeigen, daß eine Anpassung über die Gamma-Funktion besser, jedoch zeitraubender ist, wenn Mehrfachfaltungen auftreten. Diese letztgenannte Einschränkung mag nicht so wichtig sein, da es uns kürzlich gelungen ist, die Intermodulationsrauschleistung direkt im Zeitbereich auszuwerten.

13.3.2 Sprachaustastung des Trägers

Die meisten SCPC-Systeme verwenden eine Art von Sprachaustastung des Trägers, um Energie zu sparen. Durch kontinuierliches An- und Ausschalten (Austastung) des Trägers variiert die Amplitude der erwünschten Träger und Intermodulationsprodukte zufällig. Im allgemeinen verbessert sich hierdurch die Intermodulationsrauschleistung. Gleichung (13.11) liefert die komplexe Amplitude entweder eines erwünschten Trägers oder eines IMP im Ausgang des TWT. Setzt sich ein Eingang aus n SCPC/FM-Trägern zusammen, ergibt sich die Ausgangsamplitude des r-ten Trägers zu

$$\begin{aligned} M(r,t) &= M(0,\ldots,1,\ldots,0) \\ &= \sum_{s=1}^{L} b_s J_1(\alpha_s A_r(t)) J_0^{\hat{S}_r(t)}(\alpha_s A) \prod_{\substack{\rho=n+1 \\ \rho\neq r}}^{m} J_0(\alpha_s A_\rho) \end{aligned} \tag{13.21}$$

wobei $\hat{X}_r(t)$ der Gesamtzahl der aktiven SCPC-Träger ausschließlich des r-ten entspricht.

Wenn wir einen Sprachaktivierungsfaktor mit

$$\text{Wahrscheinlichkeit } [A_\rho(t) = A] = p \tag{13.22}$$

definieren, dann gilt $A_\rho(t) = AX_\rho(t)$, wobei $X_\rho(t)$ eine Bernoulli-verteilte Zufallsvariable ist, und

$$\hat{X}_r(t) = \sum_{\substack{i=1 \\ \neq r}}^{n} X_i(t) \tag{13.23}$$

Hierin ist $\hat{X}_r(t)$ als Summe der Bernoulli-verteilten Zufallsvariablen eine binomialverteilte Zufallsvariable. Es läßt sich zeigen [7], daß der Ausdruck für $M(r,t)$ für große n durch

$$\hat{M}(r,t) = \sum_{s=1}^{L} b_s J_1(\alpha_s A_r(t)) \prod_{\rho=n+1}^{m} J_0(\alpha_s A_\rho)[pJ_0(\alpha_s A) + 1 - p]^{n-1} \tag{13.24}$$

approximiert werden kann.

Dieselbe Technik kann auch verwendet werden, um die Amplitude der IMPs auszudrücken. Folglich kann die PSD des Trägers und der IMPs auf ähnliche Weise wie in Abschnitt 13.2 bestimmt werden; allerdings ist hier der Vorgang wesentlich komplizierter. Das Ergebnis lautet

$$P_{\lambda 1}(f)_{\mathrm{ON}} = \frac{1}{|\hat{M}(r)|^2}[P_n(f+f_r) + P_n(f-f_r)] * \bar{S}_{r\mathrm{ON}}(f) \tag{13.25}$$

Das mathematische Modell für $\bar{S}_{r\mathrm{ON}}(f)$, das ist die mittlere PSD bei einem sprachaktivierten, sprachmodulierten SCPC/FM-Träger, ist aus Messungen hergeleitet worden [7].

13.3.3 Auswirkungen der Silbenkompandierung

Durch die Verwendung eines Silbenkompandierers wird die Untersuchung des SCPC-Systems etwas komplizierter. Der Kompressor modifiziert das Sendefrequenzzpektrum des sprachmodulierten Trägers und die IMPs. Unter Verwendung eines Modells für den Kompressoreinfluß läßt sich eine einfache Beziehung zwischen den kompandierten und nichtkompandierten Spektren verifizieren. Es ist schon schwieriger, den Einfluß des Expanders nachzubilden, da seine Verstärkung während der Sprachpausen durch die Rauschleistung im Eingang gesteuert wird, wodurch sich der Rauschpegel des Ausgangs deutlich reduziert. Es wäre ideal, die Verstärkung des Expanders als Zufallsprozeß zu berücksichtigen, dessen Statistik von der Sprachstatistik unabhängig ist. Diese Behandlung hat sich jedoch als zu schwierig herausgestellt, und wir haben sie dadurch vereinfacht, daß wir den Langzeitdurchschnitt der Verstärkung des Expanders für den aktiven und den inaktiven Zustand betrachten. Zusätzlich wird ein stochastischer Prozeß $X(t)$ als

$$\begin{aligned} X(t) &= 1, \quad \text{erwünschtes Signal zum Zeitpunkt } t \text{ aktiv} \\ &= 0, \quad \text{im Ruhezeitraum} \end{aligned} \tag{13.26}$$

definiert, der als zeitlich kontinuierlicher Markow-Zufallsprozeß mit zwei Zuständen dargestellt ist. Mit diesen beiden Begriffen haben wir die PSD des demodulierten Rauschens für IMPs formuliert, wie wir dies schon vorher im sprachaktivierten und nichtsprachaktivierten Fall getan haben. Die PSD des demodulierten Sprachsignals bleibt im wesentlichen unverändert.

13.4 Intermodulationsrauschen in sprachaktivierten SCPC-kompandierten FM-Kanälen

Mit der Theorie, die in Abschnitt 13.2 vorgestellt wurde, und den Erweiterungen auf den SCPC-Fall, die kurz in Abschnitt 13.3 aufgeführt wurden, können wir das Grundbandintermodulationsrauschen in einem erwünschten SCPC-Kanal aufgrund der Kombinationen von SCPC- und FDM/FM-Blockbelastungen eines Transponders berechnen. In ähnlicher Weise wie bei dem Verfahren mit dem Interferenzreduktionsfaktor spezifizieren wir das Rauschen als

$$\text{Rauschleistung im Grundband-Kanal} = \{10 \log [I/C] + X(\sigma, \Delta f)\} \tag{13.27}$$

wobei C/I das Verhältnis von Sendefrequenzträger und Intermodulation, σ der Modulationspegel des gewünschten Kanals und δf der Frequenzabstand zwischen dem erwünschten Träger und der IMP ist. Also besteht das Problem darin, $X(\sigma, \Delta f)$ auszurechnen. Wir betrachten ein IMP dritter Ordnung vom Typ $(f_a + f_b + f_c)$, wobei das entsprechende Spektrum $P_3(f)$ aus Gleichung (13.15) durch

$$P_3(f) = \frac{p^i}{4} |\hat{M}(a, b, -c)|^2 [\bar{S}_{abc}(f - f_p) + \bar{S}_{abc}(-f - f_p)] \tag{13.28}$$

gegeben ist. Hier ist p das Aktivitätsverhältnis der i sprachaktivierten SCPC-Träger, und f_p und f_c sind die Frequenzen des IMP bzw. des Trägers. Wenn $\bar{S}_{\mathrm{ON}}(\sigma, f)$ die durchschnittliche normierte PSD des erwünschten demodulierten Trägers darstellt, dann ergibt sich das demodulierte Rauschspektrum nach Gleichung (13.25) zu

$$\begin{aligned} P_{\lambda_1}(\sigma, f, \Delta f)_{\mathrm{ON}} = {} & \frac{p^i}{4} \frac{|\hat{M}(a, b, -c)|^2}{|\hat{M}|^2} \\ & \times [\bar{S}_{abc}(f - \Delta f) + \bar{S}_{abc}(-f - \Delta f)] * \bar{S}_{\mathrm{ON}}(\sigma, f) \end{aligned} \tag{13.29}$$

Hierbei ist $\hat{M}$ die komplexe mittlere Amplitude des gewünschten Trägers.

Die ungewichtete Rauschleistung der Grundbandintermodulation ergibt sich ähnlich wie in Gleichung (13.17) zu

$$\mathrm{NP}\ (\sigma, \Delta f) = \int_{\infty}^{\infty} P_{\lambda_1}(\sigma, f, \Delta f)_{\mathrm{ON}} f^2 D(f) H(f)\, \mathrm{d}f \tag{13.30}$$

Sie läßt sich als

$$\begin{aligned} 10 \log [\mathrm{NP}\ (\sigma, \Delta f)] = {} & 10 \log \left[\frac{|\hat{M}(a, b, -c)|^2}{|\hat{M}|^2}\right] \\ & + 10 \log [X(\sigma, \Delta f)] \end{aligned} \tag{13.31}$$

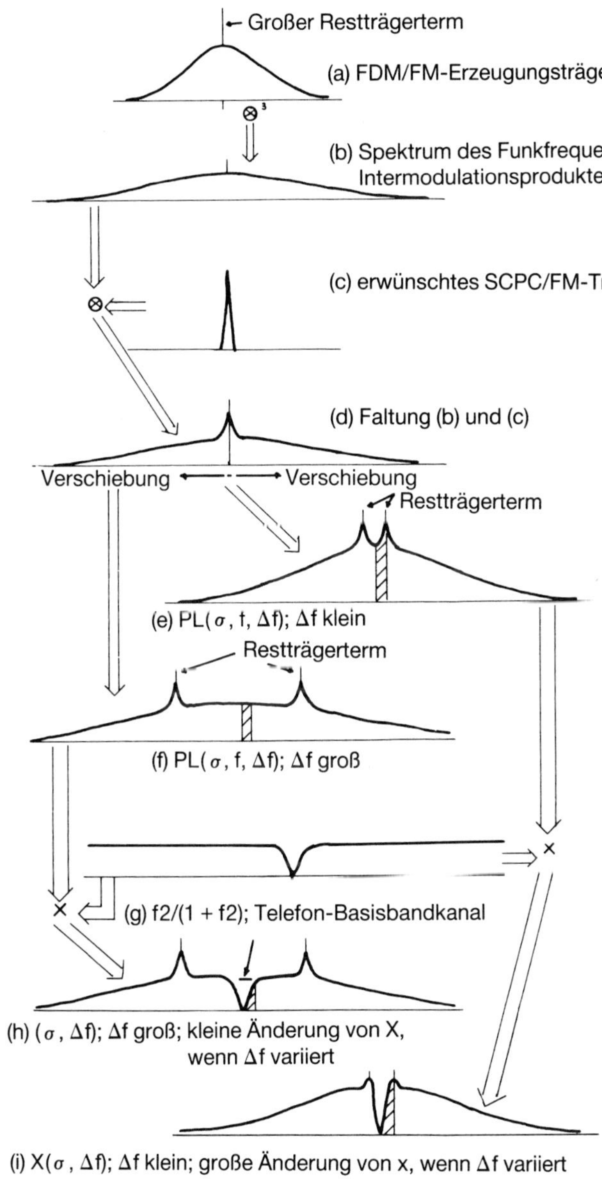

Abbildung 13.4: Veranschaulichung der Berechnung von $X(\sigma, \Delta f)$.

mit

$$X(\sigma, \Delta f) = \int_{\infty}^{\infty} \frac{p^i}{4} P_L(\sigma, f, \Delta f) f^2 D(f) H(f) \, \mathrm{d}f \qquad (13.32)$$

und

$$P_L(\sigma, f\Delta f) = [\bar{S}_{abc}(f - \Delta f) + \bar{S}_{abc}(-f - \Delta f)] * \bar{S}_{\mathrm{ON}}(\sigma, f) \quad (13.33)$$

ausdrücken. In Abb. 13.4 fassen wir die Berechnung von $X(\sigma, \Delta f)$ zusammen.

Als Berechnungsbeispiele sind die Ergebnisse für drei FDM/FM-Blöcke und der Fall eines FDM-Blocks und zweier identischer sprachgetasteter, kompandierter FM-Träger in Abb. 13.5 und 13.6 dargestellt.

Als Schlußfolgerung können wir bemerken, daß wir die obige Technik verwendet haben, um das Intermodulationsrauschen in verschiedenen SCPC-Systeme zu untersuchen; denn sie läßt sich anwenden, sobald Spektralinformationen vorliegen. Wir haben festgestellt, daß die Rechenzeit immer noch übermäßig lang sein kann, wenn praktische Frequenzpläne für Satellitentransponder optimiert werden sollen. Ein neues Verfahren, bei dem $X(\sigma, \Delta f)$ im Zeitbereich ausgewertet wird, berechtigt zu den größten Hoffnungen, daß diese Zeit beträchtlich verkürzt werden kann.

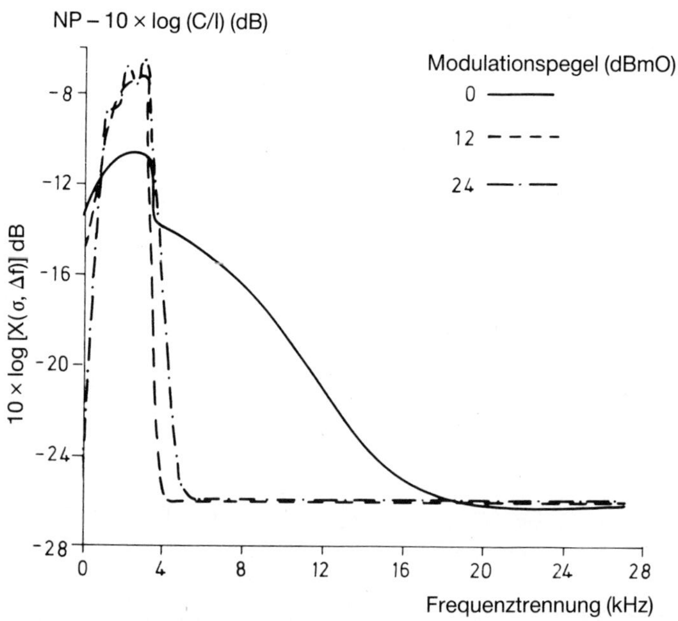

Abbildung 13.5: Intermodulationsrauschen, das in einem nichtkompandierten SCPC-Kanal durch drei identische FDM/FM-Träger erzeugt wird.

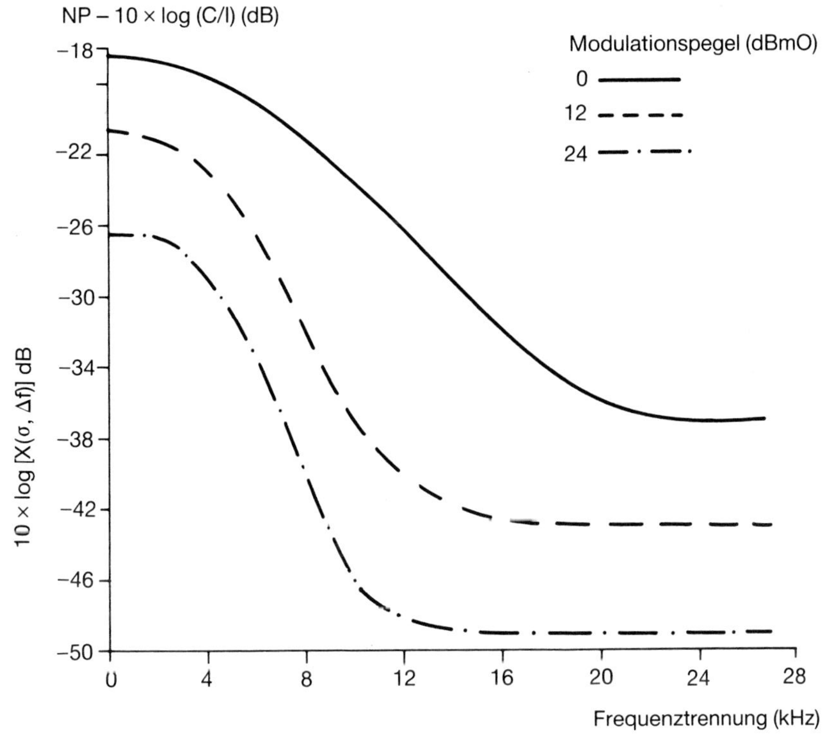

Abbildung 13.6: Intermodulationsrauschen, das in einem nichtkompandierten SCPC-Kanal durch die Kombination von einem FDM/FM-Träger mit zwei SCPC-FM-Trägern erzeugt wird.

Teil IV

Digitale Übertragung

14 Darstellung und Analyse digitaler Übertragungscodes

K.W. Cattermole

14.1 Blockcodes

Es gibt eine große Klasse von Übertragungscodes, bei denen ein Quellenblock von N binären Ziffern einem Block von M Ziffern mit jeweils L Pegeln für eine Leitungsübertragung zugeordnet wird. Bei elektrischen Leitungen werden im allgemeinen ternäre Codes verwendet, d.h., daß $L = 3$ ist. In diesem Fall ist $M \leq N$, wobei natürlich die Nebenbedingung $LM \geq 2N$ gilt. Bei Lichtleitern werden meist binäre Codes verwendet, und in diesem Fall ist $M \geq N$. Diese Abhandlung gilt für beiden Fälle und ist eigentlich noch allgemeiner. Bei normalen Verwendungszwecken von Übertragungscodes ist eine bestimmte Redundanz erforderlich, so daß üblicherweise die echte Ungleichung $LM > 2N$ gilt.

Der Leitungscode muß eindeutig decodierbar sein, d.h., jeder Block mit M Übertragungsziffern muß einem und nur einem Block von N Informationsziffern entsprechen. Es kann jedoch mehrere Übertragungscodeblocks geben, die einem einzigen Informationscodeblock entsprechen. Viele wichtige Übertragungscodes sind *Alternativcodes,* d.h., einige oder alle Informationsblöcke haben zwei oder mehr mögliche Übersetzungen in einen Leitungscode. Diese Übersetzungen unterscheiden sich in einer bestimmten Eigenschaft, die bei der Leitungsübertragung wichtig ist, und die Auswahl unter ihnen wird beim Auftreten jedes Blocks getroffen, unter Bewahrung einer kumulativen Eigenschaft der vollständigen Folge. Im allgemeinen wird die digitale Summe (oder Disparität) des Blocks gewählt, um Schwankungen in der kumulativen digitalen Summe zu minimieren. Manchmal wird die Parität (Geradheit oder Ungeradheit) eines binären Leitungsblocks gewählt, um eine spezifische kumulative Parität beizubehalten.

Die statistischen Eigenschaften eines Nachrichtensystems werden hergeleitet, indem die Quelleninformationen als stationärer Zufallsprozeß dargestellt werden; üblicherweise kommt das einfachste Quellenmodell mit unabhängigen gleichwahrscheinlichen binären Ziffern zur Anwendung. Ein nichtredundanter Leitungscode würde dann auf ein stationäres zufälliges Übertragungssignal mit unabhängigen Ziffern und einfachen statistischen Eigenschaften führen. Blockcodes komplizieren dieses Bild in zweierlei Hinsicht.

Zum einen ist die kleinste, potentiell unabhängige Einheit der Block. Wenn wir zunächst einmal annehmen, daß eine eindeutige Zuordnung existiert, dann gehen unabhängige äquiprobable Quellblöcke in unabhängige äquiprobable Leitungsblöcke über. Die Übertragungsziffern jedoch sind weder unabhängig noch im allgemeinen gleichwahrscheinlich. Die Wahrscheinlichkeitsverteilungen in jeder Zifferposition im Block und die gemeinsame Verteilung der Ziffernpaare hängen von der Codestruktur ab. Die Statistik des Leitungssignals ist im allgemeinen auch eher zyklostationär als stationär; d.h., die Kenngrößen, wie zum Beispiel die Wahrscheinlichkeitsverteilung der Ziffern, die Korrelation zwischen benachbarten Paaren etc. variieren periodisch, und die Periode stimmt mit der Dauer eines Blocks überein. Für bestimmte Zwecke können wir über alle Phasen der periodischen Variation mitteln, um stationäre Kenngrößen herzuleiten.

Zum anderen sind bei Alternativcodes nicht einmal die Blöcke unabhängig, denn die Zuordnung eines spezifischen Quellblocks hängt von der vorangegangen Geschichte ab. Diese Angelegenheit läßt sich durch eine einzige Variable adäquat beschreiben, wie zum Beispiel durch die kumulative digitale Summe oder die kumulative Parität, deren Wert die Wahl aus einer endlichen Menge von Übersetzungen bestimmt. Es stellt sich heraus, daß jede Variable, die mit dem Übertragungssignal verbunden ist, als Markow-Prozeß dargestellt werden kann. Im folgenden Abschnitt werden wir dieses Modell entwickeln.

14.2 Modell der sequentiellen Maschine

Wir betrachten den Codierer als sequentielle Maschine, die als Antwort auf Eingangssignale ihren inneren Zustand ändern kann und Ausgangssignale liefert, die sowohl vom aktuellen Eingang als auch vom aktuellen Zustand abhängen. Die ideale sequentielle Maschine ist in den Bereichen der Rechner- und Automationstheorie ein allgemein bekannter Begriff, und sie ist auch für viele Codierungsprobleme bestens geeignet. Die Anwendung auf die Untersuchung von Übertragungscodes geht in erster Linie auf Cariolaro und Tronca zurück [1,2].

Die sequentielle Maschine wird mit Hilfe von drei Mengen (Eingänge, Ausgänge und Zustände) und zwei Funktionen (die den nächsten Ausgang und den nächsten Zustand festlegen) definiert. In diesem Kontext können diese Eigenschaften folgendermaßen beschrieben werden:

1. Eingangsmenge B binärer Codewörter mit N Ziffern. Wir nehmen an, daß der Quellcode nichtredundant ist, so daß $|B| = 2^N = K$ ist. Ein Codewort, abstrakt betrachtet, wird durch das Symbol β_u $(u = 1, 2, \ldots, K)$ bezeichnet. Das n-te Codewort einer Eingangsfolge wird durch b_n (n ist eine beliebige ganze Zahl) gekennzeichnet.
2. Zustandsmenge C. Wir nehmen an, daß diese Menge endlich ist, wobei $|C| = J$ gilt. Ein Zustand, abstrakt betrachtet, wird durch $\gamma_i (i = 1, 2, \ldots, J)$

bezeichnet. Der Zustand zum Zeitpunkt, an dem das n-te Codewort zugeordnet wird, wird durch c_n bezeichnet.

3. Ausgangsmenge A der Codewörter mit M Ziffern und L Pegeln. Aus praktischen Erwägungen werden Ausgangs-Codewörter durch einen Doppelindex bezeichnet: Das Wort α_{iu} ist die Übersetzung des Eingangswortes β_u, das sich ergibt, wenn sich der Codierer im Zustand γ_i befindet. Folglich gilt $|A| = JK$; aber nicht alle Wörter sind verschieden, da dasselbe Wort in mehr als einem Zustand verwendet werden kann. Die obige Notation gilt für Codewörter im abstrakten Sinne: das n-te Codewort in einer Ausgangsfolge wird mit a_n bezeichnet.
4. Die Ausgangsfunktion h hat den Bereich $B \times C$ und den Wertevorrat A. Sie spezifiziert die Zuordnung $\alpha_{iu} = h(\gamma_i, \beta_u)$. Im Betrieb gilt

$$a_n = h(c_n, b_n) \tag{14.1}$$

In diesem Zusammenhang muß die Funktion derart gewählt werden, daß eine spezielle Form der Inversen mit $h^{-1}(\alpha_{iu} = \beta_u$ existiert; d.h., ist α bekannt, muß sich β unabhängig von γ ergeben, damit dic Decodierbarkeit eindeutig ist.
5. Die Zustandsübergangsfunktion g hat den Bereich $B \times C$ und den Wertevorrat C. Sie spezifiziert den Zustand, in dem der Codierer belassen wird, wenn ein Codewort zugeordnet worden ist, so daß $c_{n+1} = g(c_n, b_n)$ gilt. Diese Definition stimmt mit der üblichen Konvention in bezug auf eine sequentielle Maschine überein, aber in unserem Kontext ist es sinnvoller, die Zustandsübergangsfunktion mit dem Ausgang und nicht mit dem Eingang als Argument zu definieren. Diese Funktion hat den Bereich $A \times C$ und den Wertevorrat C und definiert den nächsten Zustand als

$$c_{n+1} = f(c_n, a_n) = g\{c_n, h^{-1}(a_n)\} \tag{14.2}$$

Ist die Eigenschaft einer eindeutigen Decodierbarkeit gegeben, sind diese Ansätze äquivalent, aber da sich die Zustände eines Übertragungscodierers direkt aus der Geschichte des Ausgangs herleiten, mag die zweite Version einfacher sein.

Die Mehrheit brauchbarer Übertragungscodes schränkt die kumulative digitale Summe des Leitungssignals ein. Die Ziffernwerte seien eine ausgeglichene Menge ganzer Zahlen, zum Beispiel $\{-1, 0, +1\}$ im ternären Fall, und der Wert der i-ten Ziffer des n-ten Wortes sei a_{ni}. Die digitale Summe des n-ten Wortes ist dann

$$d(a_n) = \sum_{i=1}^{M} a_{ni} \tag{14.3}$$

Und der Zustand kann als zuvor kumutierte digitale Summe definiert werden

$$c_n = \sum_{j=0}^{n-1} d(a_j) \tag{14.4}$$

Die Zustandsübergangsfunktion nimmt dann die Form

$$c_{n+1} = c_n + d(a_n) \tag{14.5}$$

an. Bei den einfachsten Codes dieser Klasse wird die Ausgangsfunktion (14.1) so gewählt, daß für ein beliebiges β_u $d(\alpha_{iu})$ entweder ein anderes Vorzeichen als γ_i hat oder null ist. Dann kann die Summe (14.5) weder zu einem positiven noch einem negativen Extremwert auflaufen. AMI [3,4] hat zwei Zustände, 4B3T [5,6] und 10B7T-2M [7,8] haben sechs. Andere Codes unterliegen etwas komplizierteren Regeln, die die Anzahl der Zustände noch weiter begrenzen. MS43 [9] und 10B7T-3M [7,8] haben nur vier Zustände. Diese Beispiele zeigen, daß das Codierungsmodell einer sequentiellen Maschine durchführbar und realistisch ist.

Die Zustandsfolge, die durch die Übertragung eines Zufallssignals erzeugt wird, ist ein diskreter Zufallsprozeß. Des weiteren stellt sie eine Markow-Kette dar. Diese ist als Folge diskreter Zufallsvariabler $X_o, X_1, X_2, \ldots$ definiert, die die Eigenschaft haben, daß bei gegebenem Wert X_m zum Zeitpunkt m die Wahrscheinlichkeitsverteilung von X_{m+n} für einen späteren Zeitpunkt $m + n$ vollständig bestimmt ist, und die Werte X_{m-1}, X_{m-2} von Zeitpunkten, die m vorausgegangen sind, für die Bestimmung irrelevant* sind. Eine stationäre Markow-Kette wird durch eine Matrix $\mathbf{p}$ mit den Übergangswahrscheinlichkeiten p_{ij} charakterisiert

$$p_{ij} = \text{prob}\,\{X_{m+1} = j | X_m = i\} \tag{14.6}$$

Die Wahrscheinlichkeitsverteilung der Zustände zum Zeitpunkt m ist ein Zeilenvektor $\mathbf{p}^{(m)}$ mit den Komponentenwahrscheinlichkeiten $p_i^{(m)}$

$$p_i^{(m)} = \text{prob}\,\{X_m = i\} \tag{14.7}$$

Die zeitliche Änderung in der Wahrscheinlichkeitsverteilung wird über die Matrixgleichung

$$\mathbf{p}^{(m+n)} = \mathbf{p}^{(m)}\mathbf{P}^n \qquad (14.8)^{**}$$

ausgedrückt. Unter geeigneten Bedingungen, die immer erfüllt sind, wenn X der Zustand eines Blockcodierers ist, konvergiert die Zustandsverteilung gegen eine Grenzverteilung π, so daß

$$\pi = \pi\mathbf{P} \tag{14.9}$$

---

* Die Theorie der Markow-Ketten wird in vielen Lehrbüchern und in Kapitel 3 dieses Buches diskutiert. Das Zitat stammt hier von Cox und Miller [10], Seite 84.

** Einige Autoren definieren $p^{(m)}$ als Zeilenvektor, der mit einer stochastischen Matrix linksmultipliziert wird, die die Transponierte von P ist. Es gibt keinen wesentlichen prinzipiellen Unterschied. Unsere Notation folgt hier [10].

gilt. Wir zeigen jetzt, daß die Zustandsfolge in einem Codierer, der durch eine Quelle unabhängiger Zufallscodewörter mit stationärer Verteilung gespeist wird, einer stationären Markow-Kette entspricht. Zum einen hängt nach (14.2) der Zustand c_{n+1} nur von vorangegangenen Zustand c_n und vom aktuellen Eingang b_n ab, der nach Definition von den vorausgegangenen Zuständen oder Eingängen unabhängig ist. Deshalb läßt sich die Geschichte adäquat durch c_n definieren, wie dies per definitionem erforderlich ist. Zum anderen wird der Übergang $c_n \rightarrow c_{n+1}$ durch den Eingang definiert, der eine stationäre Verteilung hat; also können wir eine Matrix **P** mit stationären Übergangswahrscheinlichkeiten bestimmen, aus denen andere statistische Eigenschaften folgen.

14.3 Kenngrößen erster Ordnung

Um die Übergangswahrscheinlichkeit p_{ij} zu bestimmen, müssen wir die Teilmenge der Codewörter bestimmen, die bei ihrem Auftreten im Zustand i einen Übergang zum Zustand j verursachen. In der Notation nach Abschnitt 14.2 gilt:

$$B_{ij} \equiv \{\beta_u | g(\gamma_i, \beta_u) = \gamma_j\} \tag{14.10}$$

Wenn der Zustandsübergang durch die Leitungswort-Disparität wie in Gleichung (14.5) definiert ist, läßt sich die Teilmenge direkt durch

$$B_{ij} = \{\beta_u | d(\alpha_{iu}) = \mathrm{j} - i\} \tag{14.11}$$

bestimmen. Für die Übergangswahrscheinlichkeiten gilt dann

$$p_{ij} = \sum_{\beta_u \in B_{ij}} \text{prob } (\beta_u) \tag{14.12a}$$

$$= \frac{|B_{ij}|}{|B|} \text{ für gleichwahrscheinliche Wörter} \tag{14.12b}$$

Eine Untersuchung wird meist unter der Annahme der "Gleichwahrscheinlichkeit" durchgeführt. In diesem Fall ist p_{ij} nur eine Eigenschaft der Codestruktur; die Beispiele in diesem Kapitel gehören hauptsächlich diesem Typ an. Bates [1] hat jedoch gezeigt, daß sich Ausgänge aus realen PCM-Sendern in ihren Kenngrößen von idealen, unabhängigen, äquiprobablen Bitströmen unterscheiden. Insoweit sich die Auswirkungen durch eine Wahrscheinlichkeitsverteilung unabhängiger Wörter darstellen lassen, kann die vorliegende Untersuchung erweitert werden, um sie in bestimmter Form zu berücksichtigen. Cariolaro und Tronca [2] liefern Beispiele, in denen die Quellen-Bitwahrscheinlichkeit variiert wird, und zeigen, daß sich merkliche Änderungen in den Kenngrößen des Übertragungssignals als Folge davon ergeben. Ein einfaches Beispiel wird auch in

Abschnitt 14.5 angeführt.

Wenn wir jetzt zum äquiprobablen Fall zurückkehren, steht die Übergangswahrscheinlichkeit, die durch (14.12b) und (14.11) definiert wird, genau für den Teil der Wörter mit der zugehörigen Disparität. Wir betrachten 4B3T als Beispiel. Die 16 binären Wörter werden (1) sechs ternären Wörtern mit der Disparität Null, die in allen Zuständen verwendet werden, und (2) 10 Paaren ternärer Wörter zugeordnet; jedes Paar umfaßt Wörter entgegengesetzter Disparität, wobei die Auswahl vom Zustand abhängt. Bei gleichwahrscheinlichen Quellenwörtern brauchen wir die Einzelheiten der Abbildung nicht zu betrachten. Die Anzahlen der ternären Wörter in jeder Disparitätsklasse liefern uns die Wahrscheinlichkeiten. Die Wörter, die in jedem der sechs Zustände verwendet werden, entsprechen Tabelle 14.1 (Um Platz zu sparen, schreiben wir lediglich + und − für die Ziffernwerte +1 und −1):

Tabelle 14.1: Zustände bei unterschiedlicher Disparität ternärer Wörter.

Disparität ternärer Wörter	*Zustände −2, −1, 0*		*Zustände 1, 2, 3*	*Anteil*
0	0+−	+0−	+−0	6/16
	0−+	−0+	−+0	
± 1	−++		+−−	6/16
	+−+		−+−	
	++−		−−+	
	+00		−00	
	0+0		0−0	
	00+		00−	
± 2	0++		0−−	3/16
	+0+		−0−	
	++0		−−0	
± 3	+++		−−−	1/16

Für die entsprechende Übergangsmatrix ergibt sich:

$$\mathbf{P} = \frac{1}{16}\begin{bmatrix} 6 & 6 & 3 & 1 & 0 & 0 \\ 0 & 6 & 6 & 3 & 1 & 0 \\ 0 & 0 & 6 & 6 & 3 & 1 \\ 1 & 3 & 6 & 6 & 0 & 0 \\ 0 & 1 & 3 & 6 & 6 & 0 \\ 0 & 0 & 1 & 3 & 6 & 6 \end{bmatrix} \tag{14.13}$$

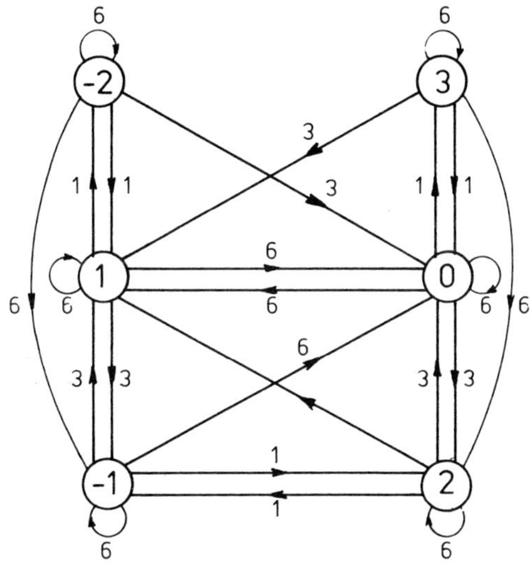

Abbildung 14.1: Zustandsübergang bei 4B3T. Übergangswahrscheinlichkeit: Man dividiere die Zahlen an den Bögen durch 16.

Der Prozeß kann in einem Zustandsübergangsdiagramm (Abb. 14.1) dargestellt werden, in dem die Knoten Zustände darstellen, die Pfeile mögliche Übergänge, und die Zahlen an den Pfeilen sind die Übergangswahrscheinlichkeiten. (Genau dieselbe Menge von Knoten und Pfeilen gilt für bestimmte andere Codes mit 6 Zuständen, wie zum Beispiel 10B7T-2M, obwohl dabei andere Wahrscheinlichkeiten gelten.) Die Gleichgewichtsverteilung $\boldsymbol{\pi}$ erhalten wir, wenn wir Gleichung (14.9) lösen. Aufgrund der Symmetrie der Struktur müssen die sechs Zustandswahrscheinlichkeiten drei gleiche Paare umfassen, und die Lösung läßt sich dann einfach bestimmen:

$$\boldsymbol{\pi} = \frac{1}{30}[1 \quad 4 \quad 10 \quad 10 \quad 4 \quad 1] \tag{14.14}$$

Bei gegebener Zustandsverteilung und gegebener Verteilung der Codewörter in jedem Zustand läßt sich die Verteilung der Ziffernwerte bestimmen. Bei einem beliebigen Code können die verschiedenen Ziffern unterschiedliche Verteilungen aufweisen. Beim 4B3T-Code (und einigen anderen, wenn auch nicht allen anderen praktischen Codes) sorgt die Symmetrie der Codestruktur dafür, daß alle Zifferverteilungen gleich sind; die Wahrscheinlichkeiten von $0, +$ und $-$ ergeben sich zu $10/32$, $11/32$ bzw. $11/32$.

Eine codierte Nachricht werde über eine Leitung mit einer elementaren Pulswellenform $s(t)$ für jede Ziffer und einer Elementperiode T übertragen. Die Signalwellenform ist ein Zufallsprozeß

$$X(t) = \sum_m a_m s(t - mT) \tag{14.15}$$

wobei der Index m über alle Ziffern läuft. Der entsprechende Mittelwert lautet (wir bilden das Zeitmittel)

$$E(X) = E(a_m)\frac{1}{T}\int_{-\infty}^{\infty} s(t)\ \mathrm{d}t \tag{14.16}$$

Ein Signal, das über einen elektrischen Weg übertragen werden soll, hat im Normalfall das Mittel null. Dies läßt sich erreichen, wenn entweder das Integral von $s(t)$ annulliert wird, zum Beispiel durch die Verwendung von Dipulsen, oder, bei ökonomischeren Bandbreiten, indem $E(a_n)$ wie in 4B3T und vielen anderen Leitungscodes annulliert wird.

14.4 Überblick über die Spektraltheorie

Die aussagekräftigste Kenngröße eines Nachrichtensignals ist wahrscheinlich sein Leistungsspektrum. Die Fourier-Analyse von Zufallssignalen ist ein Thema, das anderenorts* in aller Ausführlichkeit entwickelt wird, und wir fassen hier lediglich die Begriffe und die Notationen zusammen, die wir im verbleibenden Teil dieses Artikels verwenden.

Ein absolut integrierbares Signal $g(t)$ und sein Spektrum $G(f)$ stehen über die üblichen Ausdrücke der Fourier-Transformation miteinander in Beziehung:

$$G(f) = \int_{-\infty}^{\infty} g(t)\ \mathrm{e}^{-\mathrm{j}2\pi f t}\ \mathrm{d}t \tag{14.17a}$$

$$g(t) = \int_{-\infty}^{\infty} G(f)\ \mathrm{e}^{\mathrm{j}2\pi f t}\ \mathrm{d}t \tag{14.17b}$$

Wir werden diese symbolisch mit $g(t) \Rightarrow G(f)$ bezeichnen. Produkte in dem einen Bereich gehen in Faltungen im anderen Bereich über:

$$g(t)h(t) \Rightarrow G(f) * H(t) \tag{14.18a}$$

$$g(t) * h(t) \Rightarrow G(f)H(f) \tag{14.18b}$$

Die Autokorrelation eines Signals mit endlicher Energie lautet:

---

* In vielen Lehrbüchern über Nachrichtentheorie, in einigen Lehrbüchern über Wahrscheinlichkeitsrechnung einschließlich [10] und in Kapitel 2 dieses Bandes.

$$R_g(\tau) = \int_{-\infty}^{\infty} g(x)g(x+\tau)\, \mathrm{d}x \tag{14.19a}$$

$$= g(t) * g(-t) \tag{14.19b}$$

Die zweite Version ergibt sich aus dem Vergleich mit dem gewöhnlichen Faltungsintegral. Die Fourier-Transformierte der endlichen Autokorrelationsfunktion ergibt sich gemäß (14.18b) und (14.19b) zu:

$$R_g(\tau) \Rightarrow G(f)G(-f) = |G(f)|^2 \tag{14.20}$$

Hierbei handelt es sich um das Energiespektrum. Um die Spektraltheorie auf die Realisierungen eines stationären Zufallsprozesses zu erweitern, die natürlich nicht integrierbar sind, müssen wir den Zeitmittelwert als einen Grenzübergang durchführen, so daß sich für die Autokorrelationsfunktion einer unendlich ausgedehnten Wellenform

$$R_h(=) = \lim_{T\to\infty} T^{-1} \int_{-\frac{1}{2}T}^{\frac{1}{2}T} h(x)h(x+\tau)\, \mathrm{d}x \tag{14.21}$$

ergibt.

Eine entsprechende Operation im Frequenzbereich liefert das Leistungsspektrum

$$P_h(f) = \lim_{T\to\infty} T^{-1}|H(f) * \text{ sinc } fT|^2 \tag{14.22}$$

Eine Erweiterung der Argumentation in Gleichung (14.20) liefert

$$R_h(\tau) \Rightarrow P_h(f) \tag{14.23}$$

Bei einem ergodischen Zufallsprozeß entspricht die Autokorrelation

$$R_X(\tau) = E[X(t)X(t+\tau)] \tag{14.24}$$

die durch zeitliche Mittelwertbildung wie in Gleichung (14.21) bestimmt werden kann, dem *Ensemblemittelwert*. Die Autokorrelation wird dann in ein Leistungsspektrum

$$R_X(\tau) \Rightarrow P_X(f) \tag{14.25}$$

transformiert. Hierbei handelt es sich um das *Wiener-Khintchine-Theorem*.

Der Durchgang durch ein lineares Filter läßt sich mit der Spektraltheorie leicht behandeln. Es werde ein kovarianzstationärer Prozeß $X(t)$ auf ein Filter mit der Impulsantwort $g(t) \rightarrow G(f)$ angewandt. Der Ausgangsprozeß $Y(t)$ hat dann ein

Leistungsspektrum

$$P_Y(f) = P_X(f)|G(f)|^2 \tag{14.26a}$$

Über die Fourier-Transformation erhalten wir eine Autokorrelationsfunktion

$$R_Y(\tau) = R_X(\tau) * R_g(\tau) \tag{14.26b}$$

Wir werden auf viele Zufallsprozesse stoßen, die zyklostationär und nicht stationär sind; d.h., die Kenngrößen sind periodisch mit einer bestimmten Periode T. Eine sinnvolle Technik besteht darin, einen äquivalenten stationären Prozeß zu definieren, dessen Kenngrößen den Kenngrößen des zyklostationären Prozesses entsprechen, die über die Periode T gemittelt wurden. Wir werden dieses Verfahren anwenden, um ein Leistungsspektrum für blockcodierte Leitungssignale zu definieren und herzuleiten. Die physikalische Berechtigung hierfür besteht darin, daß wenn Messungen ohne Zeitbezug durchgeführt werden, dies die Kenngrößen sind, die normalerweise beobachtet werden. Ein Spektralanalysator enthält in der Praxis ein Schmalbandfilter, das in dem relevanten Bereich abgestimmt werden kann und dessen Ausgang über eine Periode gemittelt wird, die länger als die Perioden des Signals sind. Wir können ein solches Instrument verwenden, um das Leistungsspektrum eines codierten Leitungssignals zu messen, und das Ergebnis ist für solche Probleme wie die Bestimmung gegenseitiger Interferenz zwischen zwei relativ asynchronen Übertragungssystemen von Bedeutung*.

Der Unterschied zwischen stationären und zyklostationären Prozessen wird manchmal in der technischen Literatur vertuscht; dabei ist es ein wichtiger Unterschied, und in den folgenden Abschnitten werden wir deutlich hervorheben, wo eine Phasenmittelung erforderlich ist. Franks [12] diskutiert dieses Thema vollständig; dies trifft auch auf den Pionierartikel von Bennett [13] zu, der als erster die Schlüsselergebnisse aus Abschnitt 14.5 herleitete.

14.5 Digitalsignale ohne Blockstruktur

Wir beginnen damit, den relativ einfachen Fall digitaler Folgen ohne Blockstruktur und mit stationärer Statistik zu betrachten. Hierbei handelt es sich sowohl um ein gültiges Modell für einige praktische Signale als auch um eine gute Grundlage für die komplexere Theorie in den folgenden Abschnitten. Das Übertragungssignal umfasse Elementarpulse der Wellenform $s(t)$ wobei die Amplituden in aufeinanderfolgenden Zeitabschnitten einen stationären Strom von

* Es ist wichtig, sich daran zu erinnern, daß es Probleme gibt, bei denen eine vollständigere Beschreibung und Analyse erforderlich sind, zum Beispiel die Abschätzung gegenseitiger Interferenz zwischen Systemen mit synchroner Beziehung oder die Untersuchung von Taktrückgewinnungsschaltungen. Vgl. auch Kapitel 2 und 10.

Ziffernwerten $\{a_n\}$ darstellen. Dies läßt sich als

$$X(t) = \sum_n a_n s(t - nT) \quad (14.27a)$$

$$= s(t) * \sum_n a_n \delta(t - nT) \quad (14.27b)$$

$$\equiv s(t) * Y(t) \quad (14.27c)$$

schreiben. Der erste Term der Faltung ist ein festes lineares Filter. Der zweite Term ist ein Zufallsprozeß $Y(t)$, der die Informationen übermittelt; wenn wir seine Kenngrößen definieren können, können diese entsprechend modifiziert werden, um die Filteroperation zu behandeln. Der Prozeß $Y(t)$ ist zyklostationär, aber die Phasenmittelung ist in diesem Fall besonders leicht. Der Phasenmittelwert ist ein Puls mit der Stärke $E(a_n)$, der über ein Zeitintervall T gemittelt wird. Dies wird mit der Filterantwort bei Frequenz 0 multipliziert und ergibt

$$E(X) = T^{-1} E(a_n) S(0) \quad (14.28a)$$

$$= T^{-1} E(a_n) \int_{-\infty}^{\infty} s(t) \, \mathrm{d}t \quad (14.28b)$$

Dies bestätigt den Zeitmittelwert (14.16). Die Autokorrelation von $Y(t)$, die die Faltung zweier Pulsreihen des Intervalls T ist, ist selbst eine Pulsreihe der Periode T, und unabhängig vom Zeitursprung. Deshalb gilt für die phasengemittelte Version

$$R_Y(\tau) = T^{-1} \sum_k E(a_n a_{n+k} \delta(\tau - kT) \quad (14.29a)$$

$$= T^{-1} \sum_k R_a(k) \delta(\tau - kT) \quad (14.29b)$$

In der zweiten Version haben wir die Notation $R_a(k)$ für die Autokorrelation eines diskreten Folge verwendet. Durch die Fourier-Transformation erhalten wir das Leistungsspektrum

$$P_Y(f) = T^{-1} \sum_k R_a(k) \mathrm{e}^{-j2\pi f kT} \quad (14.30)$$

Für die Kenngrößen des Signalprozesses gilt nach Gleichung (14.26):

$$R_X(\tau) = R_Y(\tau) * R_x(\tau) \quad (14.31a)$$

$$= T^{-1} \sum_k R_a(k) R_s(\tau - kT) \quad (14.31b)$$

und

$$P_X(f) = P_Y(f)|S(f)|^2 \tag{14.32a}$$

$$= |S(f)|^2 T^{-1} \sum_k R_a(k) e^{-j2\pi fkT} \tag{14.32b}$$

Die mittlere Leistung beträgt

$$\int_{-\infty}^{\infty} P_X(f)\, \mathrm{d}f = R_X(0) \tag{14.33}$$

Fehlt die Wortstruktur, nehmen diese Funktionen einfache Formen an. Wir geben drei Beispiele:

1. Unabhängige Ziffern. Nur $R_a(0)$ ist von Null verschieden; das Spektrum entspricht einfach dem Spektrum der Elementwellenform und die mittlere Leistung der Pulsenergie, die durch T zu dividieren ist.
2. Die Autokorrelation nimmt exponentiell mit der Zeitverschiebung ab, sagen wir $R_a(k) = \gamma^{|k|}$. Dies geschieht dann, wenn die an aus einem binären Markow-Prozeß stammen. Diskrete Markow-Quellen einer größeren Klasse können in etwa ähnliche Phänomene mit einer Summe mehrerer exponentiell abnehmender Terme erzeugen. Durch Einsetzen in (14.30) erhalten wir

$$\begin{aligned} TP_Y(f) &= 1 + \sum_{k=1}^{\infty} (\gamma\, \mathrm{e}^{\mathrm{j}2\pi fT})^k + \sum_{k=1}^{\infty} (\gamma\, \mathrm{e}^{-\mathrm{j}2\pi fT})^k \\ &= \frac{1-\gamma^2}{1 - 2\gamma\cos 2\pi fT + \gamma^2} \end{aligned} \tag{14.34}$$

Dieser Ausdruck ist periodisch, was ganz allgemein aus der Tatsache folgt, daß solche Spektren die Fourier-Transformationen einer Reihe äquidistanter Pulse sind. Eine Tiefpaßfilterfunktion $S(f)$ wählt den Spitzenwert im Grundbandbereich aus. Einige Beispiele sind in Abb. 14.2a dargestellt. Für das dargestellte Leistungsspektrum des Filters gilt

$$|S(f)|^2 = \operatorname{sinc}^2 fT$$

Es entspricht Rechteckpulsen der Breite T. Beachten Sie, daß eine positive Korrelation, die tendenziell Abfolgen ähnlicher Ziffern erzeugt, die Komponenten mit niedriger Frequenz verstärkt, und daß eine negative Korrelation, die tendenziell Alternierungen erzeugt das obere Ende des Grundbandes verstärkt, wobei der Spitzenwert irgendwo in der Nähe der Nyquist-Frequenz $1/2T$ liegt.
3. Der allgemein bekannte Alternativcode AMI paßt in unsere allgemeine Beschreibung der Blockcodes in Abschnitt 1 und 2; da er aber über eine Blocklänge von 1 verfügt, kann er mit der einfachen Technik aus diesem Abschnitt untersucht

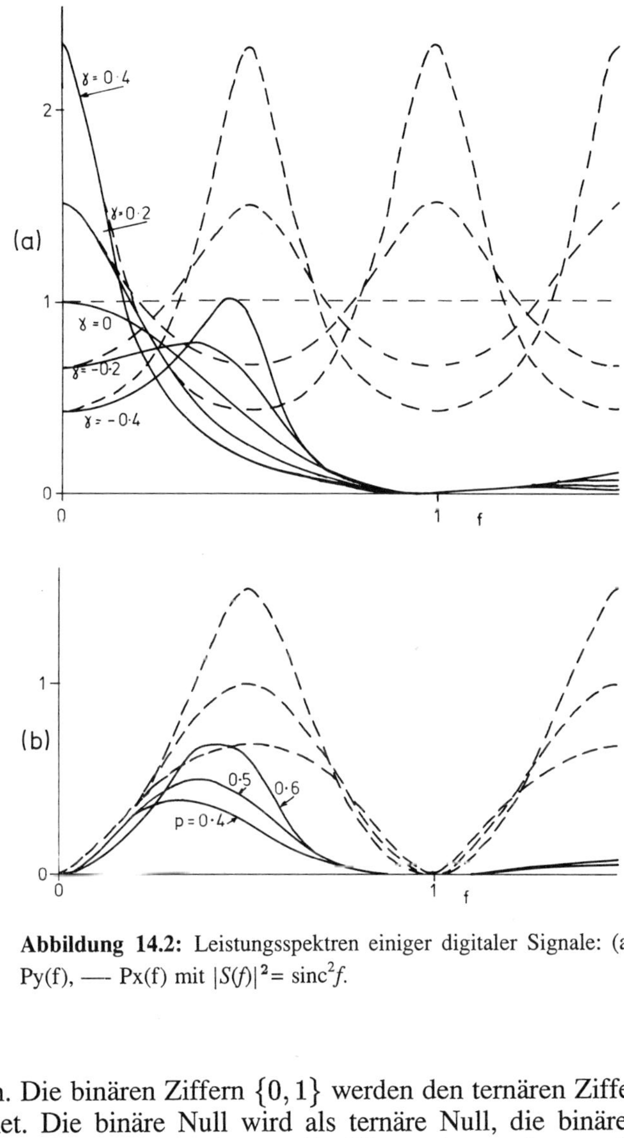

Abbildung 14.2: Leistungsspektren einiger digitaler Signale: (a) binär, (b) AMI. - - - Py(f), — Px(f) mit $|S(f)|^2 = \text{sinc}^2 f$.

werden. Die binären Ziffern $\{0, 1\}$ werden den ternären Ziffern $\{-1, 0, +1\}$ zugeordnet. Die binäre Null wird als ternäre Null, die binäre Eins abwechselnd als ternäre $+1$ und -1 dargestellt. Wenn wir annehmen, daß die Binärziffern unabhängig und gleichwahrscheinlich sind, kann die Autokorrelation $R_a(k)$ der ternären Folge folgendermaßen bestimmt werden. Lediglich die Werte ± 1 liefern einen Beitrag, und es ist $R_a(0) = 1/2$. Wenn a_n und a_{n+1} beide den Betrag 1 haben, müssen sie ein entgegengesetztes Vorzeichen haben, und es ist $R_a(1) = -1/4$. Wenn a_n und $a_{n+k} (k > 1)$ beide den Betrag 1 haben, exp $\{jf(\rho)\}$ möglich sind [2], erweist die Reihenentwicklung mit beträgt ihr Produkt $+1$ oder -1 in Abhängigkeit davon, ob es sich um eine ungerade oder gerade Zahl von ± 1 Ziffern handelt. Diese Bedingungen sind gleichwahrscheinlich, deshalb ist $R_a(k) = 0$. Folglich gilt

$$TP_Y(f) = \tfrac{1}{2} - \tfrac{1}{4}\mathrm{e}^{\mathrm{j}2\pi fT} - \tfrac{1}{4}\mathrm{e}^{-\mathrm{j}2\pi fT} = \tfrac{1}{2}\{1 - \cos 2\pi fT\} \tag{14.35}$$

Sind die binären Ziffern nicht gleichwahrscheinlich, verschwindet $R_a(k)$ nicht, sondern nimmt exponentiell ab. Es läßt sich zeigen, daß für die "1"-Wahrscheinlichkeit p das Leistungsspektrum

$$TP_Y(f) = \frac{2p(1-p)\{1 - \cos 2\pi fT\}}{1 - 2(1-2p)\cos 2\pi fT + (1-2p)^2} \tag{14.36}$$

ist. Die negative Korrelation verschiebt die Leistung in Richtung des oberen Endes des Grundbands, was wir auch schon im vorangestellten Beispiel gesehen haben. Aber der erzwungene Ausgleich zwischen positiven und negativen Ziffern stellt sicher, daß die Nullfrequenzspektraldichte bei Frequenz Null für alle Quellenwahrscheinlichkeiten null ist. Dies ist eines der üblichen Ziele eines Alternativcodes.

14.6 Blockstruktur: Allgemeine Theorie (I)

Wir haben im letzten Abschnitt gesehen, daß ein digitales Übertragungssignal zyklostationär mit der Periode T ist, daß ihm aber äquivalente stationäre Kenngrößen zugeordnet werden können, wenn eine Phasenmittelung über die Periode durchgeführt wird. Codes mit einer Übertragungsblocklänge M können über eine zweite Periodizität der Periode MT verfügen; um hier äquivalente stationäre Kenngrößen zu erhalten, ist es erforderlich, über diese längere Periode zu mitteln. Formal gesehen, reicht eine kontinuierliche Mittelwertbildung über die Periode MT aus, um beide Periodizitäten zu eliminieren. Im Hinblick auf die obengenannte Behandlung ist es jedoch am einfachsten, die bekannten Ergebnisse der kontinuierlichen Mittelwertbildung über die Zifferperiode T zu verwenden und diese um die weitere diskrete Mittelwertbildung über die M Ziffern des Wortes zu ergänzen.

Wir kehren zur Notation aus Abschnitt 14.2 zurück und bezeichnen das n-te Wort in der Folge durch einen Zeilenvektor, dessen Komponenten aus Ziffern bestehen:

$$\mathbf{a}_n = (a_{n1}, a_{n2}, \ldots, a_{nm}) \tag{14.37}$$

(Es ist legitim, sich die a_n aus Abschnitt 14.5 als Blöcke mit einer Ziffer vorzustellen, ein Konzept, das wir explizit verwendet haben, als wir den AMI-Code beschrieben haben.) Der allgemeine Ausdruck für einen Übertragungssignalprozeß ist dann

$$X(t) = \sum_n \sum_i a_{ni} s[t - (nM + i - 1)T] \tag{14.38a}$$

$$= s(t) * \sum_n \sum_i a_{ni} \delta[t - (nM + i - 1)T] \tag{14.38b}$$

$$= s(t) * Y(t) \tag{14.38c}$$

Diese Ausdrücke reduzieren sich auf Gleichung (14.27), wenn $M = 1$ ist. Ziffernmittel und -korrelation müssen für jede Position innerhalb des Blocks separat definiert werden. Der Mittelwert der i-ten Ziffer beispielsweise ist $E(a_{ni})$, und wir mitteln diese, um den Gesamtmittelwert zu erhalten

$$E(X) = (MT)^{-1} \sum_{i=1}^{M} E(a_{ni}) S(0) \tag{14.39a}$$

$$= (MT)^{-1} \sum_{i=1}^{M} E(a_{ni}) \int_{-\infty}^{\infty} s(t) \, dt \tag{14.39b}$$

Wenn $M - 1$ ist, reduzieren sich diese Ausdrücke auf Gleichung (14.28).

Die Autokorrelation muß das Blockintervall und die Position beider Elemente innerhalb eines Blocks berücksichtigen. Wir definieren

$$R_a^{ij}(k) = E(a_{ni} a_{n+k,j}) \tag{14.40}$$

Die Folge $Y(t)$ hat dann die Autokorrelation und das Leistungsspektrum

$$R_Y(\tau) = (MT)^{-1} \sum_k \sum_i \sum_j R_a^{ij}(k) \delta[\tau - (kM + j - i)T] \tag{14.41a}$$

$$P_Y(f) = (MT)^{-1} \sum_k \sum_i \sum_j R_a^{ij}(k) \exp\left[-\mathrm{j}2\pi f T(kM + j - i)\right] \tag{14.41b}$$

Beachten Sie, daß jedes verschiedene Glied der Reihe einen Mittelwert von M Beiträgen darstellt, die aus unterschiedlichen Ziffernposition stammen (in Übereinstimmung mit dem Prinzip der Phasenmittelung) und daß diese Gleichungen sich auf (14.29b) bzw. (14.30) reduzieren, wenn $M = 1$ ist.

Cariolaro und Tronca [2] verwenden eine Matrixformulierung für die Korrelationen. Die $R_a^{ij}(k)$ in Gleichung (14.40) seien Elemente einer Matrix

$$\mathbf{R}_k = E\{\mathbf{a}_a^T \mathbf{a}_{n+k}\} \tag{14.42}$$

wobei der Index T die Transponierte kennzeichnet. Und V sei ein Zeilenvektor

$$\mathbf{V} = \left(e^{j2\pi fT}, e^{j4\pi fT}, \ldots, e^{j2m\pi fT}\right) \tag{14.43}$$

mit der Transponiert-konjugierten $\mathbf{V}^*$. Dann gilt

$$P_Y(f) = (MT)^{-1} \sum_k \mathbf{V}\mathbf{R}_k\mathbf{V}^* e^{-j2\pi fkMT} \tag{14.44}$$

Es kann durch Ausmultiplizieren des Matrixproduktes gezeigt werden, daß dies mit (14.41b) übereinstimmt.

Eine Schlußfolgerung aus der allgemeinen Theorie der stationären Markow-Prozesse besteht darin, daß Folgen von Verteilungen normalerweise gegen eine Grenzverteilung konvergieren. Wir nehmen daher an, daß mit steigendem k $\mathbf{R}_k$ gegen einen Grenzwert $\mathbf{R}_\infty$ strebt (der null sein kann oder auch nicht). Wir können die Folge $\mathbf{R}_k$ dann in einen konstanten Term $\mathbf{R}_\infty$ und eine Folge $\mathbf{R}_k - \mathbf{R}_\infty$ aufspalten, die gegen null geht. Mit dieser Notation kann das Leistungsspektrum (14.44) als

$$P_Y(f) = P_Y^c(f) + P_Y^d(f) \tag{14.45a}$$

mit

$$\begin{aligned} MTP_Y^c(f) &= \sum_{k=-\infty}^{\infty} \mathbf{V}(\mathbf{R}_k - \mathbf{R}_\infty)\mathbf{V}^* e^{-j2\pi fkMT} \\ &= \mathbf{V}(\mathbf{R}_0 - \mathbf{R}_\infty)\mathbf{V}^* \\ &\quad + 2Re\sum_{k=1}^{\infty} \mathbf{V}(\mathbf{R}_k - \mathbf{R}_\infty)\mathbf{V}^* e^{-j2\pi fkMT} \end{aligned} \tag{14.45b}$$

und

$$\begin{aligned} MTP_Y^d(f) &= \mathbf{V}\mathbf{R}_\infty\mathbf{V}^* \sum_{k=-\infty}^{\infty} e^{-j2\pi fkMT} \\ &= \mathbf{V}\mathbf{R}_\infty\mathbf{V}^* \sum_{k=-\infty}^{\infty} \delta(f - kMT) \end{aligned} \tag{14.45c}$$

geschrieben werden. Diese beiden Komponenten des Spektrums haben eine unterschiedliche physikalische Bedeutung, $P_Y^c(f)$ ist eine kontinuierliche Spektraldichte. Unsere Beispiele mit $M = 1$ aus Gleichung (14.34-14.36) gehören zu dieser Klasse. In jedem Fall konvergieren die Korrelationen, und die Reihe kann summiert werden. Cariolaro und Tronca [2] haben gezeigt, daß die Reihe aus (14.45b) für alle wichtigen codierten Digitalprozesse konvergiert. Es existiert daher immer ein kontinuierliches Spektrum, das - wie unsere Beispiele auch - periodisch ist. Die andere Komponente $P_Y^d(f)$ enthält eine Reihe diskreter Linien bei den Oberwellen der Blockfrequenz $1/MT$. Beachten Sie, daß wir bei der Herleitung der zweiten Form von Gleichung (14.45c) das Theorem verwendet haben, wonach eine Reihe von Pulsen im Zeitbereich in eine Reihe von Pulsen im Frequenzbereich transformiert wird. Diese Linien verschwinden, falls $\mathbf{R}_\infty = 0$ ist, was auf unsere Beispiele mit $M = 1$ zutrifft. Sind sie vorhanden, dann bedeutet dies, daß die Codewörter eine Eigenschaft von Bestand enthalten.

Es ist klar, daß das Restproblem darin besteht, die $\mathbf{R}_k$ in einer Form herzuleiten, die sich für die Auswertung der Spektralfunktionen (14.45) eignet. Wir werden zuerst ein Beispiel anführen, das in der Praxis zwar auftaucht, aber hier einige Vereinfachungen enthält. Dann kommen wir auf die allgemeine Theorie zurück.

14.7 Blockstruktur: Einführungsbeispiel

Der 4B3T-Code, der in Abschnitt 14.3 beschrieben wird, ist ein gutes praktisches Beispiel einer Blockstruktur, enthält jedoch einige vereinfachende Merkmale. Wir werden einige seiner Eigenschaften für den Sonderfall gleichwahrscheinlicher Quellenwörter b_n zeigen. Die Übertragungswörter a_n werden dann in Abhängigkeit vom Codiererzustand gleichwahrscheinlich aus dem Alphabet entnommen. Tabelle 14.1 in Abschnitt 14.3 zeigt, daß es zwei Alphabete gibt. Diese seien A_1 bzw. A_2. Die drei Zahlenspalten für jedes Alphabet haben dieselben Anteile an Elementwerten $0, +$ und $-$ (vgl. Tabelle 14.2).

Tabelle 14.2: Anteile von Elementwerten.

Anteile von	A_1	A_2
0	5/16	5/16
+	8/16	3/16
−	3/16	8/16

Die erwarteten Ziffernprodukte (14.40) sind daher für alle Paare von Ziffernpositionen identisch, so daß für $k > 0$ die Matrix $\mathbf{R}_k$ aus M^2 identischen Einträgen besteht, die wir mit R_k bezeichnen wollen. Es ist jetzt leicht, das erwartete Ziffernprodukt für Zufallswörter aus gegebenen Alphabeten zu bestimmen. Der Anteil an den Ziffern $+$ und $-$ im Alphabet, aus dem a_n entnommen wird, sei $p_+(n)$ bzw. $p_-(n)$. Es gilt dann

$$R_k \text{ (gebenene Alphabete)} = p_+(n)p_+(n+k) + p_-(n)p_-(n+k) \\ -p_+(n)p_-(n+k) - p_-(n)p_+(n+k) \tag{14.46}$$

Es gibt vier mögliche Kombinationen von Alphabeten in 4B3T, und die entsprechenden bedingten Werte von R_k sind die folgenden (Tabelle 14.3).

Tabelle 14.3: Bedingte Wahrscheinlichkeiten R_k.

	$a_n \in A_1$	$a_n \in A_2$
$a_{n+k} \in A_1$	25/256	−25/256
$a_{n+k} \in A_2$	−25/256	25/256

Die unbedingten R_k sind die gewichtete Summe der bedingten Werte

$$R_k = \frac{25}{256}\{\text{prob(gleiche Alphabete)} - \text{prob(verschiedene Alphabete)}\}$$

$$\equiv \frac{25}{256}\{P_s^{(k)} - P_D^{(k)}\} \tag{14.47a}$$

Da die Alphabete Zuständen zugeordnet sind - A_1 den "negativen" Zuständen $\{-2,-1,0\}$ und A_2 den "positiven" Zuständen $\{+1,+2,+3\}$ - leiten sich diese Wahrscheinlichkeiten aus den Zustandsübergangswahrscheinlichkeiten her. Diese Zustandsmenge bezeichnen wir mit C_1 bzw. C_2. Das (i,j)-te Element der k-Schritt-Übergangsmatrix $\mathbf{P}^k$ werde mit $p_{ij}^{(k)}$ bezeichnet. Das System sei im Gleichgewicht, so daß $\mathbf{p}_n = \pi$ ist. Dann beträgt die Wahrscheinlichkeit, daß a_n und a_{n+k} beide in demselben Alphabet sind,

$$P_s^{(k)} = \sum_{i\in c_1}\sum_{j\in c_1} \pi_i p_{ij}^{(k)} + \sum_{i\in c_2}\sum_{j\in c_2} \pi_i p_{ij}^{(k)} \tag{14.47b}$$

Die Wahrscheinlichkeit, daß sie sich in verschiedenen Alphabeten befinden, ergibt sich zu

$$P_D^{(k)} = \sum_{i\in c_1}\sum_{j\in c_2} \pi_i p_{ij}^{(k)} + \sum_{i\in c_2}\sum_{j\in c_1} \pi_i p_{ij}^{(k)} \tag{14.47c}$$

Es ist nicht erforderlich, beide zu berechnen, da klar ist, daß ihre Summe eins beträgt. Des weiteren stellen im Fall des 4B3T-Codes die Symmetrien von $\boldsymbol{\pi}$ und $\mathbf{P}$ sicher, daß die beiden Summen in jeder Gleichung identisch sind. Folglich gilt

$$R_k = \frac{25}{256}\left\{4\sum_{i\in c_1}\sum_{j\in c_1}\pi_i p_{ij}^{(k)} - 1\right\} \tag{14.48}$$

Also ergeben sich die Korrelationen direkt, wenn wir die Potenzen der Übergangsmatrix $\mathbf{P}^k$ kennen. Es ist leicht, die ersten Potenzen direkt zu berechen. Für $k = 1, 2, 3$ nimmt die in Klammern gesetzte Wahrscheinlichkeit in Gleichung (14.48) die Werte $1/40$, $-3/80$ bzw. $-19/1024$ an. Darüber hinaus liefert die Matrixtheorie eine allgemeine Lösung für die Potenzen stochastischer Matrizen, und wir werden dies in Abschnitt 14.8 noch skizzieren. Im Moment jedoch belassen wir es dabei und entnehmen dem Stoff so viel wie möglich mit einfachen Verfahren.

Die Theorie in Abschnitt 14.6 verwendet die Grenzkorrelation R_∞, womit impliziert wird, daß wir den Grenzwert des unendliches Produktes $\mathbf{P}^\infty$ bestimmen müssen. Die physikalische Bedeutung von $\mathbf{P}^\infty$ ist einfach: Es handelt sich um die Übergangsmatrix, die eine beliebige Anfangsverteilung $\mathbf{p}_o$ in die Gleichgewichtsverteilung $\boldsymbol{\pi}$ überführt. Also ist dies eine Matrix, bei der jede Zeile $\boldsymbol{\pi}$ ist; in diesem Fall erhalten wir

$$\mathbf{P}^\infty = \frac{1}{30}\begin{bmatrix} 1 & 4 & 10 & 10 & 4 & 1 \\ 1 & 4 & 10 & 10 & 4 & 1 \\ 1 & 4 & 10 & 10 & 4 & 1 \\ 1 & 4 & 10 & 10 & 4 & 1 \\ 1 & 4 & 10 & 10 & 4 & 1 \\ 1 & 4 & 10 & 10 & 4 & 1 \end{bmatrix} \tag{14.49}$$

Die Anwendung von Gleichung (14.47) oder (14.48) auf diesen Fall zeigt sehr bald, daß $R_\infty = 0$ ist. Es gibt zwei wichtige Schlußfolgerungen. Zum ersten wird verifiziert, daß $\mathbf{P}^k$ gegen einen Grenzwert konvergiert, was auch erforderlich ist, wenn die Theorie aus Abschnitt 14.6 stimmen soll. Zum zweiten scheint es, daß das diskrete Spektrum (14.45c) in diesem Fall verschwindet. Das Spektrum von 4B3T ist kontinuierlich.

Der Ausdruck für das kontinuierliche Spektrum, Gleichung (14.45b), enthält Matrixprodukte, die in diesem Fall vereinfacht werden können. Wir haben herausgefunden, daß alle Einträge in $\mathbf{R}_k$ identisch sind und daß $\mathbf{R}_\infty = 0$ ist. Folglich gilt

$$\mathbf{V}(\mathbf{R}_k - \mathbf{R}_\infty)\mathbf{V}^* = \mathbf{V}\mathbf{R}_k\mathbf{V}^* = R_k\mathbf{V}\mathbf{U}\mathbf{V}^* \tag{14.50}$$

Hierin ist $\mathbf{U}$ eine $M \times M$-Matrix, deren Elemente alle eins betragen. Wenn wir Definition (14.43) verwenden und aus praktischen Erwägungen $\mathrm{e}^{\mathrm{j}2\pi fT} = \theta$ schreiben, erhalten wir

$$\mathbf{VUV}^* = [\theta \;\; \theta^2 \;\; \ldots \;\; \theta^m] \begin{bmatrix} 1 & 1 & \ldots & 1 \\ 1 & 1 & \ldots & 1 \\ \vdots & & & \\ 1 & 1 & \ldots & 1 \end{bmatrix} \begin{bmatrix} \theta^{-1} \\ \theta^{-2} \\ \vdots \\ \theta^{-m} \end{bmatrix} \tag{14.51a}$$

$$= \sum_{i=1}^{M} \sum_{j=1}^{M} \theta^{i-j} \tag{14.51b}$$

$$= \sum_{k=-M+1}^{M-1} (M - |k|)\theta^k \tag{14.51c}$$

Die Form (14.51b) würde sich auch direkt aus Gleichung (14.41b) ergeben. Eine Ausnahme ist hierbei $\mathbf{R}_o$, die für den 4B3T-Code folgendermaßen aussieht:

$$\mathbf{R}_0 = \frac{1}{16} \begin{bmatrix} 11 & -1 & -1 \\ -1 & 11 & -1 \\ -1 & -1 & 11 \end{bmatrix} \tag{14.52}$$

Hieraus folgt

$$M^{-1}\mathbf{VR}_0\mathbf{V}^* = \frac{11}{16} - \frac{1}{12} \cos 2\pi fT - \frac{1}{24} \cos 24\pi fT \tag{14.53}$$

Wir wollen zusammenfassen, was wir über das Spektrum des 4B3T-Codes mit diesem elementaren Ansatz herleiten können. Es handelt sich um eine kontinuierliche Dichte ohne diskrete Linien. Das Spektrum ist periodisch und kann als eine Cosinus-Reihe dargestellt werden, deren erste Glieder wir berechnen können. Die Struktur stellt sicher, daß das Spektrum bei Frequenz Null verschwindet. Die Tatsache jedoch, daß die kurzzeitige Korrelation R_1 positiv ist, deutet schon darauf hin, daß die Tieffrequenzkomponenten größer als beim AMI-Code sind. Darüber hinaus existiert keine dominante Korrelation wie beim AMI-Code, dafür aber (sogar nach unseren jetzigen begrenzten Hinweisen) einige kleinere Terme, die auf ein breiteres und flacheres Spektrum hindeuten. Diese Behauptungen werden durch die Untersuchung des wahren Spektrums (Abb. 14.3) bestätigt. Dieser Graph, der aus [8] entnommen ist, wurde mit den exakten Verfahren berechnet, die in Abschnitt 14.8 skizziert werden. Es werden die Spektren des 4B3T-Codes, der hier beschrieben wird, und zweier anderer Blockcodes derselben Länge mit unterschiedlichen Codierungsregeln dargestellt.

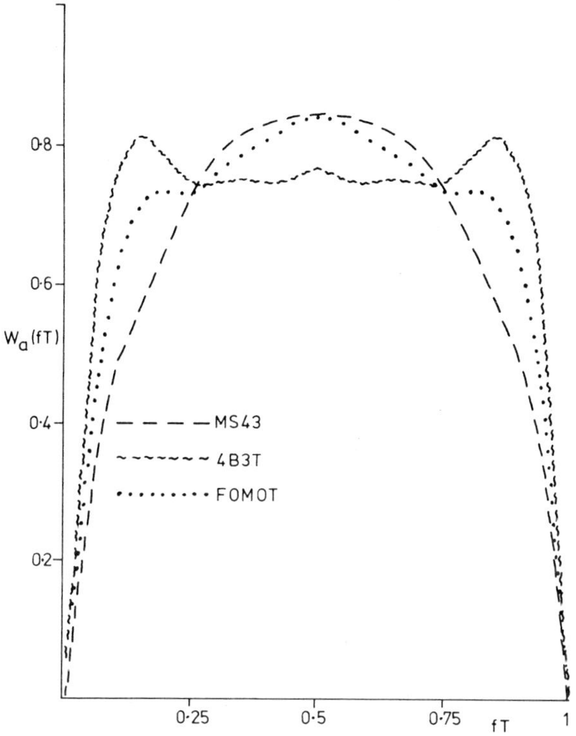

Abbildung 14.3: Spektren der mittleren Leistungsdichte für einige 4B/3T-Leitungscodes.

14.8 Blockstruktur: Allgemeine Theorie (II)

Es ist klar, daß die Matrizen $\mathbf{R}_k$, die in Gleichung (14.45) eingehen, von der Codeworttabelle und den Potenzen $\mathbf{P}^k$ der Zustandsübergangsmatrix abhängen. Die Techniken zur Berechnung der $\mathbf{P}^k$ ist unser nächstes Thema.

Die mathematische Theorie von Matrizen und insbesondere der stochastischen Matrizen ist in vielen Lehrbüchern* beschrieben. Die Schlüsselergebnisse sind im folgenden aufgeführt. Eine nichtsinguläre Matrix $\mathbf{M}$ kann durch ihre Eigenwerte λ_i und Eigenvektoren $\mathbf{x}_i$, x_i^* beschrieben werden, die die Gleichungen

$$\mathbf{M}\mathbf{x}_i = \lambda_1\mathbf{x}_i$$
$$\mathbf{M}\mathbf{x}_i^* = \lambda_1\mathbf{x}_i^*$$

erfüllen. Die Eigenwerte sind die Lösungen der Gleichung

* Eine kurze Einführung in diesen Kontext ist in vielen Büchern über Zufallsprozesse einschließlich [10] enthalten. Broyden [14] liefert eine ausführlichere Behandlung.

$$|\mathbf{M} - \lambda \mathbf{I}| = 0$$

Für jeden Eigenwert λ_k definiert man die Matrix

$$\mathbf{M}^{(k)} = \mathbf{M} - \lambda_k \mathbf{I}$$

Wenn die Eigenwerte verschieden sind, ist jede von null verschiedene Spalte von adj $\mathbf{M}^{(k)}$ eine Lösung für $\mathbf{x}_k$ und jede von null verschiedene Zeile für $\mathbf{x}_k^*$. Die Spektralmenge von $\mathbf{M}$ enthält die Matrixen

$$\mathbf{A}_i = \mathbf{x}_i (\mathbf{x}_i^*)^T$$

Das wesentliche Ergebnis für unser vorliegendes Problem ist die Darstellung einer Potenz

$$\mathbf{M}^r = \sum_i \lambda_i^r \mathbf{A}_i \tag{14.54}$$

Es gibt eine weitere Schlüsseleigenschaft stochastischer Matrizen, also von Matrizen, deren Zeilensummen eins ergeben, was eine notwendige Eigenschaft ist, wenn die Elemente Übergangswahrscheinlichkeiten sein sollen. Ein Eigenwert λ_o ist eins, und für alle anderen gilt $|\lambda| < 1$. Es folgt, daß alle Terme bis auf einen in (14.54) gegen null konvergieren, wenn r gegen unendlich geht. Der verbleibende Terme ist $\mathbf{M}_\infty = \mathbf{A}_o$. Wir wenden dieses Ergebnis auf die Reihe (14.45b) an. Die $\mathbf{R}_k$ werden durch eine lineare Operation, zum Beispiel (14.48), aus den $\mathbf{P}^k$ hergeleitet, und die Terme $\mathbf{R}_k - \mathbf{R}_\infty$ werden auf dieselbe Art aus $\mathbf{P}^k - \mathbf{P}^\infty$ hergeleitet. Diese können nach Gleichung (14.54) in der Form

$$\mathbf{P}^k - \mathbf{P}^\infty = \sum_{i \neq 0} \lambda_i^k \mathbf{A}_i, \quad |\lambda_i| < 1 \tag{14.55}$$

ausgedrückt werden, wobei die $\mathbf{A}_i$ die Spektralmenge von $\mathbf{P}$ darstellen. Es folgt, daß die Reihe (14.45b) konvergiert. Des weiteren ist sie die Summe einer Zahl von Reihen der Form (14.34), wobei γ durch λ_i ersetzt werden muß. Das Verfahren liefert daher eine vollständige Lösung für das Leistungsspektrum eines Codes in geschlossener Form.

Mit dem obengenannten Verfahren lassen sich alle $\mathbf{P}^k$ bestimmen und somit auch alle $\mathbf{R}_k$. Und damit kann die Reihe summiert werden. Ein anderer Ansatz geht die Summe der Reihe direkt an. $\mathbf{P}$ sei eine Matrix, deren Potenzen gegen ein Punendlich wie in (14.53) konvergieren. Wir definieren die Erzeugungsfunktion

$$\mathbf{P}(z) = \sum_{k=0}^{\infty} z^k \mathbf{P}^k \tag{14.56}$$

Hierbei ist klar, daß es sich um eine Matrix mit denselben Dimensionen wie $\mathbf{P}$ handelt. Klar ist auch, daß

$$\mathbf{P}(z)(\mathbf{I} - z\mathbf{P}) = \sum_{k=1}^{\infty} z^k \mathbf{P}^k - \sum_{k=0}^{\infty} z^k P^k = \mathbf{I} \tag{14.57a}$$

gilt. Hieraus ergibt sich

$$\mathbf{P}(z) = (\mathbf{I} - z\mathbf{P})^{-1} = \frac{\mathrm{adj}(\mathbf{I} - z\mathbf{P})}{|I - z\mathbf{P}|} \tag{14.57b}$$

Cariolaro und Tronca [2] weisen darauf hin, daß sich dieses Ergebnis auf eine Reihe der Glieder $\mathbf{P}^k$-$\mathbf{P}^\infty$ anwenden läßt, was erforderlich ist, um Gleichung (14.45b) auszuwerten. Die Übergangsmatrix $\mathbf{P}^\infty$ hat die Eigenschaft, eine beliebige Anfangsverteilung in $\boldsymbol{\pi}$ zu überführen. Folglich gilt für alle k

$$\mathbf{P}^k\mathbf{P}^\infty = \mathbf{P}^\infty \tag{14.58a}$$

Hieraus folgt

$$(\mathbf{P}-\mathbf{P}^\infty)^k = \mathbf{P}^k-\mathbf{P}^\infty, k > 0 \tag{14.58b}$$

Unter Verwendung von Gleichung (14.57b) und (14.58b) erhalten wir

$$\begin{aligned}\sum_{k=0}^{\infty} z^k(\mathbf{P}^k - \mathbf{P}^\infty) &= \sum_{k=0}^{\infty} z^k(\mathbf{P} - \mathbf{P}^\infty)^k - \mathbf{P}^\infty \\ &= [\mathbf{I} - z(\mathbf{P} - \mathbf{P}^\infty)]^{-1} - \mathbf{P}^\infty\end{aligned} \tag{14.59a}$$

Cariolaro und Tronca leiten eine äquivalente Form

$$(\mathbf{I} - \mathbf{P}^\infty)[\mathbf{I} - z(\mathbf{P} - \mathbf{P}^\infty)]^{-1} \tag{14.59b}$$

über weitere Anwendung von (14.58a) her.

Schließlich muß noch hinzugefügt werden, daß die Operation, mit der die Korrelationen $\mathbf{R}^k$ aus den Übergängen $\mathbf{P}^k$ hergeleitet werden (was wir in Zusammenhang mit einem speziellen Beispiel in Abschnitt 14.7 diskutiert haben), mit der Matrixalgebra allgemein formuliert werden kann. Cariolaro und Tronca [2] verwenden eine Matrix $\mathbf{A}$, die in Teilmatrizen $\mathbf{A}_u$ zerlegt wird, deren Zeilen die Codewörter α_{iu} sind, eine Matrizenmenge $\mathbf{E}_u$, um die Zustandsübergänge aufgrund der Eingangswörter β_u zu definieren, eine Diagonalmatrix $\mathbf{D}$, deren von null verschiedenen Elemente die Gleichgewichtswahrscheinlichkeiten π_i sind, und die Wahrscheinlichkeiten q_u für die Eingangswörter β_u. Als Korrelationsmatrizen ergeben sich dann

$$\mathbf{R}_0 = \sum_u q_u \mathbf{A}_u^T \mathbf{D} \mathbf{A}_u \tag{14.60a}$$

$$\mathbf{R}_k = \left\{\sum_u q_u \mathbf{E}_u^T \mathbf{D} \mathbf{A}_u\right\}^T \mathbf{P}^{k-1} \left\{\sum_u q_u \mathbf{A}_u\right\} \tag{14.60b}$$

Weitere Erklärungen findet der Leser in den Originalartikeln [1,2], die die Hauptquellen für dieses Thema darstellen*. [2] liefert eine vollständigere theoretische Entwicklung, während [1] zusätzliche Beispiele und Spektralformeln für die 4B3T- und MS43-Codes enthält. In Kapitel 15 dieses Bandes werden zahlreiche Beispiele einschließlich aller Leitungscodes angeführt, die aktuell Verwendung finden.

14.9 Weitere Kenngrößen für digitale Übertragungssignale

Unsere Untersuchung in den Abschnitten 14.4-14.8 hat sich auf das Leistungsspektrum digitaler Übertragungssignale konzentriert. Dies ist ein wichtiges und auch komplexes Problem. Es gibt verschiedene andere statistische Eigenschaften, die wir kurz erwähnen.

1. *Symbolinterferenz.* Zur Abschätzung der mittleren quadratischen Symbolinterferenz müssen wir die Korrelation zwischen den Ziffern kennen, und zwar über einen Bereich, der groß genug ist, um die Elementwellenform zu enthalten. Dies ergibt sich im Verlauf der Spektralanalyse, die sich auf die Autokorrelation stützt. Munoz [8] hat gezeigt, daß die Auswirkung von Korrelationsunterschieden zwischen verschiedenen Codes klein ist im Vergleich zu der Auswirkung des Abgleichs von Toleranzen der Pulswellenform.
2. *Taktjitter.* Die Kenngrößen des Jitters in einem Übertragungssystem, das unabhängige Zufallsziffern überträgt, sind allgemein bekannt [15]. Die Auswirkung von Zifferkorrelationen beim Durchgang von Signalen durch eine nichtlineare Einheit (meistens vom quadratischen Typ) ist kompliziert. Bei der Analyse müssen Kenngrößen bis zur vierten Ordnung verwendet werden; diese kann man herleiten durch die Erweiterung der Verfahren die bei der Spektralanalyse Anwendung finden [8, 16].
3. *Rekurrenz von Ziffermustern.* Bei Blockcodes muß der Empfänger der Blockabfolge gehorchen, und wenn diese Ausrichtung verlorengeht, muß sie dadurch zurückgewonnen werden, daß das Empfangssignal auf Merkmale abgetastet wird, die auf einen Abfolgefehler hinweisen, wie zum Beispiel ungültige Wörter, Zustände oder Zustandsfolgen. Das Intervall zwischen solchen Ereignissen ist eine Zufallsvariable, deren Wahrscheinlichkeitsverteilung berechnet werden kann. Wie die anderen Kenngrößen hängt sie sowohl von der Codestruktur als auch von den Zustandsübergangswahrscheinlichkeiten ab. Ähnliche Probleme tauchen auch bei der Fehlerüberwachung und bei der Rahmeneinreihung [17] auf und auch, wenn einem Hauptkanal mittels modifizierter "Signalmöglichkeits"-Muster Hilfskanäle [18] aufgezwungen werden.

---

* Es mag aufgefallen sein, daß die Gleichung für $\mathbf{R}_k$ einen Faktor $\mathbf{P}^{k-1}$ enthält, wir aber in diesem Artikel $\mathbf{R}_k$ $\mathbf{P}^k$ zugeordnet haben. Zur Erklärung sei angemerkt, daß die Matrizen $\mathbf{E}_u$ einen Übergang berücksichtigen.

15 Charakterisierung durch die spektrale Leistungsdichte digitaler Übertragungscodes

G.S. Poo

15.1 Einführung

Für die Übertragung binärer Informationen in digitalen Leitungs- und Lichtleitersystemen sind verschiedene Codes entwickelt worden (vgl. zum Beispiel [1,2]). Die Leistungsspektraldichte (PSD, Abk. von engl.: power spectral density) eines Codes ist eine wichtige Eigenschaft, die Informationen über den Gleichstrom- und Tieffrequenzanteil, die mittlere Leistung und die Bandbreite liefert. Solche Informationen sind bei der Auslegung eines Datensystems insofern wichtig, als sie einen Vergleich verschiedener Pulscodes erleichtern und bei der Auswahl eines entsprechenden Codes für ein gegebenes System oder eine Umgebung helfen. Allgemein gesprochen, können Amplitudenanforderungen definiert sowie die Planung des Spektrums und Übersprechanalysen leichter werden, wenn die PSD bekannt ist. Die Berechnung der PSD für einen Übertragungscode ist jedoch ein sehr mühsamer und aufwendiger Prozeß; das Spektrum hängt von den Codierungsregeln und von den Kenngrößen der Eingangssymbolfolge ab. Der Hauptzweck des vorliegenden Artikels besteht darin, die Spektraleigenschaften einer großen Zahl von Codes, auf die man häufig trifft, eingehend zu beschreiben. Es werden hier ungefähr dreizehn unterschiedliche Codes vorgestellt; eine wesentlich umfangreichere Zusammenstellung als bislang zur Verfügung stand.

Die vorgestellten Codespektren werden nach Verfahren von Cariolaro und Tronca [3] mit Hilfe einer Reihe von Computerprogrammen bestimmt, die in [4] beschrieben werden. Diese Programme sind bei der Aufgabe, Spektralbeschreibungen zu entwickeln, eine große Hilfe. Codes mit beschränkter Gesamtdisparität (endlicher Digitalsumme) werden direkt untersucht, während Blockcodes mit unbeschränkter Gesamtdisparität über ein Verfahren mit sukzessiver Approximation [5] bearbeitet werden.

15.2 Berechnungsverfahren

Eine einführende Darstellung in die ziemlich komplexen Verfahren, die bei der Herleitung einer Spektralcharakterisierung für einen Übertragungscode gebraucht werden, wird in Kapitel 14 dieses Bandes gegeben. Hier stellen wir lediglich eine Zusammenfassung des Algorithmus [3] vor, der in den Computerprogrammen [4] verwendet wird, und beschreiben ein Verfahren mit sukzessiver Approximation, mit dem dieser Algorithmus auch verwendet werden kann, um eine Spektralcharakterisierung für unbeschränkte Codes zu bekommen.

15.2.1 Zusammenfassung des Algorithmus

Das System, das wir betrachten, setzt sich aus einer Eingangsquelle, einem Codierer und einer erzeugten Folge zusammen. Die Eingangsquelle besteht aus einer unendlichen Folge binärer Zufallswörter. Jedes binäre Wort der Länge M wird in ein L-näres Codewort der Länge N codiert. Im allgemeinen ist die Abbildung mehrdeutig, und es gilt, daß $M, N > 1$ ist.

Die normierte Leistungsspektraldichte des codierten Signals kann als

$$\frac{W(f)T}{|G(f)|^2} = \mathrm{PSD_{cont}} + \mathrm{PSD_{discrete}} \tag{15.1}$$

geschrieben werden. Die kontinuierliche Komponente liefert

$$\mathrm{PSD_{cont}} = [X_1(f) + X_2(f)]/N \tag{15.2}$$

und die diskrete Komponente

$$\mathrm{PSD_{discrete}}T = N^{-2}X_d(f) \sum_{k=-\infty}^{\infty} \delta\left(f - \frac{k}{NT}\right) \tag{15.3}$$

Die skalaren Funktionen X_1, X_2, X_d enthalten alle Korrelationen. Diese Funktionen lassen sich in vorteilhafter Cosinus-Form ausdrücken:

$$X_1(f) = \sum_{k=0}^{N-1} \varepsilon_k \nu_k \cos k\theta \tag{15.4}$$

$$X_2(f) = \frac{\sum_{k=0}^{(I+1)N} \varepsilon_k N_k \cos k\theta}{\sum_{k=0}^{I-1} \varepsilon_k D_k \cos kN\theta} \tag{15.5}$$

$$X_d(f) = \sum_{k=0}^{N-1} \varepsilon_k \mu_k \cos k\theta \tag{15.6}$$

Hierin sind:

$$\varepsilon_k = 1 \quad \text{für} \quad k = 0 \quad \text{und} \quad \varepsilon = 2 \quad \text{für} \quad k > 1$$

$$\theta = 2\pi f T$$

$$\nu_k = \sum_{i=1}^{N-k} [\mathbf{R}_0(i, i+k) - \mathbf{R}_\infty(i, i+k)]$$

$$\mu_k = \sum_{i=1}^{N-k} R_\infty(i, i+k)$$

$$N_k = N_{p+qN} = \sum_{h=0}^{I-q} [d_{I-h} n_{(h+q)N+p} + d_{I-h-q} n_{hN-p}]$$

$$n_s = n_{p+kN} = \sum_{i=1}^{N-p} \mathbf{H}_k(i+p, i) + \sum_{i=1}^{p} \mathbf{H}_{k+1}(i, i+N-p)$$

$$D_k = \sum_{l=1}^{I-k} d_{I-l} d_{I-l-k}$$

Der Leser sei an Cariolaro und Tronca [3] verwiesen, was die Semantik der Notationen betrifft. Die Kenngrößen des Codes sind in den Matrizen $\mathbf{R}_o$, $\mathbf{R}_\infty$, $\mathbf{d}_k$, $\mathbf{G}_k$ und $\mathbf{H}_k$ enthalten. Mit Hilfe der Markow-Übergangsmatrizen $\boldsymbol{\pi}$, den Matrizen $\mathbf{E}$ der Codiererfunktion und den Codewortmatrizen $\mathbf{A}$ können die Codewortkorrelationsmatrizen

$$\mathbf{R}_k = \mathbf{E}\{a_n^T a_{n+k}\} \tag{15.7}$$

untersucht werden; diese Analyse liefert:

$$\mathbf{R}_0 = \sum_{u=1}^{K} \mathbf{q}_u \mathbf{A}_u^T \mathbf{D}_\infty \mathbf{A}_u$$

$$\mathbf{R}_k = \mathbf{C}_1^T \boldsymbol{\pi}^{k-1} \mathbf{C}_2 \quad (k > 1)$$

$$\mathbf{R}_\infty = \mathbf{C}_1^T \boldsymbol{\pi}_\infty \mathbf{C}_2$$

$$\mathbf{C}_1 = \sum_{u=1}^{K} \mathbf{q}_u \mathbf{E}_u^T \mathbf{D}_\infty \mathbf{A}_u$$

$$\mathbf{C}_2 = \sum_{u=1}^{K} \mathbf{q}_u \mathbf{A}_u$$
$$\mathbf{K} = 2^M$$

und

$$\mathbf{q}_u = \mathbf{p}^{M_u}(1-p)^{M-M_u},$$
$$= 2^{-M} \quad \text{für binären Zufallseingang.}$$

Die Grenzmatrizen $\boldsymbol{\pi}_\infty$ und $\mathbf{D}_\infty$ lassen sich bestimmen, wenn das lineare Gleichungssystem

$$\mathbf{p}^\infty = \boldsymbol{\pi}^T \mathbf{p}^\infty \tag{15.8}$$

$$\sum_{i=1}^{I} p_i^\infty = 1 \tag{15.9}$$

gelöst wird.

Die Koeffizienten d_k und die Matrixkoeffizienten $\mathbf{G}_k$ stehen über die Rekursionsgleichungen

$$d_k = -k^{-1} \operatorname{tr}[\mathbf{F}\mathbf{G}_{k-1}] \tag{15.10}$$
$$\mathbf{G}_k = \mathbf{F}\mathbf{G}_{k-1} + d_k \mathbf{U} \; (k = 1, 2, \ldots, I), \tag{15.11}$$

miteinander in Beziehung. Hierin ist $\mathbf{F} = \boldsymbol{\pi} - \boldsymbol{\pi}_\infty$. Folglich lassen sich die Matrizen $\mathbf{H}_k$ aus

$$\mathbf{H}_k = \mathbf{C}_1^t(\mathbf{U} - \boldsymbol{\pi}_\infty)\mathbf{G}_{l-k-1} C_2 \quad k = 0, 1, \ldots, I-1) \tag{15.12}$$

berechnen.

Die obige Analyse stützt sich auf das Mealy-Modell, bei dem das Ausgangscodewort vom Eingangswort und vom Zustand des Codierers abhängt. Folglich ist der Codiererzustand der Schlüssel zur Untersuchung. Trotzdem läßt sich das Verfahren auch auf adaptive Codes anwenden, bei denen das Ausgangswort nicht nur vom Eingangswort und der Vorgeschichte abhängt, sondern auch ein bestimmter Grad an Voraussicht erforderlich ist. In diesem Fall ist es besser, den Code anhand der Zustände des Codewortes zu untersuchen. Der obige Algorithmus könnte interpretiert werden, wenn $k = 1$ und $\mathbf{E}_1 = \boldsymbol{\pi}$ gesetzt wird [6].

Das obige Verfahren eignet sich, wenn die Codedisparität beschränkt ist, ausgezeichnet für eine Implementierung auf einem digitalen Computer. In diesem Fall hat das Codierer-Zustandsdiagramm eine endliche Zahl von Zuständen. Dies trifft aber nicht für alle gebräuchlichen Codes zu. Zum Beispiel haben die 6B4T- und

3B2T-Blockcodes keine deterministisch beschränkten Digitalsummen; die Anzahl möglicher Zustände ist daher unbegrenzt, und das Problem scheint unlösbar zu sein. Es sind jedoch nicht alle möglichen Zustände gleichermaßen wahrscheinlich. Und tatsächlich nimmt bei einer im wesentlichen zufälligen Eingangsdatenfolge die Wahrscheinlichkeitsverteilung der Gesamtdisparität exponentiell mit dem Betrag der Digitalsumme ab [8]. Derartige Codes werden statistisch beschränkt genannt, und zwar insofern, als die Wahrscheinlichkeit, daß der Betrag der Digitalsumme einen großen Wert B übersteigt, mit steigendem B verschwindend klein wird. Aufgrund dieser Eigenschaft kann ein Verfahren mit sukzessiver Approximation für die Spektralanalyse solcher Codes angewandt werden: Die Belegungswahrscheinlichkeit für die äußeren Zustände (mit großem Betrag) ist sehr gering, und Weglassen dieser Zustände erzeugt nur kleine Fehler. Um dieses Verfahren anwenden zu können, wird die Berechnung mit einer Grundanzahl von Zuständen begonnen, wobei die Anzahl derart gewählt wird, daß die wesentlichen Merkmale des Hauptteils des Codierer- Zustandsdiagramms erfaßt werden. Die Übergänge an den äußeren Enden sollen abgebrochen werden, und dies entspricht dem Weglassen der Randteile der Wahrscheinlichkeitsverteilung für die Gesamtdisparität. Der Fehler, der durch diesen Abbruch verursacht wird, läßt sich abschätzen, wenn eine Folge von Berechnungen des Codespektrums durchgeführt werden, wobei die Zahl der Zustände in jedem Schritt erhöht wird und die Werte verglichen werden, die aus den aufeinanderfolgenden Berechnungen stammen. Das Verfahren ist abgeschlossen, wenn es konvergiert und sich die aufeinanderfolgenden Resultate um weniger als einen annehmbar kleinen Wert unterscheiden. Drei Punkte verdienen es, besonders hervorgehoben zu werden:

1. Es wurde festgestellt, daß die Ergebnisse in bezug auf die verwendete Abbruchsform der Codiererzustände unempfindlich sind.
2. Die Konvergenz ist im Hochfrequenzbereich des Spektrums schnell, aber im wichtigen Tieffrequenzbereich kann die Konvergenz bei einigen Codes langsam sein. Es hängt natürlich auch viel von der Breite der Randgebiete der Wahrscheinlichkeitsverteilung für die Gesamtdisparität ab.
3. Ein Abbruch des Zustandsdiagramms bildet keine Näherung, wenn wir einen konkreten Codierer und nicht eine abstrakte Codierregel betrachten. Jeder reale Codierer ist eine Maschine mit endlich vielen Zuständen, und die Zahl möglicher Codiererzustände wird durch die Kapazität des Zählwerks begrenzt, das zur Aufzeichnung der kumulativen Digitalsumme eingesetzt wird. Wenn der Abbruch, der in der Analyse verwendet wird, dem Abbruch des physikalischen Codierers entspricht, handelt es sich nicht um eine Näherung. Wenn man bedenkt, daß die spektrale Behandlung eines der Motive für die Codierung ist, kann das Verfahren der sukzessiven Approximation dazu eingesetzt werden, die Komplexität zu bestimmen, die bei der Realisierung des Codierers erforderlich ist, um die notwendigen Spektraleigenschaften bis zu einer geforderten Genauigkeit zu erhalten.

Tabelle 15.1: Haupteigenschaften von Blockcodes.

Codes	*Alphabet*	*Wortdisparitäten*	*Codiererzustände*	*erlaubte Wörter*	*Verbotene Wörter*	*Codewirkungsgrad*
5B6B	2	3: −2,0,+2	2: −2,0	44: 20 Disparität 0 12 Disparität +2 12 Disparität −2	6: + + + + − − − + + + +− + Inverse	83,33
7B8B	2	5: −4, −2,0,2,4	4: −4, −2,0,2	189: 67 Disparität 0 48 Disparität 2 48 Disparität −2 13 Disparität 4 13 Disparität −4	49: 3 Disparität 0 8 Disparität 2 8 Disparität −2 15 Disparität 4 15 Disparität −4	87,5
CMI (1B2B type)	2	3: −2,0,2	2: −2,0	3: 1 Disparität 0 1 Disparität 2 1 Disparität −2	1: +−	50,00
4B3T−1	2	7: −3, −2, −1, 0,1,2,3	6: −3, −2, −1, 0,1,2	26: 6 Disparität 0 6 Disparität 1 6 Disparität −1 3 Disparität 2 3 Disparität −2 1 Disparität 3 1 Disparität −3	1:000	84,12
4B3T−2	2	5: −2, −1,0,1,2	4: −2, −1,0,1	25: 7 Disparität 0 6 Disparität 1 6 Disparität −1 3 Disparität 2 3 Disparität −2	2:+ + + − − −	84,12

Tabelle 15.1: Fortsetzung

Codes	*Alphabet*	*Wort-dispa-ritäten*	*Codierer-zustände*	*erlaubte Wörter*	*Verbotene Wörter*	*Code-wir-kungsgrad*
AMI (1B1T)	2	3: −1,0,1	2: −1,0	3: 1 Disparität 0 1 Disparität 1 1 Disparität −1		63,09
MS43	3	5: −2, −1,0,1,2	4: −2, −1,0,1	26: 6 Disparität 0 6 Disparität 1 6 Disparität −1 3 Disparität 2 3 Disparität −2 1 Disparität 3 1 Disparität −3	1:000	84,12
FOMOT	4	5: −2, −1,0,1,2	4: −2, −1,0,1	26: 6 Disparität 0 6 Disparität 1 6 Disparität −1 3 Disparität 2 3 Disparität −2 1 Disparität 3 1 Disparität −3	1: 000	84,12
3B2T		5: −2, −1,0,1,2	unbegrenzt			
6B4T		7: −3, −2, −1,0 1,2,3	unbegrenzt			

15.3 Analyse spezieller Übertragungscodes

Ungefähr 13 verschiedene Blockcodes sind untersucht worden; ihre wesentlichen Eigenschaften sind in Tabelle 15.1 zusammengefaßt worden. Die Codes werden in vier Hauptgruppen unterteilt, die nachstehend aufgeführt sind.

Tabelle 15.2: Übersetzungstabelle 5B6B.

Binärwerte Eingang	*Binärwerte Ausgang*	
11000	110001	
10100	101001	
10010	100101	
10001	100011	
01100	011001	
01010	010101	
01001	010011	
00110	001101	
00101	001011	
00011	000111	
00111	001110	
01011	010110	
01101	011010	
01110	011100	
10011	100110	
10101	101010	
10110	101100	
11001	110010	
11010	110100	
11111	111010	000101
11110	110110	001001
11101	101110	010001
11011	111001	000110
10111	110101	001010
01111	101101	010010
10000	011101	100010
01000	110011	001100
00100	101011	010100
00010	011011	100100
00001	100111	011000
00000	010111	101000
	wechselweise benutzt	

15.3.1 Disparitätcodes mit Mittelwert Null

Diese Kategorie umfaßt eine große Zahl ausgeglichener Codes, die eine gemeinsame Eigenschaft haben, nämlich eine "Disparität mit Mittelwert Null". Die Disparität eines Codewortes wird als algebraische Digitalsumme am Ende eines Wortes definiert. Es gelten gemeinsame Codierungsregeln. Der Code besteht aus Codewörtern mit der Disparität Null und endlichen Disparitäten, die in zwei Alphabeten angeordnet sind. Die Wörter mit der Disparität Null werden Eingangswörtern eindeutig zugeordnet. Andere Codewörter werden in Paaren von gleicher und entgegengesetzter Disparität zugeordnet. Während der Übertragung wählt der Codewandler das Wort aus, mit dem die kumulative Leitungsdisparität am nächsten an Null herangebracht wird. Damit wird sichergestellt, daß der übertragene Code einen Gleichstromanteil Null hat. Die gesamte Übertragungsdisparität (d.h. die Variation der Digitalsumme) ist beschränkt.
Es gehören zwei Klassen von Leitungscodes zu dieser Kategorie: Binär-Binär- und Binär-Ternär-Codes. Es werden drei Beispiele aus jeder Klasse untersucht. Hierbei handelt es sich um den 5B6B-, 7B8B-, CMI- und 4B3T-1-, 4B3T-2- und AMI Code. Die Codewortwörterbücher sind der Literatur entnommen [1,9,10] und in den Tabellen 15.2 bis 15.7 wiedergegeben. Die Codiererfunktionsmatrizen werden mit dem Codewortwörterbuch und den Disparitätswerten bestimmt. Die Codewortmatrizen werden aus der Anordnung der Codewörter in geeigneten Zuständen gewonnen. Die Codierer-Zustandsdiagramme sind in Abbildung 15.1 dargestellt.

Tabelle 15.3: Codewortwörterbuch für den 7B8B-Code.

	Binärwert Eingang	*Binärwert Ausgang*
1	0000111	00010111
2	0001011	00011011
3	0001101	00011101
4	0001110	00011110
5	0010101	00100111
6	0011001	00101011
7	0011011	00101101
8	0011100	00101110
9	0011111	00110011
10	0100001	00110101
11	0100010	00110110
12	0100100	00111001
13	0100101	00111010
14	0100110	00111100
15	0101100	01000111

(Fortsetzung nächste Seite)

Tabelle 15.3: Fortsetzung

	Binärwert Eingang	*Binärwert Ausgang*
16	0110000	01001011
17	0110010	01001101
18	0110011	01001110
19	0110110	01010011
20	0000000	01010101
21	0111000	01010110
22	0111010	01011001
23	0111011	01011010
24	0111100	01011100
25	0111111	01100011
26	1000001	01100101
27	1000010	01100110
28	1000100	01101001
29	1000101	01101010
30	1000110	01101100
31	1000111	01110001
32	1001000	01110010
33	1001001	01110100
34	1001010	01111000
35	1001111	10000111
36	1010011	10001011
37	1010101	10001101
38	1010110	10001110
39	1011001	10010011
40	1011011	10010101
41	1011100	10010110
42	1011110	10011001
43	1011111	10011010
44	1100000	10011100
45	1100011	10100011
46	1100101	10100101
47	1100110	10100110
48	1101000	10101001
49	1101001	10101100
50	1101010	10110001
51	1101011	10110010
52	1101100	10110100
53	1101101	10111000
54	1110000	11000011
55	1110010	11000101
56	1110011	11000110

(Fortsetzung nächste Seite)

Tabelle 15.3: Fortsetzung

	Binärwert Eingang	*Binärwert Ausgang*	
57	1110101	11001001	
58	1110110	11001010	
59	1110111	11001100	
60	1111000	11010001	
61	1111001	11010010	
62	1111010	11010100	
63	1111011	11011000	
64	1111100	11100001	
65	1111101	11100010	
66	1111110	11100100	
67	1111111	11101000	
68	0000011	11101100	00010011
69	0000101	11101010	00010101
70	0000110	11101001	00010110
71	0001001	11100110	00011001
72	0001010	11100101	00011010
73	0001100	11100011	00011100
74	0010001	11011100	00100011
75	0010011	11011010	00100101
76	0010100	11011001	00100110
77	0010111	11010110	00101001
78	0011000	11010101	00101010
79	0011010	11010011	00101100
80	0011101	11001110	00110001
81	0011110	11001101	00110010
82	0100000	11001011	00110100
83	0100011	11000111	00111000
84	0101000	10111100	01000011
85	0101010	10111010	01000101
86	0101011	10111001	01000110
87	0101110	10110110	01001001
88	0101111	10110101	01001010
89	0110001	10110011	01001100
90	0110100	10101110	01010001
91	0110101	10101101	01010010
92	0110111	10101011	01010100
93	0111001	10100111	01011000
94	0111101	10011110	01100001
95	0111110	10011101	01100010
96	1000000	10011011	01100100
97	1000011	10010111	01101000

(Fortsetzung nächste Seite)

Tabelle 15.3: Fortsetzung

	Binärwert Eingang	*Binärwert Ausgang*	
98	1001011	01111100	10000011
99	1001101	01111010	10000101
100	1001110	01111001	10000110
101	1010001	01110110	10001001
102	1010010	01110101	10001010
103	1010100	01110011	10001100
104	1010111	01101110	10010001
105	1011000	01101101	10010010
106	1011010	01101011	10010100
107	1011101	01100111	10011000
108	1100001	01011110	10100001
109	1100010	01011101	10100010
110	1100100	01011011	10100100
111	1100111	01010111	10101000
112	1101110	00111110	11000001
113	1101111	00111101	11000010
114	1110001	00111011	11000100
115	1110100	00110111	11001000
116	0000001	11101110	00010001
117	0001111	11011110	00100001
118	0000010	11101101	00010010
119	0010000	11011101	00100010
120	0100111	10111101	01000010
121	0000100	11101011	00010100
122	0010010	11011011	00100100
123	0101001	10111011	01000100
124	1001100	01111011	10000100
125	0001000	11100111	00011000
126	0010110	11010111	00101000
127	0101101	10110111	01001000
128	1010000	01110111	10001000

Tabelle 15.4: Übersetzungstabelle für den CMI-Code.

	Codewort	
Binärwert	*−2*	*0*
0	−+	−+
1	++	−−

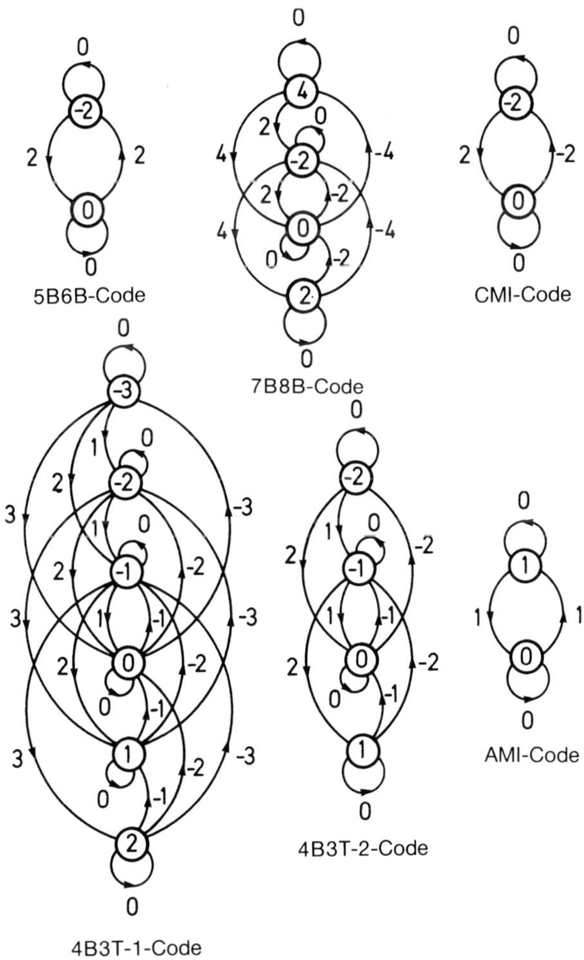

Abbildung 15.1: Codierer-Zustandsdiagramm für Codes mit Disparität Null und zwei Alphabeten.

Tabelle 15.5: Übersetzungstabelle für den 4B3T-1-Code.

	übertragener Ternärwert, wenn Gesamtparität	
Binärwert	*negativ*	*positiv*
0000	+0−	+0−
0001	−+0	−+0
0010	0−+	0−+
0011	+−0	+−0
0100	++0	−−0
0101	0++	0−−
0110	+0+	−0−
0111	+++	−−−
1000	++−	−−+
1001	−++	+−−
1010	+−+	−+−
1011	+00	−00
1100	0+0	0−0
1101	00+	00−
1110	0+−	0+−
1111	−0+	−0+

Tabelle 15.6: Übersetzungstabelle für den 4B3T-2-Code.

	übertragener Ternärwert, wenn Gesamtparität	
Binärwert	*negativ*	*positiv*
0000	+0−	+0−
0001	−+0	+0−
0010	0−+	0−+
0011	+−0	+−0
0100	++0	−−0
0101	0++	0−−
0110	+0+	−0−
0111	000	000
1000	++−	−−+
1001	−++	+−−
1010	+−+	−+−
1011	+00	−00
1100	0+0	0−0
1101	00+	00−
1110	0+−	0+−
1111	−0+	−0+

Tabelle 15.7: Zuordnungstabelle für den AMI-Code.

	Codewort	
Binär	*−1*	*0*
0	0	0
1	1	−1

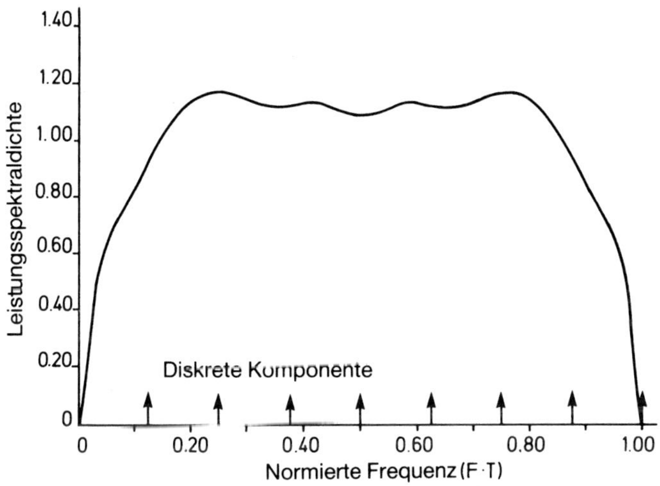

Abbildung 15.2: Leistungsspektraldichte für den 7B8B-Code.

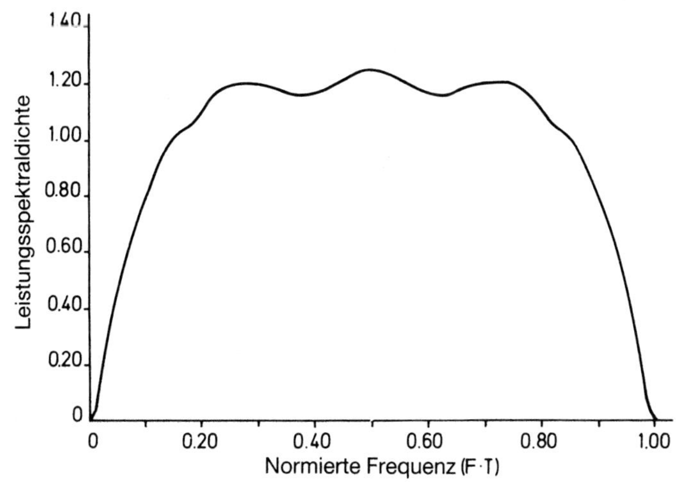

Abbildung 15.3: Leistungsspektraldichte für den 5B6B-Code.

Bei der PSD-Berechnung ergeben sich sowohl analytische als auch numerische Ergebnisse. Die analytischen Formeln in geschlossener Cosinusform sind im Anhang aufgeführt. Die numerischen Ergebnisse sind in Abb. 15.2 bis 15.7 graphisch dargestellt. Die vorgestellten Ergebnisse zeigen den Einfluß der Codierung auf das Spektrum und entsprechen damit der Impulssignalübertragung. Das Spektrum, das zu einer bestimmten Pulsform eines Signalelementes gehört, erhält man durch Multiplikation der dargestellten Spektren mit dem Energiedichtespektrum des Signalelementes. Diese Kurven sind gleichstromfrei, was wir ohnehin erwarten würden. Das Linienspektrum verschwindet bei den meisten Codes, obwohl eine kleine diskrete Komponente beim 7B8B-Code entdeckt worden ist. Wahrscheinlich wird dies dadurch verursacht, daß die Codewörter für die Zuordnungstabelle nicht standardmäßig ausgewählt wurden [8], wodurch die vollständige Zyklosymmetrie in diesem Fall nicht beibehalten werden konnte.

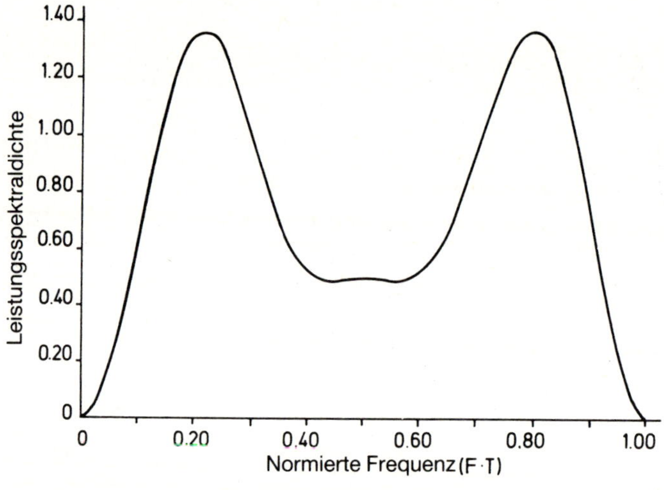

Abbildung 15.4: Leistungsspektraldichte für den CMI-Code.

15.3.2 Allgemeine ternäre *x*B*y*T-Codes

Die erste Kategorie war auf Codes mit zwei Alphabeten beschränkt. Dies wird hier auf Codes mit drei oder mehr Alphabeten erweitert. In dieser Kategorie sind die Codewörter üblicherweise in allen Alphabeten und eventuell auch in allen Zuständen wohldefiniert. Die Codewortauswahl wird durch das Eingangwort ebenso wie durch den Status des Codiererzustands geregelt.

Es werden zwei geläufige Beispiele untersucht: der MS43- und der FOMOT-Code. Die Codewort-Wörterbücher sind in den Tabellen 15.8 und 15.9 definiert [10]. Beide Codes sind Varianten des 4B3T-Codes. Die Zustandsdiagramme für diese Codes unterscheiden sich nur leicht, wie in Abbildung 15.8 zu sehen ist; die entsprechenden Codespektren sind in Abbildung 15.9 und 15.10 dargestellt.

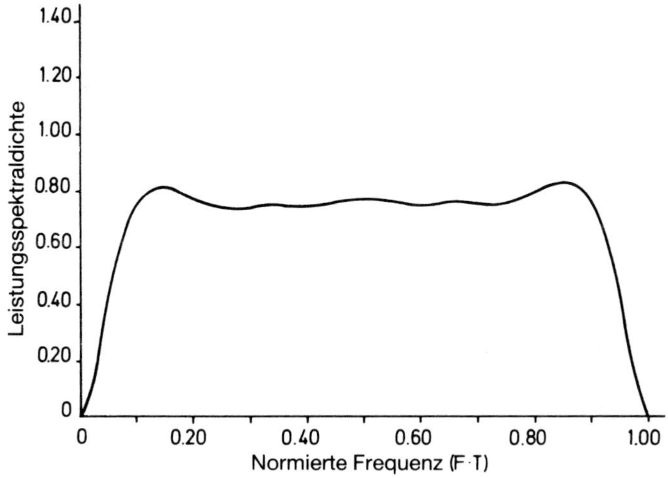

Abbildung 15.5: Leistungsspektraldichte für den 4B3T-1-Code.

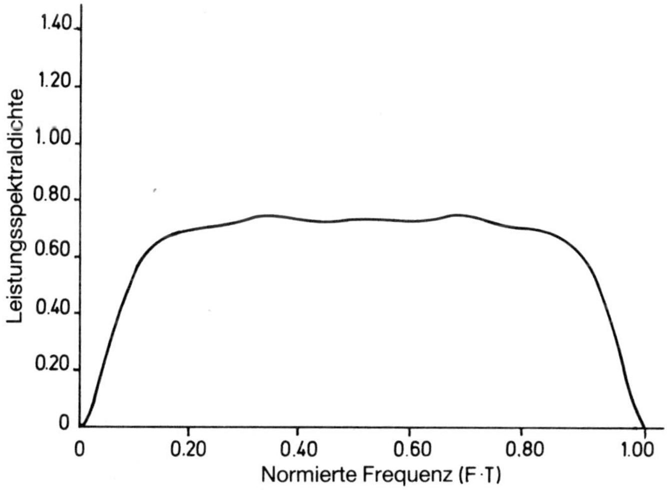

Abbildung 15.6: Leistungsspektraldichte für den 4B3T-2-Code.

15.3.3 Adaptive Codes

In dieser Kategorie sollen die Codes mit Hilfe der Codewortzustandsdiagramme analysiert werden, wie sie sich aus den Codierungsregeln konstruieren lassen. Die Übergangsmatrix $\boldsymbol{\pi}$ $(= E1)$ und die Codewortmatrix $\mathbf{A}$ können direkt aus dem Zustandsdiagramm hergeleitet werden.

Wir betrachten die folgenden Beispiele: den Miller-Code, den Howells-Woodman-Miller-Code und den Miller-Quadrat-Code [11,12]. Die Codierungs-

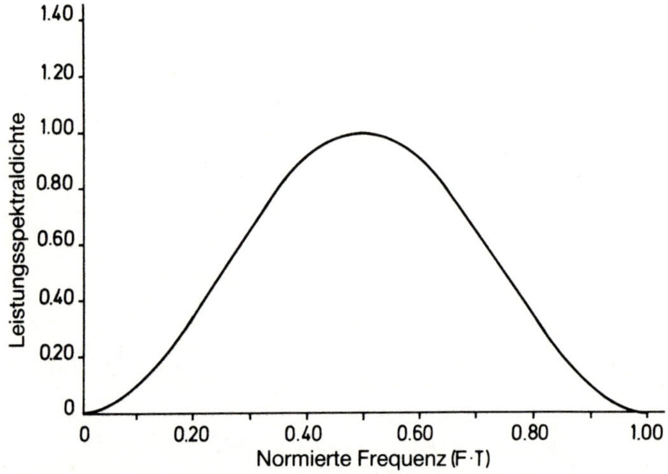

Abbildung 15.7: Leistungsspektraldichte für den AMI-Code.

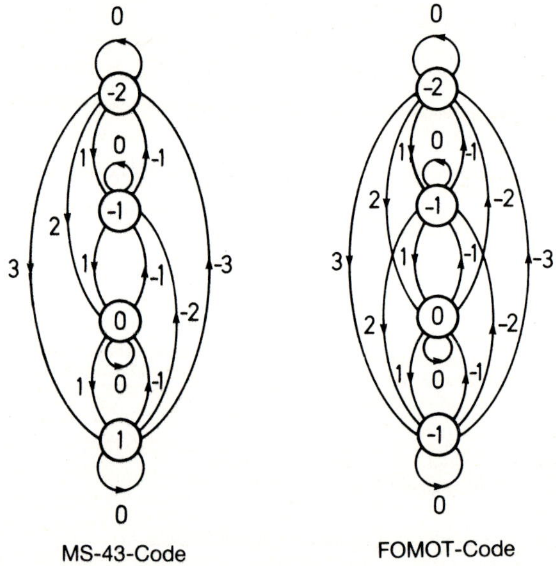

Abbildung 15.8: Codierer-Zustandsdiagramm für den MS43- und FOMOT-Code.

regeln und Codeeigenschaften werden hier nicht im einzelnen erläutert, aber die Zustandsdiagramme und die entsprechenden Matrizen $\boldsymbol{\pi}$ und $\mathbf{A}$ sind in den Abbildungen 15.11 bis 15.13 dargestellt.

Die PSD der drei Miller-Codes sind in den Abbildungen 15.14 bis 15.16 dargestellt. Wie erwartet, wurde ein geringer Gleichstromanteil beim Miller-Code entdeckt, wohingegen die beiden anderen Codes gleichstromfrei sind. Das Linienspektrum verschwindet bei allen Codes. Die PSD-Kurven der beiden modifizierten Miller-Codes haben geringere Spitzenwerte und zeigen einen weniger steilen

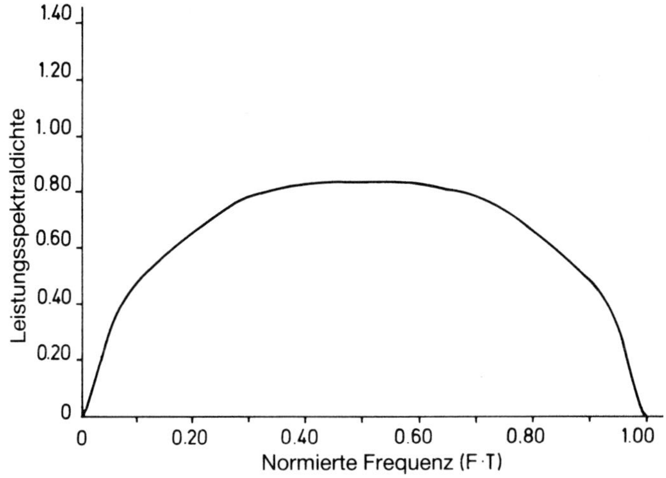

Abbildung 15.9: Leistungsspektraldichte für den MS43-Code.

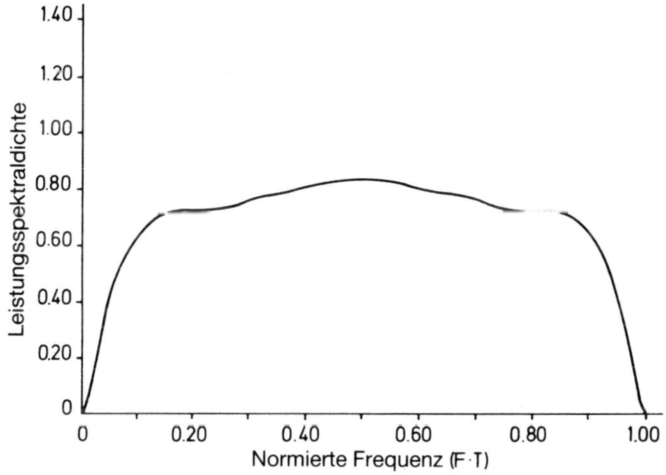

Abbildung 15.10: Leistungsspektraldichte für den FOMOT-Code.

Abfall auf null als die Kurve für den Miller-Code. Beim Howells-Woodman-Miller-Code wird die Lage des Spitzenwertes in Richtung auf tiefere Frequenzen verschoben. Die Ergebnisse für den Miller-Code und den Miller-Quadrat-Code zeigen eine gute Übereinstimmung mit Lindholm [6]. Die analytischen Formeln der Codes sind im Anhang aufgeführt. Der Ausdruck für den Miller-Code stimmt mit dem Ausdruck überein, den Rousseau [13] bestimmt hat, aber scheint sich etwas von dem Ausdruck zu unterscheiden, den Hecht und Guida [14] hergeleitet haben.

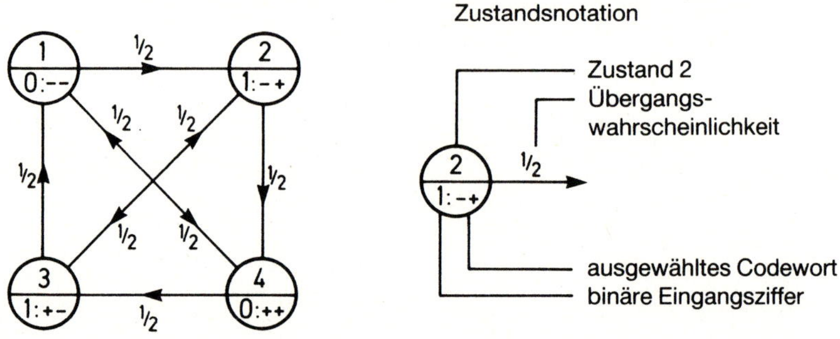

$$\pi = \begin{bmatrix} 0 & \frac{1}{2} & 0 & \frac{1}{2} \\ 0 & 0 & \frac{1}{2} & \frac{1}{2} \\ \frac{1}{2} & \frac{1}{2} & 0 & 0 \\ \frac{1}{2} & 0 & \frac{1}{2} & 0 \end{bmatrix} \qquad A = \begin{bmatrix} -1 & -1 \\ -1 & 1 \\ 1 & -1 \\ 1 & 1 \end{bmatrix}$$

Abbildung 15.11: Zustandsdiagramm und -matrizen für den Miller-Code.

15.3.4 Unbeschränkte Blockcodes

Die Blockcodes 6B4T und 3B2T sind typische Beispiele für Codes mit unbeschränkter Gesamtdisparität. Die Codewortwörterbücher sind in der Literatur zu finden [2,7]. Die Kernsegmente für die Zustandsdiagramme sind in Abb. 15.17 dargestellt.

Wir betrachten zuerst den 6B4T-Code. Er hat sieben Wortdisparitäten $\pm 3, \pm 2, \pm 1, 0$. Die ± 1-Disparitätswörter werden nicht paarweise zusammengefaßt, und als Folge davon ist die Gesamtdisparität nicht beschränkt. Die Anzahl möglicher Zustände ist daher unbegrenzt. Ein Kernsegment des Zustandsdiagramms ist in Abb. 15.17a dargestellt. Um das Verfahren der sukzessiven Approximation anwenden zu können, beginnt man in diesem Fall mit sechs Zuständen. Die Übergänge mit ± 1-Disparität an den äußeren Enden werden abgebrochen, und es ergibt sich auf diese Weise das reduzierte Zustandsdiagramm gemäß Abb. 15.18a. Das Spektrum wird für diesen Codierer mit reduzierten Zuständen berechnet, und die Zahl der Zustände wird dann geradzahlig um zwei (oder ein Vielfaches von zwei) erhöht, um das neue System gemäß Abb. 15.18b zu liefern. Die Berechnung wird dann wiederholt. Dieser Prozeß von Zustandsvermehrung und Spektralberechnung wird wiederholt, bis die gewünschte Genauigkeit erreicht ist. Die Funktionen für die Leistungsspektraldichte des 6B4T- und 3B2T-Codes sind in Abb. 15.19 und Abb. 15.20 dargestellt. In jedem wurde die Iteration beendet, wenn sich aufeinanderfolgende Werte um weniger als 1% unterschieden. Es wurde herausgefunden, daß 10 Zustände ausreichend sind, um diese Genauigkeit für den 6B4T-Code zu erreichen, während 14 Zustände für den 3B2T-Code erforderlich waren.

Tabelle 15.8: Übersetzungstabelle für den MS43-Code.

	übertragener Ternärwert wenn Gesamtdisparität		
Binär	*−2*	*−1 oder 0*	*+1*
0000	+ + +	− + −	− + −
0001	++0	00−	00−
0010	+0+	0−0	0−0
0011	0−+	0−+	0−+
0100	0++	−00	−00
0101	−0+	−0+	−0+
0110	−+0	−+0	−+0
0111	− + +	− + +	− − +
1000	+ − +	+ − +	− − −
1001	00+	00+	− −0
1010	0+0	0+0	−0−
1011	0+−	0+−	0+−
1100	+00	+00	0− −
1101	+0−	+0−	+0−
1110	+−0	+−0	+−0
1111	+ +	+	+ − −

Tabelle 15.9: Übersetzungstabelle des FOMOT-Codes.

	Ternärwort			
Binärwort	M_1	M_2	M_3	M_4
0000	− + +	−00	− + +	−00
0001	−+0	−+0	−+0	−+0
0010	+−0	+−0	+−0	+−0
0011	+00	+ − −	+00	+ − −
0100	−0+	−0+	−0+	−0+
0101	+ + +	− + −	− + −	− + −
0110	+0+	+0+	−0−	−0−
0111	+0−	+0−	+0−	+0−
1000	0++	0++	− −0	− −0
1001	0+0	0−0	0+0	0−0
1010	+ − +	+ − +	+ − +	− − −
1011	++0	++0	0− −	0− −
1100	00+	− − +	00+	− − +
1101	0+−	0+−	0+−	0+−
1110	0−+	0−+	0−+	0−+
1111	+ + −	00−	+ + −	00−

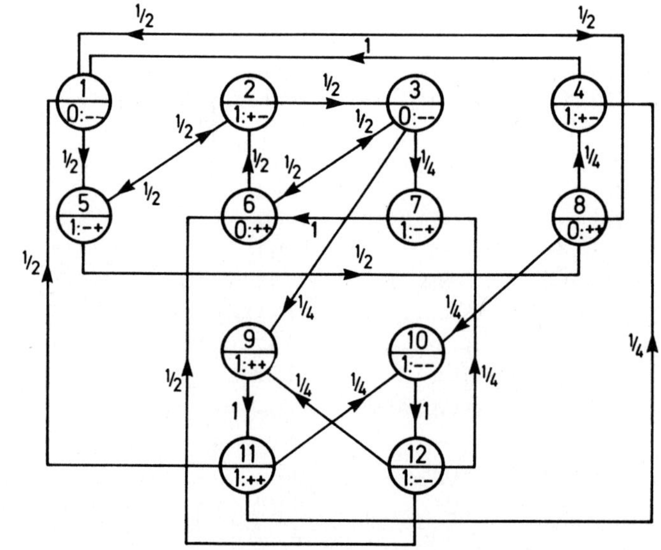

$$
\pi = \begin{bmatrix}
0 & 0 & 0 & 0 & \frac{1}{2} & 0 & 0 & \frac{1}{2} & 0 & 0 & 0 & 0 \\
0 & 0 & \frac{1}{2} & 0 & \frac{1}{2} & 0 & 0 & 0 & 0 & 0 & 0 & 0 \\
0 & 0 & 0 & 0 & 0 & \frac{1}{2} & \frac{1}{4} & 0 & \frac{1}{4} & 0 & 0 & 0 \\
1 & 0 & 0 & 0 & 0 & 0 & 0 & 0 & 0 & 0 & 0 & 0 \\
0 & \frac{1}{2} & 0 & 0 & 0 & 0 & 0 & \frac{1}{2} & 0 & 0 & 0 & 0 \\
0 & \frac{1}{2} & \frac{1}{2} & 0 & 0 & 0 & 0 & 0 & 0 & 0 & 0 & 0 \\
0 & 0 & 0 & 0 & 0 & 1 & 0 & 0 & 0 & 0 & 0 & 0 \\
\frac{1}{2} & 0 & 0 & \frac{1}{4} & 0 & 0 & 0 & 0 & 0 & \frac{1}{4} & 0 & 0 \\
0 & 0 & 0 & 0 & 0 & 0 & 0 & 0 & 0 & 0 & 1 & 0 \\
0 & 0 & 0 & 0 & 0 & 0 & 0 & 0 & 0 & 0 & 0 & 1 \\
\frac{1}{2} & 0 & 0 & \frac{1}{4} & 0 & 0 & 0 & 0 & 0 & \frac{1}{4} & 0 & 0 \\
0 & 0 & 0 & 0 & 0 & \frac{1}{2} & \frac{1}{4} & 0 & \frac{1}{4} & 0 & 0 & 0
\end{bmatrix}
\qquad
\mathbf{A} = \begin{bmatrix}
-1 & -1 \\
1 & -1 \\
-1 & -1 \\
1 & -1 \\
-1 & 1 \\
1 & 1 \\
-1 & 1 \\
1 & 1 \\
1 & 1 \\
-1 & -1 \\
1 & 1 \\
-1 & -1
\end{bmatrix}
$$

Abbildung 15.12: Zustandsdiagramm und Matrizen für den Howells-Woodman-Miller-Code.

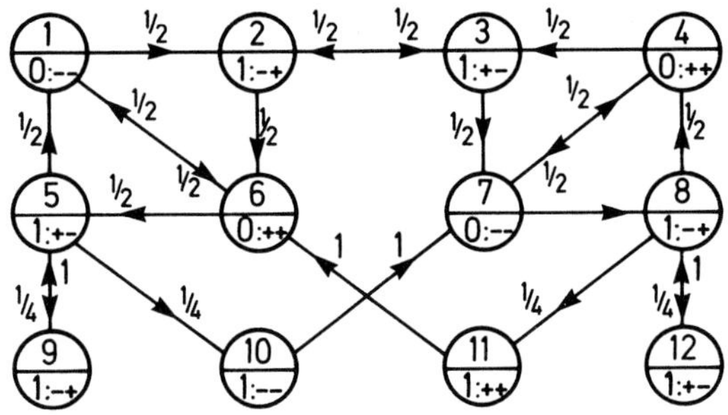

$$
\pi = \begin{bmatrix}
0 & \frac{1}{2} & 0 & 0 & 0 & \frac{1}{2} & 0 & 0 & 0 & 0 & 0 & 0 \\
0 & 0 & \frac{1}{2} & 0 & 0 & \frac{1}{2} & 0 & 0 & 0 & 0 & 0 & 0 \\
0 & \frac{1}{2} & 0 & 0 & 0 & 0 & \frac{1}{2} & 0 & 0 & 0 & 0 & 0 \\
0 & 0 & \frac{1}{2} & 0 & 0 & 0 & \frac{1}{2} & 0 & 0 & 0 & 0 & 0 \\
\frac{1}{2} & 0 & 0 & 0 & 0 & 0 & 0 & 0 & \frac{1}{4} & \frac{1}{4} & 0 & 0 \\
\frac{1}{2} & 0 & 0 & 0 & \frac{1}{2} & 0 & 0 & 0 & 0 & 0 & 0 & 0 \\
0 & 0 & 0 & \frac{1}{2} & 0 & 0 & 0 & \frac{1}{2} & 0 & 0 & 0 & 0 \\
0 & 0 & 0 & \frac{1}{2} & 0 & 0 & 0 & 0 & 0 & 0 & \frac{1}{4} & \frac{1}{4} \\
0 & 0 & 0 & 0 & 1 & 0 & 0 & 0 & 0 & 0 & 0 & 0 \\
0 & 0 & 0 & 0 & 0 & 0 & 1 & 0 & 0 & 0 & 0 & 0 \\
0 & 0 & 0 & 0 & 0 & 1 & 0 & 0 & 0 & 0 & 0 & 0 \\
0 & 0 & 0 & 0 & 0 & 0 & 0 & 1 & 0 & 0 & 0 & 0
\end{bmatrix}
\qquad
\mathbf{A} = \begin{bmatrix}
-1 & -1 \\
-1 & 1 \\
1 & -1 \\
1 & 1 \\
1 & -1 \\
1 & 1 \\
-1 & -1 \\
-1 & 1 \\
-1 & 1 \\
-1 & -1 \\
1 & 1 \\
1 & -1
\end{bmatrix}
$$

Abbildung 15.13: Zustandsdiagramm und Matrizen für den quadratischen Miller-Code.

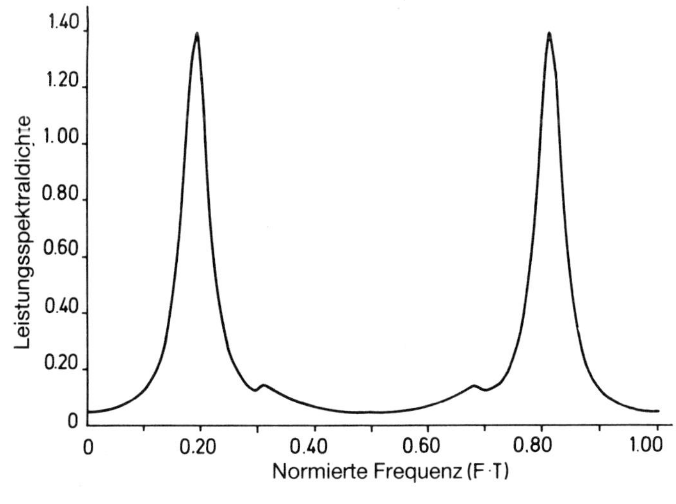

Abbildung 15.14: Leistungsspektraldichte für den Miller-Code.

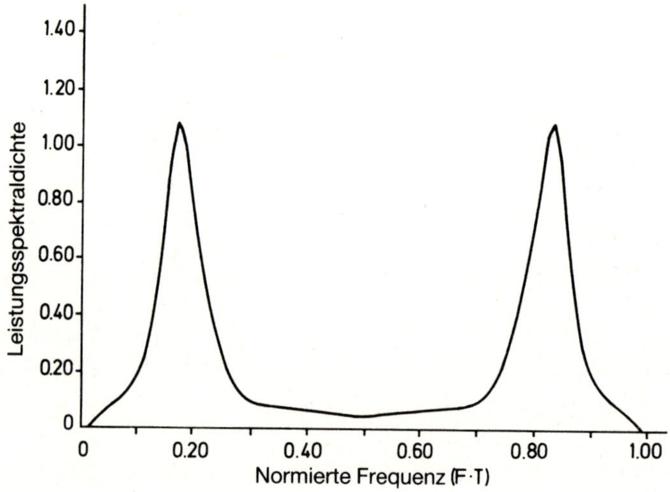

Abbildung 15.15: Leistungsspektraldichte für den M-Miller-Code.

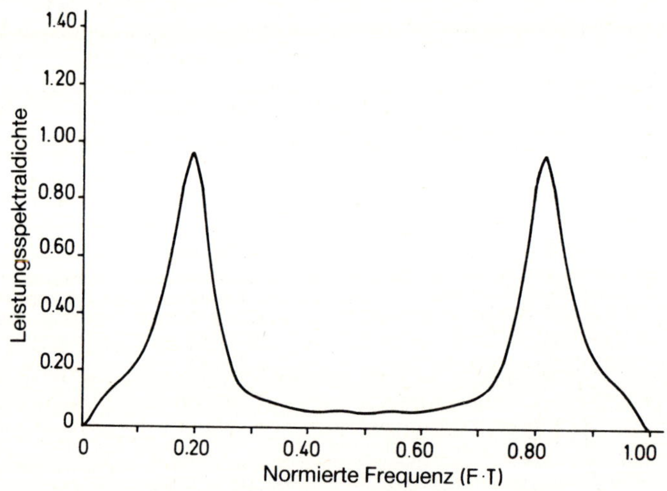

Abbildung 15.16: Leistungsspektraldichte für den quadratischen Miller-Code.

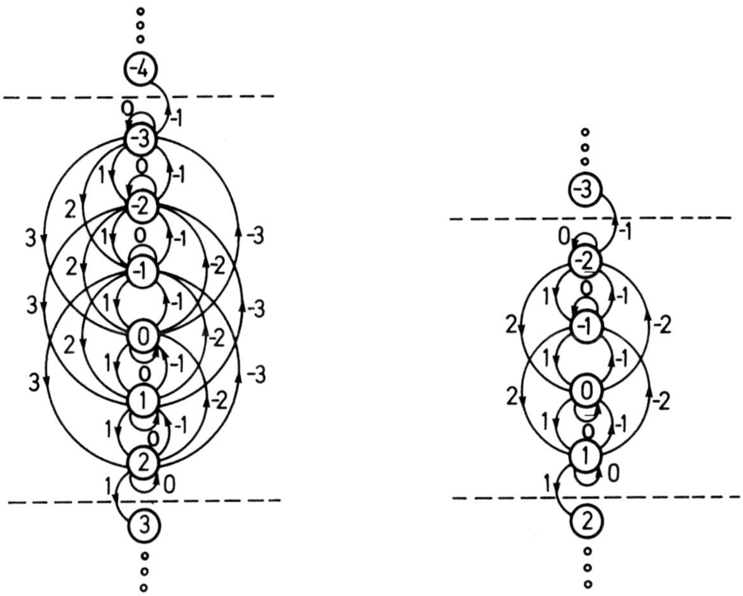

Abbildung 15.17: Codierer-Zustandsdiagramm für den 6B4T- und den 3B2T-Code.

15.4 Abschließende Bemerkungen

In diesem Kapitel werden die Spektraleigenschaften einer beträchtlichen Zahl von häufig angetroffenen digitalen Übertragungscodes untersucht, und es wird ein ausführlicher Satz von Resultaten und Hilfsdaten aufgeführt. Obwohl eine derartige Zusammenstellung natürlich keinen Anspruch auf Vollständigkeit erheben kann, so ist diese Sammlung doch beträchtlich umfangreicher als andere, die der Autor in der sonstigen Literatur entdeckt hat. Es sollte sich damit um ein brauchbares Nachschlagewerk für Untersuchungen an digitalen Übertragungssystemen handeln, bei denen die Spektraldichtedaten der Codes bekannt sein müssen.

Anhang: Analytische Formeln

In diesem Anhang werden die analytischen Formeln für die durchschnittliche Leistungsspektraldichte mehrerer Leitungscodes in geschlossener Cosinusform angegeben. Die kontinuierliche Komponente der normierten Leistungsspektraldichte wird mit PSD= $W(f) \cdot T/|G(f)|^2$ bezeichnet, wobei $G(f)$ die Fourier-Transformierte der Pulsform und $1/t = f_r$ die Wiederholungsrate darstellt. Der Parameter θ ist durch $\theta = 2\pi fT$ gegeben.

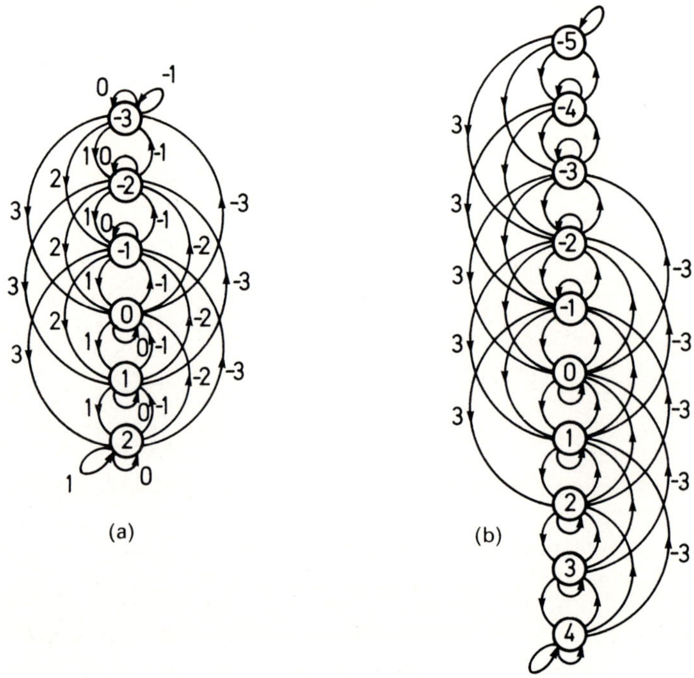

Abbildung 15.18: (a) Codierer-Zustandsdiagramm mit 6 Zuständen für den 6B4T-Code; (b) Codierer-Zustandsdiagramm mit 10 Zuständen für den 6B4T-Code.

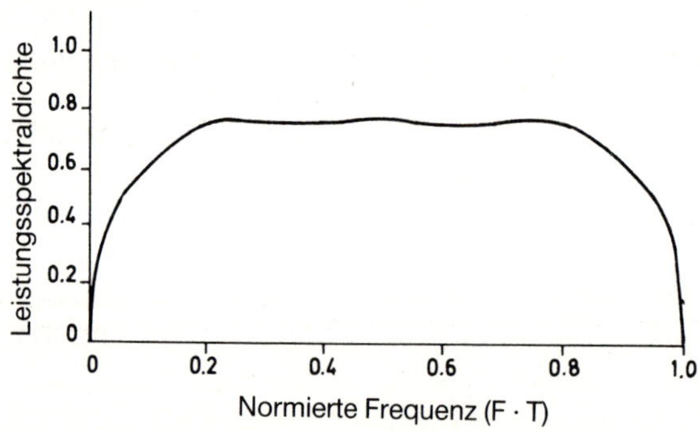

Abbildung 15.19: Leistungsspektraldichte für den 6B4T-Code.

$$
\begin{aligned}
\mathrm{PSD}_{5B6B} \quad = \quad & 1 - 0.33333 \cos\theta - 0.20833 \cos 2\theta - 0.125 \cos 3\theta \\
& -0.04166 \cos 4\theta - 0.04166 \cos 5\theta + (0.00911 \\
& -0.00065 \cos\theta - 0.00911 \cos 2\theta - 0.00651 \cos 3\theta \\
& -0.00520 \cos 4\theta - 0.01627 \cos 5\theta - 0.03645 \cos 6\theta \\
& -0.02213 \cos 7\theta - 0.01302 \cos 8\theta - 0.01302 \cos 9\theta
\end{aligned}
$$

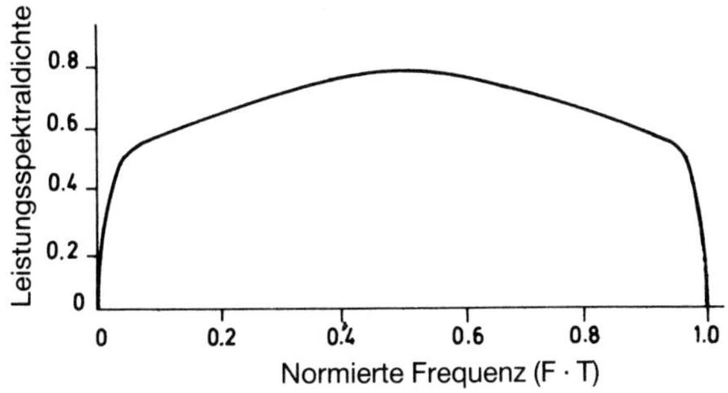

Abbildung 15.20: Leistungsspektraldichte für den 3B2T-Code.

$$
\begin{aligned}
& -0.01562 \cos 10\theta - 0.01171 \cos 11\theta)/(1.0625 - 0.5 \cos 6\theta) \\
\mathrm{PSD}_{7B8B} \;=\; & 0.99993 - 0.23817 \cos \theta - 0.19540 \cos 2\theta \\
& -0.09757 \cos 3\theta - 0.03912 \cos 4\theta - 0.01167 \cos 5\theta \\
& -0.02346 \cos 6\theta - 0.00389 \cos 7\theta + (0.04551 \\
& +0.06380 \cos \theta + 0.04164 \cos 2\theta + 0.02475 \cos 3\theta \\
& +0.00764 \cos 4\theta - 0.00943 \cos 5\theta - 0.02620 \cos 6\theta \\
& -0.04820 \cos 7\theta - 0.07535 \cos 8\theta - 0.05820 \cos 9\theta \\
& -0.04394 \cos 10\theta - 0.03277 \cos 11\theta - 0.02154 \cos 12\theta \\
& -0.01040 \cos 13\theta + 0.00050 \cos 14\theta + 0.01442 \cos 15\theta \\
& +0.03140 \cos 16\theta + 0.02586 \cos 17\theta + 0.02109 \cos 18\theta \\
& +0.01715 \cos 19\theta + 0.01321 \cos 20\theta + 0.00930 \cos 21\theta \\
& +0.00545 \cos 22\theta + 0.00080 \cos 23\theta - 0.00467 \cos 24\theta \\
& -0.00401 \cos 25\theta - 0.00341 \cos 26\theta - 0.00287 \cos 27\theta \\
& -0.00233 \cos 28\theta - 0.00180 \cos 29\theta - 0.00126 \cos 30\theta \\
& -0.00066 \cos 31\theta)/(2.34952 - 3.07286 \cos 8\theta \\
& +0.87516 \cos 16\theta - 0.08898 \cos 24\theta) \\
\mathrm{PSD}_{4B3T-1} \;=\; & 0.6875 - 0.08333 \cos \theta - 0.04166 \cos 2\theta + (0.25472 \\
& +0.19657 \cos \theta - 0.11630 \cos 2\theta - 0.42917 \cos 3\theta \\
& -0.21425 \cos 4\theta + 0.00066 \cos 5\theta + 0.21558 \cos 6\theta \\
& +0.12354 \cos 7\theta + 0.03150 \cos 8\theta - 0.06054 \cos 9\theta \\
& -0.03741 \cos 10\theta - 0.01428 \cos 11\theta + 0.00884 \cos 12\theta \\
& +0.00571 \cos 13\theta + 0.00259 \cos 14\theta - 0.00053 \cos 15\theta
\end{aligned}
$$

$$
\begin{aligned}
& -0.000356 \cos 16\theta - 0.000178 \cos 17\theta)/(2.99493 \\
& -4.30626 \cos 3\theta + 1.70784 \cos 6\theta - 0.37922 \cos 9\theta \\
& +0.04393 \cos 12\theta - 0.00201 \cos 15\theta) \\
\mathrm{PSD}_{\mathrm{4B3T-2}} = {} & 0.625 - 0.16666 \cos \theta - 0.08333 \cos 2\theta + (0.07919 \\
& +0.05615 \cos \theta - 0.04608 \cos 2\theta - 0.14831 \cos 3\theta \\
& -0.08129 \cos 4\theta - 0.01428 \cos 5\theta + 0.05273 \cos 6\theta \\
& +0.03320 \cos 7\theta + 0.01367 \cos 8\theta - 0.00585 \cos 9\theta \\
& -0.00390 \cos 10\theta - 0.00195 \cos 11\theta)/(1.59789 \\
& -1.78710 \cos 3\theta + 0.39843 \cos 6\theta - 0.03124 \cos 9\theta) \\
\mathrm{PSD}_{\mathrm{AMI}} = {} & 0.5 - 0.5 \cos \theta \\
\mathrm{PSD}_{\mathrm{CMI}} = {} & 0.75 - 0.5 \cos 2\theta - 0.25 \cos 3\theta \\
\mathrm{PSD}_{\mathrm{MS43}} = {} & 0.64732 - 0.24404 \cos \theta - 0.06845 \cos 2\theta + (0.02788 \\
& +0.00567 \cos \theta - 0.02038 \cos 2\theta - 0.05493 \cos 3\theta \\
& -0.02891 \cos 4\theta - 0.01623 \cos 5\theta - 0.00348 \cos 6\theta \\
& -0.00003 \cos 7\theta + 0.00054 \cos 8\theta + 0.00119 \cos 9\theta \\
& +0.00045 \cos 10\theta + 0.00022 \cos 11\theta)/(1.25008 \\
& -1.00773 \cos 3\theta + 0.01074 \cos 6\theta + 0.00976 \cos 9\theta) \\
\mathrm{PSD}_{\mathrm{FOMOT}} = {} & 0.68749 - 0.16666 \cos \theta - 0.04166 \cos 2\theta + (0.05055 \\
& +0.02690 \cos \theta - 0.3358 \cos 2\theta) - 0.10820 \cos 3\theta \\
& -0.06419 \cos 4\theta - 0.02525 \cos 5\theta + 0.01397 \cos 6\theta \\
& +0.01102 \cos 7\theta + 0.00557 \cos 8\theta + 0.00366 \cos 9\theta \\
& +0.00244 \cos 10\theta + 0.00101 \cos 11\theta)/(1.25030 \\
& -0.98461 \cos 3\theta - 0.03906 \cos 6\theta + 0.01562 \cos 9\theta) \\
\mathrm{PSD}_{\mathrm{Miller}} = {} & 1 - (1.5 - 0.25 \cos \theta + 2.5 \cos 2\theta + 0.25 \cos 3\theta \\
& + cos 4\theta)/(2.25 + 3 \cos 2\theta + cos 4\theta) \\
\mathrm{PSD}_{\mathrm{H.W.Miller}} = {} & 1 + 0.33333 \cos \theta + (-1.1904 - 0.61783 \cos \theta \\
& -1.98501 \cos 2\theta - 0.92252 \cos 3\theta - 0.56119 \cos 4\theta \\
& -0.14713 \cos 5\theta + 0.62238 \cos 6\theta + 0.29166 \cos 7\theta \\
& +0.48957 \cos 8\theta + 0.11979 \cos 9\theta + 0.09374 \cos 10\theta \\
& +0.01041 \cos 11\theta)/(2.19140 + 2.53124 \cos 2\theta
\end{aligned}
$$

$$-0.09374 \cos 4\theta - 1.03124 \cos 6\theta - 0.62499 \cos 8\theta$$
$$-0.12499 \cos 10\theta)$$

$$\begin{aligned}
\mathrm{PSD}_{\mathrm{M}^2} = {} & 1 + 0.09090 \cos \theta + (-1.01526 + 1.15473 \cos \theta \\
& -1.43575 \cos 2\theta - 0.85635 \cos 3\theta + 0.21270 \cos 4\theta \\
& -0.89109 \cos 5\theta + 1.19177 \cos 6\theta + 0.14142 \cos 7\theta \\
& +0.55157 \cos 8\theta + 0.28888 \cos 9\theta - 0.15189 \cos 10\theta \\
& +0.02370 \cos 11\theta - 0.15926 \cos 12\theta - 0.03746 \cos 13\theta \\
& -0.00639 \cos 14\theta - 0.00177 \cos 15\theta + 0.01491 \cos 16\theta \\
& +0.00071 \cos 17\theta)/(2.70927 + 2.20702 \cos 2\theta \\
& -2.10277 \cos 4\theta - 2.18162 \cos 6\theta - 0.28515 \cos 8\theta \\
& +0.41796 \cos 10\theta + 0.16015 \cos 12\theta - 0.01562 \cos 14\theta \\
& -0.01562 \cos 16\theta)
\end{aligned}$$

$$\begin{aligned}
\mathrm{PSD}_{\mathrm{6B4T}} = {} & 0.65624 - 0.11718 \cos \theta - 0.07812 \cos 2\theta \\
& -0.03906 \cos 3\theta + (0.08943 + 0.10027 \cos \theta \\
& +0.02167 \cos 2\theta - 0.05692 \cos 3\theta - 0.13553 \cos 4\theta \\
& -0.08823 \cos 5\theta - 0.04094 \cos 6\theta + 0.00635 \cos 7\theta \\
& +0.05365 \cos 8\theta + 0.03863 \cos 9\theta + 0.02361 \cos 10\theta \\
& +0.00859 \cos 11\theta - 0.00642 \cos 12\theta - 0.00522 \cos 13\theta \\
& -0.00403 \cos 14\theta - 0.00283 \cos 15\theta - 0.00163 \cos 16\theta \\
& -0.00115 \cos 17\theta - 0.00067 \cos 18\theta - 0.00019 \cos 19\theta \\
& +0.00029 \cos 20\theta + 0.00022 \cos 21\theta + 0.00015 \cos 22\theta \\
& +0.00008 \cos 23\theta + 0.00001 \cos 24\theta + 0.00001 \cos 25\theta) \\
& (5.29666 - 7.45738 \cos 4\theta + 2.31849 \cos 8\theta \\
& -0.07404 \cos 12\theta - 0.08830 \cos 16\theta \\
& +0.00534 \cos 20\theta + 0.00108 \cos 24\theta)
\end{aligned}$$

$$\begin{aligned}
\mathrm{PSD}_{\mathrm{3B2T}} = {} & 0.625 - 0.125 \cos \theta + (0.18141 + 0.03971 \cos \theta \\
& -0.28340 \cos 2\theta - 0.07597 \cos 3\theta + 0.13144 \cos 4\theta \\
& +0.04880 \cos 5\theta - 0.03384 \cos 6\theta - 0.01471 \cos 7\theta \\
& +0.00442 \cos 8\theta + 0.00208 \cos 9\theta - 0.00024 \cos 10\theta \\
& -0.00012 \cos 1\theta 6.91892 - 10.29169 \cos 2\theta
\end{aligned}$$

16 Auslegung eines 7B8B-Übertragungscodes mit verbesserten Möglichkeiten zur Fehlerüberwachung

R.M. Brooks

16.1 Einführung

Die Leitungscodierung (Übertragungscodierung) digitaler Informationen ist im allgemeinen unter folgenden Gesichtspunkten wünschenswert: Bei der Anpassung des übertragenen Signals an die Übertragungsmedien und bei der Wahrnehmung gewisser Vorteile, die sich bei der Realisierung der Übertragungsanlage und dem Systembetrieb ergeben. Ökonomische Aspekte und Codiererkomplexität müssen auch berücksichtigt werden und spielen eine bedeutende Rolle bei der Auswahl des Codes für ein bestimmtes System.

Bei digitalen Übertragungssystemen mit Lichtleitern sind gewöhnlich binäre Übertragungscodes sowohl in bezug auf den Gesamtaufwand als auch die Hardwarerealisierung vorzuziehen. Der alphabetische 7B8B-Code mit kleiner Disparität [1] verfügt über viele attraktive Merkmale, die ihn als aussichtsreichen Kandidaten für optische Übertragungssysteme mit 140 Mbit/s und höherer Bitrate auszeichnen. Dies trifft besonders auf Systeme mit (integrierenden) Front-end-Stufen hoher Impedanz [2,3] zu, wo ein ausgeglichener Code mehr oder weniger wichtig ist, um einen angemessenen Dynamikbereich zu erzielen.

Die Fehlererkennung liefert einen Hinweis auf die Leistungsfähigkeit eines digitalen Übertragungssystems und dafür, ob das System *wartungsfreundlich* ist oder nicht. Es ist daher unbedingt erforderlich, während des Betriebs das Fehlerverhältnis an den Systemterminals zu überwachen. Werden Fehler bei abhängigen Regenerativverstärkern überwacht, können fehlerhafte Verstärkerteile identifiziert werden, und es ergeben sich auf diese Weise wertvolle Informationen für Wartungszwecke. Ob die Überwachung durchgeführt wird, während das System in oder außer Betrieb ist, hängt von der Wartungspolitik der betreffenden Fernmeldeverwaltung oder Betriebsgesellschaft ab.

Eine einfache Technik, die die British Telecom für koaxiale digitale Leitungssysteme während des Betriebs einsetzt, ist als Markierungsparität mit variabler Periode [5,6] bekannt und bietet die folgenden Vorteile:

1. Einfache Schaltungen; nur ein kleiner Teil arbeitet mit hoher Geschwindigkeit (hauptsächlich ein bistabiler D-Typ),
2. geringer Energieverbrauch,
3. keine Steigerung der Bitrate,
4. keine Raster- oder Worterkennung erforderlich,
5. hohe Genauigkeit bei kleinen Fehleranteilen.

Bei hohen Fehlerraten ($> 10^{-6}$) und Burstfehlern tritt ein gewisser Genauigkeitsverlust auf, der aber normalerweise für die Fehlerlokalisierung nicht so wichtig ist und durch die Vorteile mehr als ausgeglichen wird.

In diesem Kapitel untersuchen wir die Verwendung eines 7B8B-Codes zusammen mit der Technik der Markierungsparität zur Verbesserung der Fehlerüberwachung [7-11].

16.2 Fehlererkennung bei geradzahliger Markierungsparität variabler Periode

Das Grundkonzept dieser Fehlererkennungstechnik besteht darin, die Zahl der Markierungen, die in den Übertragungsweg gegeben werden, so zu steuern, daß in bestimmten Zeitintervallen ein gerade Anzahl von Markierungen übertragen wird. Die Intervalle sind variabel, werden aber durch das Auftreten eines bestimmten Eingangswortes im Codierer begrenzt, das Steuerwort genannt wird. Das Auftreten eines Steuerwortes stellt eine Gelegenheit dar, die Anzahl der Markierungen, die in der Leitung seit der letzten solchen Gelegenheit übertragen wurden, geradzahlig zu machen. Daher muß das Steuerwort auf ein Paar von Ausgangswörtern abgebildet werden, von denen das eine eine gerade und das andere eine ungerade Anzahl von Markierungen enthält.

Die Fehlererkennungsschaltung mit Verstärker, die in Abb. 16.1 dargestellt wird, besteht aus:

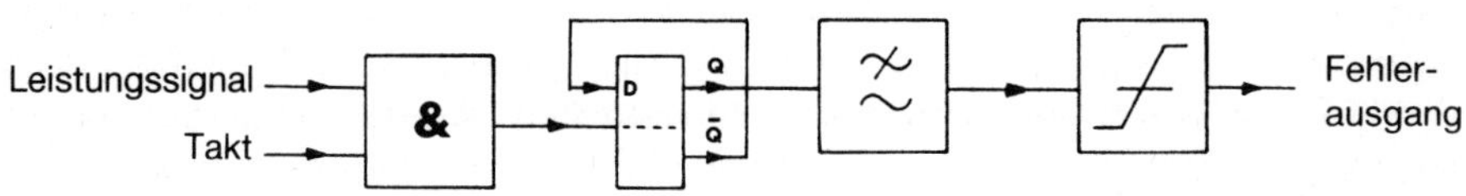

Abbildung 16.1: Diagramm zur Fehlererkennung mit abhängigem Regenerativverstärker.

1. Einem "UND"-Gatter (wenn die Daten kein Rücksetzen auf das Format des Nullpulses enthalten),
2. einer bistabilen Stufe vom D-Typ, die so ausgelegt ist, daß sie bei jeder empfangenen Markierung den Zustand ändert; in diesem Kapitel wird sie als "Kippschalter" bezeichnet,
3. einem Tiefpaßfilter,
4. einem Verfahren, mit dem Änderungen im mittleren Pegel festgestellt werden können.

Wir nehmen an, daß sich der Toggle nach Empfang des Markierungsparitätswortes in einem bestimmten Zustand befindet. Unter der Voraussetzung, daß keine Übertragungsfehler auftreten, befindet sich der Toggle nach Empfang weiterer Markierungsparitätswörter immer noch in demselben Zustand und kann somit eine kleine Gleichstromkomponente liefern. Wenn jedoch ein einzelner oder eine ungerade Zahl von Übertragungsfehlern zwischen zwei beliebigen Markierungsparitätswörtern auftritt, kehrt sich seine Gleichspannung um und bleibt es solange, bis weitere Übertragungsfehler auftreten. Die Fehler werden durch die Überwachung von tieffrequenten Änderungen der mittleren Toggle-Spannung mit Hilfe eines Schwellwertdetektors bestimmt.

16.3 Zustandsübergangsdiagramm des 7B8B-Codes

Für den Zweck dieses Kapitels wird angenommen, daß das von CCITT empfohlene Vokabular gilt und daß

der binären Null eine Disparität von $-\frac{1}{2}$

und

der binären Eins eine Disparität von $+\frac{1}{2}$

zugeordnet wird.

Bei üblichen Codierungsregeln würde sich aus der Bedingung einer kumulativen Nulldisparität kein Vorteil für die Übertragung von Wörtern mit positiver Disparität im Vergleich zu solchen mit negativer Disparität ergeben. Wird jedoch einer Polarität der Vorzug gegeben, läßt sich die Variation der Digitalsumme verringern; die negative Polarität wird willkürlich zur Veranschaulichung gewählt. In der Praxis wird dies erreicht, indem der Disparitätszähler mit der Disparität der binären Eins initialisiert wird.

Zusammenfassung der relevanten Eigenschaften des ausgeglichenen 7B8B-Codes aus [1]:

1. Wortdisparitäten $0, \pm 1, \pm 2$.
2. Jedes Wort hat maximal drei identische Leit- oder Endelemente.
3. Maximalzahl aufeinanderfolgender identischer Elemente: 6.
4. Digitalsummenvariation: 6.
5. Mindestzahl von Übergängen pro Wort: 2.

6.

Wortdisparität	Anzahl der verwendeten Wörter	Ersatzwörter in bezug auf die obigen Eigenschaften
0	67	10101010 - im Normalfall für Wiederausrichtung; Ersatzwort, falls Chiffriergeräte verwendet werden
±1	48	keine
±2	13	01000001, 10111110 10000001, 01111110 10000010, 01111101

Zusätzlich enthalten die Wörter mit der Disparität 0 und ± 2 eine gerade Anzahl von Markierungen und die Wörter mit der Disparität ± 1 eine ungerade Anzahl von Markierungen.

Wenn bei einer ganzzahligen Anzahl von benachbarten Übertragungswörtern die Zahl der Markierungen ungerade ist, dann ist die Disparität ± 1, und wenn die Zahl der Markierungen gerade ist, dann beträgt die Disparität 0 oder -2 (wobei angenommen wird, daß keine Übertragungsfehler aufgetreten sind), d.h., es existiert eine feste Beziehung zwischen Disparität und Markierungsparität. Wenn, obschon willkürlich, ein gerader Zustand des Kippschalters der Nulldisparität entsprechen soll, dann sieht das Zustandsübergangsdiagramm wie in Abb. 16.2 aus.

Es sei

q_o die Wahrscheinlichkeit eines Wortes mit der Disparität 0

q_1 die Wahrscheinlichkeit eines Wortes mit der Disparität ± 1

q_2 die Wahrscheinlichkeit eines Wortes mit der Disparität ± 2

Dann gilt

$$q_0 + q_1 + q_2 = 1 \tag{16.1}$$

Wenn P_i die Wahrscheinlichkeit des i-ten Disparitätszustands mit $i = +1, 0, -1, -2$ ist, dann erhalten wir unter der Annahme des Gleichgewichts

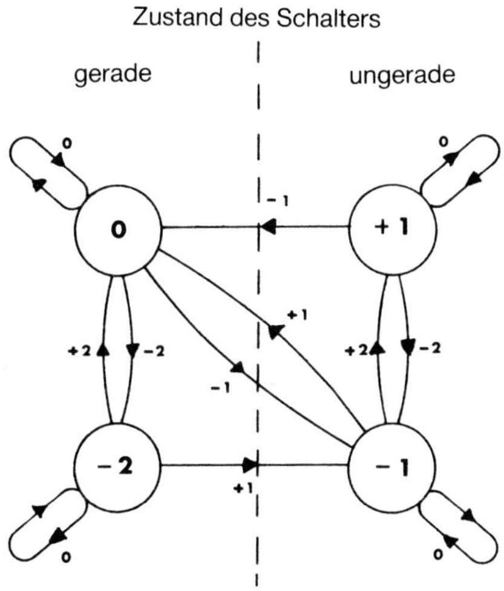

Abbildung 16.2: 7B8B-Übergangsdiagramm. (1) Die Zahlen in den Kreisen bezeichnen die Disparitätszustände im Sendeende. (2) Die anderen Zahlen geben die Wortdisparität an.

$$\begin{bmatrix} q_0 & q_1 & q_1 & q_2 \\ 0 & q_0 & q_2 & 0 \\ q_1 & q_2 & q_0 & q_1 \\ q_2 & 0 & 0 & q_0 \end{bmatrix} \begin{bmatrix} P_0 \\ P_1 \\ P_{-1} \\ P_{-2} \end{bmatrix} = \begin{bmatrix} P_0 \\ P_1 \\ P_{-1} \\ P_{-2} \end{bmatrix} \tag{16.2}$$

Wir können eine Lösung bestimmen, wenn wir dazu drei beliebige Zeilen der Matrix (die vier Gleichungen sind nicht unabhängig) und die Gleichung

$$P_0 + P_1 + P_{-1} + P_{-2} = 1 \tag{16.3}$$

verwenden. Wir erhalten daher

$$P_{-1} = P_0 = \frac{q_1 + q_2}{2(q_1 + 2q_2)} \tag{16.4}$$

$$P_{+1} = P_{-2} = \frac{q_2}{2(q_1 + 2q_2)} \tag{16.5}$$

$$P_{\text{gerade}} = P_0 + P_{-2} = P_{\text{ungerade}} = P_{-1} + P_{+1} = 0.5 \tag{16.6}$$

Wenn wir von gleichwahrscheinlichen Eingangswörtern ausgehen, ergibt sich

$$q_1 = \tfrac{48}{128} = 0,3750$$
$$q_2 = \tfrac{13}{128} = 0,1016$$
$$P_{-1} = P_0 = 0,4122$$
$$P_{+1} = P_{-2} = 0,0878$$

16.4 Kombination des 7B8B-Codes und der Fehlererkennung mit Markierungsparität

16.4.1 Nichtmodifizierter Code

Nachdem wir das Zustandsübergangsdiagramm betrachtet haben, können wir jetzt die mittlere Spannung berechnen, die im Toggle erzeugt wird, wenn Gleichgewichtsbedingungen herrschen und keine Übertragungsfehler auftreten. Als Beispiel ist in Abb. 16.3 die Toggle-Antwort auf das Wort 11011000 dargestellt, wobei angenommen wird, daß der Ausgang zwischen $\pm V_o$ springt und von einem geraden Zustand ausgeht.

Eine vollständige Liste der 7B8B-Codewörter und der dazugehörigen mittleren Toggle-Spannungen ist im Anhang aufgeführt. Eine Gesamtübersicht kann Tabelle 16.1 entnommen werden.

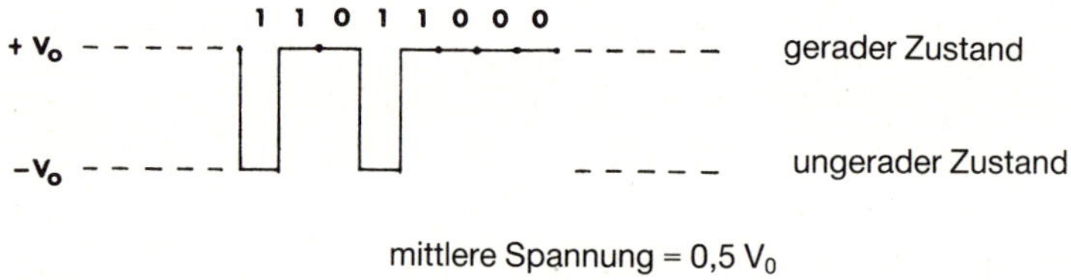

Abbildung 16.3: Toggle-Antwort auf 11011000.

Tabelle 16.1

		Mittlere Toggle-Spannung
Wortdisparität (i)	Wort (x_i)	Gesamt
0	0,0896 V_0	$q_0x_0\ (P_{gerade} - P_{ungerade}) =\ 0$
+1	–0,1250 V_0	$q_1x_1\ (P_{-2} - P_{-1}) =\ 0{,}015\ V_0$
−1	–0,1250 V_0	$q_1x_{-1}\ (P_0 - P_1) = -0{,}0115\ V_0$
+2	–0,0192 V_0	$q_2x_2\ (P_{-2} - P_{-1}) =\ 0{,}0006\ V_0$
−2	0,1346 V_0	$q_2x_{-2}\ (P_0 - P_1) =\ 0{,}0044\ V_0$

Man beachte, daß die +1- und −1-Wörter jeweils eine von Null verschiedene Kippschalterspannung erzeugen und daß diese Spannungen sich genau aufheben; bei den +2- und −2-Wörter ergibt die Summe nicht Null.

Die gesamte mittlere Toggle-Spannung entspricht $0,005V_o$. Wenn ein Fehler auftritt, würden die Toggle-Zustände in bezug auf die Disparitätszustände des Sendeterminals vertauscht, die gesamte mittlere Toggle-Spannung ändert ihre Polarität und kann auf dieselbe Weise bestimmt werden wie bei der geradzahligen Markierungsparität. Der Spannungssprung ist jedoch zu klein, als daß er in der

Praxis bestimmt werden könnte, und liefert kein angemessenes Signal-/Rausch-Verhältnis. Das Rauschen umfaßt die kontinuierlichen Komponenten des Übertragungssignals nach der Verarbeitung durch die Fehlernachweisschaltung sowie das additive Rauschen.

16.4.2 Modifizierter 7B8B-Code mit erhöhter Toggle-Gleichspannung

Die gesamte mittlere Toggle-Spannung läßt sich bedeutend erhöhen, wenn die ± 1- und ± 2-Wörter am Wortanfang oder -ende vier gleiche Elemente enthalten dürfen. Man beachte, daß hierdurch die Digitalsummenvariation nicht beeinflußt wird, da diese nur von den zulässigen Wortdisparitäten und der Anzahl zulässiger gleicher Elemente am Anfang und Ende eines Wortes mit der Disparität Null abhängt.

Bei den ± 2-Wörtern wird der Betrag der Toggle-Spannung nicht erhöht, wenn die Codewörter durch einige oder alle Ersatzwörter nach den geltenden Codierungsregeln ersetzt werden. Untersuchen wir die ± 2-Ersatzwörter außerhalb der gültigen Coderegeln, dann ergibt sich, daß die mittlere Spannung der

-2-Wörter positiver gemacht werden müßte,

$+2$-Wörter negativer gemacht werden müßte.

Dieser Effekt läßt sich dadurch verstärken, daß die mittlere Spannung der

-1-Wörter positiver gemacht wird,

$+1$-Wörter negativer gemacht wird.

Untersuchen wir die ± 1-Wörter, so ist auch klar, daß wir am besten diesen Weg einschlagen. Es existieren drei komplementäre Paare von $\pm - 1$-Wörtern, die sich für die Aufnahme eignen; im Anhang sind sie durch $ gekennzeichnet. Die Wörter, die sich am besten für den Ausschluß eignen, werden durch "ungleich" bezeichnet, und es gibt zwei derartige Paare. Es existieren viele Möglichkeiten dafür, welche Wörter sich am zweitbesten für den Auschluß eignen. Die Entscheidung kann auf der Grundlage getroffen werden, daß die Wörter behalten werden, die einen besseren Taktgehalt haben und/oder die Toggle-Spannung gleichförmiger springen lassen.

Eine ähnliche Übung kann mit den ± 2-Wörtern durchgeführt werden; Tabelle 16.2 faßt die geeignetsten Änderungen zusammen. Werden die Änderungen durchgeführt, erhöht sich die gesamte mittlere Kippschalterspannung auf $0,023V_o \approx V_o/45$. Hierdurch ergibt sich ein besseres Signal/Rausch-Verhältnis mit einem vernachlässigbaren Fehlerverhältnis (besser als 1 Fehler pro Jahr).

Neben der Wortdisparität und der Digitalsummenvariation, die dadurch nicht beeinflußt werden, gilt dasselbe auch für die Mindestzahl von Übergängen pro Wort. Die Maximalanzahl aufeinanderfolgender identischer Elemente hat sich leicht von sechs auf sieben erhöht.

Tabelle 16.2

Wortdisparität	*einschließen*	*ausschließen*
± 1	00001011, 11110100	10000110, 01111001
	00001101, 11110010	10011000, 01100111
	00001110, 11110001	10000011, 01111100
± 2	00001010, 11110101	00100001, 11011110
	00001100, 11110011	10000100, 01111011
	01010000, 10101111	00010001, 11101110
	00110000, 11001111	10001000, 01110111

Die berechneten Leistungsspektraldichten für den 7B8B-Code und den modifizieren 7B8B-Code sind in Abb. 16.4 dargestellt. Der Unterschied zwischen den beiden Codes ist unbedeutend, und zwar insbesondere bei tiefen Frequenzen (und in der Nähe der Harmonischen der Symbolfrequenz).

Zusammenfassend läßt sich sagen, daß sich durch eine kleine Modifikation der 7B8B-Codiertabelle eine erhöhte mittlere Toggle-Spannung gewinnen läßt, ohne die Codeeigenschaften nennenswert zu ändern. Die mittlere Toggle-Spannung reicht aus, um in ähnlicher Weise wie bei der geradzahligen Markierungsparität Fehler zu entdecken, wobei eine Steuerlogik für die Markierungsparität an den Terminals wegfällt. Es ist wichtig, dafür zu sorgen, daß Zufallsdaten in den Codierer gelangen, um den gewünschten Effekt zu erzielen. Hierfür wäre ein Chiffriergerät erforderlich. Codierer und Schaltungen zur Fehlerbestimmung sind in den Forschungslaboratorien der British Telecom hergestellt worden. Sie sind zu Demonstrationszwecken in einem experimentellen Landsystem mit Lichtleitern für 140 Mbit/s und einem experimentellen Unterwassersystem für 280 Mbit/s eingesetzt worden [10] und haben zufriedenstellend gearbeitet.

16.4.3 7B8B-Code mit Fehlererkennung nach geradzahliger Markierungsparität mit variabler Periode

Bei einem normalen Codierungsschema wird ein Eingangswort entweder auf ein Wort mit der Disparität null oder ein ausgeglichenes Paar von Wörter mit von null verschiedener Disparität abgebildet, zum Beispiel 10011000, 01100111. Beachten Sie, daß im Fall eines Wortpaares beide Wörter entweder eine gerade oder ungerade Zahl von Markierungen enthalten. Für die Markierungsparität mit variabler Periode muß mindestens ein Eingangswort, das Steuerwort genannt wird, auf ein Wortpaar abgebildet werden, von denen das eine Wort eine gerade und das andere eine ungerade Zahl von Markierungen enthält. Ein Weg, um beide Anforderungen zu erfüllen, besteht darin, das Steuerwort auf zwei ausgeglichene Wortpaare abzubilden, wobei ein Paar Wörter mit gerader Markierung und das andere Wörter mit ungerader Markierung enthält. Aufgrund der Beziehung zwischen Disparität und Markierungsparität, die in Abschnitt 16.3 skizziert wird, kann jedoch ein unausgeglichenes Wortpaar verwendet werden, ohne daß die

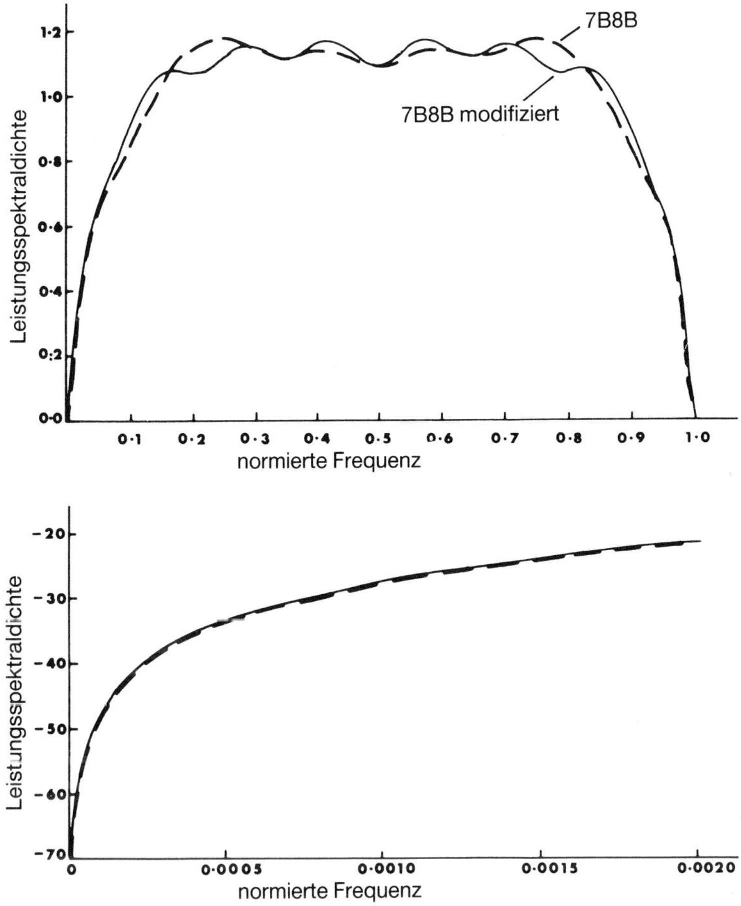

Abbildung 16.4: Normierte Leistungsspektraldichte für den 7B8B- und den modifizierten 7B8B-Übertragungscode (Pulsstrom mit gleichwahrscheinlichen Einsen und Nullen).

Digitalsummenvariation beeinträchtigt wird. Wir geben ein Beispiel für dieses Schema an, in dem nur gültige Ersatzcodewörter verwendet werden und das sich in der Praxis leicht implementieren läßt. Wir nehmen an, daß das Wort mit gerader Markierungsparität die Disparität null und das Wort mit der ungeraden Markierungparität die Disparität -1 hat. Das modifizierte Zustandsübergangsdiagramm ist in Abb. 16.5 dargestellt. Es läßt sich hieraus entnehmen, daß das einzelne Wort mit der Disparität -1, das für die Steuerung der geraden Markierungsparität verwendet wird, die Disparitätszustände nicht verändert, lediglich die dazugehörigen Wahrscheinlichkeiten, obwohl eine kleine Modifikation des Verfahren des Disparitätssteuerung erforderlich wäre.
Wenn wir die obige Notation verwenden und q_p die Wahrscheinlichkeit einer Paritätskontrollwortes ist, dann gilt

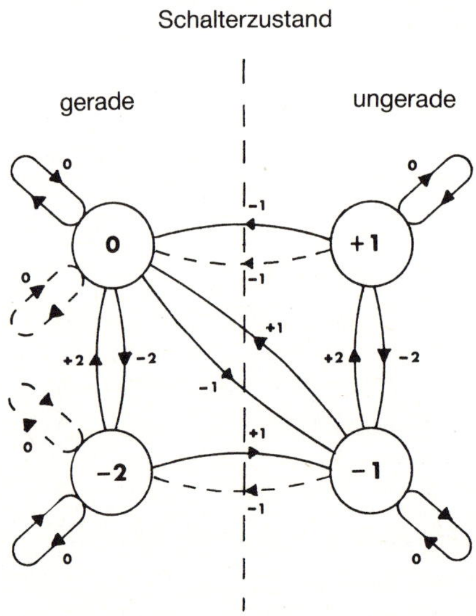

Abbildung 16.5: Zustandsübergangsdiagramm für den modifizierten 7B8B-Code mit geradzahliger Parität. (1) Die Zahlen in den Kreisen bezeichnen die Disparitätszustände im Sendeende. (2) Die anderen Zahlen geben die Wortdisparität an. (3) — bezeichnet einen Übergang aufgrund eines Paritätswortes.

$$q_0 + q_1 + q_2 + q_p = 1 \tag{16.7}$$

und

$$\begin{bmatrix} q_0 + q_p & p_1 + p_p & p_1 & p_2 \\ 0 & p_0 & p_2 & 0 \\ q_1 & q_2 & q_0 & q_1 \\ q_2 & 0 & q_p & q_0 + q_p \end{bmatrix} \begin{bmatrix} P_0 \\ P_1 \\ P_{-1} \\ P_{-2} \end{bmatrix} = \begin{bmatrix} P_0 \\ P_1 \\ P_{-1} \\ P_{-2} \end{bmatrix} \tag{16.8}$$

Wenn

$$A = \frac{1}{q_1} \left[\frac{q_1 + q_2}{q_1 + 2q_2} \right] \left[1 - q_0 - \frac{q_1 q_p}{q_1 + q_2} - \frac{q_2^2}{1 - q_0} \right] \tag{16.9}$$

gilt, dann folgt

$$P_{-1} = \left[1 + A + \frac{q_2}{1 - q_0} + \frac{A q_2 + q_p}{q_1 + q_2} \right]^{-1} \tag{16.10}$$

$$P_0 = A P_{-1} \tag{16.11}$$

$$P_1 = \frac{q_2}{1 - q_0} P_{-1} \tag{16.12}$$

$$P_{-2} = \left[\frac{Aq_2 + q_p}{q_1 + q_2} \right] P_{-1} \tag{16.13}$$

Die Steuerung mit gerader Markierungsparität bewirkt folgendes:

$$P_{\text{gerade}} = P_0 + P_{-2} > P_{\text{ungerade}} = P_1 + P_{-1}$$

Wenn wir annehmen, daß die Steuerwörter der Markierungsparität zu unterschiedlichen Kategorien gehören, so daß $x_o, x_1, x_{-1}, x_2, x_{-2}$ ihre obige Bedeutung behalten, dann können wir die mittlere Toggle-Spannung der Wörter der Markierungsparität folgendermaßen bezeichnen:

x_{op} für ein Wort oder Wörter mit Disparität null

x_{-1p} für ein Wort oder Wörter mit Disparität -1

Die gesamte mittlere Toggle-Spannung ergibt sich zu

$$q_0 x_0 (P_{\text{gerade}} \quad P_{\text{ungerade}}) + q_1 [x_1 (P_{-2} - P_{-1}) + x_{-1}(P_0 - P_1)] \\ + q_2 [x_2 (P_{-2} - P_{-1}) + x_{-2}(P_0 - P_1)] + q_p [x_{0p} P_{\text{gerade}} - x_{-1p} P_{\text{ungerade}}] \tag{16.14}$$

Tabelle 16.3

gerade Markierungsparität		*ungerade Markierungsparität*	
Wort	*Toggle-Spannung*	*Wort*	*Toggle-Spannung*
11011000	$\frac{1}{2}V_0$	10011000	$-\frac{3}{4}V_0$
11000110	$\frac{1}{2}V_0$	10000110	$-\frac{3}{4}V_0$
11000011	$\frac{1}{2}V_0$	10000011	$-\frac{3}{4}V_0$

Es ist klar, daß x_{op} die zu x_{-1p} entgegengesetzte Polarität aufweisen sollte, damit die mittlere Toggle-Spannung maximiert wird.

Die drei Ersatzcodewörter mit der Disparität ± 2, die innerhalb der gültigen Codierungsregeln liegen, lassen sich indirekt verwenden, indem die Wörter mit der Disparität -1

10011000, 01100111

10000110, 01111001

10000011, 01111100

durch sie ersetzt werden. Werden die Paare der Markierungsparität nach Tabelle 16.3 gebildet, dann sollte die berechnete mittlere Toggle-Spannung, die annähernd $\pm V_o/50$ entspricht, für die Fehlerbestimmung ausreichend sein. Ungefähr 73% der mittleren Toggle-Spannung ist direkt auf die Wörter der Markierungsparität zurückzuführen, der Rest auf die übrige Unausgewogenheit des Toggles aufgrund normaler Codewörter. Wir werden noch feststellen, daß sich die Wörter mit gerader Markierungsparität von den Wörtern mit ungerader Markierungsparität lediglich in der zweiten Ziffer unterscheiden, und dies kann auf die mögliche Terminalimplementierung führen, die in Abb. 16.6 dargestellt ist.

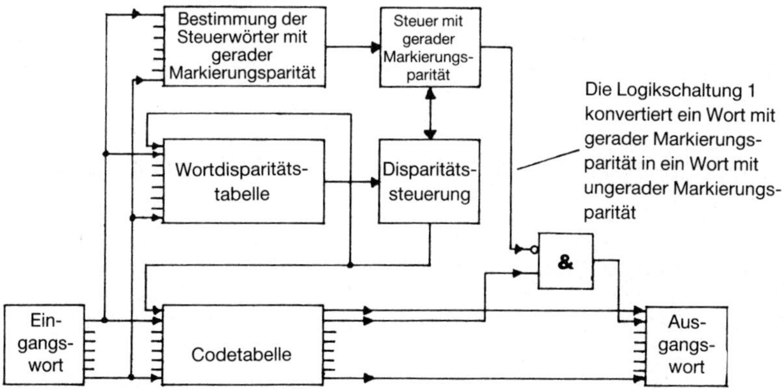

Abbildung 16.6: Mögliche Terminalkonfiguration für gerade Markierungsparität.

Die Codeumwandlung erfolgt mit Hilfe einer "Nachschlag"-Tabelle (programmierbare *Nurlese-Speicher*), die beide Modi des Alphabets enthält, wobei die Wörter mit Disparität Null in beiden Modi identisch sind. Wird ein Steuerwort mit gerader Markierungsparität entdeckt, trifft die Steuerung der geraden Markierungsparität entsprechend des Disparitätszustandes die Entscheidung, ob ein Wort mit gerader oder ungerader Markierungsparität übertragen wird. Es ist vorgegeben, daß das Wort mit Disparität Null und die Disparität "nachgeschlagen" werden, und beide müssen modifiziert werden, wenn ein Wort mit ungerader Markierungsparität gebraucht wird. Das Ausgangswort wird modifiziert, indem die zweite Ziffer durch eine Null ersetzt und der Disparitätszähler um eine Disparität von 1 erniedrigt wird.

Ein anderer Ansatz bestünde darin, die Wörter mit gerader und ungerader Markierungsparität in der Codetabelle paarweise zusammenzufassen, die Disparitätstabelle entsprechend zu ändern und die Steuerwörter mit gerader Markierungsparität einen Zyklus vorher zu bestimmen. Die Disparitätssteuerung würde dann eine Entscheidung treffen, welcher Modus der Codetabelle benutzt wird, und zwar auf der Grundlage der Digitalsumme und der Bestimmung eines Markierungsparitätssteuerwortes. Das richtige Codewort und die Disparität würden "nachgeschlagen" und bedürften daher keiner weiteren Modifikation.

Insgesamt erkennen wir, daß die mittlere Toggle-Spannung erhöht werden kann, indem die Technik der geraden Markierungsparität variabler Periode eingesetzt wird. Dies läßt sich erreichen, wenn gültige Ersatzcodewörter verwendet werden, so daß die Haupteigenschaften des Codes gewahrt bleiben. Im allgemeinen werden die Rauscheffekte durch die Operaton nur leicht verändert. Die mittleren Toggle-Spannungen sollte ausreichen, um die Fehlerbestimmung mit sehr geringer Restfehlerrate durchführen zu können.

16.5 Schlußfolgerung

Es wird das Problem betrachtet, den alphabetischen 7B8B-Code mit geringer Disparität derart zu modifizieren, daß eine Fehlerbestimmung bei abhängigen Regenerativverstärkern durchgeführt werden kann, die der getesteten und bekannten Fehlerbestimmung mit Markierungsparität variabler Periode ähnelt. Es wurden zwei Schemata in Einzelheiten diskutiert:

1. Gerade Markierungsparität variabler Periode,
2. eine Technik, die dieselben Wirkung wie die gerade Markierungsparität variabler Periode erzielt, wobei keine Logikschaltung für die Markierungsparität bei den Übertragungsterminals erforderlich ist.

Das erste Verfahren verwendet gültige Codewörter, das zweite modifiziert die Codierungsregeln, indem gefordert wird, daß die Wörter mit Disparität ± 1 und ± 2 vier identische Elemente am Anfang oder Ende eines Wortes haben. Folglich erhöht sich die Maximalzahl aufeinanderfolgender identischer Element von sechs auf sieben, aber in allen anderen Aspekten bleiben die Codeeigenschaften im wesentlichen unverändert. Diese Technik ist in den Forschungslaboratorien der British Telecom für die Anwendung in einem 140 Mbit/s-Landsystem und einem 280 Mbit/s-Unterwassersystem verwirklicht worden, und sie hat ausgezeichnet funktioniert.

Im Anschluß an die erste Ausarbeitung dieses Artikels ist ein neuer 7B8B-Code entwickelt worden, mit dem eine geringfügig verbesserte Toggle-Spannung von $\pm V_o/17,1$ erzeugt werden kann, wobei aber bis zu 8 aufeinanderfolgende Übertragungselemente zugelassen werden [11].

Danksagung

Ich möchte Professor Ken Cattermole und meinen Kollegen, den Herren Ken Fitchew und Bob Carpenter für die fruchtbaren Gespräche danken. Dank sage ich auch dem Leiter der Forschungslaboratorien der British Telecom für die Genehmigung, diesen Artikel veröffentlichen zu dürfen.

Anhang: 7B8B-Ausgangscodewörter [1] und die dazugehörigen Toggle-Spannungen

Es wird angenommen, daß die Toggle-Spannungen von einem geraden Zustand $+V_o$ ausgehen; der ungerade Zustand wird mit $-V_o$ bezeichnet.
In bezug auf Abschnitt 16.4.2 bedeuten

$\neq$ ("ungleich") die am besten wegzulassenden Wörter;

* die am zweitbesten wegzulassenden Wörter;

$ die am besten aufzunehmenden Wörter.

Tabelle A16.1: Wörter mit Disparität Null.

Gegenwärtig verwendetes Ausgangswort	*Mittlere Toggle-Wortspannung* ($\times V_o$)
11101000	0,25
11100100	0
11100010	−0,25
11100001	−0,5
11011000	0,5
11010100	0,25
11010010	0
11010001	−0,25
11001100	0,5
11001010	0,25
11001001	0
11000110	0,5
11000101	0,25
11000011	0,5
10111000	0,25
10110100	0
10110010	−0,25
10110001	−0,5
10101100	0,25
10101001	−0,25
10100110	0,25
10100101	0
10100011	0,25
10011100	0

(Fortsetzung nächste Seite)

Tabelle A16.1: Fortsetzung

Gegenwärtig verwendetes Ausgangswort	*Mittlere Toggle-Wortspannung* ($\times V_o$)
10011010	−0,25
10011001	−0,5
10010110	0
10010101	−0,25
10010011	0
10001110	−0,25
10001101	−0,5
10001011	−0,25
10000111	−0,5
01111000	0,5
01110100	0,25
01110010	0
01110001	−0,25
01101100	0,5
01101010	0,25
01101001	0
01100110	0,5
01100101	0,25
01100011	0,5
01011100	0,25
01011010	0
01011001	−0,25
01010110	0,25
01010101	0
01010011	0,25
01001110	0
01001101	−0,25
01001011	0
01000111	−0,25
00111100	0,5
00111010	0,25
00111001	0
00110110	0,5
00110101	0,25
00110011	0,5
00101110	0,25
00101101	0
00101011	0,25
00100111	0
00011110	0,5
00011101	0,25

(Fortsetzung nächste Seite)

Tabelle A16.1: Fortsetzung

Gegenwärtig verwendetes Ausgangswort	*Mittlere Toggle-Wortspannung* ($\times V_o$)
00011011	0,5
00010111	0,25
	Mittelwert 0,0896 V_o

Verfügbare Ersatzwörter (außerhalb gegenwärtiger Coderegeln):

11110000	0,5
00001111	0,5

Hinweis: 10101010 ist für die Reihenfolge reserviert, es sei denn es wird chiffriert).

Tabelle A16.2: Moden (1(−1) und 2(+1)

Mode 1(–1)		*Mode 2 (+1)*		
Ausgangswort	*Gegenwärtig verwendetes Wortspannung* ($\times V_o$)	*Ausgangswort*	*Mittlere Toggle-Wortspannung* ($\times V_o$)	
11001000	−0,25	00110111	0,25	*
11000100	0	00111011	0	
11000010	0,25	00111101	0,25	
11000001	0,5	00111110	0	
10101000	−0,5	01010111	0	*
10100100	−0,25	01011011	−0,25	
10100010	0	01011101	0	
10100001	0,25	01011110	−0,25	
10011000	−0,75	01100111	0,25	≠
10010100	−0,5	01101011	0	*
10010010	−0,25	01101101	0,25	*
10010001	0	01101110	0	
10001100	−0,75	01110011	−0,25	*
10001010	−0,5	01110101	0	*
10001001	−0,25	01110110	0,25	
10000110	−0,75	01111001	0,25	≠
10000101	−0,5	01111010	0	*
10000011	−0,75	01111100	−0,25	*
01101000	−0,25	10010111	−0,25	
01100100	0	10011011	−0,5	
01100010	0,25	10011101	−0,25	
01100001	0,5	10011110	−0,5	

(Fortsetzung nächste Seite)

Tabelle A16.2: Fortsetzung

Mode 1(–1)		*Mode 2 (+1)*		
Ausgangswort	*Gegenwärtig verwendetes Wortspannung* ($\times V_o$)	*Ausgangswort*	*Mittlere Toggle-Wortspannung* ($\times V_o$)	
01011000	−0,5	10100111	0	*
01010100	−0,25	10101011	−0,25	
01010010	0	10101101	0	
01010001	0,25	10101110	−0,25	
01001100	−0,5	10110011	−0,5	
01001010	−0,25	10110101	−0,25	
01001001	0	10110110	−0,5	
01000110	−0,5	10111001	0	*
01000101	−0,25	10111010	−0,25	
01000011	−0,5	10111100	−0,5	
00111000	−0,25	11000111	0,25	*
00110100	0	11001011	0	
00110010	0,25	11001101	0,25	
00110001	0,5	11001110	0	
00101100	−0,25	11010011	−0,25	
00101010	0	11010101	0	
00101001	0,25	11010110	−0,25	
00100110	−0,25	11011001	0,25	*
00100101	0	11011010	0	
00100011	−0,25	11011100	−0,25	
00011100	0	11100011	−0,5	
00011010	0,25	11100101	−0,25	
00011001	0,5	11100110	−0,5	
00010110	0	11101001	0	
00010101	0,25	11101010	−0,25	
00010011	0	11101100	−0,5	
	Mittelwert $-0{,}125V_o$		Mittelwert $-0{,}125V_o$	
Verfügbare Ersatzwörter (außerhalb der gegenwärtigen Coderegeln)				
11100000	−0,75	00011111	0,25	
11010000	−0,5	00101111	0	
10110000	−0,75	01001111	−0,25	
01110000	−0,5	10001111	−0,5	
00000111	0,5	11111000	−0,5	
00001011	0,25	11110100	−0,25	$
00001101	0,5	11110010	0	$
00001110	0,25	11110001	0,25	$

(Hinweis: 10101010 ist für die Anordnung der Reihenfolge reserviert, außer wenn chiffriert wird.)

Tabelle A16.3: Wörter mit Disparität ± 2.

Modus 1 (–2)		*Modus 2 (+2)*		
Ausgangs-wort	*mittl. Toggle-Spannung* $\times V_o$	*Ausgangs-wort*	*mittl. Toggle-Spannung* $\times V_o$	
10001000	0 01110111	0	*	
10000100	−0,25	01111011	0,25	≠
01001000	0,25	10110111	−0,25	
01000100	0	10111011	0	*
01000010	−0,25	10111101	−0,25	*
00101000	0,5	11010111	0	
00100100	0,25	11011011	0,25	*
00100010	0	11011101	0	*
00100001	−0,25	11011110	0,25	≠
00011000	0,75	11100111	−0,25	
00010100	0,5	11101011	0	
00010010	0,25	11101101	−0,25	
00010001	0	11101110	0	*
	Mittelwert 0,134 V_o		Mittelwert −0,0192 V_o	

Verfügbare Ersatzwörter innerhalb der Coderegeln:

01000001	−0,5	10111110	0	
10000001	−0,75	01111110	0,25	
10000010	−0,5	01111101	0	

außerhalb der gegenwärtigen Coderegeln:

00000011	0,75	11111100	0,25	
00000101	0,5	11111010	0	
00000110	0,75	11111001	−0,25	
00001001	0,25	11110110	0,25	
00001010	0,5	11110101	0	$
00001100	0,75	11110011	0,25	$
11000000	0,75	00111111	0,25	
10100000	0,5	01011111	0	
01100000	0,75	10011111	−0,25	
10010000	0,25	01101111	0,25	
01010000	0,5	10101111	0	$
00110000	0,75	11001111	0,25	$

Tabelle A16.4: Wörter mit Disparität ± 3.

Modus 1 (–3)		*Modus 2 (+3)*	
Ausgangs-wort	*mittl. Toggle-Spannung* $\times V_o$	*Ausgangs-wort*	*mittl. Toggle-Spannung* $\times V_o$
10000000	−1,0	01111111	0
01000000	−0,75	10111111	−0,25
00100000	−0,5	11011111	0
00010000	−0,25	11101111	−0,25
00001000	0	11110111	0
00000100	0,25	11111011	−0,25
00000010	0,5	11111101	0
00000001	0,75	11111110	−0,25

Tabelle A16.5: Wörter mit Disparität ± 4 (außerhalb der gegenwärtigen Coderegeln).

00000000	1,0	11111111	0

17 Hermite-Reihe zur Berechnung der Fehlerwahrscheinlichkeit in digitalen Übertragungssystemen

P. Cochrane

17.1 Einführung

Digitale Übertragungssysteme unterliegen im allgemeinen einer Reihe leistungsmindernder Effekte, die vom Übertragungskanal und entsprechenden Regenatorschaltkreisen herrühren. In dem besonderen Fall von Kabelsystemen sind thermisches Rauschen, Übersprechen, Echos und Symbolinterferenz (ISI) die Hauptphänomene, die zu einer Beeinträchtigung führen. Jede einzelne Komponente trägt zur Minderung der Systemleistung bei, und es muß daher die Gesamtwirkung solcher Phänomene schon zu Anfang der jeweiligen Systementwicklung vorausgesagt werden.

Während das thermische Rauschen auf einfache Weise erklärt werden kann [1], ist dies beim Übersprechen [2], bei den Echos [3] und der Symbolinterferenz [4,5] schon viel problematischer. Die Techniken, die im allgemeinen verwendet werden, um solche Effekte zu erklären, reichen vom "schlechtesten Fall" und anderen Schranken [6,7] bis zum direkten Einsatz des zentralen Grenzwertsatzes [8]. In der Literatur werden die verschiedenen Phänomene voneinander abgegrenzt und theoretisch auf ziemlich unterschiedliche Weise behandelt.

In diesem Kapitel wird ein alternatives Verfahren vorgestellt, mit dem die Systemfehlerwahrscheinlichkeit angegeben werden kann und das auf einer Hermiteschen Reihenentwicklung fußt. Der verwendete Ansatz ist insofern einheitlich, als Übersprechen, Echos und Symbolinterferenz durch eine Theorie erklärt werden können.

Es sei angenommen, daß die übertragenen Daten statistisch unabhängig sind und zusätzliches Gauß-Rauschen vorliegt. Für die praktische Anwendung der Technik wird angenommen, daß die verschiedenen Phänomene im Zeitbereich beschrieben werden können, und zwar entweder durch direkte Charakterisierung des Kanals oder über Berechnung aus anderen Daten.

Die Behandlung und die unterstützenden praktischen Belege befassen sich lediglich mit binären Systemen, da die Erweiterung auf M-näre Signale einfach durchgeführt werden kann.

17.2 Phänomene

Die Theorie, die in diesem Kapitel beschrieben wird, entspringt der Erkenntnis, daß es eine deutliche Ähnlichkeit (im Zeitbereich) zwischen Übersprechen, Echos und Symbolinterferenz gibt (d.h., jedes Phänomen ist vorübergehend und neigt zu exponentiellem Abfall). Was die beschriebene Theorie betrifft, besteht der Hauptunterschied zwischen den Phänomenen in den relativen Amplituden und der Dauer.

Ehe wir die Theorie beschreiben, ist es also sinnvoll, die Ähnlichkeit der verschiedenen Phänomene, die wir betrachten wollen, durch eine Reihe praktischer Beispiele hervorzuheben. In Abb. 17.1 wird die zeitliche Antwort von Übersprechen, Echos und Symbolinterferenz dargestellt, die sich bei Paar- und Koaxialkabeln unter echten Systembedingungen ergibt.

17.3 Theorie

17.3.1 Allgemeiner Ansatz

Um der mathematischen Einfachheit willen nehmen wir einen binären Bit-Strom an, der statistische Unabhängigkeit unter den Bit aufweist, die die Zustände ± 1 belegen können. Wir wollen auch annehmen, daß zu jedem übertragenen Bit ein Einschwingvorgang über einige Bit-Perioden gehört. Eine solche Bedingung ist in Abb. 17.2 dargestellt; es wird angenommen, daß sich das abgesetzte Signal aus $\delta(t)$-Funktionen zusammensetzt.

Wir werden noch feststellen, daß bei einem bipolaren Signal mit gleichwahrscheinlichen Zuständen der Bit-Strom und die zugehörigen Störungen einer Bit-Wahrscheinlichkeitsdichtefunktion (PDF) der Form gehorchen, die in Abb. 17.3 dargestellt ist, während der Bit-Strom und die zugehörigen Störungen, die in Abb. 17.2 gezeigt werden, mit derselben Polarität dargestellt wurden. Wenn wir Bit-Unabhängigkeit annehmen, folgt daher, daß die Wahrscheinlichkeitsdichtefunktion einer Einzelstörung zu einem bestimmten Zeitpunkt der Abtastung in der empfangenen Wellenform durch

$$p_i(\nu) = \tfrac{1}{2}\delta(\nu - a_i) + \tfrac{1}{2}\delta(\nu + a_i) \tag{17.1}$$

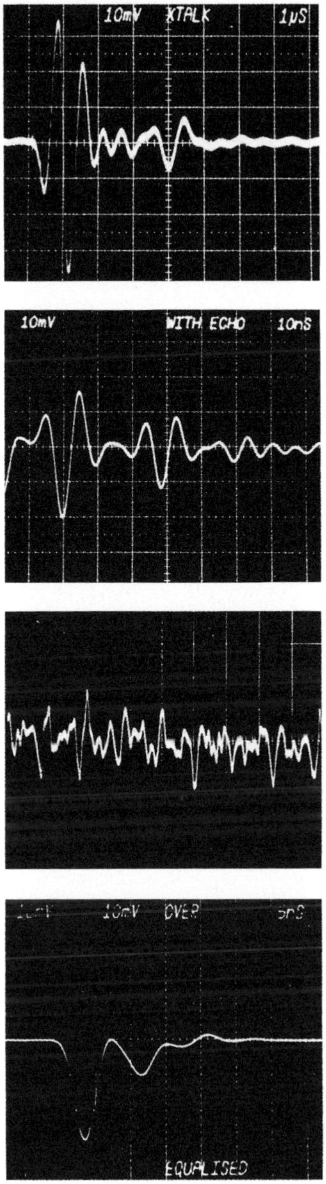

Abbildung 17.1: Beispiele für Pulsgangfehler des Übertragungswegs. (a) Übersprechen (Leitungspaar zu Leitungspaar) in der Nähe des Leitungsendes bei einem 2-Mbit-PCM-System mit PCQT-Kabel. (b) Echos infolge eng benachbarter Verbindungsstellen an einem installierten 1,2/4,4-mm-Koaxialkabel. (c) Periodische Echos infolge zyklischer Impedanzänderungen über die Länge eines 1,2/4,4-mm-Koaxialkabels. (d) Intersymbol-Interferenz-Komponente eines digitalen Übertragungskabels mit zu starkem Equalizing.

mit

$$a_i = |e(t - \tau i)| \tag{17.2}$$

gegeben ist, und $\sum_{i=1}^{m} a_i$ ist eine beschränkte Summe.

Folglich impliziert die Addition aller Beiträge die Faltung von $p_i(\nu)$ für alle i. Dieser Sachverhalt läßt sich mit Hilfe der charakteristischen Funktion aus Gleichung (17.1) bequem ausdrücken

$$P_i(\psi) = \mathcal{F} p_i(\nu) = \cos \psi a_i \tag{17.3}$$

$$P(\psi) = \prod_{i=1}^{m} P_i(\psi) = \mathcal{F} p_i(\nu)^* |_{i=1}^{m} \tag{17.4}$$

wobei $^*|_{i=1}^{m}$ die Faltung von $p_i(\nu)$ über alle i bedeutet. Also gilt

$$P(\psi) = \prod_{i=1}^{m} \cos \psi a_i \tag{17.5}$$

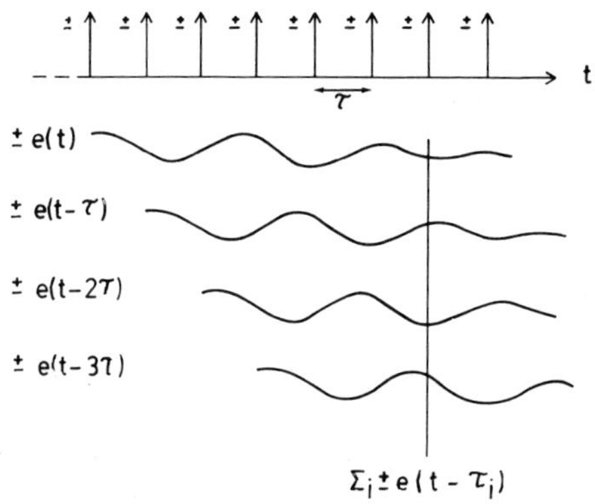

Abbildung 17.2: Hinzunahme bit-abhängiger Störer.

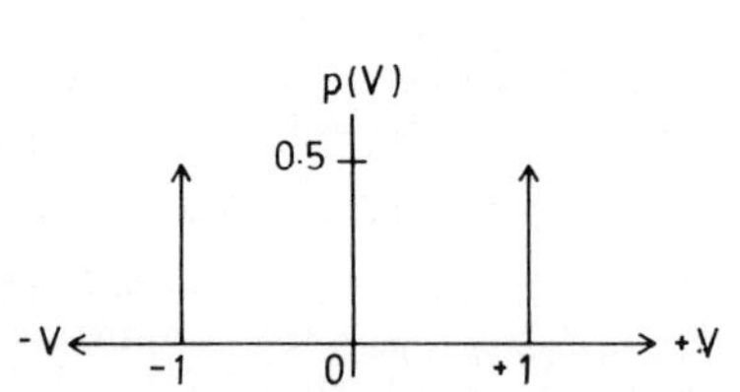

Abbildung 17.3: Bit-Leistungsdichtefunktion der übertragenen Nachricht.

Es folgt demnach, daß sich Gleichung (17.5) folgendermaßen erweitern läßt, wenn eine Reihe verschiedener Beiträge in einem System vorhanden ist (zum Beispiel Übersprechen aus einer Reihe unabhängiger Paare):

$$P(\psi) = \prod_{i=1}^{m} \cos \psi a_i \prod_{j=1}^{n} \cos \psi b_j \ldots \tag{17.6}$$

In einigen praktischen Fällen mag dies eine angenehmere Form für die Berechnung oder Reihenentwicklung sein, aber im allgemeinen Fall kann sie immer noch auf Gleichung (17.5) reduziert werden, und wir nehmen an, daß diese die allgemeine Beschreibung darstellt. Darüber hinaus kann bei praktischen Systemberechnungen das addditive Gauß-Rauschen durch die Multiplikation der charakteristischen Funktionen [9] berücksichtigt werden. Die Wahrscheinlichkeitsdichtefunktion des thermischen Rauschens sei als

$$\eta(\nu) = \frac{\exp\left\{ -\frac{1}{2}\left(\frac{\nu}{\sigma}\right)^2 \right\}}{\sigma\sqrt{2\pi}} \tag{17.7}$$

definiert, wobei σ der quadratische Mittelwert und ν die momentane Amplitude ist. Es gilt dann

$$N(\psi) = \mathcal{F}\eta(\nu) = \exp\{-\tfrac{1}{2}(\psi\sigma)^2\} \tag{17.8}$$

und

$$N(\psi)P(\psi) = \exp\{-\tfrac{1}{2}(\psi\sigma)^2\} \prod_{i=1}^{m} \cos \psi a_i \tag{17.9}$$

Die Wahrscheinlichkeitsdichtefunktion aller additiven Beiträge ist daher durch die folgende allgemeine Lösung gegeben

$$p(\nu) = \mathcal{F}^{-1} N(\psi)P(\psi) \tag{17.10}$$

$$= \int_{-\infty}^{+\infty} \exp\{\mathrm{j}\psi\nu\} \exp\{-\tfrac{1}{2}(\psi\sigma)^2\} \prod_{i=1}^{m} \cos \psi a_i \, \mathrm{d}\psi \tag{17.11}$$

Leider existiert keine analytische Lösung in geschlossener Form für diesen ziemlich gewaltigen Ausdruck [10]. Um eine Lösung zu erhalten, müssen wir also im Moment den Beitrag des Gauß-Rauschens vernachlässigen und zu Gleichung (17.5) zurückkehren. Diese kann jetzt als kumulanterzeugende Funktion

$$\log_e P(\psi) P \sum_{i=1}^{m} \log_e\{\cos \psi a_i\} \tag{17.12}$$

ausgedrückt werden. Dieser Ausdruck läßt sich wiederum als Reihe in ψ [11] entwickeln, die die Bernoulli-Zahlen B_r enthält, so daß wir

$$\log_e P(\psi) = -\sum_{i=1}^{m}\sum_{r=1}^{\infty} \frac{2^{2r-1}(2^{2r}-1)B_r(\psi a_i)^{2r}}{r(2r)!}\bigg|_{|\psi a_i|<\pi/2} \tag{17.13}$$

und auch

$$\log_e P(\psi) = \sum_{r=1}^{\infty} \frac{\chi_{2r}(\mathrm{j}\psi)^{2r}}{(2r!} \tag{17.14}$$

erhalten, wobei die geraden Kumulanten χ_{2r} durch die Beziehung

$$\chi_{r2} = \frac{2^{2r-1}(2^{2r}-1)B_r}{r(\mathrm{j})^{2(r-1)}}\sum_{i=1}^{m} a_i^{2r} \tag{17.15}$$

durch Gleichsetzung von (17.13) und (17.14) gegeben sind.

Somit kann gezeigt werden, daß die geraden Kumulanten durch Beziehungen erzeugt werden, die die untenstehende Form haben. Die Zahlenwerte lassen sich daher leicht direkt aus den betrachteten Einschwingantworten berechnen.

$$\chi_2 = \sum_{i=1}^{m} a_i^2 \tag{17.16}$$

$$\chi_4 = -2\sum_{i=1}^{m} a_i^4 \tag{17.17}$$

$$\chi_6 = 16\sum_{i=1}^{m} a_i^6 \tag{17.18}$$

$$\chi_8 = -272\sum_{i=1}^{m} a_i^8 \tag{17.19}$$

Diese Kumulanten lassen sich mit den geraden Momenten der charakteristischen Funktion folgendermaßen [9] in Beziehung setzen

$$M_2 = \chi_2 \tag{17.20}$$

$$M_4 = \chi_4 + 3\chi_2^2 \tag{17.21}$$

$$M_6 = \chi_6 + 15\chi_2\chi_4 + 15\chi_2^3 \tag{17.22}$$

$$M_8 = \chi_8 + 28\chi_2\chi_6 + 210\chi_2^2\chi_4 + 105\chi_2^4 + 35\chi_4^2 \tag{17.23}$$

Als charakteristische Funktion ergibt sich daher

$$P(\psi) = \sum_{r=0}^{\infty} \frac{(\mathrm{j}\psi)^{2r} M_{2r}}{(2r)!} \tag{17.24}$$

Wenn wir diese Funktion mit dem thermischen Rauschen kombinieren und dann die Fourier-Transformation bilden, erhalten wir

$$\mathcal{F}^{-1} N(\psi) P(\psi) = \eta(\nu) * p(\nu) \tag{17.25}$$

$$= \eta(\nu) + \sum_{r=1}^{\infty} \frac{M_{2r}}{(2r)!} \eta(\nu)^{(2r)} \tag{17.26}$$

Die sich ergebende Systemfehlerwahrscheinlichkeit kann daher wie folgt definiert werden (die Potenz in Klammern bezeichnet die entsprechend häufige Differentiation)

$$P_e(x) = \int_x^{\infty} \eta(\nu)\, \mathrm{d}\nu + \sum_{r=1}^{\infty} \frac{M_{2r}}{(2r)!} \int_x^{\infty} \eta(\nu)^{(2r)}\, \mathrm{d}\nu \tag{17.27}$$

$$= P_{e0}(x) + \left[\sum_{r=1}^{\infty} \frac{M_{2r}}{(2r)!} \eta(\nu)^{(2r-1)} \right]_x^{\infty} \tag{17.28}$$

$$= P_{e0}(x) - \sum_{r=1}^{\infty} \frac{M_{2r}}{(2r)!} \eta(x)^{(2r-1)} \tag{17.29}$$

$P_{e0}(x)$ ist die Fehlerwahrscheinlichkeit, die ganz auf das thermische Rauschen zurückzuführen ist, und der Summationsterm stellt den zusätzlichen Beitrag der Störung dar. Dieser zweite Term kann in eine Gram-Charlier-Reihe ([12] und Kapitel 4 dieses Bandes) mit Hilfe der Hermite-Polynome H_{2r-1} ([11] und Kapitel 9 dieses Bandes) entwickelt werden:

$$P_e(x) = P_{e0}(x) + \frac{\exp\left(-x^2(2\sigma^2)\right)}{\sqrt{\pi}} \sum_{r=1}^{\infty} \frac{M_{2r}}{(2r)!} \left(\frac{1}{2\sigma^2}\right)^r H_{2r-1}\left(\frac{x}{\sqrt{2}\sigma}\right) \tag{17.30}$$

Als Hilfe für die numerische Berechnung ist eine weitere Vereinfachung für viele Anwendungen annehmbar. Wir approximieren $P_{e0}(x)$ durch eine wohlbekannte und genaue obere Grenze [13]

$$P_{e0}(k) \approx \frac{1}{\sqrt{2\pi}k} \exp\left(-\frac{k^2}{2}\right) \tag{17.31}$$

Dabei ist k^2 das normierte Verhältnis aus Signalspitze und mittlerer quadratischer Rauschleistung (d.h. $\sigma = 1$) im Entscheidungspunkt. Setzen wir Gleichung (17.31) in Gleichung (17.30) ein, erhalten wir

$$P_e(k) \approx P_{e0}(k) \left\{ 1 + k\sqrt{2} \sum_{r=1}^{\infty} \frac{M_{2r}}{(2r)!} \frac{1}{2^r} H_{2r-1}\left(\frac{k}{\sqrt{2}}\right) \right\} \tag{17.32}$$

Die Fehlerwahrscheinlichkeit läßt sich mit einer vorgegebenen Genauigkeit durch die Berücksichtigung hinreichend vieler Glieder der Reihe berechnen.

An diesem Punkt sollten wir darauf hinweisen, daß ähnliche Herleitungen früher schon von Ho und Yeh [14] und Celebiler und Shimbo [15] veröffentlicht worden sind. Es sieht jedoch so aus, als seien deren Lösungen für die Anwendung auf Symbolinterferenz in Datenübertragungsverbindungen formuliert worden, wobei erwartet werden kann, daß die Phänomene schwerwiegender sind als bei PCM- und anderen Übertragungssystemen mit höherer Bitrate. Insbesondere beschreiben Ho und Yeh in ihrem Artikel eine rekursive Beziehung zwischen den geraden Momenten, die eine langwierigere Berechnung berücksichtigt, als wahrscheinlich für Systeme erforderlich ist, die in diesem Kapitel betrachtet werden.

17.3.2 Erweiterung auf mehrere unabhängige Störungen

Im Gegensatz zu der Störungsklasse, die in Abschnitt 17.3.1 untersucht worden ist, beschäftigen wir uns hier mit der Interferenz, die sich aus einer Reihe unabhängiger Störungen ergibt, welche im allgemeinen plesiochron sein können. Ein Beispiel für einen derartigen Fall wäre eine Zahl von Übersprechstörungen, die durch verschiedene, über ein Paarkabel betriebene PCM-Systeme erzeugt werden.

Wir berücksichtigen diesen zusätzlichen Freiheitsgrad, indem wir Gleichung (17.5) folgendermaßen modifizieren

$$P(\psi) = \prod_{l=1}^{n} \prod_{i=1}^{m} \cos\left\{\psi a_i(t_l)\right\} \tag{17.33}$$

Wir sollten anmerken, daß die Möglichkeit einer plesiochronen Bedingung jetzt vorschreibt, daß unsere Werte a_i zeitabhängig werden, d.h. wir müssen den relativen Phasenschlupf zwischen den zahlreichen Störungen berücksichtigen. Die kumulanterzeugende Funktion ist also durch

$$\log_e P(\psi) = \sum_{l=1}^{n} \sum_{i=1} \log_e \cos(\psi a_{l,i}) \tag{17.34}$$

gegeben. Beachten Sie, daß die Nomenklatur des a_i-Terms modifiziert worden ist, um die Handhabung zu erleichtern.

$$\log_e P(\psi) = -\sum_{l=1}^{n}\sum_{i=1}^{m}\sum_{r=1}^{\infty}\frac{2^{2r-1}(2^{2r}-1)B_r(\psi a_{l,i})^{2r}}{r(2r)!} \tag{17.35}$$

$$= \sum_{r=1}^{\infty}\frac{\chi_{2r}(\mathrm{j}\psi)^{2r}}{(2r)!} \tag{17.36}$$

Setzen wir (17.35) und (17.36) gleich, kann gezeigt werden, daß die Kumulanten der Zufallsfunktion durch

$$\chi_{2r} = \frac{2^{2r-1}(2^{2r}-1)B_r}{r(\mathrm{j})^{2(r-1)}}\sum_{l=1}^{n}\sum_{i=1}^{m}a_{l,i}^{2r} \tag{17.37}$$

gegeben sind. Die Momente der charakteristischen Funktion können so hergeleitet werden, wie dies mit den Gleichungen (17.20) bis (17.23) vorgeführt wurde; unter Verwendung von Gleichung (17.30) läßt sich dann die daraus resultierende Fehlerwahrscheinlichkeit berechnen.

Da wir allgemein nur an der Langzeitfehlerwahrscheinlichkeit eines Systems interessiert sind und $a_{i,i}$ eine Funktion der gleichförmigen Zufallsvariablen t_l ist, ist es meistens angenehmer, numerisch einen Durchschnittswert für jedes der M_{2r}-Momente zu bilden. Dies kann folgende Änderung der Gleichungen (17.16) bis (17.23) erreicht werden:

$$\bar{M}_2 = \frac{1}{n}\sum_{l=1}^{n}\sum_{i=1}^{m}a_{l,i}^{2} \tag{17.38}$$

$$\bar{M}_4 = \frac{1}{n}\sum_{l=1}^{n}\left[-2\sum_{i=1}^{m}a_{l,i}^{4} + 3\left\{\sum_{i=1}^{m}a_{l,i}^{2}\right\}^2\right] \tag{17.39}$$

$$\bar{M}_6 = \frac{1}{n}\sum_{l=1}^{n}\left[16\sum_{i=1}^{m}a_{l,i}^{6} - 30\sum_{i=1}^{m}a_{l,i}^{4}\sum_{i=1}^{m}a_{l,i}^{2} + 15\left\{\sum_{i=1}^{m}a_{l,i}^{2}\right\}^3\right] \tag{17.40}$$

Als andere Möglichkeit lassen sich Werte für die obere und untere Schranke berechnen, wenn wir annehmen, daß die Beiträge stationär sind und sich entweder im schlechtesten oder im besten denkbaren Fall befinden. Die Komplexität des Problems läßt sich also verringern, und es ist dann mit den Problemen vergleichbar, die in den vorangegangenen Abschnitten beschrieben worden sind.

17.4 Praktische Beispiele

17.4.1 Einführung

Soweit es möglich war, haben wir die in diesem Abschnitt angeführten Beispiele als repräsentativ für reale Systembedingungen ausgewählt [10,17]. Die Beträge der Phänomene mußten jedoch in den meisten Fällen (in pessimistischer Weise) skaliert werden, um eine meßbare Auswirkung auf die verwendeten Übertragungssysteme zu erzeugen.

17.4.2 Diskretes Einzelecho

Hierbei handelt es sich wahrscheinlich um die einfachste Form der Leistungsbeeinträchtigung eines Systems in der Praxis, und um die bei weitem am einfachsten zu behandelnde in der Theorie. Um ein diskretes Echo zu erzeugen, wurde der Übertragungsweg in einem Binärsystem mit 140 Mbit/s gemäß Abb. 17.4 modifiziert.

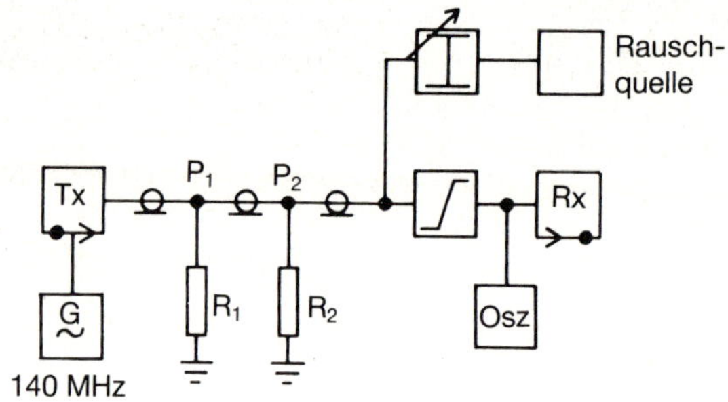

Abbildung 17.4: Modifizierter Übertragungsweg zur Rauscherzeugung.

Für dieses Beispiel wurde absichtlich ein Paar von phasenfreien Unstetigkeiten ausgewählt, um die theoretische Behandlung zu vereinfachen. Zusätzlich entspricht die Verzögerung der Übertragungszeit zwischen den Unstetigkeiten einer ganzzahligen Anzahl von Bit-Perioden. Das Echo ergab daher die *maximale Augenschließung,* wobei lediglich ein einziger Entscheidungszeitraum beeinflußt wurde. Diese Bedingung ist in Abb. 17.5 dargestellt, die die Impulsantwort des Kanals sowie die Augendiagramme des Systems zeigt, und zwar sowohl mit als auch ohne erzeugtes Echo.

Da wir lediglich einen einzigen Echobeitrag haben, reduziert sich unsere charakteristische Ausgangsfunktion (Gleichung (17.5) auf

$$P(\psi) = \cos \psi a \tag{17.41}$$

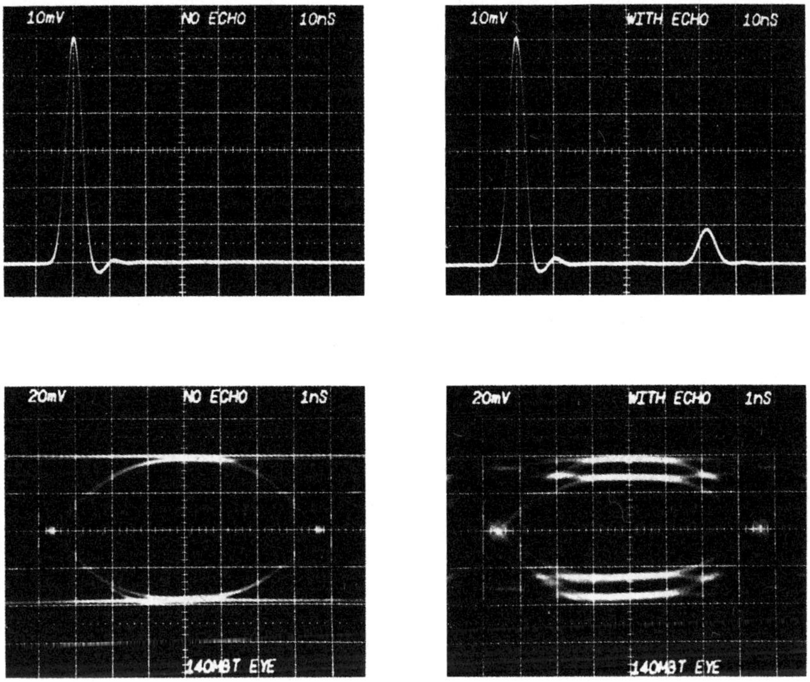

Abbildung 17.5: Kanalimpulsantwort und Augendiagramm des Systems für ein einzelnes diskretes Echo.

Folglich geht Gleichung (17.32) in

$$P_e(k) \approx P_{e0}(k)\left\{1+\frac{(ak)^2}{2!}+\frac{(ak)^4}{4!}\left(1-\frac{3}{k^2}\right)\right. \\ \left.+\frac{(ak)^6}{6!}\left(1-\frac{10}{k^2}+\frac{15}{k^6}\right)+\cdots\right\} \tag{17.42}$$

über, wobei a die Echoamplitude und k das Signal/Rausch-Verhältnis darstellt.

Aus Abb. 17.5 können wir entnehmen, daß die normierte Amplitude des diskreten Echos $-17,2$ dB beträgt; also gilt für den Absolutwert von a

$$a = 0,138k \tag{17.43}$$

Bei praktischen Übertragungssystemen ist wahrscheinlich, daß die diskreten Echos auf viel kleinere Werte beschränkt bleiben, während das Signal-Rausch-Verhältnis mit großer Sicherheit über 16-20 dB hinausgeht. Wir werden noch sehen, daß

$$P_e(k) = P_{e0}(k) \cosh(ak) \tag{17.44}$$

eine sinnvolle Näherung für Gleichung (17.42) darstellt. In unserem speziellen Beispiel erhalten wir daraus

$$P_e(k) = P_{e0}(k) \cosh(0,138k^2) \tag{17.45}$$

Die vorausgesagten und gemessenen Ergebnisse sind in Abb. 17.6 dargestellt.

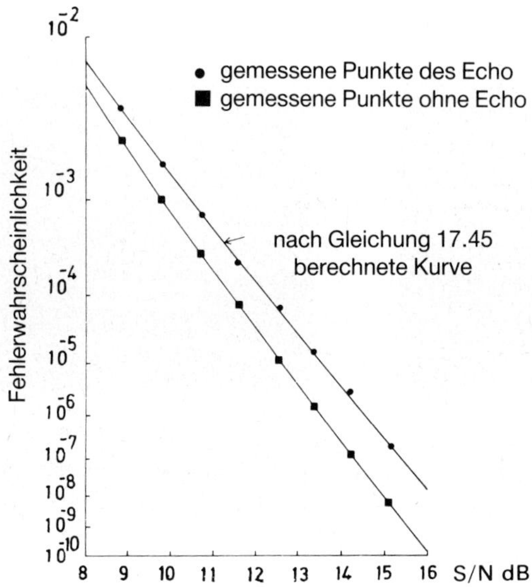

Abbildung 17.6: Berechnete und gemessene Werte für die Fehlerwahrscheinlichkeit bei einem einzelnen diskreten Echo.

17.4.3 Mehrfache diskrete Echos

Für diesen Fall wurde der Übertragungsweg durch die Aufnahme von drei phasenfreien Unstetigkeiten modifiziert (s. Abb. 17.7). Wiederum sind die Unstetigkeiten so angeordnet, daß sich Echos in ganzzahligen Intervallen der Bit-Periode ergeben, um eine maximale Augenschließung zu erhalten.

Die Einschwingantwort des Übertragungskanals und das dazugehörige Augendiagramm des Systems mit den vorhandenen Echos sind in Abb. 17.8 dargestellt. Die Einschwingantwort und das Augendiagramm ohne Echos entsprechen den Darstellungen in Abb. 17.5a und 17.5c.

Aus Abb. 17.8 können wir erkennen, daß für die relativen Amplituden der jeweiligen Echos

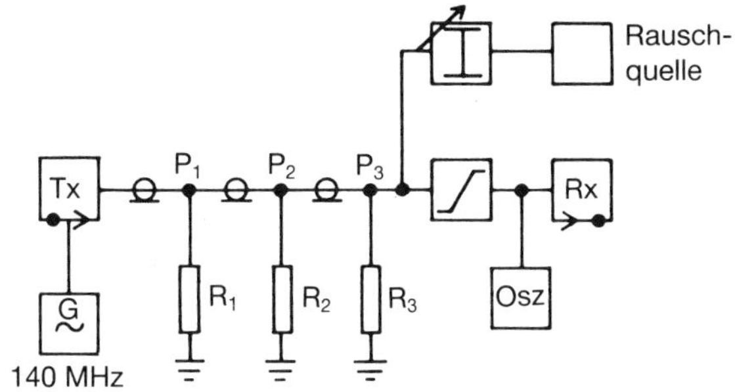

Abbildung 17.7: Modifizierter Übertragungsweg zur Erzeugung von mehrfachen diskreten Echos.

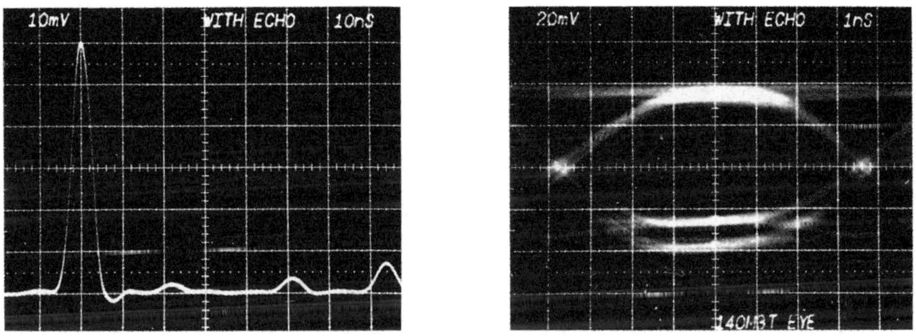

Abbildung 17.8: Kanalimpulsantwort und Augendiagramm für mehrfache diskrete Echos.

$$\hat{e}_1 = -28,5 \text{ dB}, \quad \hat{e}_2 = -24,1 \text{ dB}, \quad \hat{c}_3 = -19,0 \text{ dB}$$

gilt. Die Absolutwerte ergeben sich also zu

$$a_1 = 3,76 \times 10^{-2} k, \quad a_2 = 6,24 \times 10^{-2} k,$$
$$a_3 = 1,12 \times 10^{-1} k$$

Wenn wir die Gleichungen (17.16) bis (17.23) verwenden, können wir zeigen, daß für die geraden Momente

$$M_2 = 1,79 \times 10^{-2} k^2 \quad M_4 = 6,12 \times 10^{-4} k^4$$
$$M_6 = 2,49 \times 10^{-5} k^6 \quad M_8 = 7,43 \times 10^{-6} k^8$$

gilt. Entwickeln wir Gleichung (17.32) für diesen Fall in eine Reihe, erhalten wir

$$P_e(k) = P_{e0}(k)\left\{1 + \frac{M_2 k^2}{2!} + \frac{M_4 k^4}{4!}\left(1 - \frac{3}{k^2}\right) + \frac{M_6 k^6}{6!}\right.$$
$$\left.\left(1 - \frac{10}{k^2} + \frac{15}{k^4}\right) + \frac{M_8 k^8}{8!}\left(1 - \frac{21}{k^2} + \frac{105}{k^4} - \frac{105}{k^6}\right) + \ldots\right\} \tag{17.46}$$

Setzen wir die berechneten Werte für M_{2r} ein, so ergibt sich

$$\begin{aligned} P_e(k) = P_{e0}(k)\Bigg\{1 &+ 8,95 \times 10^{-3} k^4 + 2,55 \times 10^{-5} k^8 \left(1 - \frac{3}{k^2}\right) \\ &+ 3,46 \times 10^{-8} k^{12}\left(1 - \frac{10}{k^2} + \frac{15}{k^4}\right) \\ &+ 1,84 \times 10^{-10} k^{16}\left(1 - \frac{21}{k^2} + \frac{105}{k^4} - \frac{105}{k^6}\right) + \cdots\Bigg\} \end{aligned} \tag{17.47}$$

Die Fehlerwahrscheinlichkeit, die mit dieser Gleichung vorausgesagt wird, wird zusammen mit den Meßwerten in Abb. 17.9 dargestellt.

17.4.4 Symbolinterferenz

Für dieses spezielle Beispiel wurde der Übertragungsweg durch eine zusätzliche Verlängerung des Koaxialkabels modifiziert, um eine Unterentzerrung zu simulieren. Die daraus resultierende Einschwingantwort des Kanals und das Augendiagramm des Systems sind in Abb. 17.10 dargestellt.

Der exponentielle Abfall des unterentzerrten Kanals läßt sich durch die relative Amplitudenfunktion

$$a_i = e(\tau i) \approx 0.074 \exp\left(-0,313 i\right) \tag{17.48}$$

gut approximieren, wobei τ der Zeit zwischen den Ablastzeitpunkten und i der i-ten Position der Antwort entspricht.

Die Berechnung der erforderlichen Kumulanten und Momente (gemäß den Gleichungen (17.16)-(17.23)) gestaltet sich aufgrund der Form der a_i besonders einfach. Wir betrachten zum Beispiel die zweite Kumulante

$$a_i = A \exp\left(-\alpha i\right) \tag{17.49}$$

und

$$\chi_2 = \sum_{i=1}^{\infty} a_i^2 k^2 \tag{17.50}$$

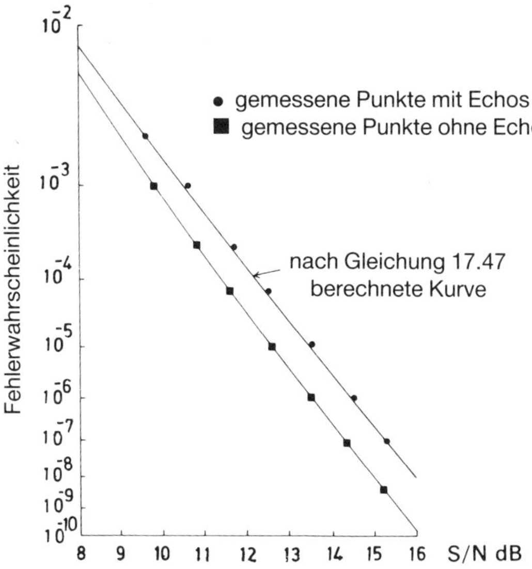

Abbildung 17.9: Berechnete und gemessene Ergebnisse für die Fehlerwahrscheinlichkeit bei drei diskreten Echos.

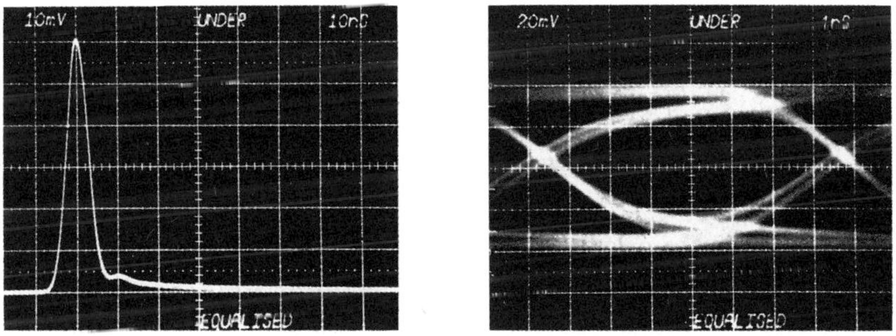

Abbildung 17.10: Kanalimpulsantwort und Augendiagramm mit Symbolinterferenz aufgrund von Unterentzerrung.

$$\chi_2 = A^2 \sum_{i=1}^{\infty} \exp\,(-2\alpha i) k^2 \tag{17.51}$$

$$= \frac{A^2 k^2}{1 - \exp(-2\alpha)} \tag{17.52}$$

mit

$$\chi_2 = 1.18 \times 10^{-2} k^2 \tag{17.53}$$

Die Kumulanten höherer Ordnung und damit auch die Momente lassen sich ähnlich ausdrücken, und aus Gleichung (17.32) wird

$$\begin{aligned} P_e(k) = P_{e0}(k)\Bigg\{ & 1 + 5.89 \times 10^{-3} k^4 + 1,38 \times 10^{-5} k^8 \left(1 - \frac{3}{k^2}\right) \\ & + 1.77 \times 10^{-8} k^{12} \left(1 - \frac{10}{k^2} + \frac{15}{k^4}\right) \\ & + 1.43 \times 10^{-11} k^{16} \left(1 - \frac{21}{k^2} + \frac{105}{k^4} - \frac{105}{k^6}\right) + \cdots \Bigg\} \end{aligned} \tag{17.54}$$

Diese Funktion ist zusammen mit der Kennlinie der gemessenen Fehlerwahrscheinlichkeit in Abb. 17.11 dargestellt.

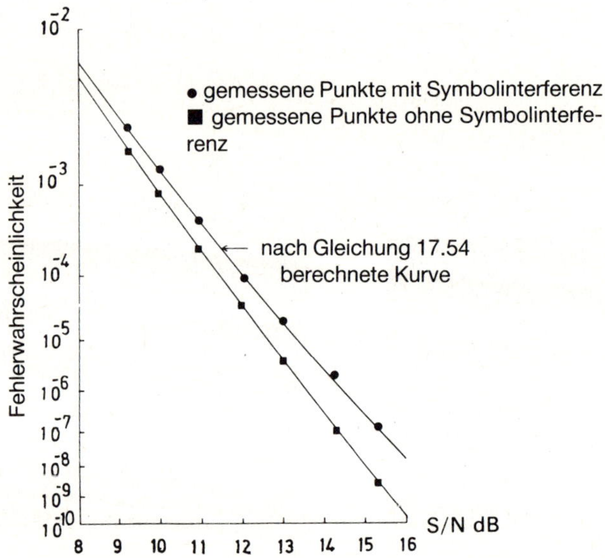

Abbildung 17.11: Berechnete und gemessene Ergebnisse für die Fehlerwahrscheinlichkeit bei Symbolinterferenz.

17.4.5 Übersprechen aus einer Einzelstörung

Der Übertragungsweg des Systems mit 140 Mbit/s wurde gemäß Abb. 17.12 modifiziert, um die Übersprechbedingungen nachzubilden, die meist bei metallischen Paaren in PCM-Systemen vorgefunden werden.

Abbildung 17.13 zeigt die Impulsantwort des Übersprechwegs bei festgehaltener Zeit relativ zum Meßkanal und auch das daraus resultierende Augendiagramm mit dem zeitlichen Übersprechschlupf relativ zum Betriebsbitstrom. Aus der gegebenen Impulsantwort berechnen wir die mittleren geraden Momente (über die Gleichungen (17.38) bis (17.40)):

$$\bar{M}_2 = 1,51 \times 10^{-2}k^2 \quad \bar{M}_4 = 5,03 \times 10^{-4}k^4$$
$$\bar{M}_6 = 2,23 \times 10^{-5}k^6 \quad \bar{M}_8 = 1,15 \times 10^{-6}k^8$$

(In [20] wird eine ausführlichere Beschreibung dieses Prozesses gegeben.) Die mittlere Fehlerwahrscheinlichkeit läßt sich also definieren, indem diese Werte in Gleichung (17.32) eingesetzt werden. Dies liefert

$$\begin{aligned}\overline{P_e(k)} = P_{e0}(k)\Bigg\{1 &+ 7,53 \times 10^{-3}k^4 + 2,10 \times 10^{-5}k^8\left(1 - \frac{3}{k^2}\right) \\ &+ 3,10 \times 10^{-8}k^{12}\left(1 - \frac{10}{k^2} + \frac{15}{k^4}\right) \\ &+ 2,86 \times 10^{-11}k^{16}\left(1 - \frac{21}{k^2} + \frac{105}{k^4} - \frac{105}{k^6}\right) + \cdots\Bigg\}\end{aligned} \tag{17.55}$$

Die experimentellen Ergebnisse und theoretischen Voraussagen sind in Abbil dung 17.14 dargestellt.

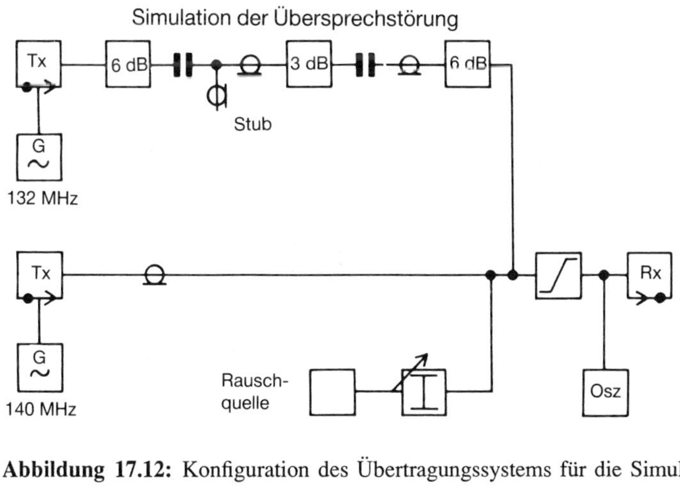

Abbildung 17.12: Konfiguration des Übertragungssystems für die Simulation einer einzelnen Übersprechstörung.

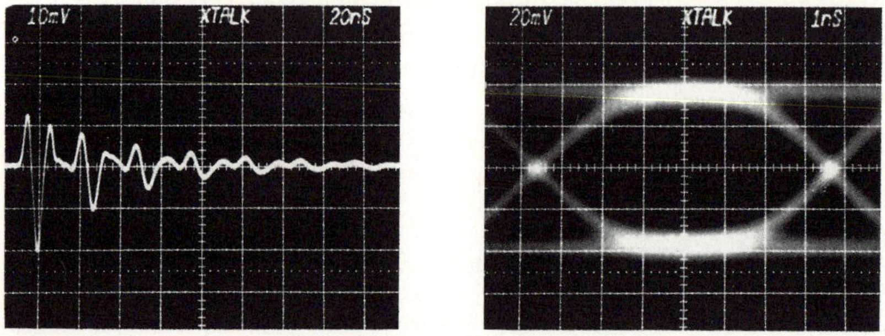

Abbildung 17.13: Kanalimpulsantwort und Augendiagramm mit einzelner Übersprechstörung.

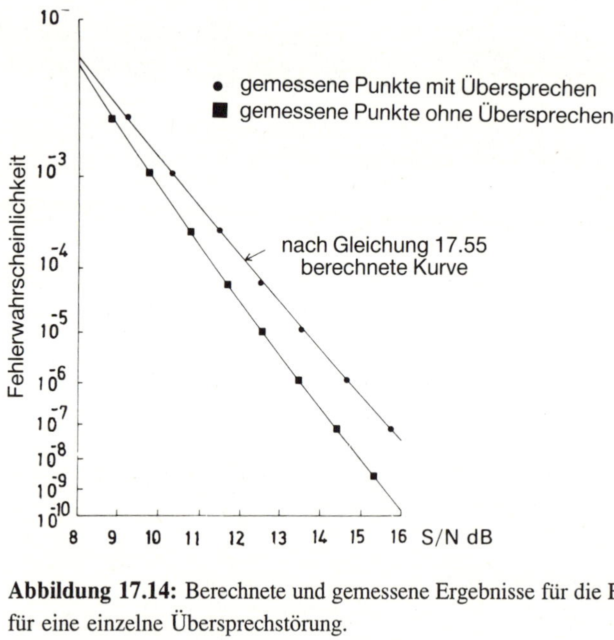

Abbildung 17.14: Berechnete und gemessene Ergebnisse für die Fehlerwahrscheinlichkeit für eine einzelne Übersprechstörung.

17.5 Schlußfolgerungen

Die in diesem Kapitel vorgestellte Theorie liefert genaue Abschätzungen der tatsächlichen Fehlerwahrscheinlichkeit des Systems, das mit einem nichtidealen Kanal arbeitet, in dem Symbolinterferenz, Echos und Übersprechen auftreten. Die Genauigkeit wurde durch Experimente nachgewiesen. Alle genannten experimentellen Fälle waren in dem Sinn extrem, als die Beeinträchtigungen des Kanals wesentlich größer sind, als sie in der Praxis im Normalfall zu erwarten wären. Des weiteren ist der Rechenaufwand, mit dem eine angemessene Abschätzung der Fehlerwahrscheinlichkeit des Systems erzielt werden kann, leicht durch einen Taschen- oder Tischrechner zu bewältigen.

Danksagung

Die Grundtechnik, die in diesem Artikel beschrieben ist, wurde während der Zusammenarbeit mit Herrn Richard Bates an der Universität Cambridge im Jahre 1979 entwickelt. Ich stehe wegen Richards Bemühungen während der vielen Systemexperimente, die wir zusammen durchgeführt haben, und auch wegen seiner Hilfe bei der Formulierung unseres ersten Berichts über dieses Thema [10] tief in seiner Schuld.

Ich sage auch dem Leiter der Forschungslaboratorien der British Telecom für die Genehmigung Dank, dieses Material veröffentlichen zu dürfen.

Literatur

Allgemeine Monographien und Lehrbücher

Bennen/Neunaus, *Grundkurs Stochastik.* 2. Aufl., Teubner, Stuttgart, 1987.

Chung, K.L., *Elementare Wahrscheinlichkeitstheorie u. stochastische Prozesse.* Springer, Berlin/Heidelberg, 1985.

Connor, F.R., *Rauschen. Zufallssignale, Rauschmessung, Systemvergleich.* Vieweg, Würzburg, 1987.

Graf, U. u.a., *Formeln u. Tabellen d. angewandten mathematischen Statistik;* 3. Aufl., Springer, Berlin/Heidelberg, 1987.

Heller, W.-D. u.a., *Stochastische Systeme;* de Gruyter, Berlin, 1978.

Ibragimov/Rozanov, *Gaussian Random Processes,* Springer, Berlin/Heidelberg, 1978.

Jaglom, A.M. u. I.M., *Wahrscheinlichkeit u. Information,* 4. Aufl., Deutsch, Frankfurt/Main, 1984.

Kiefer, J.C., *Introduction to Statistical Inference,* Springer, Berlin/Heidelberg, 1987.

Lamperti, J., *Stochastic Processes,* Springer, Berlin/Heidelberg, 1977.

Liptser/Shiryayev, *Statistics of Random Processes,* Springer, Berlin/Heidelberg, I: *General Theory.* 1977; II: *Applications.* 1978.

Marinell, G., *Statistische Entscheidungsmodelle.* Oldenburg, München, 1985.

Sachs, L. *Angewandte Statistik. Anwendung statist. Methoden.* 6. Aufl. Springer, Berlin/Heidelberg, 1984.

Schymura, H., *Rauschen in d. Nachrichtentechnik.* Pflaum, München, 1978.

Shiryayev, A.N., *Probability.* Springer, Berlin/Heidelberg, 1984.

Steklov Seminar, 1984. *Statistics and Control of Stochastic Processes.* Hrsg. Krylov/Liptser/Novikow, Springer, Berlin/Heidelberg, 1985.

Strasser, H., *Mathematical Theory of Statistics,* de Gruyter, Berlin, 1985.

Wentzell, A.D., *Theorie zufälliger Prozesse,* Birkhäuser, Basel, 1985.

Wong/Hajek, *Stochastic Processes in Engineering Systems.* 2. Aufl. Springer, Berlin/Heidelberg, 1984.

zu Kapitel 2

[1] Middleton, D., *An Introduction to Statistical Communication Theory*, McGraw-Hill, 152 (1960)

[2] Papoulis, A., *Probability, Random Variables and Stochastic Processes*, McGraw-Hill, 448-451 (1965)

[3] Bennett, W.R., "Statistics of regenerative digital transmission", *Bell Syst. Tech. J.*, **37**, 1501-1542 (1958)

[4] Franks, L. E., *Signal Theory*, Prentice-Hall, 204-225 (1969)

[5] Ogura, H., "Spectral representation of periodic nonstationary random processes", *IEEE Trans. Inf. Th.*, **IT-17**, 143- 149 (1971)

[6] Hurd, H. L., "An introduction to periodically correlated stochastic processes", Ph.D. Thesis, Duke Univ. Durham, N.C. (1971)

[7] Stratanovich, R. L., *Topics in the Theory of Random Noise*, Gordon und Breach, Vol. 1, 139-141 (1963)

[8] Hurd, H. L., "Stationarising properties of random shifts", *SIAM J. Appl. Math.*, **26**, 203-212 (1974)

[9] Franks, L. E. und Bubrouski, J. R., "Statistical properties of timing jitter in a PAM timing recovery scheme", *IEEE Trans. Commun.*, **COM-22**, 913-920 (1974)

[10] O'Reilly, J. J., "Unified Treatment of Autocorrelation Function and Power Spectrum for Deterministic and Stochastic Signal Processes", University of Essex, Telecommunication Systems Group Report TGS-172 (1982)

[11] Van der Wurf, P., "On the spectral density of a cyclostationary process", *IEEE Trans. Commun.*, **COM- 22**, 1727-1730 (1974)

[12] Gardner, W. A. und Franks, L. E., "Characterisation of cyclostationary random processes", *IEEE Trans. Inf. Th.*, **IT-21**, 4-14 (1975)

zu Kapitel 3

[1] Chung, K. L., *Elementary Probability Theory with Stochastic Processes*, 3rd ed., Springer-Verlag (1979)

[2] Feller, W., *An Introduction to Probability Theory and its Applications*, Vol. 1, 3rd ed., Wiley (1968)

[3] Whittle, P., *Probability*, Wiley (1970)

[4] Kleinrock, L., *Queuing Systems, Vol. 1: Theory, Vol. 2: Computer Applications*, Wiley (1975, 1976)

[5] Allen, A. O., *Probability, Statistics and Queuing Theory with Computer Science Applications*, Academic Press (1978)

[6] Kobayashi, H., *Modelling and Analysis: An Introduction to System Performance Evaluation Methodology*, Addison-Wesley (1978)

zu Kapitel 4

[1] Abramowitz, M. und Stegun, I. A., *Handbook of Mathematical Functions*, Dover Publications Inc. (1972)

[2] Yue, O.C., "Saddle point approximation for error probability in PAM systems with intersymbol interference", *IEEE Trans. Commun.*, **COM-27**, 1604-1609 (1979)

[3] Prabhu, V. K., "Modified Chernoff bounds for PAM systems with noise and interference", *IEEE Trans. Inf. Th.*, **IT-22**, 95-100 (1982)

[4] Rocha, J. R. F. und O'Reilly, J. J., "A modified Chernoff bound for binary optical communication", *Electron. Lett.*, **18**, No. 16, 108-110 (1982)

[5] Yao, K. und Tobin, R. M., "Moment space upper and lower bounds for digital systems with intersymbol interference", *IEEE Trans. Inf. Th.*, **IT-22**, 65-74 (1976)

[6] Dresher, M., "Moment spaces and inequalities", *Duke Math. J.*, **20**, 261-271 (1953)

[7] Yao, K., "Moment space error bounds in digital communication systems", in Skwirzynski, J. K. (ed.), *Communication Systems and Random Process Theory"*, Sijthoff und Noordhoff (1978)

[8] Yao, K. und Biglieri, E., "Moment inequalities for error probabilities in digital communication systems", *Proc. N.T.C.*, December (1977)

[9] King, M. A., "Multi-Dimensional Moment Bounds with Applications to Communication Theory", UCLA Ph. D. Thesis (1977)

[10] Queen, N. M., *Methods of Applied Mathematics*, 212-218, Nelson (1980)

[11] Eisberg, R. M., *Fundamentals of Modern Physics*, 256- 266, Wiley (1961)

[12] Cramer, H., *Mathematical Methods of Statistics*, Princeton University Press (1946)

[13] Whalen, A. D., *Detection of Signals in Noise*, Academic Press (1971)

[14] Cattermole, K. W., *Principles of Pulse Code Modulation*, Iliffe, London (1969)

[15] Biglieri, E., "Probability of error for digital systems with inaccurately known interference", *IEEE International Symposium on Information Theory*, Les Arcs, France (1982)

zu Kapitel 5

[1] Cattermole, K. W., "Stochastic problems of multiple communication", in Skwirzynski, J. K. (ed.), *Communication Systems and Random Process Theory*, Sijthoff und Noordhoff (1978)

[2] Symons, F. J. W., "Representation, analysis and verification of communication protocols", in ref. 29

[3] Schwartz, M., "Routing and flow control in data networks, in ref. 29

[4] Cattermole, K. W., "Graph theory and communication networks", in Wilson, R. J. und Beineke, L. W. (eds.), *Applications of Graph Theory*, Academic Press (1979)

[5] Flood, J. E., *Telecommunication Networks*, Peter Peregrinus (1975)

[6] Schwartz, M., *Computer-Communication Network Design and Analysis*, Prentice-Hall (1977)

[7] Kleinrock, L., *Communication Networks*, McGraw-Hill (1964); reprinted Dover (1972)

[8] Kleinrock, L., *Queueing Systems: Vol. I, Theory*, Wiley- Interscience (1975)

[9] Kleinrock, L., *Queueing Systems: Vol. II, Computer Applications*, Wiley-Interscience (1976)

[10] Bear, D., *Principles of Telecommunication Traffic Engineering*, Peter Peregrinus (1976)

[11] Kosten, L., *Stochastic Theory of Service Systems*, Pergamon (1973)

[12] Cox, D. R. und Smith, W. L., *Queues*, Methuen (1961)

[13] Feller, W., *An Introduction to Probability Theory and Its Applications, Vol. II*, Wiley (1966)

[14] Parzen, E., *Stochastic Processes*, Holden-Day (1962)

[15] Snyder, D. L., *Random Point Processes*, Wiley- Interscience (1975)

[16] Sarkowski, H. (ed.), *Teletraffic Engineering Manual*, Standard Elektrik Lorenz, Stuttgart (1966)

[17] Wilkinson, R. I., "Theories for toll traffic engineering in the U.S.A.", *Bell System Tech. J.*, **35**, 421-514 (1956)

[18] Riordan, J., Appendix to ref. 17

[19] Burke, P. J., "The overflow distribution for constant holding time", *Bell System Tech. J.*, **50**, 3195-3210 (1971)

[20] Jacobeus, C., "Blocking computations in link systems", *Ericsson Review*, **3**, 86-100 (1947)

[21] Elldin, A., *Automatic Telephone Exchanges with Crossbar Switches: Switch Calculations: General Survey*, L. M. Ericsson, Stockholm, 3rd ed. (1967)

[22] Lee, C. Y., "Analysis of switching networks", *Bell System Tech. J.*, **34**, 1287-1315 (1955)

[23] Cattermole, K. W. und Summer, J. P., "Communication networks based on the product graph", *Proc. IEE*, **124**, 38-48 (1977)

[24] Takagi, K., "Optimum channel graph of link systems", *Electronics and Communications in Japan*, **54A**, No. 8, 1-10 (1971)

[25] Burke, P. J., "The output of a queueing system", *Operations Research*, **4**, 699-704 (1956)

[26] Jackson, J. R., "Networks of waiting lines", *Opterations Research*, **5**, 518-521 (1957)

[27] Newell, G. F., *Approximate Behaviour of Tandem Queues*, Springer-Verlag (1979)

[28] Cattermole, K. W., "Topological and statistical theory of communication networks", in ref. 29

[29] Skwirzynski, J. K. (ed.), *New Concepts in Multi-user Communication*, Sijthoff und Noordhoff (1981)

[30] Gordon, W. J. und Newell, G. F., "Closed queueing systems with exponential servers", *Operations Research*, **15**, 254-265 (1967)

[31] Baskett, F., Chandy, K. M., Muntz, R. R. und Palacois, F. G., "Open, closed and mixed networks of queues with different classes of customers", *J.A.C.M.*, **22**, 248-260 (1975)

[32] Chandy, K. M., Howard, J. H. und Towsley, D. F., "Product form and local balance in queueing networks", *J.A.C.M.*, **24**, 250-263 (1977)

[33] Reiser, M. und Lavenberg, S. S., "Mean value analysis of closed multi-chain queueing networks", *J.A.C.M.*, **27**, 313-322 (1980)

[34] Kelly, F. P., *Reversibility and Stochastic Networks*, Wiley (1979)

[35] Schwartz, M., *Computer Communication Network Design and Analysis*, Prentice-Hall (1977) [36] Kobayashi, H., *Modelling and Analysis*, Addison-Wesley (1978)

zu Kapitel 6

[1] Kuczura, A., "The interrupted Poisson process as an overflow process", *Bell System Technical J.*, **52**, No. 3, 437- 448 (1973)

[2] Milne, C. B., "Transient behaviour of the interrupted Poisson process", *JRSS*, Series B, **44**, Pt. 3, 398-405 (1982)

[3] Songhurst, D. J., "Protection against traffic overload in hierarchical networks employing alternative routing", *Network Planning Symposium*, Paris, October (1980)

[4] Manfield, D. R. und Downs, T., "Decomposition of traffic loss systems with renewal input", *IEEE Trans. Comm.*, **COM- 27**, 44-58 (1979)

[5] Neuts, M. F., "The M/M/1 queue with randomly varying arrival and service rates", *Opsearch*, **15**, No. 4, 139-157 (1978)

zu Kapitel 7

[1] Rocha, J. R. F. und O'Reilly, J. J., "Optical communication - the mixed compound Poisson plus Gaussian regime", *Digest of IEEE International Symposium on Information Theory*, Les Arcs, France, 175, June (1982)

[2] Rocha, J. R. F. und O'Reilly, J. J., "The Chernoff bound as a basis for optical fibre receiver design", *Digest of Sexteenth International Conference on Information Sciences and Systems*, Princeton, U.S.A., 159-163, March (1982)

[3] Balaban, P., "Statistical evaluation of the error rate of the fibre guide repeater using importance sampling", *Bell Syst. Tech. J.*, **55**, No. 6, 745-766 (1976)

[4] Davenport, W. B., *Probability and Random Processes*, McGraw-Hill, 464-466 (1970)

[5] Hoversten, E. V., "Optical communication theory", in Arecchi, F. T. und Schultz, E. O. (eds.), *Laser Handbook*, North Holland, 1805-1862 (1972)

[6] Snyder, D. L., *Random Point Processes*, Wiley, 164-185 (1975)

[7] McIntyre, R. J., "The distribution of gains in uniformly multiplying avalanche photodiodes: Theory", *IEEE Trans. Electron. Dev.*, **ED-19**, No. 6, 703-713 (1972)

[8] Conradi, J., "ibid: Experimental", 713-718

[9] Personick, S. D., "New results on avalanche multiplication statistics with applications to optical detection", *Bell Syst. Tech. J.*, **50**, No. 1, 167-189 (1971)

[10] Mazo, J. E. und Salz, J., "On optical communication via direct detection of light impulses", *Bell Syst. Tech. J.*, **55**, No. 3, 347-369 (1976)

[11] Personick, S. D., "Statistics of a general class of avalanche detectors with applications to optical communication", *Bell Syst. Tech. J.*, **50**, No. 10, 3075-3095 (1971)

[12] Webb, P. P., McIntyre, R. J. und Conradi, J., "Properties of avalanche photodiodes", *RCA Review*, **35**, 235-276 (1974)

[13] Balaban, P., Fleischer, P. E. und Zucker, H., "The probability distribution of gains in avalanche photodiodes", *IEEE Trans. Electron. Dev.*, **ED-00**, 1189-1190 (1976)

[14] Personick, S. D. *et al.*, "A detailed comparison of four approaches to the calculation of the sensitivity of optical receivers", *IEEE Trans. Comm.*, **COM-00**, 541-548 (1977)

[15] House, K. E., Ph. D. Thesis, University of Essex (1979)

[16] Rocha, J. R. F. und O'Reilly, J. J., "Optimum filters for binary optical telecommunication", *Digest of IEE Colloquium: Filters for Telecommunications* (1982)

[17] Prabhu, V. K., "Modified Chernoff bounds for PAM systems with noise and interference, *IEEE Trans. Inform. Theory*, **IT-22**, 95-100 (1982)

[18] Rocha, J. R. F. und O'Reilly, J. J., "A modified Chernoff bound for binary optical communication", *Electron. Lett.*, **18**, No. 16, 708-710 (1982)

[19] Rocha, J. R. F. und O'Reilly, J. J., "Error probability bounds for optical communication", Telecommunication Systems Group Report No. 176, Optical Communications Laboratory, University of Essex (1982)

[20] Cramer, H., *Mathematical Methods of Statistics*, Princeton University Press, 17.6, 17.7 (1946)

zu Kapitel 8

[1] Neymann, J., "On a new class of contagious distributions, applicable in entomology and bacteriology", *Ann. Math. Statist.*, **10**, No. 35 (1939)

[2] Jones, W. T. und Pullum, G. G., "Error Performance Objectives for Integrated Services Digital Networks Exhibiting Error Clustering", *IEE Conf. Publication No. 193-2nd International Conference on Telecommunication Transmission*, London (1981)

[3] Kendall, M. G. und Stuart, A., *The Advanced Theory of Statistics*, Vol. 1, p. 144, Ex. 5.7 and 5.8, Griffin (1969)

[4] Johnsohn, N. L. und Kotz, S., *Discrete Distributions*, Chapter 8 (1969)

[5] Beall, g., "The fit and significance of contagious distributions when applied to observations of larvae insects", *Ecology*, **21**, 460-474 (1940)

[6] Johnsohn, N. L. und Kotz, S., *Discrete Distributions*, Wiley, Chapter 9, p. 218 (1969)

[7] Abromwitz und Stegun, *Handbook of Mathematical Functions*, Dover, p. 835 (1970)

[8] Johnsohn, N. L. und Kotz, S., *Discrete Distributions*, Wiley, Chapter 9, p. 223 (1969)

[9] Johnsohn, N. L. und Kotz, S., *Discrete Distributions*, Wiley, Chapter 9, p. 224 (1969)

[10] Pielou, E. C., "The effect on quadrat size on the estimation of the parameters of Neyman's and Thomas' distribution", *J. Ecology*, **45**, 31-47 (1957)

zu Kapitel 9

[1] Davenport, W. B., *Probability and Random Processes*, McGraw-Hill (1970)

[2] Franks, L. E., *Signal Theory*, Prentice-Hall (1969)

[3] Deutsch, R., *Non-Linear Transformations of Random Processes*, Prentice-Hall (1962)

[4] Kuznetsov, P. I., Stratonovich, R. C. und Tikhonov, V. I., *Non-Linear Transformations of Stochastic Processes* (English translation), Pergamon Press (1965)

[5] Middleton, D., *An Introduction to Statistical Communication Theory*, McGraw-Hill (1960)

[6] Harmann, W. W., *Principles of the Statistical Theory of Communications*, McGraw-Hill (1963)

[7] Blachmann, N. M., *Noise and its Effect on Communication*, McGraw-Hill (1966)

[8] Beckmann, P., *Probability in Communication Engineering*, Harcourt, Brace und World (1967)

[9] Rice, S. O., "Mathematical analysis of random noise", *Bell System Tech. J.*, **23**, 282-332 (1944) und **24**, 46- 156 (1945). Reprinted in Wax, N. (ed.), *Selected Papers on Noise and Stochastic Processes*, Dover (1954)

[10] Lampard, D. G., "Some theoretical and experimental investigations of random electrical fluctuations", Ph. D. dissertation, University of Cambridge (1954)

[11] Barrett, J. F. und Lampard, D. G., "An expansion for some second-order probability distributions and its applications to noise problems", *Trans. IRE*, **IT-1**, 10-15 (1955)

[12] Blachman, N. M., "The uncorrelated output components of a non-linearity", *Trans. IEEE*, **IT-14**, 250-255 (1968)

[13] Lancaster, H. O., "The structure of bivariate distributions", *Ann. Math. Stats.*, **29**, 719-736 (1958)

[14] Lancaster, H. O., "Correlations and canonical forms of bivariate distributions", *Ann. Math. Stats.*, **34**, 532- 538 (1963)

[15] Bennett, W. R., "Cross-modulation requirements on multi-channel amplifiers below overload", *Bell Syst. Tech. J.*, **19**, 587-610 (1940)

[16] Bell Telephone Laboratories, *Transmission Systems for Communication*, Bell Telephone Laboratories (1964)

[17] Price, R., "A useful theorem for non-linear devices having Gaussian inputs", *Trans. IRE*, **IT-4**, 69 (1958)

[18] McGraw, D. K. und Wagner, J. F., "Elliptically symmetric distributions", *Trans. IEEE*, **IT-14**, 110-120 (1968)

[19] Shimbo, O., "Effects of intermodulation, AM-PM conversion and additive noise in multicarrier TWT systems", *Proc. IEEE*, **59**, 230-238 (1971)

[20] Fuenzalida, J. C., Shimbo, O. und Cook, W. C., "Time-domain analysis of intermodulation effects caused by non-linear amplifiers", *Comsat Tech. Review*, **3**, 89-127 (1973)

[21] Szego, G., "Orthogonal polynomials", *American Math. Soc. Colloquium Publication*, Vol. XXIII, 3rd ed. (1967)

[22] Lawrentjew, M. A. und Schabat, B. W., "Methoden der komplexen Funktionen Theorie", Deutscher Verlag der Wissenschaften, Berlin (1967). (This is a German translation of a book originally published in Russian: Metody Teo-

rii Funktsii Komplexnogo Peremennogo, Moskva (1951). At the time of writing there is no English translation.)

[23] Lever, K. V. und Cattermole, K. W., "Quantising noise spectra", *Proc. IEEE*, **121**, 545-954 (1974)

[24] Abramowitz, M. und Stegun, I., *Handbook of Mathematical Functions*, National Bureau of Standards (1964)

[25] Gradshteyn, I. S. und Ryzhik, I. M., *Table of Integrals, Series and Products*, 4th ed., Academic Press (1965)

[26] Klose, D. R. und Kurz, L., "A new representation theory and detection procedure for a class of non-Gaussian channels", *Trans. IEEE*, **COM-17**, 225-235 (1969)

[27] Thomson, W. E., "The response of a non-linear system to random noise", *Proc. IEEE*, **102C**, 46-48 (1955)

[28] Miller, K. S., Bernstein, R. I. und Blumenson, L. E., "Generalised Rayleigh processes", *Quarterly Appl. Maths.*, **16**, 137-145 (1958)

[29] Wong, E. und Thomas, J. B., "On polynomial expansions of second-order distributions", *S.I.A.M.J.*, **10**, 507-516 (1962)

[30] McFadden, J. A., "A diagonal expansion in Gegenbauer polynomials for a class of second-order probability densities", *S.I.A.M.J. Appl. Maths.*, **14**, 1433-1436 (1966)

[31] Sarmonov, O. B. und Bratoeva, Z. N., "Probability properties of bilinear expansions of Hermite polynomials", *Theory Probab. Applic.*, **12**, 470-481 (1967)

[32] Watson, G. N., "Notes on generating functions of polynomials: (1) Laguerre polynomials", *J. London Math. Soc.*, **8**, 189-192 (1933)

[33] Watson, G. N., "Notes on generating functions of polynomials: (2) Hermite polynomials", *J. London Math. Soc.*, **8**, 194-199 (1933)

[34] Brown, J. L., "A criterion for the diagonal expansion of a second-order probability density in orthogonal polynomials", *Trans. IRE*, **IT-4**, 172 (1958)

[35] Blachmann, N. M., "Output signals and noise from a non-linearity with amplitude-dependent phase shift", *Trans. IEEE*, **IT-25**, 77-79 (1979)

[36] Chie, C. M., "A modified Barrett-Lampard expansion and its application to bandpass non-linearities with both AM-AM and AM-PM conversion", *Trans. IEEE*, **COM-28**, 1859-1866 (1980)

[37] Blachman, N. M., "The signal x signal, noise x noise and signal x noise output of a non-linearity", *Trans. IEEE*, **IT-14**, 21-27 (1968)

[38] Lyons, R. G., "A stochastic analysis of signal sharing in a bandpass non-linearity", *Trans. IEEE*, **COM-22**, 1778- 1788 (1974)

[39] Lyons. R. G., "Signal and interference output of a bandpass non-linearity", *Trans. IEEE*, **COM-27**, 888-891 (1979)

zu Kapitel 10

[1] Bennett, W. R., "Statistics of regenerative digital transmission", *Bell Syst. Tech. J.*, **37**, 1501-1542 (1958)

[2] Takasaki, Y, "Timing extraction in baseband pulse transmission", *IEEE Trans. Commun.*, **COM-20**, 877-884 (1972)

[3] Franks, L. E. und Babrouski, J. R., "Statistical properties of timing jitter in a PAM timing recovery scheme", *IEEE Trans. Commun.*, **COM-22**, 913-920 (1974)

[4] Bylanski, P. und Ingram, D. G. W., *Digital Transmission Systems*, Peter Peregrinus Ltd., p. 194-204 (1965)

[5] Munoz Rodriguez, D., "Digital Communication - Relationship Between Signal Design and System Performance", Thesis for the degree of Ph. D., University of Essex (1979)

[6] Franks, L. E., *Signal Theory*, Prentice-Hall (1969)

[7] Bennett, W. R. und Davey, J. R., *Data Transmission*, McGraw-Hill, pp. 316-321 (1965)

[8] Gardner, F. M. und Franks, L. E., "Characterisation of cyclostationary random signal processes", *IEEE Trans. Inf. Th.*, **IT-21**, 4-14 (1977)

[9] Shannon, C. E., "Communication in the presence of noise", *Proc. IRE*, **37**, 10-21 (1949)

[10] Gel'fand, I. M. und Shilov, G. E., *Generalized Functions, Vol. I*, Academic Press (1964)

[11] Papoulis, A., *The Fourier Integral and its Applications*, McGraw-Hill, pp. 259-264 (1962)

[12] Milne, R. D., *Applied Functional Analysis*, Pitman (1980)

[13] Stratonovich, R. L., *Topics in the Theory of Random Noise*, Vol. 1, Gordon und Breach, pp. 139-141 (1963)

[14] Ibid., pp. 27-31

[15] Cattermole, K. W., "Stochastic problems of multiple communication", in *Communication Systems and Random Process Theory*, Skwirzynski, J. K. (ed.), Sijthoff und Noordhoff (1978)

[16] Rice, S. O., "Mathematical analysis of random noise", *Bell System Tech. J.*, **23**, 282-332 (1944) and **24**, 146-156 (1945)

[17] Lucky, R. W., Salz, J. und Weldon, E. J., *Principles of Data Communication*, McGraw-Hill, pp. 75-79 (1968)

[18] O'Mahony, M. J., "Signal design for optical fibre communication", in *Optimisation Methods in Electronics and Communications*, Cattermole, K. W. und O'Reilly, J. J. (eds.), Vol. 1 of Mathematical Topics in Telecommunications Series, Pentech Press (1983)

zu Kapitel 11

[1] Cattermole, K. W., *Principles of Pulse Code Modulation*, Iliffe, p. 125 (1969)

[2] Lever, K. V., "Quantization noise in pcm systems", MSc Thesis, University of Essex (1972)

[3] Lever, K. V. und Cattermole, K. W., "Quantising noise spectra", *Proc. IEE*, **121**, No. 9, 945-954 (1974)

[4] Bennett, W. R., "Spectra of quantized signals", *Bell Syst. Tech. J.*, **27**, No. 4, 446-472 (1948)

[5] Rice, S. O., "Mathematical analysis of random noise", *Bell Syst. Tech. J.*, **24**, No. 46, Part IV (1945)

[6] Velichkin, A. I., "Correlation function and spectral density of a quantised process", *Telecommun. Tadio Eng. Pt. 2*, **17**, 70-77 (1962)

[7] Shimbo, O., Ohira, T. und Nitadori, K., "A generalised formula for the power spectrum of a pulse-modulated signal and its application to pcm transmission problems", *Electron. Commun. Jap.*, **46**, 9-17 (1963)

[8] Robertson, G. H., "Computer study of quantizer output spectra", *Bell Syst. Tech. J.*, **48**, 2393-2403 (1969)

[9] Richards, D. L., "Distortion of speech by quantising", *Electron. Lett.*, **3**, 230-231 (1967)

[10] Barrett, J. F. und Lampard, D. G., "An expansion for some second-order probability distributions", *IRE Trans.*, **IT-1**, 10-15 (1955)

[11] McGraw, D. K. und Wagner, J. F., "Elliptically symmetric distributions", *IEEE Trnas. Inf. Th.*, **IT-14**, No. 1, 110-120 (1968)

[12] McFadden, J. A., "A diagonal expansion in Gegenbauer polynomials for a class of second-order probability densities", *SIAM J. Appl. Mat.*, **14**, No. 6, 1433-1436 (1966)

[13] Wong, E. und Thomas, J. B., "On polynomial expansions of second-order distributions", *SIAM J. Appl. Math.*, **10**, No. 3, 507-516 (1962)

[14] Blachmann, N. M., "The signal x signal, noise x noise and signal x noise output of a nonlinearity", *IEEE Trans. Inf. Th.*, **IT-14**, 21-27 (1968)

[15] Blachman, N. M., "The uncorrelated output components of a nonlinearity", *IEEE Trans. Inf. Th.*, **IT-14**, 250-255 (1968)

[16] Ingram, D. G. W. und Bylanski, P., "Digital coding of broadband signals", *J. Sci. Technol.*, **38**, 151-156 (1971)

[17] Easter, B., *et al.*, "Improved equipment for the measurement of intermodulation distortion using a noise spectrum", GEC Telecommunications Research Laboratories Report No. 12, 590 (1956)

[18] Cattermole, K. W., *Principles of Pulse Code Modulation*, Iliffe, p. 241 (1969)

[19] Compatibility of pcm encoders and decoders", CCITT 4th Plenary Assembly, Mar del Plata, 23rd Sept. - 25th Oct. 1968 in White Book Vol. 3, "Line Transmission", Appendix L (to Annexe 4), p. 12 (1968)

[20] Szegö, G., "Orthogonal polynomials", *Proc. Am. Math. Soc.*, **23**, 194, Formula 8.22.8 (1939)

[21] Gurevich, V. E. und Driatsky, I. N., "Correlation function of noise of nonuniform quantization", *Rad. Eng. Electron Phys.*, 1379-1382 (1972)

zu Kapitel 12

[1] Westcott, R. J., "Investigation of multiple fm/fdm carriers through a satellite TWT operating near to saturation, *Proc. IEE*, **114**, 726-740 (1967)

[2] Espley, D. C., "Harmonic analysis by the method of central differences", *Phil. Mag.*, **28**, 338-352 (1939)

[3] Bloch, A., "The calculation of intermodulation products by means of a difference table", *J. IEE*, **93**, Pt. III, 211-216 (1946)

[4] Bennett, W. R., "The biased ideal rectifier", *Bell Syst. Tech. J.*, **26**, 139-169 (1947)

[5] Brockbank, R. A. und Wass, C. A. A., "Nonlinear distortion in transmission systems", *J. IEE*, **92**, Pt. III, 45-56 (1945)

[6] Medhurst, R. G. und Harris, R. A., "Calculation of nonlinear distortion products", *Proc. IEE*, **115**, 909-917 (1968)

[7] Blachman, N. M., "The uncorrelated output components of a nonlinearity", *IEE Trans. Inf. Theory*, **IT-14**, 250-255 (1968)

[8] Sette, G. R., "Calculation of intermodulation from a single carrier amplitude characteristic", *IEEE Trans. Commun.*, **COM-22**, (3), 319-323 (1974)

[9] Berman, A. L. und Mahle, L. E., "Nonlinear phase shift in travelling wave tubes as applied to multiple access communications satellite", *IEEE Trans. Commun.*, **COM-18**, 37-48 (1970)

[10] Kaye, A. R., George, D. A. und Eric, M. J., "Analysis and compensation of bandpass nonlinearities for communications", *IEEE Trans. Commun.*, **COM-20**, 965-972 (1972)

[11] Blachman, N. M., "The output signals and noise from a nonlinearity with amplitude dependent phase shift", *IEEE Trans. Inf. Theory*, **IT-25**, 77-79 (1979)

[12] Maseng, T., "On the characterisation of a bandpass nonlinearity by two-tone measurements", *IEEE Trans. Commun.*, **COM-26**, 746-754 (1978)

[13] Chie, C. M., "A modified Barrett-Lampard expansion and its application to bandpass nonlinearities with both am-am and am-pm conversion", *IEEE Trans. Commun.*, **COM-28**, 1859-1866 (1980)

[14] Gibson, J. E. und di Tada, E. S., "On the inverse describing function problem", *Proc. IFAC 1963*, Butterworth, London, pp. 29-34 (1964)

[15] Schmideg, I., "Note on the evaluation of Fourier coefficients of power-law devices", *Proc. IEEE (Letters)*, **56**, 1383-1384 (1968)

[16] Schmideg, I., "Effects of limiting on angle and amplitude modulated signal", *Proc. IEEE (Letters)*, **57**, 1302- 1303 (1969)

[17] Blachman, N. M., "Detectors, bandpass nonlinearities and their optimisation: inversion of the Chebyshev transform", *IEEE Trans. Inf. Theory*, **IT-17**, 398-404 (1971)

[18] Kopal, Z., *Numerical Analysis*, Chapman und Hall (1955)

[19] Stroud, A. M. und Secrest, D., *Gaussian Quadrature Formulas*, Prentice-Hall (1966)

zu Kapitel 13

[1] Westcott, R. J., "Investigation of multiple FM/FDM carriers through a satellite TWT operating near to saturation", *Proc. IEE*, **114**, No. 6, 726-750 (1967)

[2] Berman, A. L. und Podracky, E., "Experimental determination of intermodulation distortion produced in wide band communication repeaters", *IEEE Int. Con. Rec.*, **15**, Pt. 2, 69-88 (1967)

[3] Borman, A. L. und Mahle, C. E., "Nonlinear phase shift in travelling wave tubes as applied to multiple-access Communications satellites", *IEEE Trans. Commun. Theory*, **COM-18**, No. 1, 37-48 (1970)

[4] Shimbo, O., "Effects of intermodulation, AM-PM conversion and additive noise in multi-carrier TWT systems, *Proc. IEEE*, **59**, No. 2, 230-238 (1971)

[5] Chitre, N. K. M. und Fuenzalida, J. C., "Baseband distortion caused by intermodulation in multicarrier F. M. systems", *COMSAT Tech. Rev.*, **2**, No. 1, 147-172 (1972)

[6] Fuenzalida, J. C., Shimbo, O. und Cook, W. L., "Time-domain analysis of intermodulation effects by non-linear amplifiers", *COMSAT Tech. Rev.*, **3**, No.1, 89-127 (1973)

[7] Ganem, H., "Spectrum simulation for intermodulation calculations in SCPC/fm satellite systems", Ph. D. Thesis, University of Essex (1981)

[8] Ponato, B. A., Fuenzalida, J. C. und Chitre, N. K. M., "Interference into angle modulated systems carrying multichannel telephony signals", *IEEE Trans. Commun. Theory*, **COM- 21**, No. 6 (1973)

zu Kapitel 14

[1] Cariolaro, G. L. und Tronca, G. P., "Correlation and spectral properties of multi-level (*M, N*) coded digital signals with applications to pseudo-ternary (4, 3) codes", *Alta Frequenza*, **43**, 2-15 (1974)

[2] Cariolaro, G. L. und Tronca, G. P., "Spectra of block coded digital signals", *Trans. IEEE*, **COM-22**, 1555-1564 (1974)

[3] Barker, R. H., British Patent 706, 687

[4] Aaron, M. R., "PCM transmission in the exchange plant", *Bell Syst. Tech. J.*, **41**, 99-141 (1962)

[5] Cattermole, K. W., *Principles of Pulse Code Modulation*, Iliffe, London, pp. 379-381 (1969)

[6] Jessop, A. und Waters, D. B., "4B3T, an efficient code for PCM coaxial line", *18th Int. Congress on Electronics*, Rome (1970)

[7] Munoz Rodriguez, D. und Cattermole, K. W., "New codes for digital transmission", *Electron. Lett.*, **13**, 340-342 (1977)

[8] Munoz Rodriguez, D., "Digital communication: relationship between signal design and system performance", Ph. D. Thesis, University of Essex (1979)

[9] Franaczek, P. A., "Sequence state coding for digital transmission", *Bell Syst. Tech. J.*, **47**, 143-157 (1968)

[10] Cox, D. R. und Miller, H. D., "The theory of stochastic processes", Methuen, London (1965)

[11] Bates, R. J. S., "Topics in the design of digital transmission systems", Ph. D. Thesis, University of Cambridge (1980)

[12] Franks, L. E., *Signal Theory*, Prentice-Hall (1969)

[13] Bennett, W. R., "Statistics of regenerative digital transmission", *Bell Syst. Tech. J.*, **37**, 1501-1542 (1958)

[14] Broyden, C. G., *Basic Matrices*, Macmillan, London (1975)

[15] Bylanski, P. und Ingram, D. W. G., *Digital Transmission Systems*, Peter Peregrinus, London, pp. 190-209 (1976)

[16] Munoz Rodriguez, D. und Cattermole, K. W., "Time jitter in self-timed regenerative repeaters with correlated transmitted symbols", *Electron. Circuits Syst.*, **3**, 109-15 (1979)

[17] Bylanski, P. und Ingram, D. W. G., *Digital Transmission Systems*, Peter Peregrinus, London, pp. 88-106 (1976)

[18] Cattermole, K. W. und Grover, W. D., "Optical line codes bearing ancillary channels", *IEEE Colloquium on Data Transmission Codes*, November (1980)

zu Kapitel 15

[1] Valin, J., "Codes for the transmission of binary data", *Thomson-CSF Eng. Rev.*, **11**, 1-42 (1979)

[2] Waters, D. B., "Codes for digital line transmission", *Commun. Int.*, **5**, 19-27 (1978)

[3] Cariolaro, G. L. und Tronca, G. P., "Spectra of block coded digital signals", *IEEE Trans.*, **COM-22**, 1555-1563 (1974)

[4] Poo, G. S., "Computer aids for code spectra calculations", *Proc. IEEE*, **128**, Pt. F, No. 5, 323-330 (1981)

[5] Poo, G. S., "Power spectra of 6B4T and 3B2T codes", *Electron. Lett.*, **18**, 884-885 (1982)

[6] Lindholm, D. A., "Power spectra of channel codes for digital magnetic recording", *IEEE Trans.*, **MAG-14**, 321-323 (1978)

[7] Catchpole, R. J., "Efficient ternary transmission codes", *Electron. Lett.*, **11**, 482-484 (1975)

[8] Alexandra, J. R. und Hagra, A. S. T., "Transformation of binary coded signals into a form having lower disparity", U. K. Patent Specification 1540617

[9] CCITT Cons. Comm., "4B3T codes for a 140 Mbit/s digital transmission system", **COM XVIII**, No. 27-E, 1-14 (1977)

[10] Buchner, T. B., "Ternary line signal codes", Zurich Seminar, F1, 1-9 (1974)

[11] Mallinson, J. C. und Miller, J. W., "Optimal codes for digital magnetic recording", *Radio Electron. Eng.*, **47**, No. 4, 172-176 (1977)

[12] Howells, G. A. und Woodman, D. E., "Modifications to Miller code to achieve a balanced mode of operation", U.K. Patent Application No. 52215/77

[13] Rousseau, M., "Applying Markov chains to the calculation of the power spectral density of binary signals", *Annls. Telecommun.* (France, Anteau), Jan.-Feb., **31** (1-2), 8-16 (1976)

[14] Hecht, M. und Guida, A., "Delay modulation", *Proc. IEEE*, **57**, 1314-1316 (1969)

zu Kapitel 16

[1] British Patent 1 540 617: "Transformation of Binary Coded Signals into a Form Having Lower Disparity"

[2] Hooper, R. C., Smith, D. R. und White, B. R., "PIN-FET for digital optical receivers", *30th IEEE Electronic Components Conference*, San Francisco (1980)

[3] Personick, S. D., "Receiver design for digital fiber optic communication systems, Pts. I and II", *Bell Syst. Tech. J.*, **52**, No. 6, 843-886 (1973)

[4] CCITT Recommended Vocabulary on Codes: CCITT Orange Book, Line Transmission, Vol. III-2, Recommendation 702, 8001-8013 (1976)

[5] Jessop, A., "Line system error detection without frame alignment", *IEE Colloquium on Data Transmission Codes*, Digest No. 1978/51, 11/1-11/5 (1978)

[6] British Patent 1 536 337: "Error Detection in Digital Systems"

[7] Brooks, R. M., "Line coding for optical fibre submarine cable digital transmission systems", Project Report for the Degree of MSc in Telecommunication Systems, University of Essex, 26-28, 43- 59 (1979/80)

[8] Brooks, R. M., "7B8B balanced code with simple error detection capability", *Electron Lett.*, **16**, No. 12, 458-459 (1980)

[9] Sharland, A. J. und Stevenson, A., "A simple in-service error detection scheme based on the statistical properties of line codes for optical fibre systems", *Int. J. Electronics*, **55**, No.1, 151-158 (1983)

[10] Faulkner, D. W. und O'Shea, C. D., "A mark parity error detector integrated circuit for binary transmission systems", *Second Int. Conf. on "The Impact of High Speed VLSI Technology on Communication Systems"*, IEE, London (1983)

[11] Brooks, R. M. und Jessop, A., "Line Coding for optical fibre systems", *Int. J. Electronics*, **55**, No. 1, 112 (1983)

zu Kapitel 17

[1] Schwartz, M., *Information Transmission, Modulation, and Noise*, McGraw-Hill, pp. 330-339 (1970)

[2] Cravis, H. und Crater, T. B., "Engineering of T1 carrier system repeatered lines", *Bell Syst. Tech. J.*, **42**, 431-486 (1963)

[3] Staff of BTL, *Transmission Systems for Communications*, Bell Telephone Laboratories, p. 727 (1971)

[4] Jenq, Y. C., "Probability of error in PAM systems with intersymbol interference and additive noise", *IEEE Trans. Inf. Theory*, **IT-23**, No. 5, pp. 575-582 (1972)

[5] Sawai, A., "Evaluation of intersymbol interference in multilevel dc balanced code transmission systems", *Electronics and Communications in Japan*, **57-A**, No. 3, pp. 31-39 (1974)

[6] Glave, E. F., "An upper bound on the probability of error due to intersymbol interference for correlated digital signals", *IEEE Trans. Inf. Theory*, **IT-18**, No. 3, 356-363 (1972)

[7] Yao, K., *Moment Space Error Bounds in Digital Communication Systems*, Communications Systems and Random Process Theory, NATO ASI Series, Applied Science No. 25, pp. 605-618 (1978)

[8] Jacobson, B. B., "Cable cross-talk limits on low capacity pcm systems", *Electr. Commun.*, **48**, Nos. 1 and 2, 98-107 (1973)

[9] Cramer, H., *Mathematical Methods of Statistics*, Princeton University Press, pp. 89, 185, 186, 222, 258 (1974)

[10] Cochrane, P. und Bates, R. J. S., *A Unified Approch to the Problems of Cross-Talk Echoes and Intersymbol Interference on Digital Transmission Systems*, Post Office Research Department Report 797 (1979)

[11] Spiegel, M. R., *Mathematical Handbook of Formulas and Tables*, McGraw-Hill, pp. 112 and 300 (1962)

[12] Fry, T. C., *Probability and its Engineering Uses*, Van Nostrand, pp. 251-260 (1928)

[13] Abramowitz, M. und Stegun, A., *Handbook of Mathematical Functions*, Dover Publications, p. 298 (1972)

[14] Ho, E. Y. und Yeh, Y. S., "A new approach for evaluating the error probability in the presence of intersymbol interference and additive Gaussian noise", *Bell Syst. Tech. J.*, **49**, 2249-2266 (1970)

[15] Celebiler, M. I. und Shimbo, O., "The probability of error due to interference and Gaussian noise in digital communication systems", *IEEE Trans. Commun.*, **COM-19**, 113-120 (1971)

[16] Bylanski, P. und Ingram, D. G. W., *Digital Transmission Systems*, IEE Telecommun. Series 4, Peter Peregrinus, pp. 147-164 (1976)

[17] Crank, G. J., "High-frequency characteristics and measurement techniques for wideband coaxial cables", *Post Office Electr. Eng. J.*, **71**, Pt. 3, 167-174 (1978)

[18] Bates, R. J. S., "Error probability due to Gaussian noise and near end cross-talk", *Electron. Lett.*, **15**, No. 4, 116-117 (1979)

[19] Bates, R. J. S., Probability of Error Rate due to Cross-Talk Interference, Cambridge University Department Report (CUED/ElectTR55) (1979)

[20] Bates, R. J. S. und Cochrane, P., "Method of estimating the capacity of multipair cables to carry low-speed pcm transmission systems", *Proc. IEE*, **127**, No. 1, 16-21 (1980)

Register